Bernhard Bartsch | Wolfgang Schwenk

Praxishandbuch Key Account

Beziehungsmanagement

Kenntnisse und Taktik

Organisation und Strategie

Die in diesem Buch angegebenen Internet-Adressen und -Dateien wurden vor Drucklegung geprüft (Stand: April 07). Der Verlag übernimmt keine Gewähr für die Aktualität und den Inhalt dieser Adressen und Dateien und solcher, die mit ihnen verlinkt sind.

Verlagsredaktion: Ralf Boden
Technische Umsetzung: Holger Stoldt, Düsseldorf
Umschlaggestaltung: Gabriele Matzenauer, Berlin
Titelfoto: © Getty Images

Informationen über Cornelsen Fachbücher und Zusatzangebote:
www.cornelsen.de/berufskompetenz

1. Auflage

© 2007 Cornelsen Verlag Scriptor GmbH & Co. KG, Berlin

Das Werk und seine Teile sind urheberrechtlich geschützt.
Jede Nutzung in anderen als den gesetzlich zugelassenen Fällen
bedarf der vorherigen schriftlichen Einwilligung des Verlages.
Hinweis zu § 52 a UrhG: Weder das Werk noch seine Teile dürfen
ohne eine solche Einwilligung eingescannt und in ein Netzwerk
eingestellt werden. Dies gilt auch für Intranets von Schulen
und sonstigen Bildungseinrichtungen.

Druck: Druckhaus Thomas Müntzer, Bad Langensalza

ISBN 978-3-589-23673-2

 Inhalt gedruckt auf säurefreiem Papier aus nachhaltiger Forstwirtschaft.

Vorwort

Vergessen Sie alles, was Sie bisher über Key Account Management gelesen haben! Nach dem Studium dieses Buches werden Sie endlich wissen, wie Key Account Management wirklich funktioniert. Sie werden Erfolge feiern, von denen Sie bisher nur träumen konnten.

Viele Fachbücher beginnen mit solchen vollmundigen Aussagen. Vielleicht sind sie nicht ganz so plump formuliert wie diese. Die grundsätzliche Botschaft ist jedoch häufig identisch: Auf der einen Seite sind (zuweilen selbsternannte) Koryphäen, die am besten auf dieser Welt wissen, wie eine Sache wirklich funktioniert, und die die ultimative Lösung gefunden haben. Auf der anderen Seite ist der unwissende Leser, den es zu belehren gilt.

Unser Ansatz ist etwas bescheidener. Wir stellen uns unsere Leser als mündige und intelligente Wesen vor, die selbst über einen reichen Schatz von Berufs- und Lebenserfahrung verfügen. Wir sind davon überzeugt, dass Sie auch ohne unser Zutun einen guten Job machen.

Unser Anliegen ist es vielmehr, mit Ihnen unsere Erfahrungen zu teilen, die wir selbst über viele Jahre hinweg im Vertrieb mit Schlüsselkunden sowie als Trainer, Berater und Coaches gesammelt haben. Wir haben das Buch mit der Grundhaltung geschrieben, die wir auch selbst als Verkäufer, Präsentatoren, Trainer und Coaches einnehmen: Es gibt viele Sichtweisen auf ein und dasselbe Thema. Wir maßen uns nicht an, allein darüber zu urteilen, welches Konzept richtig oder falsch, besser oder schlechter ist. Viele Wege führen nach Rom, sagt der Volksmund. Unser Fokus liegt im Verstehen und in der Ergründung der Hintergründe von Prozessen und Verhaltensweisen, in denen doch Menschen die wichtigsten „Einflussfaktoren" sind. So können wir lernen, uns weiterzuentwickeln – und müssen die „Schuld" über den einen oder anderen Misserfolg nicht mehr anderen zuweisen.

Wir empfehlen Ihnen, sich aktiv mit den Texten auseinanderzusetzen. Streichen Sie das an, was Sie anspricht, überspringen Sie das, was Sie befremdet. Legen Sie das Buch ab und zu mal auf die Seite. Lesen Sie die für Sie interessanten Kapitel mehrfach und machen Sie sich Ihren eigenen Reim darauf.

Die Arbeitswelt ist ernsthaft genug. Deshalb haben wir uns erlaubt, die, wie wir meinen, sehr seriösen und wissenschaftlich untermauerten Zutaten mit einem Schuss Humor zu würzen. In diesem Sinne wünschen wir Ihnen viel Spaß beim Lesen und hoffen, dass wir für Sie die eine oder andere überraschende Bereicherung für Ihren beruflichen Alltag bereithalten.

München, im Sommer 2007

Bernhard Bartsch
Wolfgang Schwenk

Die Autoren

Bernhard Bartsch

1959 geboren, lernte Bernhard Bartsch Radio- und Fernsehtechniker und Einzelhandelskaufmann in München. In der Funk- und Unterhaltungselektronik sowie in der Medizinelektronik sammelte er viele Jahre Erfahrung zunächst im technischen Außendienst und danach im Vertrieb bei Kranzbühler und Squibb Medical Systems.

Anfang 1987 übernahm er zusätzlich zu seinen Führungsaufgaben auch eine interne Trainerfunktion in der Unterhaltungselektronik bei der Braun Elektronik GmbH in Kronberg. Ende 1989 verließ er das Management und wurde Trainer und Coach bei der Team connex AG – und durch einen „Spin-off" bei Heitsch & Partner in Böblingen.

Bis 2003 baute er dieses Team mit auf und leitete die letzten drei Jahre in der Geschäftsführung dieses Trainingsinstituts mit.

Um auch die hintergründigen und „weichen" Faktoren menschlichen Verhaltens zu addieren, wechselte er 2003 zum Trainingsinstitut C!CERO, wo er nach anderthalb Jahren die AG als Vorstand leitete.

2006 gründete er zusammen mit dem Kollegen Wolfgang Schwenk die „Competence Platform" CO-MATRIX in München. Mit CO-MATRIX wurde sowohl die vom Markt geforderte Flexibilität und Konsequenz als auch die breite Kompetenz eines erfahrenen Netzwerks realisiert.

Seine Zusatzqualifikationen für die Tätigkeit als Trainer und Coach umfassen zwei Ausbildungen als Trainer und Coach bei Heitsch & Partner, Ausbildungen als Change Manager und Management Trainer und als Business Coach bei C!CERO – sowie als zertifizierter Coach für Hogan Assessment Systems.

Als Themenschwerpunkte begleitete Bernhard Bartsch das Key Account Management, den Vertrieb und die Führung in über 80 Firmen der Konsumgut-, Investitionsgut-, Dienstleistungs-, Energie- und Pharmabranche. In Ausbildungen für Trainer und Business-Coaches gibt er seine Erfahrungen gerne an Kollegen weiter.

Sein Lieblingsmotto als Trainer und Coach ist:
„*Die wichtigsten Dinge im Leben sind meist simpel, aber nie einfach!*"

Wolfgang Schwenk

Jahrgang 1951. Gelernter Elektromechaniker. Studium der Psychologie bis 1988, Diplompsychologe.

Viele Jahre Führungskraft in der Industrie, davon zehn Jahre Mitglied im Management Team der Microsoft GmbH, zuständig für Vertrieb, Firmenkunden Marketing, Channel Marketing sowie Training und Certification.

Seit 2003 Gesellschafter der C!CERO AG.

2006 gründete er zusammen mit dem Kollegen Bernhard Bartsch die „Competence Platform" CO-MATRIX in München. Mit CO-MATRIX wurde sowohl die vom Markt geforderte Flexibilität und Konsequenz als auch die breite Kompetenz eines erfahrenen Netzwerks realisiert.

Zusatzausbildungen:
Gestaltpsychologie am AKG München 2001 – 2003
Coach, Change Manager und Management Trainer bei C!CERO 2002
Hogan Assessment Systems – zertifiziert 2006

Spezialgebiete:
Führung, Vertrieb, Marketing, Coaching
Ausbilder der CO-MATRIX-Business-Coach-Ausbildung und Trainerausbildung

Sein Motto als Trainer und Coach ist:
„Wenn du immer das tust, was du schon immer getan hast, wirst du immer das erleben, was du schon immer erlebt hast."

Inhalt

1 Einleitung

1.1	Definitionen Key Account Management	11
1.2	Erfolgsfaktoren des Key Account Managements	14
1.2.1	Person	15
1.2.2	Beziehung	16
1.2.3	Sache	16
1.2.4	Umfeld	17
1.2.5	Die „Schlüssel" zum Erfolg	17
1.3	Navigation beim Lesen dieses Buchs	18
1.3.1	Schlüssel Person	18
1.3.2	Schlüssel Beziehung	19
1.3.3	Schlüssel Sache	20
1.3.4	Schlüssel Umfeld	21
1.4	Zielsetzungen dieses Buchs	22
1.5	Beispiele	23
1.5.1	Wie aus heiterem Himmel	23
1.5.2	Diffuse Situation	25

2 Grundlagen

2.1	„Werkstoffkunde"	27
2.2	Mechanistisches Menschenbild: Der Esel und die Möhre	29
2.3	Konstruktivistisches Menschenbild: Jeder schafft sich seine Welt	32
2.3.1	Reflexivität – der Modus des Erkennens	34
2.3.2	Rationalität – der Modus des Erwägens	36
2.3.3	Autonomie – der Modus des Handelns	38
2.3.4	Ethik	40

3 Person und Persönlichkeit

3.1	Einleitung	42
3.2	Die Geburt des Key Account Managers	43
3.3	Strukturen der Persönlichkeit	46
3.3.1	Struktur eins: Das Kind	46
3.3.2	Struktur zwei: Die Anima	50
3.3.3	Struktur drei: Der Animus	55
3.3.4	Gegenüberstellung Anima – Animus	58
3.3.5	Struktur vier: Der Kämpfer	59
3.3.6	Struktur fünf: Der Kritiker	61
3.3.7	Die innere Vertriebsmannschaft	63
3.4	Sich selbst besser kennen lernen	66
3.4.1	Persönlichkeitspsychologie	67
3.4.2	Coaching	68

4 Entwicklung der Persönlichkeit

4.1	Das Innenleben	71
4.2	Das Bewusstsein	73
4.3	Das Verdrängen	75
4.4	Die Projektion	77
4.4.1	Die „auf-Regung"	81
4.4.2	Die Grenze	83
4.5	Anleitung zur Selbst-Reflexion	86
4.6	Prinzipien des Handelns	88
4.6.1	Prinzipien und Resonanzen	91
4.6.2	Reflexionshilfe: Das Prinzip entdecken	92
4.6.3	Der alternative Prozess: Das hintergründige Prinzip thematisieren	95
4.6.3.1	Der Vorwurf	95

4.6.3.2	Das Prinzip mit der Viererkette benennen................................. 95	5.4	Beziehungskonten............................... 122
4.7	Lerntiefen 98	5.4.1	Das Bonuskonto 123
4.7.1	Kumulatives Lernen............................. 98	5.4.2	Das Maluskonto................................... 123
4.7.2	Evolutionäres Lernen........................... 98	5.4.3	Die ausgewogene oder intakte Beziehung.. 125
4.7.3	Revolutionäres Lernen......................... 99	5.4.4	Verliebt sein oder naiv sein................. 126
4.8	Die Rolle des KAMs 100	5.4.5	Verfeindet sein..................................... 126
4.8.1	Grundsätzliche Aufgaben und Ziele des KAMs................................... 101	5.4.6	Die Eigenschaften der Kontoeinträge und „Beziehungsmarken"...................... 126
4.8.2	Schnittstellen und Kontakte des KAMs 101	5.4.7	Bewusster Umgang mit Beziehung und „Rabattmarken" 128
4.8.3	Entscheidungsbefugnisse des KAMs .. 102
4.8.4	Informationsansprüche und -pflichten des KAMs 103
4.8.5	Eskalationswege................................... 104

6
Umfeld – Komplexe Systeme

4.9	Stellenbeschreibung Key Account Manager, Beispiel Konsumgüterbranche 105		
		6.1	Das hierarchische Umfeld 133
		6.1.1	Klassische Linienorganisation 133
		6.1.2	Das Umfeld in der Matrix-Organisation............................. 134

5
Beziehung

		6.2	Das System 137
		6.2.1	Das System Person 137
5.1	Arten der zwischenmenschlichen Beziehung... 107	6.2.2	Das System Beziehung.......................... 137
5.1.1	Der Subjekt-Objekt-Modus oder der Verhandlungs- und Konfrontationsmodus 108	6.2.3	Das System Team.................................. 138
		6.2.4	Der Schmetterlingseffekt..................... 138
		6.2.5	Der Starfighter-Effekt 140
5.1.2	Der Subjekt-Subjekt-Modus oder Partnerschaftsmodus 110	6.3	Handlungsprinzipien in Systemen 141
		6.3.1	Handeln in komplexen Systemen 141
5.2	Beispiel für Aggregatzustände im Konsumgut-Discounter-Vertrieb......... 111	6.3.2	Anerkennen und annehmen dessen, was ist.. 142
5.3	Beziehungsmodi – was sie leisten und welche Risiken sie bergen 114	6.3.3	Das Recht eines jeden Teilnehmers auf Zugehörigkeit beachten................. 143
5.3.1	Subjekt-Objekt-Modus oder Verhandlungs- und Konfrontationsmodus....... 114	6.3.4	Das Gleichgewicht von Geben und Nehmen immer wieder herstellen....... 144
5.3.1.1	Der Angriff.. 114	6.3.5	Wertschätzung der Früheren durch die Späteren 145
5.3.1.2	Strategie des Angriffs 115
5.3.1.3	Verteidigung 118	6.3.6	Respekt gegenüber Personen mit höherer Verantwortung....................... 146
5.3.2	Subjekt-Subjekt-Modus oder Partnerschaftsmodus 119	6.3.7	Würdigung von Personen, die höhere Leistung erbringen 147

6.3.8	Achtung von Personen mit mehr Wissen/Kompetenz 147	8.3	Die zehn Schlüsselfragen vor dem Entwickeln einer Verhandlungsstrategie 183
6.4	Mikropolitik.. 148	8.4	Klare Ziele für Orientierung und Handlungswillen 184
6.4.1	Dunkle Seiten der Politik..................... 148		
6.4.2	Chancen der Mikropolitik.................... 150	8.5	Deadlines und Auszeiten einplanen.... 185
6.4.3	Bedingungen für sinnvolle Mikropolitik... 150	8.6	Rollenabstimmung in Verhandlungen im Tandem 186
6.4.4	Regeln für eine konstruktive Mikropolitik... 151	8.7	Die Elemente der Verhandlungsführung 188
		8.7.1	Die Eröffnung...................................... 188

7
Beweggründe entdecken und bedienen

		8.7.2	Die Informationsgewinnung oder -absicherung 190
7.1	Bedeutung von Beweggründen 155	8.7.3	Argumentation / Vorschläge / Präsentationen..................................... 194
7.2	Was sind Bedürfnisse, Beweggründe oder Motive? 156	8.7.4	Die Königsdisziplin: Der Umgang mit Widerständen und Forderungen......... 195
7.3	Erkennen von Motiven 160	8.7.5	Abschluss, Vereinbarungen, weitere Schritte.. 199
7.4	Motivorientierte Nutzenargumentation 162	8.7.6	Zusammenführung und Dokumentation 201
7.4.1	Warum ist Nutzendarstellung überhaupt wichtig? 162		
7.4.2	Was ist Argumentation? 163		

9
Gesprächstaktiken und zielführender Umgang

7.4.3	Beispiele für motivorientierte Argumentation 166		
7.4.3.1	Argumentieren bei „Machtmenschen"................................. 168	9.1	Wie funktionieren Taktiken? 205
7.4.3.2	Argumentieren bei „Leistungsmenschen" 170	9.2	Die häufigsten Taktiken und der Umgang damit 206
7.4.3.3	Argumentieren bei „sozialen Menschen"............................. 172	9.2.1	Die Salami-Taktik................................ 206
		9.2.2	Die Angriffstaktik 207
7.5	Beispiel einer Verhandlungssituation . 173	9.2.3	Die Verunsicherungstaktik 207
		9.2.4	Die Freund-Taktik 208

8
Gesprächsstrategien und -Inhalte

		9.2.5	Die Bedarfsverkäufer-Taktik............... 209
		9.2.6	Die Abwarte-Taktik............................. 210
		9.2.7	Die Kompetenz-Taktik 210
		9.2.8	Die Verschleppungstaktik 211
8.1	Was bringt eine Gesprächsstrategie eigentlich? 179	9.3	Ein Praxisbeispiel aus der Konsumgut-Industrie 212
8.2	Der geeignete Verhandlungsstil 181		

10
Gesprächsarten im Key Account Management – prinzipielle Beispiele

10.1 Das Betreuungs- und Informationsgespräch 215
10.2 Das Problemlösungsgespräch 219
10.3 Das Jahresgespräch 225

11
Effektive Kundenbetreuung in komplexen Entscheidungsprozessen

11.1 Komplexität 231
11.2 Systematisierter Umgang mit komplexen KAM-Projekten 233
11.2.1 Vergleich des aktuellen Kunden mit dem Idealkunden-Profil 234
11.2.2 Die Betrachtung der unterschiedlichen Entscheidungsbeeinflusser 235
11.2.3 Die Sensibilität für die relevanten Mitbewerber 239
11.2.4 Die eigenen relevanten Stärken und Kernargumente für das spezielle Projekt 240
11.2.5 Die resultierenden Maßnahmen zur Zielerreichung 241
11.3 Die Probe aufs Exempel 242

12
Portfolioanalysen für objektive Entscheidungen

12.1 Woher stammt die Portfolioanalyse eigentlich? 245
12.2 Einsatz der Portfolioanalyse im Key Account Management 247
12.3 Beispiel Potenzialanalyse 249
12.3.1 Auswahl der Achsenkriterien (Beispiel für Schritt eins und zwei) 249
12.3.2 Gewichtung der Kriterien (Beispiel für Schritt drei) 251
12.3.3 Benennung der zu vergleichenden Kunden und Leistungen (Beispiel für Schritt vier) 251
12.3.4 Bewertung in Bezug auf die einzelnen Kriterien (Beispiel für Schritt fünf) 252
12.3.5 Entwicklung einer nachvollziehbaren Grafik (Beispiel für Schritt sechs) 253
12.3.6 Beispiele für Portfolioanalysen 255

13
Kundenentwicklungspläne (KEP)

13.1 Der Kundenentwicklungsplan – ein Zahlenspiel? 258
13.2 Die Ziele eines klassischen KEP 259
13.3 Aufbau und Struktur eines KEP 259
13.3.1 Die Seite eins – der faktische Bereich .. 260
13.3.2 Die Seite zwei – der Bereich Ziele, Teilziele, Maßnahmen und Kosten 263
13.4 Branchenunterschiede der KEP 265

14
Key Account Dossiers

14.1 Das KAM-Kapital „Wissen über den Key Account" 267
14.2 Aussagefähige Key Account Dossiers . 269
14.2.1 Die erste Seite zur schnellen Kontaktaufnahme 269
14.2.2 Der Bereich Unternehmen 269
14.2.3 Der Bereich Entscheider 270

14.2.4 Der Bereich Ablage, Register oder Dateien 271

15
Charisma und Wirkung im Dialog und bei Präsentationen

15.1 Was ist eigentlich Charisma? 273
15.2 Die vier Kompetenzbereiche für Charisma und persönliche Wirkung 275
15.2.1 Die Rhetorik, die Kunst der Rede, die Sprechleistung als KAM 275
15.2.2 Die Dialektik, die Kunst der Überzeugung, die Überzeugungsleistung als KAM 277
15.2.3 Die Sensibilität, die Beziehung zu sich und zu anderen, das Einfühlungsvermögen in Menschen und Situationen 281
15.2.4 Die Körpersprache, Haltung, Authentizität, der „wahre" Ausdruck .. 283
15.3 Aufbau und Struktur ziel- und kundenorientierter Präsentationen 286
15.3.1 Der erste Planungsschritt 287
15.3.2 Der zweite Planungsschritt 287
15.3.3 Der dritte Planungsschritt 288
15.4 Präsentationen mit dem Video-Beamer 288
15.5 Souveräner Umgang mit Störungen in Präsentationen 290

16
Ziel- und Zeitmanagement

16.1 Einleitung 292
16.2 Das Kind – Naives Zeiterleben 293
16.2.1 Albert Einstein 294
16.2.2 Wolfgang Amadeus Mozart 295
16.2.3 Die Überraschungseier- Sammlung 296
16.2.4. Easy Rider 297
16.2.5 Flow 297
16.2.5.1 Ein kleines Flow- Experiment 299
16.2.5.2 Flow im Vertrieb 300
16.3 Das Zeitverständnis der Anima 301
16.4 Das Zeitverständnis des Animus 305
16.5 Integrales Ziel- und Zeitmanagement 307
16.6 Methoden des Ziel- und Zeitmanagements 310
16.6.1 Situationsbeschreibung 310
16.6.2 Ziele 313
16.6.3 Ziel-Mittel-Analyse 313
16.6.4 Prioritäten setzen 313
16.6.5. Salami-Taktik 315
16.6.6 Delegieren 315
16.6.7 ALPEN- Methode 316

Ausgewählte Literatur 317
Stichwortverzeichnis 318

1 Einleitung

1.1 Definitionen Key Account Management

Der Begriff „Key Account Management" (KAM) entstand in den Siebzigerjahren und wird heute in fast allen Branchen benutzt, in denen es Kunden in Schlüsselpositionen gibt. Die Bezeichnung „Key Account Manager" (KAM – diese Abkürzung steht im Folgenden je nach Kontext sowohl für „Key Account Management" als auch für „Key Account Manager"; Plural KAMs) war zum einen ein Versuch, um den Begriff „Verkäufer" oder „Vertriebsmitarbeiter" aufzuwerten, zeugte aber andererseits auch von einer Sonderstellung oder Sonderverantwortung dieser Funktionsträger. Vermutlich war es die Komplexität des Konsumguthandels, die eine organisierte Schlüsselkundenbetreuung als Erste erforderte.

Die zunehmende Komplexität des Konsumguthandels erforderte eine organisierte Schlüsselkundenbetreuung

Eine einheitliche Definition dieses Begriffs ist aus den unterschiedlichen Perspektiven und Prioritäten der Branchen, und sogar innerhalb verschiedener Unternehmen einer Branche, unmöglich.

Daher bleibt uns nur, ein „Exzerpt" aus verschiedenen Quellen vorzustellen und diese Zugänge mit unseren Erfahrungen als Trainer, Coaches sowie als aktive Verkäufer und Schlüsselkundenbetreuer zu ergänzen.

Definitionsauszüge als Beispiele aus Enzyklopädien, Wirtschaftslexika sowie namhaften Autoren oder Führungskräfte:

Definitionen von Key Account Management

- *„ ... Unter Key Account Management versteht man die bevorzugte Behandlung und Betreuung von Kunden, die eine Schlüsselposition für den wirtschaftlichen Erfolg des Unternehmens einnehmen (die so genannten Key Accounts). Key Account Management ist die besondere Pflege der Beziehung zu den wichtigsten Kunden durch fest zugeteilte Betreuer. Die Key Accounts stellen (aufgrund ihrer wichtigen Position) besondere Anforderungen an ein Unternehmen und somit auch eine gesonderte Betreuung ..."* (Quelle: www.wirtschaftslexikon24.net)
- *„ ... Das Key Account Management baut auf der Erkenntnis auf, dass Win-Win-Partnerschaften systematisch entwickelt und persönlich betreut werden müssen ... "* (Jens Alder, CEO, Swisscom AG)
- *„... In erster Linie bedeutet Key-Account-Management die Betreuung von Großkunden durch spezielle Manager. Merkmale dieser Betreuung sind eine kundenorientierte Einstellung, differenzierte Bearbeitungsformen, spezielle Organisationsformen und Arbeitsmethoden/Techniken. Grund für den Aufbau eines Key-Account-Managements ist vor allem, eine Plattform für das Erzielen von Wachstum in den Märkten zu erreichen. Dazu gehören der langfristige Ausbau der Geschäftsbeziehungen mit den „Altkunden" sowie die Anwerbung von Neukunden und die Sicherung der lokalen Marktnähe. In der Praxis ist das Key-Account-Management oft global organisiert (globales Key-Account-Management). Die Einrichtung*

eines Key-Account-Managements ist in erster Linie dann sinnvoll, wenn die Nachfrage des Kunden – oder sein Wert (Kundenwert) als Referenz und/oder Multiplikator – entsprechend groß und die Kundenstruktur komplex ist (z.B. hochtechnologische, beratungsintensive Produkte). Andererseits wird aber auch im Bereich der Konsumgüter Key-Account-Management durchgängig praktiziert …

… Ziel des Key-Account-Managements ist der Aufbau langfristiger Kundenbeziehungen. …

… Gute Key-Account-Manager sind sowohl „Hunter" als auch „Farmer". Sie haben einerseits den Kunden zu betreuen und die Kundenbeziehung zu pflegen. Andererseits gilt es, einzelne Projekte beim jeweiligen Kunden zu gewinnen, denn viele Großkunden haben mindestens zwei bis drei Top-Lieferanten für ein einzelnes Projekt zur Auswahl."

(Quelle: kumulierte Version mehrere Autoren – Wikipedia)

- *„ … Einen rein theoretisch-idealistischen Ansatz von Key Account Management aufzustellen, erscheint mir nicht sinnvoll zu sein. Denn KAM spiegelt letztlich immer die sehr individuelle Beziehung zwischen einem Anbieter, seiner Firmenphilosophie, seiner Firmenkonzeption, seinem Marketing und seiner Art des Verkaufens, mit allen Eigenarten, Stärken und Schwächen wider … "* (Hans D. Sidow – KAM-Buch-Autor)

Was sind nun die wichtigsten prinzipiellen Kompetenzen eines Key Account Managers? Geht man die aktuellen Quellen zum Thema KAM durch, entsteht der Eindruck, dass es hier vorwiegend um gegenseitige „Beeinflussung" geht. Die häufigsten Schlüsselbegriffe in zahlreichen KAM-Definitionen sind jedoch „Betreuung" und „Beziehung". Diese beiden Begriffe leiteten uns auch bei der Verfassung dieses Buches und wir beantworten hauptsächlich die Fragen:

Schlüsselbegriffe für KAM: „Betreuung" und „Beziehung"

„Wie betreue ich einen Key Account effektiv?"
und
„Wie erreiche ich tragfähige und intakte Beziehungen zu den wichtigsten Entscheidern beim Key Account?"

Hier gilt es, eine feine Balance zu halten, die man z.B. durch das Werteentwicklungsquadrat (von Paul Helwig 1967 und Friedemann Schulz von Thun 1989) gut veranschaulichen kann.

Eine Tugend wirkt nur dann konstruktiv, wenn sie in einem ausgewogenen Verhältnis zu ihrer „Schwesterntugend" steht

Um den fachlichen und dialektisch hohen Anforderungen im KAM zu entsprechen, kann jede grundlegende Tugend (jeder Wert, jedes Leitprinzip, jede Kompetenz) nur dann zu einer konstruktiven Wirkung gelangen, wenn sie sich in ausgehaltener Spannung zu einem positiven Gegenwert, einer „Schwesterntugend", befindet.

Statt von ausgehaltener Spannung lässt sich auch von Balance sprechen. Ohne diese ausgehaltene Spannung (Balance) verkommt ein Wert zu seiner Entartungsform oder zu seiner entwertenden Übertreibung.

Hier geht es also nicht um ein „entweder/oder" sondern um ein „sowohl als auch".

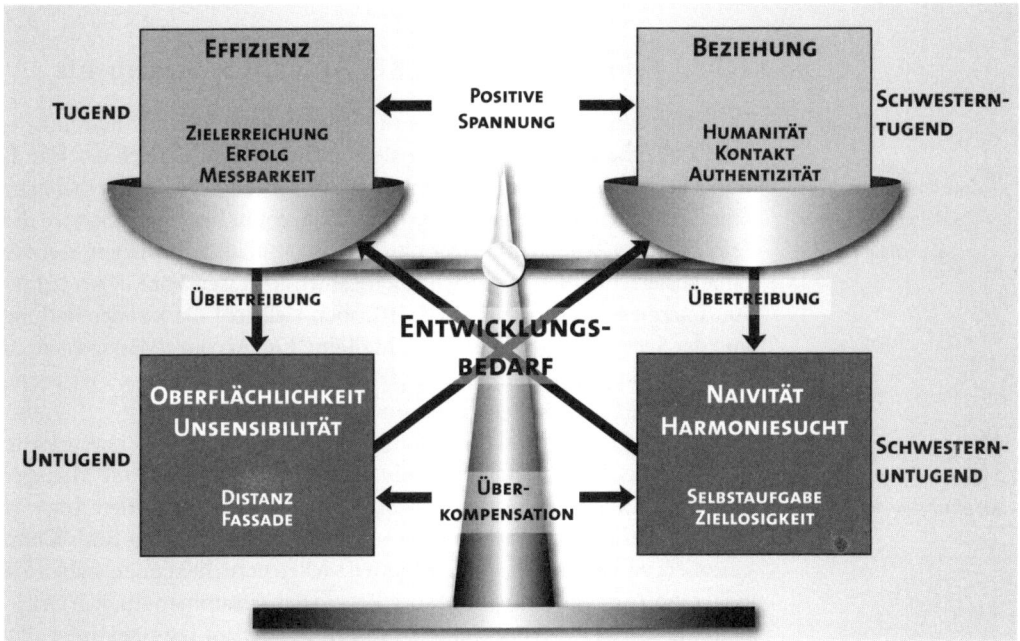

Abb. 1.1: Um kommunikativ wirksam zu werden, muss eine Tugend immer in ausgewogenem Verhältnis zu ihrem Gegenteil stehen

Abbildung 1.1 zeigt in der Mitte die Andeutung einer Balkenwaage. In der linken Waagschale liegt die Tugend „Effizienz". Wenn diese Tugend überbetont wird oder, um hier im Bild zu bleiben, wenn sie überwiegt, dann gerät die Waage aus der Balance. Die Tugend wird in diesem Fall zur Untugend. Das Gleichgewicht kann dadurch wiederhergestellt werden, dass der Schwesterntugend „Beziehung" ein größeres Gewicht beigemessen wird. Bei Übergewichtung dieser „Schwesterntugend" entartet auch diese zur Untugend.

Nach unserer Auffassung besteht ein großer Teil dieses Berufes aus der Balance von effektiver Betreuungs- und sensibler Beziehungsarbeit. Obwohl die Komplexität der Kundensysteme und der vielen KAM-Tools relativ hoch ist, scheitern viele KAM-Projekte jedoch eher an der Komplexität der dahinterliegenden zwischenmenschlichen Beziehungen. Es ist ziemlich anspruchsvoll, zum richtigen Zeitpunkt, am richtigen Ort, mit der richtigen Person über die richtigen Themen zu sprechen. Mit dieser Person auch noch richtig umzugehen, ist schließlich entscheidend.

Balance von effektiver Betreuungs- und sensibler Beziehungsarbeit

Wer es als Key Account Manager in Bezug auf diese Komplexität menschlicher Beziehungen nicht versteht, gewissermaßen den Widerhall dessen, was er bewusst oder unbewusst „in den Wald hineinruft", zunächst einmal unvoreingenommen zu akzeptieren und dann richtig zu deuten, um das für sein Angebot und den Kunden Beste daraus zu machen, wird keinen Erfolg haben.

1.2 Erfolgsfaktoren des Key Account Managements

Ziele und Aufgaben des KAM unterliegen einer erheblichen Bandbreite

Es gibt für den Beruf des Key Account Managers keine offizielle und einheitliche Stellenbeschreibung, wie wir sie zum Beispiel im Bereich des Handwerks finden. Folglich gibt es in unterschiedlichen Branchen eine erhebliche Bandbreite der Aufgaben und Ziele von Key Account Managern. So wird der Erfolg der Key Account Manager, die den Discounthandel bedienen, in erster Linie an harten aktuellen vertrieblichen Zahlen gemessen. Für Key Accounter von Energieversorgern zum Beispiel haben vielleicht die Kundenbindung und der Service ein größeres Gewicht. Beim Key Account Management in der Automotiv-Branche sind eher unternehmenspolitische Weitsicht, gemeinsame Entwicklung und nachhaltige Erträge wichtig.

Gibt es Erfolgsfaktoren, die für alle Key Account Manager gleichermaßen gelten?

Vor dem Hintergrund dieser Situation haben wir uns die Frage gestellt, ob es dennoch Erfolgsfaktoren gibt, die für alle Key Account Manager gleichermaßen gelten. Auf der Suche nach einer befriedigenden Antwort sind wir auf eine in Fachkreisen berühmte Dame namens Ruth Cohn gestoßen. Auch wenn Sie diesen Namen vielleicht nicht kennen, haben Sie sicher indirekt schon von ihr gehört. Regeln der Zusammenarbeit in Gruppen, wie *„Sende ICH-Botschaften!"*, *„Störungen haben Vorrang!"* oder *„Sei dein eigener Chairman!"*, gehen auf Ruth Cohn zurück. Voraussetzung für den Erfolg oder, wie sie es sagt, für das Gelingen, ist in ihrem Konzept der themenzentrierten Interaktion (TZI) eine Balance von vier unterschiedlichen Aspekten einer Situation, die sie bildhaft wie folgt darstellt:

Mit ICH sind die einzelnen Personen mit ihren persönlichen Anliegen und Befindlichkeiten in einer Gruppe gemeint.

Das WIR bezieht sich auf das Miteinander der beteiligten Personen, also auf Interaktionen, Kontakt und die Qualität der Beziehungen.

Das ES ist das Dinghafte/Sachliche und umfasst unterschiedliche Aufgaben, Ziele und Sachen der beteiligten Personen.

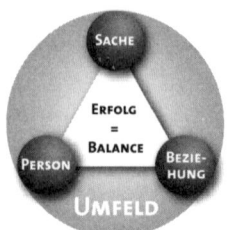

Abb. 1.2: Einflussgrößen der themenzentrierten Interaktion nach Ruth Cohn

Der GLOBE letztlich beschreibt das organisatorische, physikalische, strukturelle, soziale, politische, ökologische, kulturelle engere und weitere Umfeld der Gruppenmitglieder, welches ebenfalls Einfluss auf die Zusammenarbeit hat.

Die themenzentrierte Interaktion wurde ursprünglich entwickelt, um die Zusammenarbeit in Gruppen zu fördern und zu verbessern. Sie kann aber prinzipiell auch auf unser Thema *„Erfolgsfaktoren des Key Account Management"* übertragen werden und ermöglicht dem Leser, sich schnell zu orientieren, um zu erkennen, in welchem der vier erfolgsrelevanten Bereichen Handlungsbedarf besteht oder welcher Bereich der aktuellen Kommunikationssituation den höchsten Einfluss auf Erfolg oder Misserfolg hat. Unser dahingehend modifiziertes Modell sieht wie folgt aus:

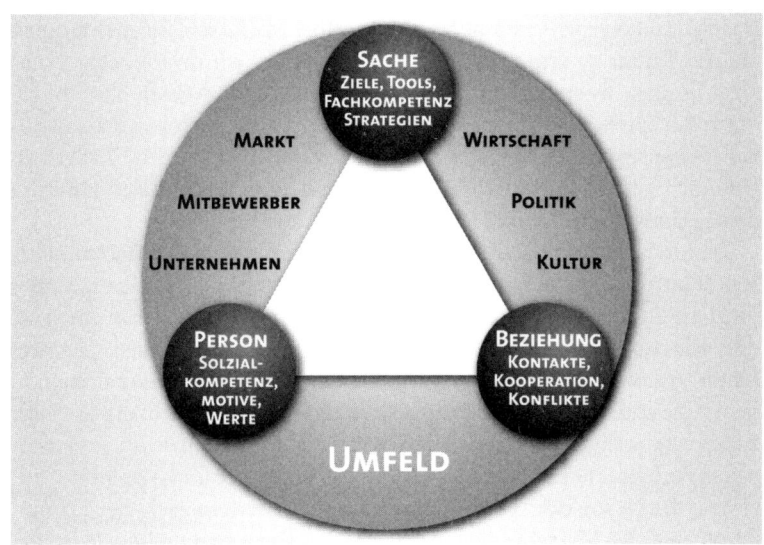

Abb. 1.3: Maßgebliche Einflussgrößen auf den Erfolg von KAM

Die für das Gelingen von KAM maßgeblichen vier Erfolgsfaktoren
- Person,
- Beziehung,
- Sache und
- Umfeld

werden im Folgenden näher behandelt.

1.2.1 Person

Für die Herkunft des Wortes „Person" gibt es unterschiedliche Theorien. Besonders interessant erscheint uns die Ableitung aus dem Lateinischen „personare" = „durchtönen" – gemeint ist das Durchtönen der Stimme durch eine Maske oder vom Substantiv „persona" = „Maske des Schauspielers". Person ist in diesem Sinne also alles, was hinter einer Maske verborgen ist und was wir nur an dem erkennen, was durch diese Maske hindurchtönt.

Eine Person erleben wir niemals direkt (gewissermaßen „ungeschminkt"), sondern immer durch eine Maske

In der Tat erleben wir Personen in Gesprächen oft so, als seien sie maskiert oder verkleidet. Von ihrer Person wollen sie nur ganz bestimmte Aspekte zeigen. Den Rest verbergen sie hinter ihrer Maske. Zwangsläufig versucht jeder dem anderen hinter die Maske zu schauen, um dessen grundsätzliche Absichten zu durchschauen. Künstler im Verbergen von Persönlichem nennen wir in der Umgangssprache „Pokerfaces", bei ihnen ist von außen nicht die kleinste innere Regung zu erkennen. Je besser ein KAM es versteht, hinter die Masken seiner Kunden und Kollegen zu schauen, desto bessere Karten hat er offensichtlich in seinen Gesprächen. Dieser Erfolgsfaktor wird Ihnen sicherlich einleuchten. Doch jetzt kommt der etwas knifflichere Teil zum Thema Person.

Das Verstecken von Persönlichem hinter einer Maske scheint ein Merkmal unserer Kultur zu sein. Schon als Kinder werden wir im Verbergen trainiert. Jungen weinen nicht, auch wenn ihnen zum Weinen zumute ist! Mädchen spielen mit Puppen und nicht mit Autos, auch wenn sie nichts lieber täten als das! Hinter solchen Aussagen steckt die klare Aufforderung: Übe dich gefälligst darin, bestimmte Dinge zu verbergen und eine von deiner Umwelt erwünschte Rolle einzunehmen.

Dadurch sind wir einerseits in der glücklichen Lage, uns in die Familien, Schulklassen, Unternehmen oder in die Gesellschaft zu integrieren. Leider führt die Strategie des Verbergens andererseits aber auch allzu leicht dazu, dass wir nach einer gewissen Zeit selbst nicht mehr so recht wissen, was hinter unserer eigenen Maske versteckt ist. Es gibt sogar Situationen, in denen die anderen mehr über uns wissen als wir selbst, und in diesem Falle haben wir natürlich die schlechteren Karten. Wir nennen diese verborgenen Anteile einer Person Motive, Prinzipien, Werte und Muster.

Nur wer sich selbst kennt, kann sein Gegenüber erkennen

Was die Person oder Persönlichkeit betrifft, so ist ein wichtiger Erfolgsfaktor eines KAMs, seine eigenen Hintergründe zu kennen und zu verstehen. Wir gehen sogar so weit zu behaupten, dass ein KAM, der wenig über seine eigene Persönlichkeit weiß, auch nicht in der Lage ist, die Fassetten der Persönlichkeiten seiner Gesprächspartner zu erkennen. Aus diesem Grund widmen wir der „Person" zwei Kapitel unseres Buches (siehe Kap. 3 und 4).

1.2.2 Beziehung

Treffen zwei oder mehrere Personen zusammen, dann nennen wir deren Interaktionen Beziehung. Dass gute Beziehungen im Key Account Management wichtig sind, haben wir bereits erwähnt. Sicher kennen auch Sie Menschen, die mit Gott und der Welt per „Du" sind und die in jeder kniffligen Situation sagen können: *„Da habe ich einen guten Bekannten. Der ist mir noch einen Gefallen schuldig. Den werde ich mal anrufen."*

Wenn die Beziehung nicht stimmt, kommt man auch in der Sache nicht weiter

Das Thema Beziehung hat aber auch seine Schattenseite. Es gibt Gespräche, in denen einfach der Wurm drin ist. Wir sind nicht richtig in Kontakt. Wir drehen uns im Kreis. Wir kommen mit unserem Anliegen nicht an und schon gar nicht durch. Unsere Beziehung wird zunehmend schlechter und droht im ungünstigsten Falle zu zerbrechen.

Wir halten Beziehung für den zweiten wichtigen Erfolgsfaktor und widmen ihm deshalb ebenfalls ein eigenes Kapitel (Kap. 5). Hier werden wir anhand einfacher Modelle die Qualität von Beziehungen beschreiben und aufzeigen, wie ein KAM aktiv Beziehungen aufbauen und gestalten kann.

1.2.3 Sache

Ein KAM ist Repräsentant eines Unternehmens und hat mehr oder weniger klare Aufgaben und Ziele, die weitgehend unabhängig von der ausführenden Person sind. Ob die Sache von Müller oder Maier erledigt wird, ist aus unternehmerischer Sicht nicht von Bedeutung. Es handelt sich dabei um objektive, nüchterne, sachliche logische Themen, die wir deshalb mit dem neutralen Begriff „Sache" beschreiben. In der Umgangssprache sagen wir zum Beispiel: „*In dieser Sache steck ich nicht drin!*" Und meinen damit: „*Mir fehlt die Sachkompetenz, oder die Erfahrung!*" Wir untersuchen deshalb, in welchen Sachen ein KAM unbedingt „drinstecken sollte", damit er seine Aufgaben bestens erledigen und seine Ziele erreichen kann. Dazu gehören Werkzeuge für die Planung, Analyse, Dokumentation, die Strategien entstehen lassen oder deren Realisierung unterstützen. Einige prinzipielle Tools, die sich in der Praxis bewährt haben, bieten wir den Lesern zur individuellen Umsetzung oder Anwendung an.

Fachliche Kompetenz ist eine Grundvoraussetzung

1.2.4 Umfeld

Erfolg im Key Account Management ist schließlich in ebenfalls hohem Maße vom aktuellen Umfeld und den Rahmenbedingungen abhängig. Dazu gehört die Situation in den Unternehmen auf beiden Seiten. Wenn ein Kunde in finanziellen Schwierigkeiten steckt, dann wird der KAM Probleme haben, seine Umsatzziele zu erreichen. Sparmaßnahmen im eigenen Unternehmen schränken wiederum seine eigenen Möglichkeiten ein. Die Gesamtsituation in der jeweiligen Branche hat Einfluss auf einzelne Branchenunternehmen. Dies wird besonders bei börsennotierten Unternehmen deutlich. Auch Politik und Gesetzgebung können großen Einfluss auf das Key Account Management haben. Die Pharmabranche z.B. muss sich derzeit auf völlig neue Marktbedingungen einstellen, die durch die Gesundheitsreform verursacht werden.

Für ein Unternehmen, das in hohem Maße von Exportgeschäften lebt, ist das Dollar-Euro-Kursverhältnis von entscheidender Bedeutung. In den letzten fünf Jahren hat sich der Euro gegenüber dem US-Dollar von zirka 0,90 Dollar auf derzeit zirka 1,30 Dollar, also um über 40 Prozent verteuert. Somit haben auch deutsche Waren und Dienstleistungen für den US-Markt einen um diesen Betrag höheren Preis, was die Verhandlungssituation für den KAM erheblich verschlechtert.

Das Umfeld ist der Erfolgsfaktor, auf den ein KAM einen sehr geringen Einfluss hat. Kein Mensch würde auf die Idee kommen, dem KAM die Verantwortung für den aktuellen Dollarkurs oder die allgemeine Wirtschaftslage zu übertragen. Dennoch sollte er die maßgeblichen Entwicklungen kennen und diese Aspekte bei seinem Handeln berücksichtigen. Die Umfeldbedingungen werden oft dazu verwendet, Defizite in den anderen Bereichen oder Fehler zu kaschieren. Schlechte Ergebnisse auf die allgemeine Wirtschaftslage zu schieben, ist so etwas wie ein Killerargument, mit dem der KAM sich vielleicht aus der Verantwortung stehlen will. Dem Umfeld widmen wir ebenfalls ein eigenes Kapitel (Kap. 6).

Auf Umfeld und Rahmenbedingungen kann der KAM am wenigsten Einfluss nehmen

1.2.5 Die „Schlüssel" zum Erfolg

Erfolg im Key Account Management ist in diesem Sinne keine lineare Funktion, die auf einfachen kausalen „Wenn-dann-Regeln" basiert. Im

Grunde können wir den Erfolg in vielen Fällen nicht direkt herbeiführen, sondern mit unserem Handeln lediglich die Wahrscheinlichkeit des Erfolgs beeinflussen. Der KAM selbst, seine Beziehungen, das eigene Unternehmen, seine Kunden und das Umfeld bilden ein komplexes System, in dem er agiert. Monokausales Denken verhindert dabei das Erkennen von Zusammenhängen und führt zu Fehlentscheidungen und Fehlverhalten. Beim Umgang mit komplexen Systemen haben sich stattdessen Konzepte bewährt, die sich mit Begriffen wie Balance, Ausgewogenheit und Homöostase (= Selbstregulation) beschreiben lassen. Unser allgemeines Erfolgsrezept lautet deshalb:

Monokausales Denken verstellt im komplexen Umfeld des KAM die Sicht auf Chancen und Gefahren

> **DAS ERFOLGSREZEPT DES KEY ACCOUNT MANAGEMENTS**
>
> - Beobachte die vier Erfolgsfaktoren Person, Beziehung, Sache und Umfeld!
> - Erkenne, welcher Faktor die Balance stört!
> - Ergreife Maßnahmen, die Faktoren in Balance zu bringen!

1.3 Navigation beim Lesen dieses Buchs

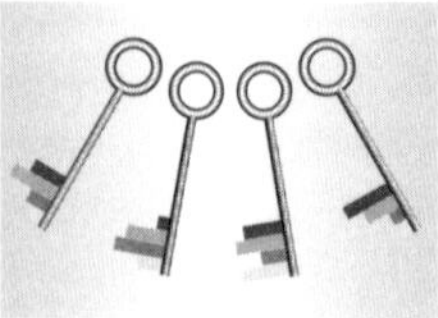

Die gesamte Struktur dieses Buches orientiert sich an diesen vier Erfolgsfaktoren. Sie ermöglicht auch eine Art Navigation innerhalb der Kapitel und hilft Ihnen, schnell zu erkennen, worum es sich in den zahlreichen Fallbeschreibungen, die wir zum besseren Verständnis anbieten, im Wesentlichen dreht. Die kleinen Resümee-Charts, die wir zu jedem Praxisfall einfügen, können dabei als Schlüssel aufgefasst werden. Mit dem passenden Schlüssel öffnet sich die jeweilige „Erfolgstür", mit dem falschen Schlüssel bleibt Ihnen der Zugang verwehrt.

Abb. 1.4: Die Ausgewogenheit der Faktoren Person, Beziehung, Sache und Umfeld ist der Schlüssel zum Erfolg

1.3.1 Schlüssel Person

Fast jeder Mensch hat irgendwo einen wunden Punkt, eine Tatsache, die wir auch in den Mythologien unterschiedlicher Kulturen finden. Der griechische Held Achilles wurde von seiner Mutter Thetis im geheimnisvollen Fluss Styx gebadet, dessen Wasser ihn unverwundbar machte. Sie hielt ihn dabei an einer Ferse fest, das Wasser konnte dort nicht wirken und so war das die einzige Stelle seines Körpers, an der man ihn verwunden konnte. In der Nibelungensage badete Siegfried im Blut des von ihm erschlagenen Drachen und wurde dadurch unverwundbar. Fatalerweise bedeckte während des Bades zufällig ein Lindenblatt eine Stelle seines Rückens und so hatte auch Siegfried seinen wunden Punkt.

Beiden Helden wurden ihre wunden Punkte zum Verhängnis. Im Falle des Achilles schoss ihm Paris einen Pfeil in die verwundbare, gleichnamige Ferse; Siegfried wird von Hagen von Tronje tödlich am Rücken verletzt. Im übertragenen Sinne haben die beiden Helden letztlich die Kontrolle über eine Situation verloren, weil ihr Gegner den wunden Punkt kannte. Doch wenden wir uns jetzt wieder den Helden der Neuzeit, den KAMs, zu.

Der Verlust der Kontrolle in einem Gespräch kann durchaus auch im Alltag eines KAM passieren, wenn auch nicht mit dem Risiko für Leib und Leben.

Wer den eigenen wunden Punkt und den seines Gegenübers kennt, ist im Gespräch im Vorteil

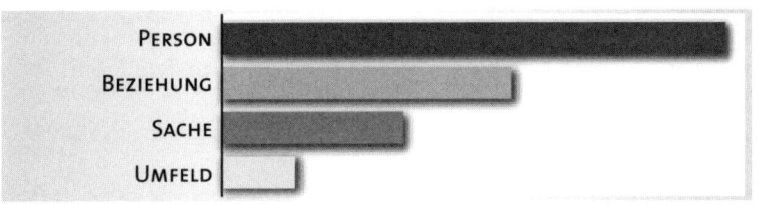

Abb. 1.5: Der Schlüssel zum Erfolg liegt hier in der Kontrolle über die eigene Person

Das Chart will veranschaulichen, dass es sich hier um eine Situation handelt, bei der in der Person oder in der Persönlichkeit des KAMs der Schlüssel zum Erfolg liegt. Indizien für solche Situationen sind heftige Aufregung während des Kundenkontakts oder sich ständig wiederholende Gesprächsverläufe.

Es gibt zum Beispiel Menschen, die auf Pünktlichkeit sehr großen Wert legen, die Himmel und Hölle in Bewegung setzen, um rechtzeitig zu einem Termin zu erscheinen. Auf der anderen Seite empfinden sie Unpünktlichkeit als beleidigend und respektlos. Wenn eine solche Person im Vorzimmer eines Kunden wartet und sich bei ihr der Verdacht verhärtet, dass seitens des Gesprächspartners eine gewisse Absicht dahintersteckt, dann beginnt sie innerlich zu kochen. Im Gespräch hat sie ihre liebe Not, Wut und Ärger hinter ihrer Maske zu verbergen, um freundlich und respektvoll zu sein, wie es von einem KAM erwartet wird. Das Gegenüber hat dadurch mehr Kontrolle über die Situation und somit ein leichteres Spiel während der Verhandlungen. Zudem wirkt ein KAM, der sich stark kontrollieren muss, wenig überzeugend und auch wenig authentisch. Der Gesprächsverlauf und das Ergebnis wird letztlich unbefriedigend für den KAM. Auf dem Heimweg wird er über die Unverschämtheit seines Kunden fluchen und somit die Verantwortung für die missliche Situation seinem Gesprächspartner zuschieben. Das mag zwar fürs Erste eine Erleichterung sein, ist aber keine wirklich nachhaltige Lösung.

Wer sich seines eigenen wunden Punktes bewusst ist, kann negative Muster und Routinen durchbrechen

Unser Chart zeigt, dass in diesem Falle die Beziehung ebenfalls leidet, doch zuerst einmal sollte der Betroffene sich mit seinem „wunden Punkt" beschäftigen, sonst tappt er immer wieder in die gleiche musterhafte Falle.

1.3.2 Schlüssel Beziehung

Die Veränderung der Qualität von Beziehungen ist oft ein schleichender Prozess. Bis wir erkennen, dass etwas nicht stimmt, ist es meistens schon

Wer stark sachorientiert vorgeht, übersieht oft die Beziehungsbotschaften zwischen den Zeilen

zu spät. Die zu starke Orientierung an den reinen Sachthemen kann eine mögliche Ursache dafür sein. Wir informieren den Kunden und argumentieren engagiert für unsere Lösung. Wir erhalten Signale, dass die Informationen angekommen und die Argumente meist nachvollziehbar sind. Wir achten jedoch nicht auf die Botschaften zwischen den Zeilen, die uns etwas über die Qualität der Beziehung mitteilen. Diese Informationen werden vom Kunden meist nicht explizit ausgesprochen, sondern oft in Form nonverbaler Kommunikation oder Botschaften „zwischen den Zeilen" übertragen.

Sprachlich formuliert könnten diese Beziehungsstörungen zum Beispiel lauten:
- „Ich finde Ihre Argumente prinzipiell gut. Ich empfinde Ihren Auftritt allerdings als zu druckvoll und drängend. Das widerstrebt mir."
- „Ihr einziges Ziel ist es, endlich einen Abschluss zu tätigen. Welche Schwierigkeiten ich in meinem Unternehmen damit habe und welche Risiken ich eingehe, scheint Sie dagegen nicht zu interessieren."
- „Wenn ich mit Ihnen spreche, habe ich immer den Eindruck, Sie agieren hinterlistig und wollen mich, ohne dass ich es merke, in eine gewisse Richtung manipulieren. Das werde ich nicht zulassen."
- „Ich empfinde Sie als rechthaberisch und pedantisch, das geht mir gegen den Strich."

Wenn im Falle solcher und ähnlicher Botschaften die Beziehungsarbeit vernachlässigt wird, verschlechtert sich die Qualität der Beziehung und die Erfolgschancen sinken.

Abb. 1.6: Der Schlüssel zum Erfolg liegt hier in einer Fokussierung auf die Beziehungsarbeit

Das Chart zeigt auch einen gewissen Zusammenhang zwischen Person und Beziehung. Jedoch ist hier in erster Linie Beziehungsarbeit angesagt.

1.3.3 Schlüssel Sache

Der Schlüssel zum Erfolg in diesen Situationen sind in erster Linie die bewährten KAM-Werkzeuge.

Insbesondere KAMs, die gute Kontakter und Beziehungsmanager sind, vernachlässigen diese Fassette ihres Jobs zuweilen. Sie investieren mehr Zeit in Kontakte, zu denen sie eine gute Beziehung haben, vermeiden dabei vielleicht Entscheidungsbeeinflusser, die ihnen nicht so liegen, aber hohen Einfluss haben. Sie unter- oder überschätzen Wettbewerber, kennen die

Entscheidungswege ihrer Key Accounts zu wenig und schöpfen dabei die Potenziale ihrer Kunden nicht vollständig aus. In manchen Projekten wird viel Zeit und Geld investiert, um später festzustellen, dass der Auftrag „von höchster Instanz" schon lange an einen Wettbewerber versprochen war oder sich die Kulturen und Werte beider Unternehmen nur schwer vereinen lassen. Manch ein hohes Investment liegt ursächlich auch in unzureichender Dokumentation des Kollegen oder des Vorgängers und der schlecht informierte KAM holt sich schmerzhaft alle die „blutigen Nasen" noch einmal. Dies führt auch häufig zu dem Eindruck, dass der Key Account anscheinend nicht so wichtig für den KAM ist oder dass hier wenig „professionell gearbeitet" wird. In all diesen Fällen sollten sich die KAMs auf die geeigneten Analysemöglichkeiten, Priorisierungs- und Dokumentations-Tools konzentrieren und ihre Aktivitäten im Voraus noch systematischer planen.

Wer zu viel Aufmerksamkeit auf den Beziehungsaspekt legt, verschenkt oft Kundenpotenziale

Abb. 1.7: Der Schlüssel zum Erfolg liegt hier in der Fach- und Organisationskompetenz des KAM

1.3.4 Schlüssel Umfeld

Viele Umfeldfaktoren sind nicht direkt durch den KAM beeinflussbar. Dennoch sollte er die für ihn relevanten Veränderungen im Umfeld systematisch beobachten, um seine Strategien rechtzeitig anzupassen. Für viele Veränderungen im Umfeld gibt es Vorzeichen. Wenn der Stuhl eines wichtigen Branchen-Entscheiders wackelt, zu dem ich eine gute Beziehung habe, dann sollten die ersten Anzeichen Anlass sein, sich rechtzeitig auf eine veränderte Situation vorzubereiten.

Die relevanten Veränderungen im Umfeld systematisch beobachten

Abb. 1.8: Der Schlüssel zum Erfolg liegt hier in der rechtzeitigen Wahrnehmung der relevanten Umfeldveränderungen

Wenn zum Beispiel der Gesetzgeber neue Richtlinien verabschiedet, dann sind häufig Kunden und Lieferanten gleichermaßen betroffen. Wenn sich ganze Branchen prinzipiell verändern, wie beispielsweise die Energiebranche Ende der Neunzigerjahre, dann gelten völlig neue Regeln und Prioritäten, an denen sich der Vertrieb und das Marketing frühzeitig und konsequent orientieren sollten. Hier gilt es dann, Erfahrungen und Modelle zu nutzen, die sich in vergleichbaren Prozessen bewährt haben, um die richtigen Entscheidungen zu treffen sowie die richtigen Maßnahmen einzuleiten. In einigen Fällen waren die kreativsten und motiviertesten Unternehmen zwar die letzten, die sich vom Markt verabschiedet haben, aber auch sie sind von der Unternehmenslandschaft verschwunden, da diese Branche keine „Marktberechtigung" mehr hatte.

Nichts ist so beständig wie der Wandel

Die Anforderungen in Bezug auf Sache und Umfeld nehmen an Flexibilität immer weiter zu. Nichts ist so beständig und nimmt so viel Dynamik auf wie der Wandel an sich. Viele Unternehmen stellen zumindest teilweise auf Matrix-Organisationen um, um selbst noch flexibler und dynamischer sein zu können. Für diese Organisationsformen und die immer häufiger auftretenden „Change-Prozesse" sind dann aber auch wieder Beziehungen und Personen für den Erfolg mitverantwortlich.

1.4 Zielsetzungen dieses Buchs

Das „ganze System" des Key Account Managers erschließen

Wir möchten mit diesem Buch dazu beitragen, alle wichtigen Ressourcen und Kompetenzen des Key Account Managers zu fördern. Sozusagen das „ganze System" des Managers. Die linearen, logischen, rationalen und fachlichen Tugenden **und** die analogen, emotionalen, intuitiven und bildhaften Tugenden.

Die mathematische Formel des Pythagoras ($a^2 + b^2 = c^2$) eignet sich auch gut für die Darstellung, wie man zu erweiterter Wahrnehmungsfähigkeit und zu neuen Handlungsoptionen gelangt:

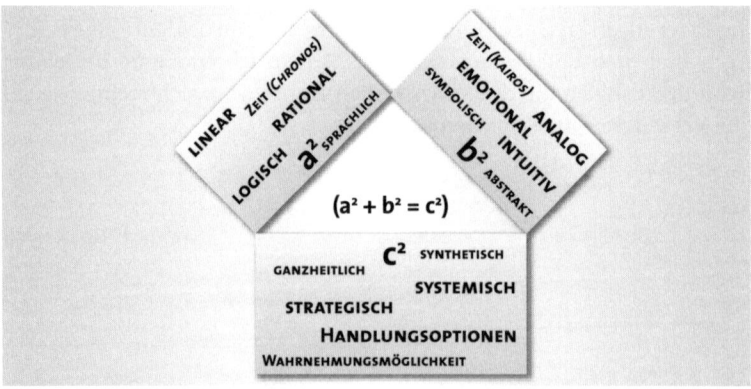

Abb. 1.9: Erst ein ausgewogenes Verhältnis zwischen linker und rechter Hirnhemisphäre erschließt das mögliche Potenzial

Ein großes „a^2" **und** ein großes „b^2" ermöglichen eine große Fläche für „c^2". „a^2" steht symbolisch für die linke Hirnhemisphäre, die sich vorwiegend mit der logisch-rationalen sprachlichen Hirnaktivität beschäftigt. Ist diese „männlichere" Hemisphäre gut ausgebildet, fallen uns zum Beispiel analytische, kaufmännische und strategische Aufgaben leicht. „b²" steht symbolisch für die rechte Hirnhemisphäre, die sich mehr mit der visuellen, symbolischen und abstrakten Hirnaktivität beschäftigt. In dieser eher „weiblichen" Hemisphäre entsteht auch eher der Zugang zu Emotionen und Intuitionen. Wichtige Fähigkeiten im Umgang mit Menschen und Situationen sowie gut für Kreativität und bildhafte Kommunikation.

Erst die Entwicklung und Nutzung beider Hemisphären, soweit es die persönlichen Voraussetzungen fördern, führt zur Wahrnehmung wichtiger Signale, zur Nutzung von Intuitionen, zu strategisch und taktisch guter Vorbereitung und Umsetzung – und damit zu einem breiten und flexiblen Handlungsspektrum des Key Account Managers.

Erst die Entwicklung und Nutzung beider Hemisphären führt zu einem breiten und flexiblen Handlungsspektrum

Da Pythagoras nicht nur Mathematiker, sondern auch Philosoph war, vermuten wir ähnliche „Hintergedanken" bei seiner Formel.

Entscheidungen werden häufig weniger auf der Basis objektiver Kriterien wie Nutzen, Qualität oder Preis-Leistungs-Verhältnis getroffen. Sehr oft ist die Qualität zwischenmenschlicher Beziehungen entweder das „Zünglein an der Waage" oder sogar die wichtigste Grundlage für das Zustandekommen von Verträgen.

1.5 Beispiele

1.5.1 Wie aus heiterem Himmel

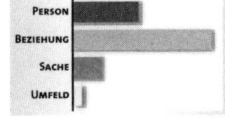

Schon seit Monaten investiert ein KAM eines deutschen Softwareunternehmens viel Zeit und Energie in einen wichtigen Neukunden. Die gesamte IT-Struktur eines Logistikkonzerns soll vereinheitlicht werden. Die Umstellung mehrerer heterogener Lösungen auf eine zentrale einheitliche Plattform muss im laufenden Betrieb vollzogen werden. Das Projekt ist für den KAM und sein Unternehmen aus zwei Gründen ganz besonders wichtig. Zum einen handelt es sich dabei um einen der größten Aufträge für das Softwarehaus überhaupt. Zum anderen würde dieser Schlüsselkunde die beste Referenz für den Eintritt in ein neues Marktsegment bieten. Man kann mit diesem Kundenprojekt die Kompetenzen demonstrieren, Lösungen höchster Komplexität realisieren zu können.

Unzählige Gespräche, Meetings und Präsentationen werden durchgeführt, bis es endlich so weit ist. Zwei Anbieter sind in der Schlussrunde noch im Rennen, die Entscheidung fällt für das Unternehmen unseres KAMs. Champagnerkorken fliegen. Euphorische Stimmung im Softwarehaus. Man hat es geschafft. Die Projektarbeit kann beginnen. Pflichtenhefte werden entwickelt und der Vertrag wird ausgehandelt. Auch diese Phase kostet Zeit und Nerven. Unglaublich, wie viele unterschiedliche Interessengruppen ihre Finger im Spiel haben. Alle IT-Manager, mehrere Fachabteilungen, Mitglieder der Geschäftsleitung, Juristen und sogar der Betriebsrat – alle müssen irgend-

wie unter einen Hut gebracht werden. Aber auch diese Hürden sind schließlich überwunden. Der Vertrag liegt zur Unterschrift bereit. Es wird ein Termin vereinbart, an dem die Vorsitzenden der beiden Geschäftsleitungen den Vertrag feierlich ratifizieren sollen.

Die Katastrophe ereignet sich innerhalb weniger Sekunden. Die beiden Herren begrüßen sich zunächst noch freundlich, doch wie aus heiterem Himmel ändert sich die Form ihrer Kommunikation ohne ersichtlichen Grund. Ihr Lächeln wirkt plötzlich unecht. Sie meiden den Blickkontakt. Ihre Bewegungen werden unnatürlich förmlich. Unser KAM hat in diesem Moment schon die Intuition, dass der Vertrag vielleicht doch nicht zustande kommen wird. Und prompt erklärt der Vorstand des Kunden, dass ihm in letzter Minute noch ein paar Details aufgefallen seien, die unbedingt geklärt werden müssten. Schließlich würde das Projekt für das Unternehmen eine „Operation am offenen Herzen" bedeuten, die Existenz der gesamten Firma stünde auf dem Spiel und da könne man gar nicht vorsichtig genug sein.

Von diesem Moment an bringt unser KAM keinen Fuß mehr in die Tür. Alle Kontaktversuche zu seinen „Freunden" werden höflich, etwas „nebulös", aber deutlich abgeblockt. Der Mitbewerber hat später den Zuschlag bekommen.

Die „Buschtrommeln" unseres KAMs berichten ihm dann, dass der Konkurrent mit der Komplexität der Lösung völlig überfordert ist. Alle Ampeln des Projekts stünden auf Rot. Verhandlungen mit einem US-Softwarehaus seien schon im Gange. Der Vorsitzende der Geschäftsleitung konnte seine Entscheidung nicht mehr rückgängig machen, ohne sein Gesicht zu verlieren. Inzwischen wird das amerikanische System implementiert. Die Amerikaner beherrschen zwar die Komplexität, jedoch nicht die deutsche Sprache.

Merkwürdigkeiten in der zwischenmenschlichen Beziehung

Nach unseren Erfahrungen sind solche Ereignisse keine Seltenheit. Viele KAMs, mit denen wir in unserer Arbeit zu tun haben, können ganze Abende mit solchen und ähnlichen Erzählungen aus dem „Nähkästchen" füllen. Fast immer geschieht Unglaubliches in der zwischenmenschlichen Beziehung. Das gilt allerdings nicht nur für die Beziehung KAM – Kunde, es soll zuweilen auch vorkommen, dass sich in Beziehungen wie KAM – Ehefrau oder auch KAM – Kinder einige Merkwürdigkeiten ereignen.

Der Begriff „merkwürdig" setzt sich aus „merk" und „würdig" zusammengesetzt. „Merk(en)" bedeutet in diesem Zusammenhang sein „Augenmerk" auf etwas zu richten und „würdig" hängt mit dem Begriff „Wert" zusammen. Wenn ihnen also etwas merkwürdig erscheint, dann bedeutet das nach unserer Auffassung: Etwas ist es wert, ihm seine Aufmerksamkeit zu widmen.

Wenn wir unser Augenmerk der zwischenmenschlichen Beziehung widmen, dann tauchen eine Menge Fragen wie diese auf:
- Was ist zwischen den beiden Herren im obigen Beispiel abgelaufen?
- Was ist Beziehung überhaupt?
- Wie kann Beziehung beschrieben werden?

- Was sind Merkmale einer guten Beziehung?
- Wie kommt es, dass manche Beziehungen derart zerrüttet sind, dass als einzige Lösung die Trennung infrage kommt?
- Welche Möglichkeiten gibt es, Beziehung aktiv zu gestalten?

Auf alle diese „analogen" (die emotionalen, intuitiven Aspekte betreffenden) Fragen werden wir in diesem Buch eingehen.

Nun erleben wir jedoch auch exzellente Beziehungsmanager in der Praxis, die sehr kontaktfreudig, menschlich sensibel und authentisch mit ihren Kunden kommunizieren. Ein offenes, konstruktives und sympathisches Gespräch mit einem der Entscheider lässt oft eine „sichere" Prognose für den Erfolg entstehen. Beseelt von diesem positiven Eindruck werden andere „Symptome" im System des Kunden sozusagen „ausgeblendet". Das System des Kunden hat meist mehrere Entscheidungsbeeinflusser mit unterschiedlich hohen Einflüssen und unterschiedlichen Interessen. Auf das System des Kunden wirken mehrere externe Anbieter, mit guten Kontakten und Beziehungen. Im System des Kunden gibt es Prozesse und Strömungen, die auf Entscheidungen von Anbietern starken Einfluss haben. Oft erfahren die KAMs zu einem überraschenden Zeitpunkt, dass sie aus politischen, hierarchischen oder systemischen Ursachen nie eine echte Chance als Anbieter hatten.

Über dem guten Kontakt zu einem Ansprechpartner darf das dahinterstehende System nicht vernachlässigt werden

1.5.2 Diffuse Situation

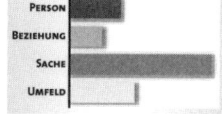

Der KAM eines namhaften Konsumgut-Markenartiklers trägt seit einem Jahr die nationale Verantwortung für einen der größten Handelspartner. Mit dem für seine Warengruppe zuständigen Einkäufer und den wichtigsten Bereichsleitern im Markt hat er bereits enge Kontakte, die Gesprächsfrequenzen sind hoch. Seine aktuelle Aufgabe ist die Implementierung einer Produktlinien-Erweiterung, neudeutsch auch „Line-Extension" genannt.

Nach einem herzlichen Gesprächsauftakt in gewohnt guter Atmosphäre und mit spürbarer Identifikation präsentiert er seinem Einkäufer diese hervorragenden Produktgruppen-Ergänzungen. Die „Begleitmaßnahmen" zur Implementierung, wie abverkaufsfördernde Maßnahmen im Markt, Organisation der Distribution, Werbe-Mediapläne und auch der „beliebte" Werbekostenzuschuss sind besprochen. Wobei der KAM zur Stabilisierung der Zusammenarbeit und als Wertschätzung für die Entscheidungssignale seines Gesprächspartners seine Kompetenzen und Budgets voll ausschöpfen würde.

Abschließend werden noch die Unterlagen besprochen, die der Einkäufer in der Präsentation des neu formierten Entscheidungsgremiums benötigt. Zu diesem Thema erwähnt der Einkäufer abschließend kurz – und mit veränderter Miene – eine veränderte interne Organisation, mit geänderten Titeln und möglichem Wechsel in der Einkaufsleitung. Mit den Worten: „Wir werden sehen, was diese Veränderungen bringen und für mich bedeuten, aber wir beide machen das schon ..." verabschiedet man sich mit festem Händedruck.

Nach dem Kundentermin berichtet der KAM seinem Chef frohen Mutes über dieses erfolgreiche Gespräch und macht sich an die Erstellung einer komprimierten und wirkungsvollen Präsentation für seinen Einkäufer.

Die Wochen gehen ins Land, die erhoffte Zusage der Listungen bleibt aus. In zahlreichen Telefonaten erntet der KAM zwar Verständnis, aber keine Entscheidung. Begriffe aus Telefonaten wie „neue Entscheidungswege", „unklare Strömungen", „geänderte Warengruppen-Politik", „Verstärkung der Handelsmarken", „ungewohnte emotionale Reaktionen im Entscheidungsgremium" machen die Situation diffus.

Um doch noch eine zeitnahe Entscheidung zu erwirken, bietet er noch einmal einen Termin zur Verhandlung der „Begleitmaßnahmen" an und würde, wenn gewünscht, auch seinen Chef mitbringen. Der Termin wird vom Einkäufer zunächst begrüßt, aber dann doch immer wieder abgesagt. Der KAM ist irritiert und weiß nicht mehr weiter, der Zeitdruck nimmt deutlich zu. Jetzt sagt ihm sein Chef auch noch, er würde die Sache selbst in die Hand nehmen! Hat er versagt?

- Was hat der KAM übersehen?
- Welchen Stellenwert hat er in der Warengruppe und bei den Entscheidungsbeeinflussern wirklich?
- Wie funktioniert das System seines Handelpartners aktuell?
- Wer sind die aktuellen Entscheidungsbeeinflusser und welche Interessen und Motive haben sie?
- Welche Entscheidungskompetenzen hat sein Einkäufer?
- Welche Kenntnisse und Hilfsmittel kann er nutzen, um seine Kontaktstärke noch sinnvoller einzusetzen?

Auf alle diese „linearen" (die sachlichen, organisatorisch-systematischen Aspekte betreffenden) Fragen werden wir ebenfalls in diesem Buch eingehen.

2 Grundlagen

> **WAS SIE IN DIESEM KAPITEL ERWARTET**
>
> Die grundlegenden Annahmen zu einem Gegenstand bestimmen, wie man ihn behandelt. Unser Gegenstand ist der Mensch, ganz egal ob er KAM, Kunde oder Kollege heißt. Uns interessieren am Menschen drei wesentliche Fähigkeiten, nämlich seine Möglichkeit zur Reflexivität, Autonomie und Rationalität. Auf dieser Sichtweise basieren alle unsere Ausführungen, die Ihnen vielleicht etwas ungewöhnlich erscheinen werden. Warum wir uns ausgerechnet für diese drei Punkte entschieden haben, erfahren Sie in diesem Kapitel. Natürlich erklären wir Ihnen auch, welche Bedeutung sie haben und was sie mit dem erfolgreichen Key Account Management tun haben.

2.1 „Werkstoffkunde"

In jeder handwerklichen Berufsausbildung gibt es das Fach „Werkstoffkunde". Bevor ein Handwerker einen Werkstoff bearbeitet, so ist die Idee, sollte er dessen Eigenschaften gründlich kennen lernen. Dadurch kann er viele Pannen vermeiden und eine hohe Qualität seiner Arbeit sicherstellen. Dieser Gedanke erscheint uns logisch und sinnvoll. Deshalb wollen wir in unserem Buch auch mit einer Art „Werkstoffkunde für KAMs" beginnen, die wir Gegenstandsverständnis oder Menschenbild nennen. Doch zurück zum Handwerk.

Die „Werkstoffkunde" des KAM: Welches Gegenstandsverständnis, welches Menschenbild herrscht vor?

Interessanterweise haben unterschiedliche Handwerker völlig andere Sichtweisen auf ein und denselben Werkstoff. Ein Zimmermann zum Beispiel interessiert sich im Wesentlichen für die mechanischen Eigenschaften von Holz. Er lernt in seiner Werkstoffkunde die Tragfähigkeit unterschiedlicher Holzarten kennen. Daraus kann er die notwendige Dicke der Balken für einen Dachstuhl ermitteln. Und wenn er alles richtig macht, hält seine Konstruktion Hunderte Jahre. Einen Kachelofenbauer hingegen beschäftigen ausschließlich die Brenneigenschaften von Hölzern, was den Zimmermann nicht im Geringsten interessiert. Im Gegenteil, er hofft, dass sein Dachstuhl vom „roten Hahn" verschont bleibt. Ein Designer richtet sein Augenmerk im Wesentlichen auf die ästhetischen Eigenschaften von Holz. Weder das Brennverhalten noch die Bruchfestigkeit sind für ihn von großer Bedeutung. Elektriker wiederum teilen die Welt in elektrische Leiter und Isolatoren ein. Holz ist für sie nichts anderes als ein mehr oder weniger guter Isolator.

Oft liegen die Gründe für Missverständnisse in einem unterschiedlichen Gegenstandsverständnis, wie das folgende Beispiel zeigt:

Ein Beispiel für unterschiedliches Gegenstandsverständnis

Ein erfolgreicher nationaler KAM wird befördert und mit der Betreuung eines internationalen Großkunden beauftragt. Das führt natürlich zu mona-

telangen Aufenthalten im Ausland. Seine in die Jahre gekommene Mutter schreibt ihm herzzerreißende Briefe. Seit er so viel in der Welt herumreise, würde sie ihn kaum noch sehen. Sie hätte niemanden, mit dem sie sich unterhalten könne, und fühle sich entsetzlich einsam. Auch KAMs haben Gefühle, aber, was viel wichtiger ist, sie haben auch für so ziemlich alles auf der Welt eine Lösung. In einem exklusiven New Yorker Zoogeschäft entdeckt unser KAM einen sündhaft teuren Papagei, mit dem man sich fließend in Englisch unterhalten kann. Das ist die Lösung für die einsame Mutter! Der Deutschkurs für den Papagei kostet ein halbes Vermögen. Endlich wird der Mutter ihr neuer Lebensgefährte via UPS zugestellt. Unser KAM erhält auch prompt eine kurze Dankeskarte, auf der zu lesen steht: „Danke für den exotischen Vogel, er hat vorzüglich geschmeckt!"

Unsere Vorstellung von einem Gegenstand bestimmt, wie wir ihn behandeln

Unsere Vorstellung von einem Gegenstand bestimmt, wie wir ihn behandeln. Nach unserer Auffassung gilt das auch für den „Gegenstand" Mensch im Allgemeinen und für den Key Account Manager sowie für den Kunden im Besonderen. Umgekehrt können wir aus der Art der Behandlung ableiten, welches grundlegende Verständnis der Handelnde von seinem Gegenstand hat. Einer, der aus Holz Dachstühle fertigt, schlussfolgern wir, ist ein Zimmermann. Interessant ist auch die Tatsache, dass es zu ein und demselben „Gegenstand" Mensch völlig unterschiedliche Verständnisse geben kann.

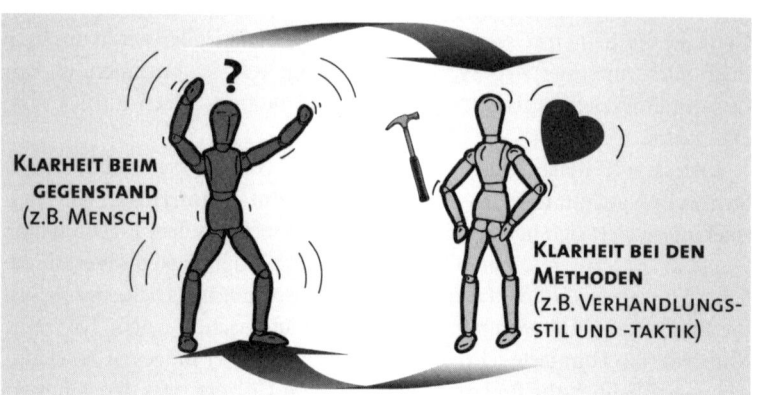

Abb. 2.1: Sind die angewandten Methoden dem jeweiligen Gegenstand angemessen?

Wir befassen uns im Key Account Management mit zwischenmenschlichen Beziehungen. Unser „Werkstoff" ist also der Mensch. In handwerklichen Berufen ist es, wie gesagt, üblich, sich gründlich mit dem Wesen eines Gegenstands zu beschäftigen, bevor man mit ihm arbeitet.

Von welchem grundlegenden Verständnis des Menschen geht ein KAM-Konzept aus?

Seltsamerweise wird eine solche Gegenstandsklärung in Key Account Management Konzepten so gut wie nie betrieben. Oder haben Sie schon einmal erlebt, dass ein Seminarleiter seine grundlegenden Sichtweisen zum Menschen dargestellt, und erst dann die Konsequenzen für die Handlungen daraus abgeleitet hat? Meist werden zum Thema „erfolgreiche Beziehung" kommunikative „Werkzeuge" wie Fragetechnik, das Argumentieren, die Einwandsbehandlung oder diverse Abschlusstechniken vorgestellt und eingeübt, ohne vorher eine explizite „Werkstoffkunde" betrieben zu haben. Was sich in den guten alten Handwerkerzünften bewährt, kann auch für den KAM von Nutzen sein. Wir wollen Ihnen nun zwei unterschiedliche Gegenstandsverständnisse zum Menschen vorstellen. Das eine ist Grundlage der meisten KAM-Konzepte, die wir kennen. Das andere unterscheidet sich erheblich davon und führt folglich auch zu anderen Handlungsstrategien.

2.2 Mechanistisches Menschenbild: Der Esel und die Möhre

Die meisten Vertriebskonzepte basieren auf den Erkenntnissen der Verhaltenspsychologie oder auch Behaviorismus genannt. Die Begriffe Menschenbild oder Gegenstandsklärung tauchen selbst in wissenschaftlichen Abhandlungen der Verhaltenspsychologie fast nie auf. Es erfordert eine detektivische Arbeitsweise, nämlich das Sammeln von Indizien, um das hinter den verhaltenspsychologischen Konzepten liegende Menschenbild zu ergründen.

Die meisten Vertriebskonzepte basieren auf den Erkenntnissen der Verhaltenspsychologie

Ein solches Indiz stammt von einem der Begründer des Behaviorismus, Herrn Dr. John Broadus Watson, der 1924 sinngemäß die folgende berühmt gewordene Aussage machte: „*Gebt mir ein Dutzend Neugeborene zur Aufzucht und ich mache aus jedem genau das, was ihr mir vorgebt – Arzt, Rechtsanwalt, Künstler, Unternehmer, Bettler oder Verbrecher*". Watson war davon überzeugt, dass der Mensch bei seiner Geburt eine „Tabula rasa", also ein leerer Tisch oder ein unbeschriebenes Blatt sei. Was aus ihm werde, sei ausschließlich von den Einflüssen seiner Umwelt abhängig. Der Mensch ist in diesem Sinne von seinem Wesen her passiv und durch externe Reize vollständig kontrollierbar. Über externe Stimuli könne, so Watson, jedes erwünschte Verhalten verursacht werden.

Für Watson ist der Mensch ausschließlich das Produkt von Umwelteinflüssen

Als Konsequenz aus dieser Annahme befasst sich der Behaviorismus systematisch mit den mechanischen Zusammenhängen von Stimulus und Verhalten oder von Reiz und Reaktion.

Abb. 2.2: Der Behaviorismus beschreibt menschliches Verhalten als Reaktion auf äußere Reize

Für den Vertrieb ist eine solche Idee natürlich verführerisch. Angenommen, diese Mechanik würde wirklich funktionieren, dann bräuchte ich nur noch eine genaue Liste der Auslöser für das Kaufverhalten meines Kunden, und ich könnte mich vor den goldenen Rolex-Uhren meiner Sales Awards kaum noch retten. Nebenbei bemerkt, viele dieser Rolex-Besitzer sind nicht in der Lage, die Mechanik ihres Erfolgs im Nachhinein genau zu erklären. Sie kamen zu diesen Ehren zuweilen wie die Jungfrau zum Kind.

Verstärker und Bestrafung

In der Verhaltenspsychologie sind die Umweltreize oder Stimuli in die beiden grundlegenden Kategorien Verstärker und Bestrafung eingeteilt. Ein Verstärker führt dazu, dass ein erwünschtes Verhalten häufiger oder wahrscheinlicher auftritt. Eine Bestrafung soll die Häufigkeit unerwünschten Verhaltens reduzieren.

„Incentives", „Werbegeschenke" und „Verkaufsförderung" sind die Verhaltensverstärker der üblichen KAM-Konzepte

Diese Kategorien finden wir auch im Handlungsrepertoire von Vertriebsleuten. Sie verwenden statt Verstärker Begriffe wie „Incentive", „Werbegeschenk" oder „Verkaufsförderung". Eine florierende Incentive-Industrie produziert und vertreibt solche Verhaltensverstärker. Das Angebot beginnt bei kleinen Werbegeschenken wie Kugelschreibern oder SWATCH-Uhren, geht über Genussmittel wie teuren Rotwein, Zigarren oder das Essen in einem Sterne-Restaurant bis hin zu luxuriösen Incentive-Reisen. In der Pharmaindustrie wurden Ärzte in der Vergangenheit zu wissenschaftlichen Vorträgen eingeladen, die zum Beispiel in einem exklusiven Hotel in St. Moritz stattfanden. Und schließlich gibt es noch den ultimativen Verstärker „Rabatte".

Aber auch die Bestrafung ist im Handlungsrepertoire der Account Manager vertreten. Allerdings funktioniert sie nur dann, wenn sich der betreffende Kunde in einer gewissen Abhängigkeit befindet. Wenn ein Kunde Liquiditätsprobleme hat, dann kann über das Zahlungsziel enormer Druck ausgeübt werden.

Die meisten KAMs werden ihrerseits ebenfalls nach den Prinzipien der Verhaltenspsychologie geführt

Die meisten KAMs werden ihrerseits übrigens ebenfalls nach den Prinzipien der Verhaltenspsychologie geführt. Als Verstärker werden bei ihnen Gehalt, Provision, Sales-Awards, Sales-Incentives und die Größe des Dienstwagens eingesetzt. Bestrafungen sind in ihrem Falle wesentlich fassettenreicher als gegenüber Kunden, da die KAMs von vornherein in einer vertraglich festgelegten Abhängigkeit stehen. Konkrete Maßnahmen sind Rüge, Abmahnung, öffentliches „Abwatschen", Degradierung und Androhung einer Kündigung. Ein methodologischer Ausrutscher passiert so manchem Vertriebschef, indem er versucht über Bestrafung ein erwünschtes „positives" Verhalten des KAM zu erreichen. Das ist selbst aus verhaltenspsychologischer Perspektive ein wenig aussichtsreiches Unterfangen, denn mit Bestrafung kann man nur das Auftreten unerwünschten Verhaltens reduzieren, nicht aber ein erwünschtes Verhalten fördern.

Diese gewiss subjektive Sammlung von Indizien legt für uns die Hypothese nahe, dass die gängigen Methoden im Account Management auf der

Verhaltenspsychologie und dem ihr zugrunde liegenden Menschenbild basieren.

In der Anwendung dieser mechanistischen Methoden stecken jedoch Risiken, die meist wenig Beachtung finden. Verstärker wirken oft nur kurzfristig. Bleiben sie aus, dann bleibt auch das gewünschte Verhalten aus. Bildhaft gesprochen: Halte ich dem Esel eine leckere Möhre vor die Nase, bewegt er sich. Nehme ich die Möhre wieder weg, bleibt er stehen.

Verhaltensverstärker wirken nur kurzfristig und nutzen sich mit der Zeit ab

Eine weitere unangenehme Eigenschaft von Verstärkern ist ihre inflationäre Tendenz. Lade ich heute einen Kundenvertreter in ein Zweisternerestaurant ein, dann gewöhnt er sich schnell daran. Es wird zur Normalität. Eine Wirkung wird beim nächsten Mal erst erreicht, wenn ich ihn in eine mit drei Sternen ausgezeichnete Lokalität einlade. Verkaufen über den Verstärker „Rabatte" führt zuweilen zu ruinösen Preiskämpfen im Markt. In der Pharmaindustrie zum Beispiel werden die teuren Incentives und Rabatte inzwischen gesetzlich unterbunden. Plötzlich sehen sich die Account Manager eines ihrer wichtigsten Vertriebsinstrumente beraubt. Sie stehen sozusagen vor dem Esel ohne Möhre in der Hand.

Es gibt unter den Kunden auch Personen, die sich völlig den verhaltenspsychologischen Mechanismen entziehen. Sie entpuppen sich als Jäger und Sammler, die Geschenke annehmen, ohne im Geringsten daran zu denken, jemals eine Gegenleistung dafür zu erbringen. Es besteht null Zusammenhang zwischen Verstärker und erwünschtem Verhalten. Da tröstet auch die berühmte Einsicht des Autobauers Henry Ford nur wenig: „Die Hälfte der Werbeausgaben ist zum Fenster hinausgeworfenes Geld. Leider wissen wir nicht, welche Hälfte."

Die ausschließliche Nutzung verhaltenspsychologischer Erkenntnisse wird der Komplexität der Vertriebsrealität nicht gerecht

Die Sprache von Vertriebsleuten und KAMs fasziniert uns vor diesem Hintergrund ebenfalls immer wieder. Ein Beispiel für diese Hintergründigkeit ist die Aussage: „Ich habe Schwierigkeiten mit diesem Kunden. Er neigt zur eigenen Meinung." Dieser Spruch wird zuweilen auch auf Ehefrauen angewandt. Vielleicht, so vermuten wir, stellt so mancher Account Manager das mechanistische Modell der Verhaltenspsychologie insgeheim infrage. Diesem liegt ja, wie schon erwähnt, die Vorstellung einer Black Box zugrunde, bei der ausschließlich der Auslöser und das Verhalten betrachtet werden. Die eigene Meinung, so lässt der zitierte Stoßzeufzer zumindest vermuten, scheint jedoch viel wichtiger für das Verhalten des Kunden zu sein als die zum Einsatz kommenden Verstärker. Diese eigene Meinung entsteht dummerweise im Inneren dieser Black Box, mit deren Gesetzmäßigkeiten sich der behavioristische Ansatz nicht befasst.

Ein weiteres Merkmal dieses Menschenbilds ist, dass es sich ausschließlich mit der oben beschriebenen Mechanik befasst und ethische Aspekte weitgehend außer Acht lässt. Das bedeutet nicht, dass Verhaltenspsychologen zwangsläufig ethische Normen verletzen. Ihre Methoden können allerdings auch in unverantwortlicher Weise angewandt werden. Der Film „Das Experiment" veranschaulicht das in bedrückender Weise. In einem tatsächlich von Philip G. Zimbardo durchgeführten verhaltenspsychologischen Experiment

Ethische Aspekte bleiben in der Regel außen vor

sollte das menschliche Verhalten in einer Extremsituation beobachtet werden. Dazu wurden 21 Freiwillige per Zufall in die beiden Gruppen „Häftlinge" und „Gefängniswärter" aufgeteilt. Zwei Wochen lang sollten sie das Leben in einem Gefängnis simulieren. Das gesamte „Gefängnis" wurde von den Versuchsleitern mit Videokameras rund um die Uhr überwacht. Das Experiment wurde nach sechs Tagen abgebrochen, weil die Situation im fiktiven Gefängnis in brutaler Weise eskalierte. Philip G. Zimbardo, der Leiter des Experiments, konnte die Fortführung aus ethischen Gründen nicht vertreten. Im Film hat der Versuchsleiter weniger Skrupel. Seine wissenschaftliche Neugier und sein Streben nach Ansehen motivieren ihn, das Experiment nicht zu unterbrechen. Die Folgen sind Mord und Totschlag.

Auch im Vertrieb gibt es Situationen, in denen die ausschließliche Orientierung am Ergebnis zu Handlungen führt, die ethisch nicht vertretbar sind. Medien berichten in solchen Fällen von Schmiergeldaffären, Skandalen im Rotlichtmilieu, Erpressung oder Korruption.

Geld allein ist nicht alles

Zum Schluss wollen wir noch eine Anmerkung zum Verstärker Geld machen. Nichts motiviert so stark wie Geld, ist eine Theorie, die in vielen Köpfen herumschwirrt. Folglich müssten KAMs umso motivierter sein, je mehr Geld sie in ihrem Job verdienen können. Das mag für einige Individuen zutreffen. Es gibt aber auch genügend andere Beispiele. Während der rasanten Kursexplosion im so genannten neuen Markt lernten wir einige KAMs kennen, die innerhalb kurzer Zeit mit ihren Stock Options zu Millionären wurden. Die meisten von ihnen waren aber alles andere als motiviert. Geld allein ist im Prinzip kein Motivator, es kann jedoch als Mittel dienen, Motivatoren wie Existenzsicherung oder Ansehen zu bedienen.

2.3 Konstruktivistisches Menschenbild: Jeder schafft sich seine Welt

Bei der Diskussion des mechanistischen Menschenbilds haben wir exemplarisch die Aussagen des Herrn Dr. John Broadus Watson dargestellt. Auch für die Gegenposition wollen wir einen Vertreter auswählen, der für viele andere Personen steht, die diese Richtung vertreten. Es ist Herr Prof. Dr. Jörg Schlee. Er begründete mit drei weiteren Wissenschaftlern ein psychologisches Forschungsprogramm mit dem Namen FST (Forschungsprogramm Subjektive Theorien). Anders als ihre behavioristischen Kollegen wählten diese Forscher ein Vorgehen, das sich im Bereich des Handwerks bewährt hat:

„Bevor du ein Material bearbeitest, solltest du dir über die wesenhaften Merkmale im Klaren sein."

Und so beschäftigten sich Schlee und seine Kollegen mit der Frage, wie sie den Menschen grundsätzlich sehen wollen und was ihnen an ihm wichtig ist. Das Ergebnis war ein Menschenbild, das sich völlig von dem des Herrn Dr. John Broadus Watson unterscheidet.

Der Mensch kommt nicht als Tabula rasa auf die Welt, ist eine der grundlegenden Annahmen der Forscher. Der Mensch setzt sich vielmehr von der ersten Stunde an aktiv mit seiner Umwelt auseinander. Er erkundet aktiv alle Dinge, die ihn umgeben. Wer eigene Kinder hat, kann von diesem Erkundungsdrang ein Lied singen. Der Mensch konstruiert ein für ihn sinnvolles inneres Bild von sich selbst und seiner Umwelt. Daher auch der Begriff „konstruktivistisch". Dieses Bild ist im Wesentlichen das Ergebnis seiner eigenen Aktivitäten. Er reagiert nicht ausschließlich mechanisch auf Umweltreize. Vielmehr setzt er sich mit neuen Eindrücken auseinander und versucht sie so in sein inneres Bild einzufügen, dass es einen Sinn ergibt. Wenn das nicht gelingt, wird er konsequenterweise sein inneres Bild korrigieren.

Der Mensch konstruiert ein für ihn sinnvolles inneres Bild von sich selbst und seiner Umwelt

Angenommen, das wären grundlegende Wesensmerkmale aller Menschen, dann gehören ja auch die KAMs und ihre Kunden dazu. Und wenn da wirklich etwas dran sein sollte, dann müssten wir unser Handeln als KAM vielleicht gründlich überdenken?

Versuchen wir das doch einmal an einem konkreten Beispiel durchzuspielen.

Der richtige Anreiz ergibt auch das erwünschte Verhalten:
Ich lade einen Kunden zu einem teuren Essen ein. Meine Idee ist, dass ich sein Verhalten damit aktiv in meinem Sinne beeinflussen kann. Ich handle also nach dem Prinzip: Anreiz ergibt erwünschtes Verhalten.

Beispiel: KAM nach dem mechanistischen Menschenbild

Sollte die Wirkung ausbleiben, dann könnte die Ursache in der mangelnden Exklusivität (zu wenig Sterne) oder generell falschen Wahl des Lokals liegen. Oder vielleicht mag mein Kunde gar nicht essen, sondern lieber in der VIP-Lounge beim WM-Finale sein. Wie dem auch sei, ich werde das nächste Mal versuchen, einen besseren Anreiz auszuwählen. Das mechanistische Menschenbild ist bei diesem Vorgehen Grundlage meines Handelns.

Und nun zur Gegenposition:
Ich lade also meinen Kunden zum Essen ein und muss damit rechnen, dass er über meine Einladung nachdenkt und nicht einfach mechanisch mit dem erwünschten Verhalten reagiert. Jetzt wird es etwas komplizierter. In seinem Inneren könnte er nämlich unter vielen anderen Möglichkeiten folgende Denkvorgänge vollziehen:

Beispiel: KAM nach dem konstruktivistischen Menschenbild

- „Irgendwie geht mir dieser KAM mit seinen ständigen absichtsvollen Besuchen auf die Nerven. Als Entschädigung dafür gönne ich mir auf seine Kosten ein Menü bei Schubeck. Und wenn er mit einer WM-Karte für die VIP Lounge daherkommt, dann ist mir das auch recht."
- Oder er denkt: „Der KAM ist wirklich ein netter und witziger Kerl, mit dem ich mich gerne unterhalte. Eine Pizza beim Italiener um die Ecke wäre mir dafür viel angenehmer als die steife Atmosphäre im Sterne-Restaurant."
- Oder vielleicht denkt er auch: „Wenn der so dumm ist, mich einzuladen, dann werde ich das auch annehmen. Meine Entscheidung wird davon allerdings nicht beeinflusst."

- Wir haben auch schon diese Alternative von Kunden gehört: *„Jetzt versucht der KAM seine verkäuferischen und fachlichen Defizite auszugleichen, der wird mir immer unsympathischer!"*

Wahrscheinlich gibt es noch tausend weitere Möglichkeiten dafür, was der Kunde denken könnte.

Das konstruktivistische Menschenbild bietet uns jede Menge Möglichkeiten des Handelns, die keinen Cent kosten

Die schlechte Nachricht zuerst: Wenn wir uns vom behavioristischen Menschenbild verabschieden, dann wird es etwas komplizierter. Die gute Nachricht: Das konstruktivistische Menschenbild bietet uns jede Menge Möglichkeiten des Handelns, die keinen Cent kosten. Doch nun zurück zu Herrn Schlee und dem von ihm vertretenen Menschenbild. Seine menschliche Werkstoffkunde lässt sich in folgender Aussage zusammenfassen:

Prinzipiell verfügt jeder Mensch über die Möglichkeit der Reflexivität, der Rationalität und der Autonomie.

Zugegeben, die Botschaft des Dr. Watson war einfacher, doch bevor wir das Handtuch werfen und über neue Maßnahmen der Manipulation nachdenken, sollten wir Herrn Schlee eine Chance geben und versuchen, seine Gedanken in unsere Welt zu übersetzen.

2.3.1 Reflexivität – der Modus des Erkennens

Der Begriff „Reflexion", wie wir in hier verwenden, kommt aus der Philosophie und bedeutet in einfachen Worten ausgedrückt *„über sich selbst nachdenken"* oder sogar *„über das Nachdenken nachdenken"*, um dabei Erkenntnisse zu gewinnen. Über diese Fähigkeit verfügt unseres Wissens unter allen Lebewesen nur der Mensch, folglich auch der KAM und der Kunde. Wir benutzten diese Möglichkeit leider viel zu selten. Reflexion im Kundengespräch könnte z.B. wie folgt aussehen:

Treten Sie in Gedanken aus der Kommunikationssituation heraus und beobachten Sie aus der Distanz, was abläuft

Sie können theoretisch während einer Besprechung mit Ihren Kunden in Gedanken aufstehen, zu den agierenden Personen eine gewisse Distanz einnehmen und beobachten, was zwischen ihnen abläuft. Sie beobachten also eine Gruppe, zu der sie selbst gehören. Vielleicht finden Sie diese Idee ziemlich verrückt, es geht aber noch verrückter. Sie können nämlich auch Ihren Kunden auffordern, mit Ihnen gemeinsam in Gedanken auf Distanz zu gehen und zu beobachten, was zwischen den beiden Akteuren, also Ihnen beiden, abläuft.

Ver-rückt sein oder an einen unverrückbaren Standpunkt festgenagelt sein?

Der Begriff „verrückt" beschreibt diese Situation ziemlich treffend. In ihm steckt das Verb „ver-rücken". Ich verrücke meinen Standpunkt und kann eine Situation aus einem anderen Blickwinkel betrachten. Ein Verrückter sieht demnach die Dinge aus einer meist ungewöhnlichen Perspektive. Wir verstehen ihn nicht, weil wir nicht in der Lage sind, uns dort hinzustellen, wo er steht. So gesehen stellt sich die Frage, was unangenehmer ist, verrückt oder wie festgenagelt zu sein. In diesem Sinne lautet unsere Aufforderung: Seien Sie doch öfter mal etwas ver-rückt!

Reflexion ist eine menschliche Fähigkeit, auf die wir auch in der Umgangssprache Hinweise finden. Einige Beispiele dafür sind:

- *„Ich lasse etwas Revue passieren."* In diesem Falle lasse ich z.B. ein Gespräch nach dessen Beendigung noch einmal wie in einem inneren Kino ablaufen und beobachte es aus einer zeitlichen Distanz.
- *„Ich sortiere mich."* Auch der Sortiervorgang erfordert eine gewisse Distanz zu den Dingen, die ich sortieren will. In unserem Fall sind das Gedanken, Empfindungen und Handlungen.
- *„Ich orientiere mich."* Dieser Begriff hat mit dem Orient, also dem Morgenland, zu tun. Im Orient geht die Sonne auf und dort, wo die Sonne aufgeht, ist die Himmelsrichtung Ost. Orientierung heißt also, einen Bezugspunkt außerhalb meines Systems zu suchen, im wörtlichen Sinne ist es der Punkt, an dem die Sonne aufgeht.
- *„Ich erweitere meinen Horizont."* Auch in dieser Vorstellung verlasse ich meine gewohnten Grenzen und betrete Neuland.
- *„Ich schaue durch die Brille des Kunden."* Dieser Vorgang ist sozusagen eine doppelte „Ver-rücktheit". Zunächst verlasse ich meinen eigenen Standpunkt, was per se schon verrückt ist. Danach nehme ich den Standpunkt eines anderen ein und sehe die Welt durch seine Brille oder sogar mit seinen Augen.
- *„Ich nehme die Helikoptersicht ein."* Hier verrücke ich meinen Standpunkt nach oben. Von dort aus überblicke ich mehr und kann Zusammenhänge erkennen. Ich befinde mich dann auf einer Metaebene.
- *„Wir reden miteinander darüber, wie wir miteinander reden."* Schulz von Thun, dessen Modellen Sie sicher schon in Vertriebstrainings begegnet sind, nennt diese Form der Kommunikation „Metakommunikation".

Sprachliche Indizien für unsere Fähigkeit der Reflexion

Alle diese Vorgänge haben Folgendes gemeinsam: Sie finden ausschließlich in unseren Gedanken im Kopf, also in der Black Box, statt. Sie ermöglichen das Erkennen von Zusammenhängen. In diesem Sinne sind sie für uns nichts anderes als Erkenntniswerkzeuge.

Je ausgeprägter das Reflexionsvermögen, desto höher der Erkenntnisgewinn

Um die Bedeutung der Reflexion für unser Handeln noch deutlicher zu machen, wollen wir darauf eingehen, welche Konsequenzen es hat, wenn ein Mensch seine Möglichkeit zur Reflexion nicht nutzt. Auch dafür gibt es Beispiele aus der Umgangssprache:

- *„Er kann nicht aus sich heraus."* In unserem Sinne bedeutet das, dass dieser Mensch keine andere Sichtweise einnehmen will oder kann.
- *„Er ist ein Gefangener seiner selbst."* Das Fehlen der Reflexion wird hier sogar mit einer Gefangenschaft gleichgesetzt.
- *„Er befindet sich in einem Teufelskreis."* Der Mangel an Reflexion ist in diesem Falle eine teuflische Angelegenheit.
- *„Sein Handeln ist kurzsichtig."* Der Betreffende denkt also nicht zukunftsorientiert. Er sieht nicht die Risiken und Nebenwirkungen seines Handelns.

Auch mangelndes Reflexionsvermögen schlägt sich umgangssprachlich nieder

- „*Er ist nicht in der Lage, Oberwasser zu gewinnen.*" Jemand schwimmt sozusagen unter der Wasseroberfläche, sein Blick ist getrübt und er sieht nicht, was sich da oben abspielt.
- „*Er ist blindlings in die Falle getappt.*" Das Fehlen der Reflexion wird hier mit Blindheit gleichgesetzt.
- „*Er ist blind für das, was man mit ihm treibt.*" Der Volksmund sagt, dass Verliebtsein blind mache. Wir können uns auch in unsere eigenen Ideen verlieben, was uns blind für alles andere machen kann.

Reflexion wird in diesem Buch im Sinne von Erkenntnis gewinnen verwendet. Wir meinen, dass die KAM-Kundenbeziehung umso besser funktioniert, je mehr die Beteiligten erkennen, also je mehr sie Person, Beziehung, Sache und Umfeld reflektieren.

2.3.2 Rationalität – der Modus des Erwägens

Rationalität als Fähigkeit, Denken, Fühlen und Handeln in Einklang zu bringen

Dieser Begriff kommt vom Lateinischen „*rationalitas*" = Denkvermögen. Sehr oft wird unter Rationalität ausschließlich das logische Denken verstanden. Wir verwenden eine etwas erweiterte Definition: Rationalität ist in unserem Sinne die Fähigkeit, Denken, Fühlen und Handeln in Einklang zu bringen.

Fokus auf Denken: Gefahr der Abschlussschwäche

Wenn ich nur denke und nicht ins Handeln komme, dann ist das aus unserer Sicht irrational. Bei einem KAM spricht man in diesem Fall von einer Abschlussschwäche. Ihm fehlt es an der Konsequenz, die vielleicht durch das endlose Denken verhindert wird.

Fokus auf Emotionen: Gefahr der Harmoniefalle

Andere KAMs orientieren sich stark an den Empfindungen. Sie geraten dadurch zuweilen in eine Harmoniefalle. Sie wollen es dem Kunden recht machen und ihn nicht vergraulen. Auch sie kommen dadurch nicht in die Konsequenz und zum Abschluss.

Handeln, ohne zu denken oder Emotionen zu berücksichtigen: Gefahr des Aktionismus

Wenn ich handle, ohne zu denken und ohne die Empfindungen zu berücksichtigen, dann ist die Folge Aktionismus, den wir auch im Vertrieb häufig beobachten.

Um den Begriff der Rationalität hintergründiger zu erklären, wollen wir Ihnen ein erstes Werkzeug, nämlich die Vierer-Kette, vorstellen. Wir können dieses Modell sowohl als Mittel der Reflexion als auch zur gezielten Verbesserung unserer Kommunikation verwenden. Dazu machen wir zunächst einen kleinen Ausflug in die Anatomie. Die Funktionen Denken, Fühlen und Handeln können stark vereinfacht den anatomischen Bereichen rechte und linke Großhirn-Hemisphäre sowie dem gesamten Rest unseres Organismus zugeordnet werden.

Das Denken

Zwei Hirnhemisphären repräsentieren zwei unterschiedliche Arten des Denkens

Unser Endhirn ist in zwei Hemisphären aufgeteilt, die zwei unterschiedliche Arten des Denkens repräsentieren.

Die rechte Hemisphäre „denkt" in Bildern, Symbolen, Metaphern, Geschichten. Sie analysiert das Beobachtete nicht, sondern erfasst die Welt in Ganzheiten. Statt 1.000 Bäume zu zählen und zu kategorisieren, sagt sie einfach ganzheitlich „Wald". Es ist ein Denken in Schubladen. Je weniger Schubladen ich verwende, desto einfacher ist die Welt. Diese Form des Denkens ist eine große Erleichterung für uns.

Die rechte Hirnhemisphäre „denkt" in Bildern, Symbolen, Metaphern, Geschichten

Der Begriff „Verkäufertyp" öffnet bei Menschen, die bevorzugt mit der rechten Hemisphäre denken, in Bruchteilen von Sekunden eine Schublade, in der alle subjektiven Bilder dieses Typs abgespeichert sind. Das könnte z.B. so aussehen:
- Fünfer-BMW mit Breitreifen, immer auf Hochglanz – Angeber
- Dunkler Maßanzug, edle Seidenkrawatte, Rolex-Uhr – Aufschneider
- Redet gerne und hört sich selber gerne reden – Schwätzer
- Lacht über seine oft peinlichen Witze selbst am lautesten – selbstgefällig
- Egal, was man sagt, er antwortet immer mit einem *„Ja – aber…"* – Rechthaber
- Es gibt nichts, was er nicht kann – überheblich

Wie gesagt, diese Bilder ermöglichen uns ein intuitives und spontanes Handeln. Der Kunde, der einen KAM wie oben beschrieben einordnet, wird vor diesem vielleicht die Flucht ergreifen und sich in eine Toilette retten.

Die linke Hemisphäre hingegen denkt abstrakt. Sie liebt Zahlen, Daten, Fakten. Ihre Leidenschaft sind Vertriebsstatistiken und Excel-Sheets. Sie strebt nach Präzision und Korrektheit. Wenn in der Millionenstatistik die dritte Stelle hinterm Komma nicht stimmt, wird sie so lange keine Ruhe geben, bis sie den Fehler gefunden hat. Ihr wichtigstes Werkzeug ist die Analyse. Analyse geht auf das altgriechische Verb „ναλύειν" *analyein* – auflösen zurück und wird heute im Sinne von zergliedern, aufteilen, zerlegen gebraucht. Und so können wir uns vorstellen, dass ein typischer „Linksdenker" durchaus als trocken, langweilig, pedantisch und haarspalterisch erlebt wird.

Die linke Hirnhemisphäre liebt Zahlen, Daten, Fakten

Das Fühlen

Bleibt uns noch der restliche Organismus, zu dem der Hirnstamm, das Herz- Kreislaufsystem, die inneren Organe, die Haut und der Bewegungsapparat gehören. Empfindungen, Gefühle, Emotionen sind fast immer mit körperlichen Aktivitäten verbunden. Hinweise dafür finden wir wieder in der Umgangssprache, in der Gefühle oft sogar durch körperliche Vorgänge ausgedrückt werden. Beispiele für physiologische Reaktionen und die möglicherweise dazugehörigen Emotionen sind:
- *„Er bekommt kalte Füße."* (Angst)
- *„Die Haare stehen ihm zu Berge."* (Schrecken)
- *„Das liegt ihm schwer im Magen."* (Belastung)
- *„Er wirkt verkrampft."* (Anspannung)
- *„Es läuft ihm eiskalt den Rücken hinunter."* (Schauer)

Beispiele für physiologische Reaktionen und die möglicherweise dazugehörigen Emotionen

- *„Das bläht ihn."* (Ärger)
- *„Er hat Herzklopfen."* (Verliebtsein)
- *„Er bekommt eine rote Birne."* (Scham)
- *„Er leckt sich die Finger danach."* (Lust)
- *„Da blieb ihm die Luft weg."* (Entsetzen)
- *„Er fand es zum Kotzen."* (Ekel)
- *„Er macht sich in die Hose."* (Angst)

Wenn es Ihnen schwerfällt, Empfindungen auszudrücken, dann probieren Sie es doch einmal mit der Umgangssprache.

Das Handeln
Im Begriff „Handeln" steckt die Hand. Der Manager (von lateinisch „*manus*" – die Hand) legt also im ursprünglichen und besten Sinne Hand an, packt zu und bewegt etwas. Im übertragenen Sinne gehören dazu auch die Konsequenz und der Nutzen. *„Das liegt doch auf der Hand!"*, sagen wir, wenn der Nutzen offensichtlich ist.

Damit haben wir nun alle vier Bestandteile unserer Kette definiert und fassen die vier Schritte wie folgt zusammen:
- Die sachliche Aussage, die logische Begründung (linke Hirnhemisphäre)
- Ein Beispiel, eine Geschichte, eine Begebenheit, Bilder, Symbole (rechte Hirnhemisphäre)
- Empfindungen, Gefühle, Intuitionen (Organismus)
- Handlung, Konsequenz, Nutzen (Hand)

Rationalität ist für uns nichts anderes, als diese Viererkette anzuwenden. Vielleicht haben Sie jetzt schon eine erste Vorstellung davon, dass Sie damit Ihre Beziehung zwischen sich und Ihrem Kunden nachhaltig verbessern können. Wir kommen später noch einmal auf die Kette zurück.

2.3.3 Autonomie – der Modus des Handelns

Der Begriff kommt vom Altgriechischen „αυτονομία" autonomía – sich selbst Gesetze gebend, Eigengesetzlichkeit, Selbstständigkeit. Autonomie bedeutet, dass ein Mensch in jeder Situation seines Lebens wählen und entscheiden kann. Ob er das auch tatsächlich tut oder nicht, ist eine andere Sache. Ein KAM ist Repräsentant seines Unternehmens beim Kunden und umgekehrt Vertreter des Kunden gegenüber seinem Unternehmen. Es liegt in der Natur dieser Position, dass alles, was schiefläuft, zunächst einmal beim KAM landet. Das ist ja auch sein Job. Allerdings kommt es auf die Art an, wie die Themen mit dem KAM geregelt werden. Sehr häufig lassen alle Seiten ihren Unmut am KAM aus. Nicht selten geschieht das in einer respektlosen und verletzenden Weise.

Vielfach ist der KAM Prügelknabe sowohl seiner Kunden als auch seines eigenen Unternehmens

Der KAM fühlt sich in der Klemme, denn er soll den Kunden wie ein König behandeln und ist von seiner Geschäftsleitung abhängig. Viele

KAMs haben sich angewöhnt, ihren Frust hinunterzuschlucken. Andere versuchen, den „Unrat" erst gar nicht an sich herankommen zu lassen und sich ein dickes Fell zuzulegen. Diese Strategie ist aus zweierlei Gründen gefährlich. Häufig ist das Fell nicht dick genug und Respektlosigkeiten gehen uns, ob wir es wollen oder nicht, buchstäblich unter die Haut. Wir tragen sie mit uns herum, ohne es vielleicht zu bemerken. Das kann auf die Dauer sogar gesundheitliche Probleme verursachen.

Noch viel wichtiger ist die Auswirkung auf die jeweilige Beziehung. Wer einmal die Rolle eines Prügelknaben eingenommen hat, ohne sich zu wehren, kann damit rechnen, dass er auch weiterhin als Abfalleimer benutzt wird. Es wird ihm schwerfallen, in einer Beziehung wieder auf Augenhöhe zu kommen. Was hat das alles mit Autonomie zu tun? Nun, auch in einem solchen Fall haben wir die Wahl.

Auf der Grundlage des hier beschriebenen Menschenbildes ist Respektlosigkeit ein Vorgang, an dem mindestens zwei Seiten beteiligt sind. Die eine Seite spricht eine Beleidigung aus, die andere Seite nimmt sie an. Somit liegt auch jeweils ein Teil der Verantwortung auf beiden Seiten. Der Betroffene hat die Wahl, die Respektlosigkeit unterwürfig anzunehmen oder sich dagegen zu wehren.

Respektlosigkeit ist ein Vorgang, an dem mindestens zwei Seiten beteiligt sind

Ich selbst hatte schon Kundengespräche, nach denen ich mich wie ein geprügelter Hund fühlte. Nachdem ich das Thema „Autonomie" verstanden hatte, habe ich mir fest vorgenommen, es einmal anders zu machen.

Eines Tages rief mich ein Kunde an, um sich berechtigterweise über ein Versäumnis von mir zu beschweren. Er war sehr wütend und brüllte ins Telefon. Nicht nur sein Ton war für mich beleidigend, er warf mir buchstäblich Begriffe an den Kopf, die unter die Gürtellinie gingen. Dieses Mal, so sagte ich mir, lasse ich mir das nicht gefallen. Ich unterbrach sein Schimpfen und teilte ihm mit ebenfalls lauter und energischer Stimme mit, dass ich jederzeit für meine Fehler geradestehe und Kritik gerne annehme, ich jedoch nicht zulassen würde, dass irgendjemand auf der Welt in dieser Form mit mir redet. Dann legte ich auf. Ein paar Minuten später rief mein Kunde wieder an und entschuldigte sich.

Nach diesem Vorfall hatten wir eine viel engere Beziehung. Er empfand meine klare Aussage als mutig. Mit mutigen Menschen arbeite er lieber zusammen als mit Feiglingen. Und ich fand es bemerkenswert, dass er sich entschuldigte, obwohl er am längeren Hebel saß. Mut zur Autonomie, so habe ich immer wieder erfahren, zahlt sich aus.

Es gibt natürlich auch Situationen, auf die ich keinen Einfluss habe. Wenn zum Beispiel ausgerechnet ein Mensch, der mir gegen den Strich geht, mein Vertriebschef wird. Doch auch dann habe ich die Wahl. Ich kann beschließen, das, was ich nicht verändern kann, zu akzeptieren, oder ich kann gehen.

Konsequenzen, wenn Menschen ihre Autonomie verweigern

Abschließend wollen wir noch thematisieren, welche Konsequenzen es hat, wenn Menschen ihre Autonomie verweigern.
- Diese Menschen jammern und klagen.
- Sie finden immer einen Schuldigen.
- Sie schieben die Verantwortung auf andere.
- Sie nehmen die Opferrolle ein.
- Sie fühlen sich fremdbestimmt.
- Sie leben ein lustloses Leben.

Kommt Ihnen das irgendwie bekannt vor? An dieser Stelle möchten wir noch die interessante Meinung eines Herrn namens Albert Ellis im Zusammenhang mit dem Thema Autonomie erwähnen. Ellis vertritt die These, dass alles Leid der Menschheit im Allgemeinen und das des KAM im Besonderen von der irrigen Meinung komme, irgendetwas zu „müssen". Der Mensch, so sagt er, müsse im Grunde nur eines, nämlich irgendwann einmal sterben. Alles andere müsse er nicht. Bei allem anderen hätte er immer eine Wahl.

Prinzipiell verfügt jeder Mensch über die Möglichkeit der Reflexivität, der Rationalität und der Autonomie

Auf den letzten Seiten haben wir versucht zu verstehen, was das Menschenbild des Jörg Schlee und seiner Kollegen bedeutet und welche Chancen sich durch diese Annahmen ergeben. Zur Erinnerung, er sagt: Prinzipiell verfügt jeder Mensch über die Möglichkeit der Reflexivität, der Rationalität und der Autonomie.

Zusammenfassend können wir also folgende vereinfachte Beschreibung zum „Werkstoff" Mensch vereinbaren:

DAS WESENTLICHE AM MENSCHEN IST:

- **Reflexivität** = Erkennen
- **Rationalität** = Erwägen
- **Autonomie** = Verantwortlich handeln

Diese Grundannahme eröffnet nicht nur eine große Zahl alternativer Handlungsstrategien. Sie ist gleichzeitig eine Zielbeschreibung. Alles, was wir tun, also auch dieses Buch zu schreiben, sollte dazu dienen, Ihre und unsere Reflexivität, Rationalität und Autonomie zu entwickeln. Das gelingt uns sicher nicht immer, aber immer öfter.

2.3.4 Ethik

Das mechanistische Menschenbild orientiert sich, wie der Name schon sagt, lediglich an der Mechanik des Verhaltens. Ethische Werte sind in ihm nicht eingeschlossen. Sie werden sogar explizit ausgeschlossen. Eine gute verhaltenspsychologische Theorie, so wird gefordert, sei wertneutral und objektiv.

Wir sind dagegen der Auffassung, dass auch das Handeln eines Forschers letztlich immer von seinen subjektiven Werten beeinflusst ist. Objektivität und Wertefreiheit sind aus unserer Sicht Illusion. Ob ein Handeln ethisch vertretbar ist, wird in der Verhaltenspsychologie der Entscheidung des Anwenders überlassen. Dadurch entsteht das Risiko des Missbrauchs. Der Anwender kann sich leicht aus der Verantwortung stehlen, indem er auf seine Objektivität und Wertefreiheit verweist.

Objektivität und Wertefreiheit sind ein in der Realität nicht einzulösender Anspruch

> Das hier vorgestellte konstruktivistische Menschenbild beinhaltet ausdrücklich eine Orientierung an ethischen Werten.

Als Grundlage des Handelns dienen uns zwei Prinzipien.

Das Prinzip der Selbstbehandlung
„Behandle andere immer so, wie du selbst behandelt werden möchtest."
Dieses Prinzip finden wir auch als „goldene Regel" im Volksmund in der Formulierung: *„Was du nicht willst, das man dir tut, das füg auch keinem anderen zu!"*

Das Prinzip der Menschenwürde
Wir zitieren hier das Grundgesetz der Bundesrepublik Deutschland, Artikel eins: *„Die Würde des Menschen ist unantastbar."*
„Würde" geht auf das althochdeutsche „wirdî" und das mittelhochdeutsche „wirde" zurück und ist sprachgeschichtlich verwandt mit dem Wort „Wert". Es geht also um den Wert des Menschen.

Unser Anspruch ist, bei allem, was wir tun, den Wert des Gegenübers zu respektieren und ihn immer als gleichwertig zu behandeln. Dabei kommt es nicht darauf an, was wir sagen, sondern wie wir es sagen. So ist es ein erheblicher Unterschied, ob ich sage, *„Dieser Kundenreport ist für mich wertlos!"* oder ob ich damit signalisiere, *„Du bist wertlos für mich!"*

KONSEQUENZEN FÜR IHR KEY ACCOUNT MANAGEMENT

- **Klären:** Sind Sie bereit, auf der Basis des von uns vorgeschlagenen Menschenbilds zu handeln?
- **Überprüfen:** Auf der Basis welchen Menschenbilds handelten Sie bisher? Was sind Ihre grundlegenden Annahmen?
- **Handeln:** Reflexion, ist mein Handeln mit den Kernannahmen und meinem ethischen Verständnis vereinbar?
- **Pflegen:** Kontinuierliches Erweitern der eigenen Möglichkeiten zur Reflexion, Autonomie und Rationalität

3 Person und Persönlichkeit

> **WAS SIE IN DIESEM KAPITEL ERWARTET**
>
> Nach unserem Modell der „inneren Pluralität" ist eine Person aus mehreren Teilpersönlichkeiten zusammengesetzt, die wir uns als eine innere Vertriebsmannschaft vorstellen. In diesem Kapitel lernen Sie fünf der wichtigsten Mitglieder einer solchen Mannschaft kennen. Wir zeigen Ihnen, welche Chancen und Risiken aus unterschiedlichen Mannschaftsaufstellungen resultieren. Sie werden Ihre eigene innere Mannschaft und deren bevorzugte Aufstellung reflektieren und diese auch bei Ihren Kunden und Kollegen besser erkennen.

3.1 Einleitung

Die Frage nach dem Wesen des Menschen beschäftigt unzählige Wissenschaftsdisziplinen

Wie „funktioniert" ein Mensch? Mit der Suche nach Antworten auf diese Fragen beschäftigen sich ganze Heerscharen von Philosophen, Psychologen, Soziologen, Ethologen, Anthropologen, Hirnforscher, Genetiker, Ethiker und Epistemologen, um nur einige zu nennen. Für manche dieser Begriffe braucht man ein Fremdwörterbuch, um überhaupt zu verstehen, worum es sich bei der jeweiligen Disziplin dreht. Wahrscheinlich brauchten Sie ein paar hundert Jahre, um die Ergebnisse dieser Wissenschaften zu studieren, und hätten dann immer noch keine befriedigende Antwort. KAMs arbeiten nun mal mit Menschen und deshalb ist ein gewisses Verständnis dafür, wie eine Person funktioniert, einer der Schlüssel zum Erfolg.

Die oben erwähnten Wissenschaftler kommen dabei übrigens zu völlig unterschiedlichen Ergebnissen, sie führten in der Vergangenheit wahre Glaubenskriege. Derzeit gibt es jedoch den erfreulichen Trend, dass bisher unvereinbare wissenschaftliche Disziplinen zusammenwachsen und sich ergänzen. Der Mediziner Sigmund Freud hatte im vorigen Jahrhundert die kühne Hypothese aufgestellt, dass der größte Teil unserer Persönlichkeit durch unbewusste Vorgänge bestimmt sei. Seine an den exakten Naturwissenschaften orientierten Kollegen beschimpften ihn damals wegen seiner subjektiven Hirngespinste als Scharlatan und forderten objektive wissenschaftliche Beweise für seine Behauptungen. Heute sind es ausgerechnet die objektiven und exakten Hirnforscher, die Freuds Theorien eine Renaissance bescheren. Mit modernster Technologie können sie inzwischen viele Aussagen Freuds belegen.

Die Hirnforscher plädieren aufgrund ihrer Forschungsergebnisse dafür, den Menschen als ein Wesen zu begreifen, das sich aktiv ein Bild von sich selbst und seiner Umwelt konstruiert, weshalb dieser Ansatz, wie schon erwähnt, Konstruktivismus genannt wird, eine Idee, die es in der Psychologie und Philosophie ebenfalls schon lange zuvor gab.

Einleitung

Wir haben Ihnen aus dem fast unüberschaubaren Katalog von Konzepten einige ausgesucht, die wir in der Folge mit einfachen Worten beschreiben. Als Auswahlkriterium dienen uns dabei die Grundannahmen unserer menschlichen Werkstoffkunde (siehe Kap. 2.1). Da uns am Menschen im Wesentlichen seine Möglichkeiten zur Reflexivität, Rationalität und Autonomie interessieren, fällt schon einmal ein ganze Menge von Theorien unter den Tisch.

Ein zweites Auswahlkriterium ist die Tauglichkeit und Nützlichkeit für den Alltag im Vertrieb. Alles, was wir hier beschreiben, wurde von unzähligen Vertriebsleuten und KAMs angewendet und für hilfreich befunden.

Die Theorien müssen für den Alltag im Vertrieb tauglich und nützlich sein

Nach diesen eher theoretischen Ausführungen wollen wir einsteigen in das pralle Leben eines KAMs. Eine sehr interessante Möglichkeit zu verstehen, wie eine Person zu dem geworden ist, was sie heute ist, ist es, die Entwicklung ihrer Persönlichkeit nachzuvollziehen. Sicher haben Sie schon erkannt, dass unser Ansatz etwas ungewöhnlich ist. Und so werden Sie vielleicht auch nicht gleich vom Hocker fallen, wenn Sie die nächste Überschrift lesen.

3.2 Die Geburt des Key Account Managers

Und? Sitzen Sie noch? Dass auch ein KAM irgendwann einmal geboren wurde, werden Sie sicher nicht abstreiten. Und dass es kurz nach der Geburt einige für Ihren heutigen Erfolg bedeutsame Ereignisse gibt, wird Ihnen vielleicht schnell klar werden.

Gerade die früheste Kindheit bestimmt die spätere Persönlichkeit

Also, der KAM wurde eben geboren und seine Eltern bewundern den neuen Erdenbürger. Der Papa ist ein erfolgreicher Vertriebler und Fußballspieler; was fällt ihm als Erstes auf? Natürlich, vor ihm liegt der geborene Außendienstler und die kleinen Waden sind für ihn ein untrügliches Zeichen dafür, dass die Legenden Beckenbauer, Maradona, Pele oder wie sie auch immer heißen, bald von ihrem Thron gestoßen werden. Die Mama ist vom Wesen eine Frohnatur und sieht ihren Kleinen ganz anders. Das verschmitzte Lächeln zeigt ihr, dass ihr Sohn ein lustiger, vergnügter Lausbub werden wird.

Der kleine KAM hingegen bekommt von alledem nichts mit. Er ist in einem Zustand, den die Mystiker als das „vollkommene Hier und Jetzt" beschreiben. Manche sagen auch Erleuchtung dazu. Millionen von Menschen auf der ganzen Welt versuchen mit allen möglichen Mitteln diesen Bewusstseinszustand herbeizuführen und geben einen Haufen Geld für Yoga, Tai Chi und Meditationskurse aus.

Unser kleiner KAM dagegen wurde in diesen paradiesischen Zustand einfach hineingeboren. Wenn er müde ist, dann schläft er, wenn er schreien will, dann schreit er, wenn ihn die Blase drückt, dann entleert er sie einfach, wenn es ihn im Bäuchlein zwickt, dann macht er hier, jetzt und sofort ein Häufchen. Anfangs betrachten die Eltern jede Lebensäußerung, sogar die Entleerungen, als kleines Wunder. Und der Vater glaubt am Volumen zu erkennen, dass aus ihm mal ein richtiger Mann werden wird.

Die Verzückung der Eltern lässt jedoch bald nach. Nach vielen schlaflosen Nächten und dem Be- und Entsorgen enormer Mengen von Windeln beschließen sie, dass unser kleiner KAM ein paar grundlegende Dinge lernen sollte. Erste Priorität hat dabei die Kontrolle diverser Körperöffnungen. Damit hat das vollkommene Hier und Jetzt ein Ende. Nach allerhand erzieherischen Maßnahmen hat er endlich gelernt, seine Notdurft an den dafür vorgesehenen Orten und zu passenden Zeiten zu erledigen.

Der Säugling fällt aus dem grenzenlosen Hier und Jetzt, wenn er lernt, Körperbedürfnisse zurückzuhalten

Er hat gelernt, etwas zurückzuhalten, eine Fähigkeit, die ihm in seiner späteren Laufbahn im übertragenen Sinn von großem Nutzen sein wird. Vielleicht kennen Sie aus Ihrem beruflichen Alltag Menschen, denen es schwerfällt, etwas zurückzuhalten. Sie platzen in Gesprächen förmlich mit Aussagen heraus, ohne vorher zu bedenken, was sie damit verursachen.

Dazu eine typische Sequenz aus einer KAM-Coaching-Session:

Beispiel: Das Zurückhalten

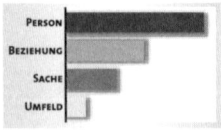

Um dieses Beispiel nachvollziehen zu können, wollen wir Ihnen kurz die Rahmenbedingungen schildern. Unsere KAM-Trainings folgen der gleichen Struktur wie die Kapitel dieses Buches. Wir arbeiten dabei immer mit einem Trainer für die Gruppe und einem persönlichen Coach. Das Seminar startet mit einer gemeinsamen Einführungs- und Vorstellungsrunde. Danach hat jeder Teilnehmer die Möglichkeit, das Plenum für eine Stunde zu verlassen, um mit dem Coach in vertraulichen Rahmen Themen der persönlichen Entwicklung zu bearbeiten. Bei einer dieser Veranstaltungen war einer der Teilnehmer ziemlich auffällig. Seine ersten Worte waren:

„Ich will Ihnen gleich reinen Wein einschenken und Ihnen ganz offen sagen, was ich von so genannten Trainern und Coaches halte. Für mich sind Sie beide Typen, die ihren Kunden erst die Uhr kaputt machen und danach ein sattes Honorar dafür kassieren, dass sie das Ding wieder reparieren."

Vor meinem inneren Auge erschien sofort das Bild eines bis an die Zähne bewaffneten wilden Kerls, der einfach drauflosballert. Tatsächlich war jeder Redebeitrag wie eine Salve aus einer Maschinenpistole. Dieser Herr erschien dann im Laufe des Tages in meinem Coaching-Raum. Er setzte sich breitbeinig in seinen Sessel verschränkte die Arme vor der Brust und sagte: *„So, Herr Psychologe, jetzt können Sie mal zeigen, was Sie draufhaben."* Danach wippte er auffordernd mit dem Fuß.

Ab jetzt gebe ich den Dialog wörtlich wieder:

Coach   *„Zum Einstieg biete ich Ihnen an, einfach mal zu beschreiben, wie Sie auf mich wirken. Sind Sie daran interessiert?"*

KAM   *„Sie sind der so genannte Fachmann. Tun Sie sich keinen Zwang an!"*

Coach   *„Also. Sie wirken auf mich wie ein Mensch, der bis an die Zähne bewaffnet einen Raum betritt und zuerst einmal demonstriert,*

	wie gut er schießen kann. Im ersten Moment wirkt das auf mich ziemlich aggressiv und gefährlich."
KAM	*„Bravo! Um das zu bemerken, mussten Sie fünf Jahre lang Psychologie studieren? Also, nächster Versuch, machen Sie weiter!"*
Coach	*„Bevor ich weitermache, möchte ich erst einmal einen grundsätzlichen Punkt klären. Ich habe weder das Interesse, noch den Auftrag, mich mit Ihnen hier so lange zu prügeln, bis einer von uns das Handtuch wirft. Mein Auftrag lautet, mit Ihnen daran zu arbeiten, wie Sie Ihre Persönlichkeit entwickeln können, um in Ihrem Job besser zu werden. Wenn Sie bei Ihren Kunden so auftreten wie hier, dann kann ich mir gut vorstellen, dass es Leute gibt, die froh sind, wenn sie Ihnen nicht über den Weg laufen. Und damit tun Sie weder sich selbst noch Ihrem Unternehmen einen Gefallen. Können wir auf dieser Basis weiterarbeiten?"*
KAM	(Etwas irritiert) *„Machen Sie weiter!"*
Coach	*„Also, dann schlage ich Folgendes vor: Ich versuche einmal, mich in Ihre Person hineinzuversetzen, und rede einfach drauflos, was mir dazu einfällt. Wenn Sie den Eindruck haben, dass das alles nichts mit Ihnen zu tun hat, dann ignorieren Sie es einfach. Sind Sie einverstanden?"*
KAM	(Dieses Mal etwas lakonisch) *„Machen Sie weiter!"*
Coach	*„Wenn ich mir vorstelle, wie Arnold Schwarzenegger als Terminator aufzutreten, dann fühlt sich das richtig kraftvoll an. Insbesondere gibt es mir eine gewisse Sicherheit oder sogar Überlegenheit. Da kommt schon gar keiner auf die Idee, sich mit mir einzulassen. Echt cool.* *Na ja, auf der anderen Seite haben die Leute offensichtlich Angst vor mir. Deshalb stehe ich in der Pause auch immer ziemlich alleine in einer Ecke. Kein anderer redet gerne mit mir. Sie müssen auf der Hut sein, wenn ich aufkreuze. Ich komme eigentlich nicht richtig in Kontakt mit ihnen. Wenn ich daran denke, dann fühle ich mich ziemlich lausig und einsam. Im Grunde würde auch ich mich riesig darüber freuen, wenn einfach mal jemand zu mir sagen würde: Ich freue mich, dich zu treffen. Oder: Ich mag dich so, wie du bist. Stattdessen knüpft jeder, der mich von weitem sieht, im übertragenen Sinne, seine kugelsichere Jacke bis obenhin zu und hofft, dass er möglichst bald wieder aus meiner Schussweite flüchten kann."*
KAM	(Während des Zuhörens verändert sich die Haltung des KAM. Die Augen werden feucht, irgendetwas hat ihn berührt.)
Coach	*„Das, was ich eben so vor mich hin geplaudert habe, scheinen Sie zu kennen?!"*
KAM	(Nach einem schweren Atemzug) *„Irgendwie schon. Mir ist es eben erst so richtig bewusst geworden. Komisch?"*

In der weiteren Arbeit fanden wir dann heraus, dass der KAM in bestimmten Situationen immer wieder das gleiche Programm abspulte. Der kraftvolle, angriffslustige Auftritt hat viele positive Aspekte, ist in diesem Sinne auch eine Tugend. Er bringt aber auch Risiken und Nebenwirkungen mit sich, die dem KAM bislang nicht in dieser Deutlichkeit bewusst waren. Als Entwicklungsaufgabe setzte er sich zwei Ziele: Erstens, dieses Muster immer mal wieder zu stoppen (zurückhalten) und zweitens eine „Schwesterntugend" (siehe Abb. 1.1) zu Angriff und Kampf zu entwickeln.

Die Übertreibung des Zurückhaltens nennen wir Verdrängung

Andere Menschen wiederum übertreiben es mit der Zurückhaltung, und wir fragen uns: *„Meine Güte, wann sagt er denn endlich mal, was er will."* Im übertragenen Sinne erscheint es uns, als hätten diese Leute eine Verstopfung. Die Übertreibung des Zurückhaltens nennen wir Verdrängung. Sie führt dazu, dass die Personen selbst nicht mehr wissen, was sie eigentlich wollen.

In früher Kindheit werden grundlegende Fassetten der Persönlichkeit ausgebildet, die sich während des Lebens relativ wenig ändern

Viele Wissenschaftler sind sich darin einig, dass in der frühen Kindheit grundlegende Fassetten der Persönlichkeit ausgebildet werden, die sich während des Lebens relativ wenig ändern, die aber unser Denken, Fühlen und Handeln nachhaltig beeinflussen. Es ist so, als hätten wir unser gesamtes Leben lang einen kleinen Jungen oder ein kleines Mädchen in uns, das sich immer wieder in unsere Geschäfte einmischt, ohne dass wir uns dessen bewusst sind. Auch die Umgangssprache gibt uns einen Hinweis auf dieses Phänomen mit der Formulierung *„das Kind im Manne",* und wir ergänzen *„das Kind in der Frau".* Klar, als erwachsene Person wollen wir natürlich nicht zulassen, dass unser Handeln im Grunde kindlich ist. Deshalb hilft uns unser Verstand, das Handeln mit vernünftigen und sachlichen Argumenten zu begründen. Wir erleben oft Besprechungen mit hochrangigen Persönlichkeiten und werden einfach das Gefühl nicht los, dass es mal wieder wie in einem Kindergarten zugeht.

Unsere Persönlichkeit als innere Vertriebsmannschaft, die sich aus verschiedenen Fassetten zusammensetzt

Die Vorstellung vom *„Kind im Manne"* hat uns auf die Idee gebracht, die Persönlichkeit des KAMs als eine innere Vertriebsmannschaft zu begreifen, in der es unterschiedliche Spieler gibt, die, wie im Fußball, in unterschiedlichen Mannschaftsaufstellungen ins Feld ziehen. Der erste Spieler ist, wie gesagt, das Kind. Im Laufe der Persönlichkeitsentwicklung kommen noch weitere Mitglieder dazu, mit denen wir uns jetzt im Einzelnen beschäftigen wollen.

3.3 Strukturen der Persönlichkeit

3.3.1 Struktur eins: Das Kind

Dieser Spieler ist für elementare Vorgänge wie das Zurückhalten oder Verdrängen verantwortlich

Dieser Spieler ist für elementare Vorgänge wie das Zurückhalten oder Verdrängen verantwortlich. Zurückhalten oder Verdrängen ermöglichen es dem Individuum, sich in die Familie oder in die Gesellschaft zu integrieren. Ein weiteres Merkmal des Kindes in uns ist eine gewisse emotionale

Grundausstattung. Um zu verstehen, wie sie zustande kommt, wollen wir zwei unterschiedliche Szenarien der frühen Kindheit betrachten.

Im ersten Falle erlebt das Kind seine ersten Lebensmonate in einem geordneten und stabilen Umfeld. Es bekommt alle Liebe und Zuneigung von den Eltern, die es für seine Entwicklung braucht. Wenn die Eltern schimpfen oder gar wütend sind, ihm also in diesem Moment die Zuneigung verwehren, dann kann es meistens einen Zusammenhang zwischen dem eigenen Tun und der Zurückweisung der Eltern erkennen. Somit kann es auch selbst etwas gegen diesen misslichen Umstand tun. „*Wenn ich endlos brülle, dann schaut die Mama genervt drein. Wenn ich damit aufhöre, kommt sie freudig her und liebkost mich.*" So ungefähr könnte eine sprachliche Formulierung dessen aussehen, was in unserem kleinen KAM vor sich geht. In diesem familiären Umfeld kann der Säugling eine persönliche Grundausstattung an Gefühlen entwickeln, die im Wesentlichen durch emotionale Stabilität gekennzeichnet ist. Diese Personen sind auch als Erwachsene belastbar, entspannt, ruhig, unempfindlich, oft sorgenfrei, ausgeglichen, durch nichts aus der Ruhe zu bringen, und haben wenige subjektive körperliche Beschwerden.

In einem stabilen Umfeld kann der Säugling einen Zusammenhang zwischen dem eigenen Tun und der Zurückweisung der Eltern erkennen

Im zweiten Fall lebt das Kind in den ersten Lebensmonaten in einem für seine Entwicklung ungünstigeren Umfeld. Ursachen dafür können Ehekrisen, existenzielle Sorgen der Eltern, psychische Krankheit eines oder beider Elternteile bis hin zu Suchtproblemen sein. Wenn sich die Eltern ständig gegenseitig anbrüllen und dann auch noch den Säugling genervt versorgen, dann kann der Kleine beim besten Willen keinen Zusammenhang zwischen dem eigenen Tun und der misslichen Situation erkennen. Er lebt sozusagen in einer ständigen Bedrohung, auf die er selbst keinen Einfluss hat. Er entwickelt deshalb eine hier typische emotionale Grundausstattung, die sich auch im Erwachsenenalter wenig verändert. Diese Personen sind leicht beunruhigt, emotional sensibel, eher nervös, ängstlich, unsicher, verlegen und um ihre Gesundheit besorgt.

In einem labilen Umfeld erwirbt der Säugling keine Verhaltenssicherheit

In der Persönlichkeitspsychologie wird dieses Merkmal Neurotizismus genannt. Ein Neurotiker zu sein ist in unserer Gesellschaft nicht sonderlich erstrebenswert, deshalb haben es die Wissenschaftler mit dem Begriff „emotionale Stabilität" versucht. Als emotional labil zu gelten ist auch nicht etwas, worauf man gerne stolz ist, und so hat man sich in Fachkreisen auf die Formulierung „emotional stabile" und „emotional ansprechbare" Personen geeinigt. Wenn Ihnen also ein Psychologe bescheinigt, dass Sie eine emotional ansprechbare Person sind, dann wissen Sie spätestens jetzt, dass er Sie für einen Neurotiker hält. Insgesamt kann durch die Begriffe der Eindruck entstehen, dass eine geringe Ausprägung des Merkmals Neurotizismus oder, anders formuliert, eine hohe emotionale Stabilität etwas Positives und folglich der Gegenpol unerwünscht sei. Solche Bewertungen sind ziemlich unsinnig, denn, wie schon gesagt, ist die emotionale Grundausstattung so gut wie nicht veränderbar – wir sind eben so, wie wir sind. Und außerdem bergen beide Seiten Chancen und Risiken.

Emotional stabile Personen und emotional ansprechbare Personen

Viele Menschen in unserer Wirtschaft sind „emotional ansprechbar" und versuchen das nach außen zu verbergen. Sie spielen die Rolle des coolen Typen, den anscheinend nichts aus der Ruhe bringt, und investieren dafür eine Menge Energie. Es ist unglaublich anstrengend, etwas anderes zu sein, als man eigentlich ist. Man lebt sozusagen wider seine eigene Natur. Trotz unserer trickreichen Maskierungen spüren die Mitmenschen häufig, dass sich hinter der Fassade ganz andere Dinge abspielen. Wir wirken nicht authentisch und schon gar nicht charismatisch. Diese Energie kann besser und sinnvoller genutzt werden! Lassen Sie uns deshalb die Eigenschaften dieser beiden Pole etwas genauer unter die Lupe nehmen. Wir orientieren uns dabei an einem Zitat des berühmten Arztes Paracelsus, der sinngemäß sagte: *„All Ding' sind Gift und nichts ohn' Gift; allein die Dosis macht, dass ein Ding kein Gift ist."*

Auf unser Thema bezogen und in unsere Sprache übersetzt lautet die Aussage:

> Jedes Persönlichkeitsmerkmal hat sowohl eine negative als auch eine positive Seite. Es liegt an der Dosierung, ob etwas positiv oder negativ ist.

Hier also eine schematische Zusammenfassung der positiven und negativen Aspekte der emotionalen Stabilität in einem Vierfelderschema.

	EMOTIONAL STABIL	**EMOTIONAL ANSPRECHBAR**
POSITIV: TUGEND	• belastbar • entspannt • ruhig • unempfindlich • sorgenfrei • ausgeglichen • durch nichts aus der Ruhe zu bringen • wenige subjektive körperliche Beschwerden	• besonnen • vorsichtig • umsichtig • an Sicherheit orientiert • einfühlsam • an Mitmenschen orientiert • zurückhaltend • sensibel
NEGATIV: UNTUGEND	• unsensibel • phlegmatisch • unvorsichtig • eigenwillig • tollpatschig • unachtsam • wenig einfühlsam • an sich selbst orientiert • egoistisch	• leicht zu beunruhigen • verletzbar • eher nervös • ängstlich • traurig • unsicher • verlegen • um die Gesundheit besorgt

Abb. 3.1: Positive und negative Aspekte der emotionalen Stabilität

Auch emotional stabile Mitmenschen haben demnach ihre negativen Seiten. Sie machen sozusagen „ihr Ding" und bemerken gar nicht, wenn sie dabei einen anderen an seinem wunden Punkt erwischen. Eine solche Person kann sich einfach nicht vorstellen, dass sich irgendjemand auf dieser Welt durch einen ihrer Witze verletzt oder respektlos behandelt fühlen könnte, weil sie das nicht kennt und selbst nie erlebt hat. Dass sie nicht aus der Ruhe zu bringen ist, kann vielleicht andere zur Verzweiflung bringen. Sie fühlen sich unverstanden.

Emotional stabile Menschen ruhen so sehr in sich selbst, dass sie Gefahr laufen, unsensibel zu reagieren

Und nun zur Rehabilitation des Neurotikers, denn auch er hat seine positiven Seiten. Er kann sich nämlich gut in andere hineinversetzen und geht vorsichtig mit sich selbst und mit seinen Mitmenschen um. Bevor er handelt, überprüft er noch einmal, welche Folgen sich daraus ergeben können. Er ist in diesem Sinne besonnen und an der Sicherheit orientiert. Er gibt anderen Menschen Raum, sich zu entfalten, und nimmt auch die leisen Zwischentöne wahr. Er erkennt viel früher als der Stabile, wenn sich ein Unwetter zusammenbraut, denn das hat er in seinem familiären Umfeld gründlich gelernt. In diesem Sinne ist eine gewisse emotionale Ansprechbarkeit für einen KAM durchaus von Nutzen.

Neurotiker nehmen auch die Zwischentöne wahr

Zusammenfassendes Porträt: Das Kind

Der kleine KAM ist inzwischen „stubenrein", hat gelernt, sich mit seiner Persönlichkeit in die Familie zu integrieren, und kann sich ohne Hilfe der Eltern fortbewegen. So, wie er jetzt ist, wird er uns in allen Kundengesprächen begleiten, ob wir das wollen oder nicht. Deshalb werden wir ihn noch einmal zusammenfassend porträtieren und ihm eine Gestalt und eine Farbe geben. Wenn wir dem Kind eine Farbe zuweisen würden, würden wir Grün wählen, die Farbe der Hoffnung, der Vegetation und des Wachstums.

Abb. 3.2: Das Kind verfügt über eine spielerische Neugier

Der kleine Kerl hat zu diesem Zeitpunkt die wichtigsten Fassetten des Kindes entwickelt. Er ist mit einer kindlich-naiven Neugier ausgestattet und hat einen unbändigen Drang, alles in seiner Umwelt zu erkunden. Oft geht er die Dinge spielerisch an und probiert die verrücktesten Sachen einfach aus. Wenn keine Bedrohungen in der Umwelt spürbar sind, dann wirkt er unbekümmert, singt oft vor sich hin und ist fröhlich.

Erst, wenn sich ein Konflikt anbahnt, wenn dunkle Gewitterwolken am Horizont erscheinen, dann wirken die unterschiedlichen emotionalen Grundausstattungen. Der eine bleibt „cool" und sagt sich *„irgendwie wird das gut ausgehen, denn es ist bisher immer so gewesen".* Der andere reagiert mit Vorsicht und Zurückhaltung, das hat sich in seiner Umwelt besser bewährt.

Die Neugier, sich selbst und seine Umwelt zu erkunden, ist für einen KAM von großer Wichtigkeit. Und öfter mal die Dinge unbekümmert und mit Leichtigkeit anzugehen, wird sein Berufsleben erheblich erleichtern. Viele Menschen haben allerdings den Kontakt zu dieser inneren Ressource verloren. Eigentlich schade!

3.3.2 Struktur zwei: Die Anima

Bei der Darstellung unserer inneren Vertriebsmannschaft orientieren wir uns an einer Idee des Psychiaters Carl Gustav Jung. Von ihm stammt übrigens auch die Verbindung des Begriffs „Persona" mit dem, was sich hinter einer Maske verbirgt. C.G. Jung studierte Mythen und Märchen unterschiedlicher Kulturen und stellte fest, dass es bestimmte typische Figuren gibt, die in den Sagen aller Völker zu finden sind, er bezeichnet sie als Archetypen. Der Begriff Archetypus oder Archetyp kommt aus dem Griechischen und bedeutet Urbild. Es handelt sich dabei um psychische Strukturen, die sich während der Entwicklung der Menschheit als eine, wenn man so will, seelische Grundausstattung gebildet haben. C.G. Jung war der Auffassung, dass Mythen und Märchen nicht von einem einzelnen Autor mit logischem Sachverstand verfasst wurden, sondern letztlich Ausdruck des kollektiven Unbewussten sind, also desjenigen Teils des Unbewussten, den alle Menschen miteinander teilen. Da unser Ansatz viel mit dem Unbewussten zu tun hat, passt die Jung'sche Psychologie ganz gut in unser Konzept. Einen Typus, nämlich das Kind, haben wir schon behandelt. Die nächsten beiden Typen nennen wir, in Anlehnung an C.G. Jung, Anima, der weibliche, und Animus, der männliche Anteil in jedem von uns.

Abb. 3.3: Yin und Yang – sich ergänzende Gegensätze

Sicher kennen Sie das nebenstehende Symbol, das seinen Ursprung vor Tausenden von Jahren in der chinesischen Philosophie hat. Es ist eine bildliche Darstellung des Zusammenhangs von „Yang", dem männlichen, aktiven, zeugenden, schöpferischen, und „Yin", dem weiblichen, passiven, empfangenden, hingebenden Prinzip. Beide sind Gegenstücke, die sich ergänzen, nicht Gegensätze, die sich bekämpfen. Sie entsprechen den Begriffen Anima und Animus in unserem Konzept. Das Bild verdeutlicht anschaulich, worum es uns geht, nämlich beide Seiten kennen zu lernen und sie in eine Balance zu bringen. Bei der Beschreibung der beiden Typen dienen uns die Vorstellungen „Yin – Yang" oder „Anima – Animus" lediglich als Idee, die wir in unsere Welt so übertragen, dass sie für den KAM anwendbar und nützlich sind.

Die Anima des KAM

Im Gegensatz zur Familienzugehörigkeit muss soziale Anerkennung aktiv erworben werden

Unser kleiner KAM ist inzwischen vier Jahre alt geworden und es steht eine große Veränderung an – der Kindergarten. Zum ersten Mal ist er für viele Stunden von seinen Eltern getrennt und muss sich mit Gleichaltrigen auseinandersetzen. Die Zugehörigkeit zu seiner Familie hat er ohne sein Dazutun quasi geschenkt bekommen. Um Mitglied einer Gruppe zu werden, stellt er schnell fest, muss er dagegen einiges selbst tun. Freundschaften fliegen ihm nicht einfach zu, auch dafür muss er sich engagieren. Die ersten Versuche nach dem Motto, *„Ich will, dass du mein Freund bist!"*, scheitern natürlich. Und auch die Strategie, *„Wenn du nicht mein Freund bist, dann hau ich dir meine Schaufel auf den Kopf!"*, bewirkt eher das Gegenteil. So steht er manchmal einsam in einer Ecke und leidet darunter, nicht dazuzugehören, bis er erkennt, dass er auf die anderen recht unverträglich wirkt.

Deshalb beschließt er, verträglicher zu werden. Auch der Begriff „Verträglichkeit" kommt aus der Persönlichkeitspsychologie. Menschen mit einer hohen Ausprägung des Merkmals „Verträglichkeit" werden dort wie folgt beschrieben: Sie sind eher altruistisch, verständnisvoll, wohlwollend, einfühlsam, hilfsbereit, harmoniebedürftig, kooperativ, nachgiebig, umgänglich, mitfühlend und gutmütig.

Unser kleiner KAM stellt zu seiner Überraschung fest, dass er alles, was er dazu benötigt, bereits in sich hat. Er braucht es nur entwickeln. Wenn wir den Begriff „entwickeln" wörtlich nehmen, dann können wir uns ein Ding vorstellen, das eingewickelt ist. Das Ding ist also schon da, und wir brauchen es nur auszuwickeln oder besser zu entwickeln. Noch größer ist die Überraschung, als der kleine KAM feststellt, dass ein kleines Geschenk, eine Hilfsbereitschaft und etwas Mitgefühl tatsächlich ein Schlüssel zu Gruppen und Freundschaften ist. Auch eine gewisse Offenheit für Neues, für das Anderssein, hilft ihm dabei. Steht er verschlossen in der Ecke, kümmert sich keiner um ihn. Öffnet er sich, erzählt etwas von sich und ist interessiert an den anderen, gelingt es ihm, Kontakte zu knüpfen. Und schließlich entdeckt er, dass ein gewisses Maß an Extraversion ihn immer wieder sogar zum Mittelpunkt einer Gruppe werden lässt, und das ist ein ganz besonders gutes Gefühl. Bei dieser Entwicklung stehen dem kleinen KAM übrigens schon in so jungen Jahren erfahrene Trainer und Coaches zur Seite, ihre Berufsbezeichnung ist jedoch meistens „Erzieherin". Mit allerhand Rückmeldungen legen sie dem Kleinen immer wieder nahe, sich doch mal in den oder die anderen hineinzuversetzen. Wenn er einem anderen Kind weh getan hat, empfehlen sie ihm, sich zu entschuldigen oder es sogar zu trösten. Wie Sie sehen, werden die ersten wichtigen KAM-Skills schon im Kindergarten entwickelt.

Offenheit und Hilfsbereitschaft als Schlüssel für die Integration in soziale Gruppen

Damit haben wir den inneren Anteil der Anima mit Begriffen aus der Persönlichkeitspsychologie beschrieben. Der weiblichen Seite in uns schreiben wir die folgenden Merkmale aus der Persönlichkeitspsychologie zu:

Merkmale, die der weiblichen Seite in uns zugeschrieben werden

- **Extraversion:**
  Extravertierte Personen sind eher gesellig, aktiv, gesprächig, personenorientiert, optimistisch, heiter, lieben Aufregung, gehen aus sich heraus.
- **Offenheit für neue Erfahrungen:**
  Offene Personen sind eher wortgewandt, phantasievoll, aufgeschlossen für neue Ideen, politisch eher liberal, kreativ, experimentierfreudig, vielfältig interessiert, intellektuell und kultiviert.
- **Verträglichkeit:**
  Verträgliche Personen sind eher altruistisch, verständnisvoll, wohlwollend, einfühlsam, hilfsbereit, harmoniebedürftig, kooperativ, nachgiebig, umgänglich, passiv, mitfühlend und gutmütig.

Wenn wir schon über das Weibliche und das Männliche sprechen, wollen wir an dieser Stelle auf ein Klischee Bezug nehmen, mit dem in der Come-

Das Klischee „typisch Frau" oder „typisch Mann" offenbart einiges über den grundlegenden Konflikt

dyszene die meisten Lacher verursacht werden, nämlich die Aussage „typisch Frau" oder „typisch Mann". Der Begriff Klischee kommt vom französischen cliché – Abklatsch, billige Nachahmung. Obwohl in den Sketchen lediglich der „Abklatsch" oder die „billige Nachahmung" der beiden Archetypen Mann und Frau einander gegenübergestellt werden, kann man dabei einiges über das Wesenhafte der beiden Facetten lernen. Wir empfehlen Ihnen deshalb, eines der folgenden Bücher zu lesen, bei denen schon die Titel einiges über den grundlegenden Konflikt aussagen:

- *„Warum Männer nicht zuhören und Frauen schlecht einparken."*
- *„Warum Männer lügen und Frauen immer Schuhe kaufen."*
- *„Warum die nettesten Männer die schrecklichsten Frauen haben ... und die netten Frauen leer ausgehen."*
- *„Warum Männer so schnell kommen und Frauen nur so tun als ob. Eine Gebrauchsanweisung für das andere Geschlecht."*
- *„Warum Frauen immer auf der Suche und Männer immer auf der Flucht sind."*
- *„Warum Frauen nie verstehen wollen, was Männer wirklich meinen."*
- *„Warum Männer nicht zuhören."*
- *„Warum Männer zu nichts taugen."*
- *„Warum Männer weniger lachen."*
- *„Du kannst mich einfach nicht verstehen. Warum Männer und Frauen aneinander vorbeireden."*
- *„Warum Männer saufen und Frauen zu zweit Pipi machen gehen."*
- *„Warum grillen Männer? Antworten auf einfach komplizierte Alltagsfragen."*

Diese wörtlich zitierten Titel sind übrigens nur einige wenige Treffer bei der Eingabe des Suchbegriffs *„Warum Männer"* oder *„Warum Frauen"* auf der Amazon-Homepage. Insgesamt umfasst die Ergebnisliste an die 50 Buchempfehlungen zu diesem Thema.

Der Konflikt zwischen Anima und Animus spielt sich auch innerhalb der weiblichen und männlichen Anteile jeder Person ab

Sie sehen, die Auseinandersetzung zwischen Anima und Animus ist „mega in". Weniger „in" ist die Vorstellung, dass sich diese Konflikte nicht nur zwischen den beiden Geschlechtern, sondern sogar in jedem von uns selbst abspielen. Denn nach unserem Modell hat jeder von uns beide Teile in sich. Wenn also ein Mann eine Frau anfeindet, weil sie sich in Gefühlsduseleien verstrickt und nicht in der Lage ist, in kurzen Sätzen auf den Punkt zu kommen, dann attackiert er folglich einen Teil von sich selbst, nämlich seine eigene Anima. Wenn er keine Lust hat, einer Frau einfach mal zuzuhören, hat er folglich auch kein Interesse daran, seinem eigenen weiblichen Anteil Beachtung zu schenken.

Wir geben zu, dass die Vorstellung, „der oder die andere ist schuld", wesentlich angenehmer ist, als seinen eigenen Anteil zu erkennen. Dennoch empfehlen wir Ihnen, sich mit der Idee aus folgenden Gründen anzufreunden. Erstens ist es unseres Wissens noch keinem Mann gelungen, eine Frau so zu verändern, wie er sie gerne gehabt hätte. Das Gleiche gilt im

Übrigen auch in umgekehrter Richtung. Somit dürften auch alle zukünftigen Bemühungen in dieser Richtung schon im Voraus vergebens sein. Zweitens ist es wesentlich einfacher, sich selbst zu ändern, statt den Versuch zu unternehmen, die Welt um uns herum so hinzubiegen, wie es einem genehm ist. Und drittens sprechen sowohl die Ergebnisse der aktuellen Wissenschaften sowie unsere Erfahrungen für das, was wir „innere Pluralität" nennen, und dazu gehören eben gleichermaßen der weibliche und der männliche Anteil in beiden Geschlechtern.

Zur „innere Pluralität" gehören gleichermaßen weibliche und männliche Anteile

Dazu wieder ein kleines Beispiel aus einem KAM-Coaching:

Beispiel: Anima

Vor mir sitzt der Vertriebschef einer KAM-Truppe der Konsumgüter-Industrie, einer Branche, in der bekanntlich mit „harten Bandagen" gekämpft wird. Seine Gesichtszüge, Körperhaltung und Körpersprache erwecken den Eindruck: Wenn der etwas will, versteht er es, sich durchzusetzen. Mit dem ist, wenn es eng wird, nicht gut Kirschen essen.

Bei der Beschreibung seiner aktuellen beruflichen Situation berichtet er von einer brutalen Überbelastung. Er nannte auch gleich die Ursache dafür: Seine KAMs seien allesamt „Weicheier". Wenn es wirklich ans Durchsetzen von Konditionen ginge, würden sie alle den Schwanz einziehen, statt offensiv und konsequent zu kämpfen. Deshalb müsse er ständig eingreifen, um noch zu retten, was noch zu retten sei.

Ab hier gebe ich den Gesprächsverlauf wörtlich wieder:

KAM-Chef „Und dann kommt noch dazu, dass meine KAMs einfach kein Commitment zeigen. Unglaublich! Erst gestern kam einer meiner Leute zu mir und beantragte kurzfristig eine Woche Urlaub, und das in einer Zeit, in der mit den großen Discountern Verhandlungen ins Haus stehen, wo wirklich jeder gebraucht wird. Nicht zu fassen, an so etwas denken die Leute einfach nicht."

Coach „Und, haben Sie den Urlaub genehmigt?"

KAM-Chef „Ich meine, es ist doch schon der Hammer, überhaupt auf die Idee zu kommen, in einer solchen Situation Urlaub zu beantragen."

Coach „Haben Sie den Urlaub genehmigt?"

KAM-Chef „Ich kann so etwas einfach nicht nachvollziehen. Da mangelt es doch am grundsätzlichen Interesse für den Job."

Coach „Noch mal, haben Sie den Urlaub genehmigt?"

KAM-Chef „Ich wäre als KAM nie auf eine solche Idee gekommen!"

Coach „Haben Sie den Urlaub genehmigt? Versuchen Sie es doch einfach mal mit einem Ja oder Nein."

KAM-Chef (Etwas verlegen) „Ja ..., er hatte ja auch triftige Gründe dafür."

Coach	„Das haut mich jetzt wirklich um! Das hätte ich nicht erwartet. Jede Wette, dass die Gründe familiärer Natur waren. Ich mache Ihnen einen Vorschlag: Wir spielen die Szene von gestern einfach noch mal durch. Ihr Ziel ist es, mir den Urlaub zu verweigern. Ich spiele die Rolle des Mitarbeiters. Mein Ziel ist es, den Urlaub zu bekommen. Einverstanden?"
KAM-Chef	„Einverstanden!"
Coach	„Nächste Woche hat meine Schwiegermutter Geburtstag. Meine Frau und meine Kinder wollen unbedingt zur Geburtstagsfeier. Sie lebt allerdings 800 Kilometer von hier entfernt, an der Nordsee. Deshalb brauche ich dringend eine Woche Urlaub."
KAM-Chef	„Müller, Sie wissen doch genau, dass wir derzeit in der heißesten Phase des Geschäftsjahres sind. Wie kommen Sie denn da auf die Idee, Urlaub zu beantragen?"
Coach	„Meine Schwiegermutter ist wirklich eine ganz liebe Person. Die Kinder hängen so an ihr. Sie ist inzwischen über siebzig. In diesem Alter weiß man ja nie. Vielleicht sehen wir sie zum letzten Mal. Sonst wäre ich ja nie auf die Idee gekommen, Urlaub zu beantragen."
KAM-Chef	„Mensch Müller, Sie wissen doch genau, dass hier der Teufel los ist ..."
Coach	„Ich würde gerne das Szenario stoppen. Wollen Sie mal hören, wie Sie auf mich gewirkt haben?"
KAM- Chef	„Gerne."
Coach	„Ich hatte den Eindruck, dass Sie nie ein klares Nein formulieren wollten. Ich hatte das Gefühl, wenn ich dran bleibe, setze ich mein Ziel durch. Ich brauche nur ein paar rührende Geschichten erzählen und schon hab ich Sie an Ihrem wunden Punkt erwischt."
KAM-Chef	„Das ist ja merkwürdig. Normalerweise bin ich ziemlich taff und setze mich durch."
Coach	„Nun offensichtlich haben Sie auch eine ganz weiche Seite, die Ihnen vielleicht gar nicht so bewusst ist. Wenn ich diese Seite kenne und sie anspreche, dann werden Sie ziemlich weich."
KAM-Chef	„Sie sind mir schon ein Schlitzohr. An Ihrem Gesicht sehe ich genau, was Sie denken. Zuvor habe ich meine Mitarbeiter als Weicheier beschimpft und nun war ich selber eins."

In diesem Moment hatte wohl die Anima das Sagen.

Zusammenfassendes Porträt: Die Anima

In der männlichen Sozialisation hat die Anima meist schlechte Karten. Viele ihrer Fassetten sind bei einem richtigen Mann unerwünscht. Männer werden deshalb darin trainiert, sie sorgsam zu verstecken. Zum Schluss noch ein zusammenfassendes Porträt unserer Anima.

Die Anima in uns könnte man als die Beziehungsmanagerin verstehen. Sie ermöglicht uns, Kontakt mit anderen aufzunehmen, und erhält von uns deshalb eine warme Farbe, nämlich ein sonniges Gelb. Wenn wir, ganz egal, welchen Geschlechts wir sind, die Anima zeigen, fühlen sich die Mitmenschen von uns angezogen. Sie fühlen sich in unserer Nähe wohl, weil wir verständnisvoll, einfühlsam und hilfsbereit sind. Wir kooperieren gerne und drängen uns nicht auf Teufel komm raus in den Mittelpunkt. Wir sind offen dafür, dass ein Gegenüber ganz anders denkt und fühlt, wir können das tolerieren.

Abb. 3.4: Die Anima in uns ist die Beziehungsmanagerin

3.3.3 Struktur drei: Der Animus

Unser kleiner KAM steht inzwischen schon wieder vor einer entscheidenden Lebensphase: die Einschulung. Während er im Kindergarten gelernt hat, tolerant zu sein und auch andere Ansichten zu akzeptieren, also seine Anima zu entwickeln, weht plötzlich ein anderer Wind. In den nächsten (Schul-)Jahren wird er mit einem gnadenlos digitalen Prinzip konfrontiert, nämlich dem Wortpaar „richtig" oder „falsch".

Wenn er in Mathematik einen Fehler macht, dann kommt der Lehrer nicht auf ihn zu und sagt: *„Das ist ja ein interessantes Ergebnis. So habe ich das noch gar nicht betrachtet."* Nein, der sagt nur ein einziges Wort, nämlich: *„Falsch!"* Wenn der kleine KAM dann beschreibt, wie es ihm mit dieser Rückmeldung geht, und dass ihn das traurig macht, dann schaut ihn der Lehrer nur verwundert an und wiederholt, dieses Mal mit mehr Nachdruck und etwas lauter, das Wort: *„Falsch!"* Auch die Deutschlehrerein sagt nicht: *„Du schreibst ‚nähmlich' mit ‚h', das ist originell und spricht für deine Kreativität."* Nein, sie sagt nur: falsch! Weil sie aber eine Frau ist und sich nach unserem Klischee schwertut, nur Ein-Wort-Aussagen zu machen, fügt sie als Hilfestellung noch einen kompletten Satz dazu, der den kleinen KAM motivieren soll, es zukünftig richtig zu machen: *„Wer nämlich mit ‚h' schreibt ist dämlich!"* Im Wort „dämlich" steckt der Begriff „Dame", er beschreibt also eine weibliche Fassette der Persönlichkeit. Letztlich ist es die Aufforderung, eben nicht dämlich zu sein, sondern das Gegenteil, nämlich männlich.

„Warum Männer nicht zuhören", war einer der oben zitierten Buchtitel zum Gegensatz Anima – Animus. Wir glauben, Männer hören immer zu, fragt sich nur, mit welchem Teil ihrer inneren Vertriebsmannschaft. Wenn ausschließlich der Animus zuhört, suchen sie in allen Aussagen nach digitalen Begriffen wie „richtig – falsch", oder „gut – schlecht", alles andere sprachliche Beiwerk filtern sie aus, denn es ist für sie nicht von Bedeutung. Wenn wir in einem KAM-Training die meist männlichen Teilnehmer morgens begrüßen und sie fragen: *„Wie geht es Ihnen heute?"*, dann ist das ungefähr so, als würde man den Auslöser eines Maschinengewehrs betätigen. Innerhalb weniger Sekunden donnert auf den Trainer ein Trommelfeuer von Ein-Wort-Aussagen ein, in dem nur die beiden Begriffe gut oder schlecht vorkommen. Dann schauen zwölf Personen den Trainer mit Blicken an, als wollten sie sagen: *„Nachdem wir das jetzt ausführlich diskutiert haben, lass uns endlich zur Sache kommen."*

Männer neigen dazu, in klaren Begriffsgegensätzen zu denken

Merkmale, die der männlichen Seite in uns zugeschrieben werden

Nach dieser, zugegebenermaßen etwas klischeehaften, aber anschaulichen Einführung in die Entwicklung des Animus hier eine etwas fachlichere Beschreibung seiner wesentlichen Merkmale, die wir wieder aus der Persönlichkeitspsychologie übernehmen.

- **Extraversion:**
  Bei einer geringen Ausprägung des Merkmals „Extraversion" sprechen wir logischerweise von „Introversion". Introvertierte Personen sind eher zurückhaltend, können gut allein sein, sind reserviert, bleiben im Hintergrund, meiden Aufregung und große Gruppen.
- **Offenheit für neue Erfahrungen:**
  Den Gegenpol von „Offenheit für neue Erfahrungen" könnte man mit konservativ oder konventionell beschreiben. Konventionelle Personen lieben Fakten, bleiben beim Bekannten und Altbewährten, sind eher bodenständig, politisch eher konservativ, traditionsbewusst, sachlich, realistisch und eher festgelegt in der Art, wie sie etwas unternehmen.
- **Gewissenhaftigkeit:**
  Gewissenhafte Personen sind eher diszipliniert, zuverlässig, pünktlich, ordentlich, pedantisch, penibel, zielstrebig und anspruchsvoll.

Abb. 3.5: Rodins „Denker" verkörpert den Typus des Animus

Vielleicht kennen Sie diese Bronzefigur des Bildhauers Rodin, sie trägt den Titel *„Der Denker".* Wir sehen, dass es sich dabei (selbstverständlich) um einen Mann handelt. Eine Denkerin zu schaffen wäre Rodin wohl nicht in den Sinn gekommen. Die Fähigkeit des Denkens wird schon seit Menschengedenken den Männern zugesprochen, im Mittelalter waren die Männer sogar vollkommen davon überzeugt, dass Frauen von Natur aus nicht denken können. Welch ein Irrtum! Doch zurück zum Denker, der fast zusammengekauert in seiner Denkerpose auf einem Stein sitzt. Er ist offensichtlich in sich zurückgezogen oder, in unserer Terminologie, introvertiert. Sein Blick ist von der Umwelt abgewandt, er ist in diesem Moment sicher nicht offen für neue Erfahrungen, er will eher ungestört sein. Und schließlich hat es den Anschein, dass es sich bei ihm um einen gewissenhaften Denker handelt. Ich selbst stand schon vor dem Original und hatte den Eindruck: *„Der wird erst wieder etwas sagen, wenn er alles gründlich durchdacht hat. Und dann wird die Aussage vermutlich kurz und knapp sein."* Der Denker von Rodin verkörpert also nach unserer Definition den Typus des Animus.

Hier unser zusammenfassendes Porträt des Animus:

Abb. 3.6: Das logische Denken ist die Domäne des Animus

Unser Animus erhält die Farbe Blau. Sie symbolisiert das Nüchterne, Sachliche, Kühle, Emotionslose. Das logische Denken ist seine Domäne. Er kann vortrefflich analysieren und die Dinge auf den Punkt bringen. Dabei nutzt er seine Fähigkeit zur Abstraktion. Der Begriff kommt vom lateinischen „abstrahere" – „abziehen", „entfernen", „trennen". Abstrahieren bedeutet in diesem Zusammenhang, die Realität und den Denkvorgang strikt voneinander zu trennen. Der Denkvorgang des Animus kann sehr komplex sein, dennoch ist er eher wortkarg. Die folgende Einsicht spricht er daher nur ungern aus: *„In allen ebenen rechtwinkligen Dreiecken ist die Summe der Flächeninhalte der Kathetenquadrate (a und b) gleich dem Flächeninhalt des Hypotenusenquadrates (c)."* Am liebsten spricht er gar nicht, sondern kritzelt die Formel „$a^2 + b^2 = c^2$" aufs Papier.

Dazu eine Sequenz aus einem KAM-Coaching:

Beispiel: Animus

Der Coachee ist in diesem Fall KAM eines großen Chemiekonzerns, er machte auf mich einen nüchternen und förmlichen Eindruck. Vor einem Jahr hat er die Betreuung von Großkunden in den ehemaligen Ostblockländern übernommen. Die Geschäfte gestalteten sich dort aus verschiedenen Gründen sehr schwierig.

So gab es damals keine Rechtssicherheit, wie wir sie in Deutschland kennen. Wenn ein Vertrag unterzeichnet war, hieß das noch lange nicht, dass er auch erfüllt wurde. An juristische Maßnahmen war schon gar nicht zu denken. Außerdem prallten völlig unterschiedliche Kulturen aufeinander. Unser KAM war korrekt, pünktlich und pflichtbewusst. Seine Ansprechpartner nahmen es mit diesen Dingen nicht so genau. Schließlich waren die Distanzen in dieser Region für deutsche Verhältnisse wie kleine Weltreisen. Sein Job war also ziemlich zeitaufwändig. Er war verheiratet und Vater zweier Kinder.

Deshalb frage ich ihn nebenbei:

Coach	„Wie geht es denn Ihrer Familie damit, dass Sie so selten zuhause sein können?"
KAM	„Wir haben, bevor ich diesen Job übernommen habe, mehrmals ausführlich darüber gesprochen, was diese Entscheidung für alle bedeutet. Wir haben dann gemeinsam entschieden."
Coach	„Das war eine Antwort auf die Frage: Wie kam die Entscheidung zustande? Ich habe aber gefragt: Wie geht es Ihrer Familie?"
KAM	„Wir haben die Entscheidung gemeinsam getroffen, also geht es allen gut."
Coach	„Woher wissen Sie das? Haben Sie zum Beispiel Ihre Frau einmal gefragt, wie es ihr geht, ohne ihren Partner an ihrer Seite und mit all den großen und kleinen Problemen, die man als quasi Alleinerziehende mit zwei Kindern hat?"
KAM	„Ja, vor der Entscheidung habe ich gefragt, wie es ihnen damit gehen wird, und die Konsequenzen habe ich auch ganz klar aufgezeigt. Und dann haben wir uns gemeinsam dafür entschieden."
Coach	„Also wissen Sie gar nicht genau, wie es Ihrer Frau inzwischen geht?"
KAM	„Doch, das weiß ich ganz genau, weil wir es ja zusammen entschieden haben!"

Sie bemerken sicher sofort: In diesem Gespräch hatte der Animus des KAMs das Sagen. Dieser männliche Anteil in uns verfällt leicht dem Irrtum, dass er Emotionen quasi mit einem Excel-Sheet in den Griff bekommen kann. So übersieht er oft die kleinen Anzeichen für Unstimmigkeiten, weil ja nicht sein kann, was nicht sein soll. Für den Animus braucht es zuweilen ziemlich heftige Signale, bis er endlich einmal kapiert, was um ihn herum geschieht. Handelt es sich bei diesem Signal um einen kleinen Zettel auf dem Küchentisch mit den Worten, *„Bin mit den Kindern zu meinen Eltern gezogen, alles Weitere regelt mein Anwalt"*, ist es dann meistens schon zu spät.

In der weiteren Arbeit formulierte dieser KAM das Entwicklungsziel, seinem weichen Anteil etwas mehr Raum zu geben. Das gilt im Übrigen nicht nur für die privaten Beziehungen, sondern auch für den Kontakt mit den Kunden.

3.3.4 Gegenüberstellung Anima – Animus

Im folgenden Vierfelder-Schema sind wieder die positiven und negativen Eigenschaften der beiden Persönlichkeitsfassetten Anima und Animus einander gegenübergestellt.

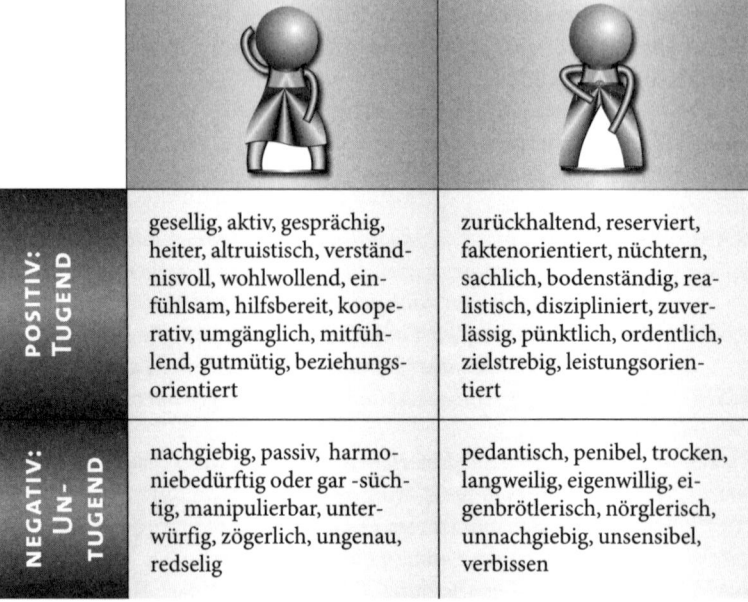

Abb. 3.7: *Positive und negative Eigenschaften von Anima und Animus*

Auch dieses Schema soll noch einmal auf das Thema Balance hinweisen. Ob eine Tugend zur Untugend wird, kann prinzipiell zwei Gründe haben:
- Sie übertreiben eine der beiden Fassetten
- Und/oder Sie haben die jeweilige Schwesterntugend nicht entwickelt

Noch einmal der Hinweis darauf, dass Sie beide Qualitäten in einer gewissen Ausprägung in sich haben, also nur entwickeln müssen.

3.3.5 Struktur vier: Der Kämpfer

Bislang ist unsere innere Vertriebsmannschaft noch ziemlich defensiv bestückt. Der kleine KAM geht locker und unbeschwert ins Spiel. Der Animus analysiert die Situation und entwirft Handlungsstrategien. Unsere Anima achtet darauf, dass unsere zwischenmenschlichen Beziehungen nicht zu kurz kommen. Was in dieser Mannschaft eindeutig fehlt, ist ein Stürmer oder Angreifer. Mit diesem beschaulichen Haufen können wir kein Spiel gewinnen. Wir nennen diese Fassette den Kämpfer oder, in einer weiblichen Person, die Kämpferin. Auch mit diesem Anteil seiner Persönlichkeit hat der kleine KAM inzwischen seine Erfahrungen gemacht. Schon im Kindergarten musste er feststellen, dass manche Kollegen und Kolleginnen seine hilfsbereite und umgängliche Art regelrecht ausnutzen. Dann grummelte es unbehaglich in seinem Bauch, eine Wut begann in ihm zu keimen. Er mahlte mit den Zähnen, seine Augenwinkel wurden schmal und sein Blick wurde starr. Jetzt brauchte es nur noch einen kleinen Auslöser und aus dem kleinen KAM wurde ein wilder Kerl. Entschlossen holte er sich das zurück, was ihm zustand, wenn es sein musste, auch mit körperlicher Gewalt. Danach gab es freilich immer ein Riesentheater. Die Erzieherinnen verpönten diese wilde Seite an ihm, seine Mutter war enttäuscht von ihrem Liebling, einzig der Vater ermutigte ihn, sich nicht alles gefallen zu lassen. So gab es für ihn nur wenige Gelegenheiten zu lernen, mit Wut und Aggression umzugehen.

Das größte Problem bei dieser Form der Auseinandersetzung ist die Dosierung. Deshalb zeigen die meisten KAMs auch als Erwachsene entweder zu wenig oder (sehr selten) zu viel davon. Beides wirkt sich ungünstig auf den Erfolg aus.

Das Problem ist die angemessene Dosierung von Aggressionen

Den wilden Kämpfer erlebe ich bei vielen KAMs nicht während eines gemeinsamen Kundenbesuchs, sondern erst auf dem Heimweg. Zunächst verläuft dann die Fahrt noch ganz ruhig, bis ein älterer Opelfahrer den KAM vor einer langen Steigung zu einer harten Bremsung zwingt. In diesem Moment vollzieht sich wieder der besagte Wesenswandel. Seine Adern an den Schläfen schwellen bedrohlich an. Sein Blick wird starr. Er schiebt den Vordermann förmlich mit der Stoßstange vor sich her. Der linke Handballen drückt mit brachialer Gewalt auf die Hupe, die Rechte betätigt Lichthupe und Blinker gleichzeitig. Nachdem er den anderen Verkehrsteilnehmer von „seiner" Spur vertrieben hat, grüßt er ihn noch mit der geballten Faust, den Mittelfinger ausgestreckt und nach oben gerichtet. Der Motor des Audi dreht im tiefroten Bereich, als würde er gleich zerbersten.

Wenn wir wieder unsere Ausgangsgeschwindigkeit erreicht haben, kehrt die Gelassenheit in ihn zurück und neben mir sitzt jetzt wieder der höfliche und etwas zurückhaltende KAM, wie ich ihn auch im Kundengespräch erlebte, als ihn sein Gesprächspartner förmlich „um den Finger wickelte". In solchen Fällen frage ich mich immer, warum der KAM nicht eine wohl dosierte Menge dieser Energie in seine Verhandlung einbringt, wenn er von seinen Gesprächspartnern ausgebremst oder gar attackiert wird?

Aggressionen sind eine völlig natürliche Regung und nicht zwangsläufig mit Brutalität gleichzusetzen

In unserer Gesellschaft wird Aggression oft mit Vandalismus und Brutalität gleichgesetzt. Der Begriff geht auf das lateinische Verb *„aggredi"* – herangehen, angreifen, zurück und ist vom Ursprung her nicht zwangsläufig mit Brutalität gleichzusetzen. An dieser Stelle möchten wir die interessante Sichtweise einer Frau namens Laura Perls vorstellen. Sie war Mitbegründerin einer psychologischen Schule, des so genannten Gestalt-Ansatzes, und wurde 1939 gebeten, einen Vortrag mit dem Titel *„Die Erziehung zum Frieden"* zu halten. Die Zuhörer erwarteten natürlich eine enthusiastische Rede gegen Aggression, doch Laura Perls kam zu einem völlig anderen Ergebnis. Aggression, so führte sie sinngemäß aus, sei etwas völlig Natürliches. Sie sei sogar eine notwendige Voraussetzung für das Leben und Überleben eines jeden Menschen. Erziehung zum Frieden könne daher nicht erreicht werden, wenn die Aggression geleugnet, verpönt oder unterdrückt werde. Vielmehr sei es wichtig, Heranwachsenden den richtigen Umgang mit dieser Energie beizubringen. Gewalt und Zerstörung in Auseinandersetzungen kommen nicht alleine davon, dass es Aggression gibt. Sie kommen vielmehr davon, dass die Menschen nicht gelernt haben, vernünftig damit umzugehen.

Im Kundengespräch spielt Aggression eine wichtige Rolle beim Durchsetzen von Konditionen

Diese Aussage, so stelle ich immer wieder fest, gilt auch für viele KAMs. Sie scheinen ihre aggressive Energie so lange wegzudrücken, bis sie sich explosionsartig und unkontrolliert entlädt. Dabei hat sie eine wichtige Funktion bei der Verteidigung der eigenen Person, beim Durchsetzen von Konditionen und schließlich beim Erreichen eines Abschlusses. Mit Begriffen der Persönlichkeitspsychologie können wir den Kämpfer so beschreiben: Diese Fassette der Persönlichkeit hat eine geringe Ausprägung der Dimension „Verträglichkeit". Unverträgliche Personen sind eher wetteifernd, rivalisierend, widerspenstig, kritisch, misstrauisch, aggressiv, skeptisch und unsentimental. Da diese Beschreibung ziemlich negativ klingt, hier unsere Gegenüberstellung der positiven und negativen Aspekte:

POSITIV: TUGEND	NEGATIV: UNTUGEND
• durchsetzungsfähig	• kompromisslos
• abschlussstark	• verletzend
• konfliktbereit	• ungestüm
• energisch	• aufbrausend
• direkt	• zerstörerisch
• schnell	• gierig
• mutig	
• ehrgeizig	

Abb. 3.8: Tugenden und Untugenden des Kämpfers

Zusammenfassendes Porträt des Kämpfers:

Der Kämpfer erhält von uns die Farbe Rot, denn in der Umgangssprache gibt es die Redewendung: *„Er oder sie sieht rot!"* Damit ist die Vorstellung von viel Energie und Dynamik verbunden, die natürlich auch das Risiko von Zerstörung in sich birgt.

Für den KAM ist der Kämpfer ein sehr wichtiger Teil seiner Persönlichkeit. Er braucht ihn für die Selbstverteidigung, wenn Kollegen oder Kunden gewisse Grenzen des Anstands oder Respekts übertreten. Dann sollte der Angreifer energisch zurückgewiesen werden. Er braucht ihn aber auch für den Angriff und für das Durchsetzen von Konditionen. Fast immer, wenn ein KAM Probleme mit dem Abschluss hat, hängt es damit zusammen, dass er diese Fassette seiner Persönlichkeit verbirgt.

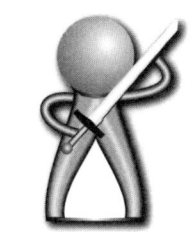

Abb. 3.9: Der KAM braucht die Persönlichkeitsfassette des Kämpfers, um Abschlüsse durchzusetzen

3.3.6 Struktur fünf: Der Kritiker

In manchen inneren Vertriebsmannschaften gibt es noch einen weiteren Spieler, der Einfluss auf das Geschehen haben kann, wir nennen ihn den inneren Kritiker. Anders als die vorher beschriebenen Strukturen, ist er nicht aus dem kleinen KAM heraus entwickelt worden, sondern etwas, was man ihm von außen gleichsam eingeimpft hat. Der fachliche Begriff dafür ist „Introjektion". Dieser innere Kritiker meldet sich sofort, wenn eine der unumstößlichen Regeln, die in seinem inneren Pflichtenheft festgehalten sind, nicht eingehalten wird. Dabei handelt es sich um Imperative, um Befehle, die entweder Bremser oder Antreiber sein können. Und sie sind meist mit dem Wörtchen „muss" verbunden. Viele dieser Regeln wurden uns eingeimpft, als wir noch nicht richtig denken und sprechen konnten. Weitere kommen während der Schulzeit dazu, und schließlich gibt es auch in Unternehmen solche oft ungeschriebenen Gesetze, die jeder einhalten muss, wenn er dazugehören will. Wenn wir diese „verinnerlichten Pflichten" vernachlässigen, empfinden wir ein Schuld- oder Schamgefühl. Um das wieder loszuwerden, setzen wir Himmel und Erde in Bewegung.

Während der Sozialisation verinnerlichte Imperative, die Bremser oder Antreiber sein können

Diese Introjekte sind oft die eingangs beschriebenen Achillesversen einer Person, also ihre wunden Punkte. Hier ein paar Beispiele für Introjekte:
- *„Du musst zuverlässig sein!"*
- *„Du musst hart arbeiten!"*
- *„Du musst es allen recht machen!"*
- *„Alle müssen dich mögen!"*
- *„Du musst der Beste sein!"*
- *„Du musst jede Situation unter Kontrolle haben!"*

Der amerikanische Psychologe Albert Ellis hat sich intensiv mit diesen inneren Glaubenssätzen (believes) beschäftigt und festgestellt, dass einige von ihnen nützlich und angemessen sein können, andere wiederum sind irrational und selbst-schädigend. In Anlehnung an den Begriff „Masturbation" spricht er in diesem Falle von „Must-turbation" also einer Sucht des Müssens.

Innere Glaubenssätze können nützlich, aber auch schädlich sein

Dazu ein Beispiel aus einer Coaching-Sitzung:

Beispiel: Kritiker

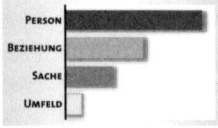

Der Coachee könnte dieses Mal einer Ihrer Kunden sein. Er ist ein hagerer und nervös wirkender Werkleiter eines großen Fertigungsbetriebs und schilderte seine aktuelle Situation wie folgt: Er ist der Erste, der früh am Morgen das Werk betritt, und der Letzte, der es am Abend verlässt. Pausen gibt es für ihn nicht, sein Mittagessen verbindet er immer mit einem wichtigen geschäftlichen Gespräch. Zuhause bearbeitet er noch bis spät in die Nacht seine E-Mails, um wieder auf dem Laufenden zu sein. Urlaub ist für ihn eine Seltenheit, und wenn er mal ein paar Tage mit der Familie in die Berge reist, hat er natürlich immer seine Postmappe dabei und ist rund um die Uhr telefonisch erreichbar. Die einzige Sportart, die er betreibt, ist das Mountain-Biking. Er setzt sich am Fuße eines Berges auf sein Fahrrad und quält sich so lange, bis er den Gipfel erreicht hat.

Hier ein kurzer Dialog aus unserem Gespräch:

Coach *„Was glauben Sie, wie lange Sie diese Form des Arbeitslebens noch durchhalten?"*

Coachee *„Ich glaube, das geht nicht mehr lange so weiter. Mein ganzer Organismus fängt schon an zu rebellieren. Ich werde zusehends nervöser und unzufriedener und bin wegen Herzrhythmusstörungen in ärztlicher Behandlung."*

Coach *„Irgendwie habe ich den Eindruck, dass Sie sich in einem Hamsterrad befinden. Ganz egal, wie schnell Sie laufen, Sie werden nie ankommen."*

Coachee *„Dieses Bild trifft meine Situation ganz gut."*

Coach *„Was sagt denn Ihr Verstand zu Ihrem Handeln?"*

Coachee *„Mein Verstand sagt mir, dass mein Verhalten völlig idiotisch ist. Er sagt, ich solle mehr auf meine Gesundheit und meine Familie achten."*

Coach *„Und trotzdem schaffen Sie es nicht, sich aus dem Hamsterrad zu befreien?"*

Coachee *„Ich muss einfach!"*

Coach *„Warum müssen Sie?"*

Coachee *„Weil ich muss!"*

Coach *„Warum müssen Sie?"*

Coachee *„Weil ich muss!"*

Coach *„Jetzt sind wir beide gleich in einer Endlosschleife, in einem Hamsterrad. Ich schlage vor, dass wir einmal untersuchen wie dieses MUSS zustande kam, einverstanden?"*

Im Laufe der Sitzung kamen wir auf seine Kindheit und seine Schulzeit zu sprechen. Wenn er in der Schulaufgabe eine Eins nach Hause brachte, wurde das als selbstverständlich hingenommen und dem wurde keine weitere Beachtung geschenkt. Bei einer schlechteren Note gab es jedoch immer

Ärger. In dieser Zeit könnte sich der Glaubenssatz, *"Du musst die maximale Leistung erbringen, sonst bist du es nicht wert, dass wir dich mögen!"*, verinnerlicht haben.

Wir sehen, dass Menschen mit so starken inneren Glaubenssätzen im Grunde schnell die Selbstkontrolle verlieren, oder anders formuliert, für den, der ihre Glaubenssätze kennt, sind sie leicht von außen manipulierbar. Als KAM könnten Sie daher auf die Idee kommen, folgende Strategie zu entwickeln:

Menschen mit starken inneren Glaubenssätzen können leicht manipuliert werden

Ich suche nach der Achillesferse meines Gesprächspartners. Ich berühre diesen wunden Punkt. Mein Gesprächspartner bekommt Schuldgefühle und erledigt das, was ich von ihm verlange, um das elende Gefühl wieder loszuwerden.

Diese Strategie funktioniert manchmal erstaunlich gut, sie hat allerdings auch Risiken und Nebenwirkungen insbesondere auf die Qualität Ihrer Beziehung. Außerdem passt sie nicht zu unseren ethischen Grundsätzen. Deshalb raten wir von dieser Form der Gesprächsführung ab. Mehr noch empfehlen wir Ihnen darauf zu achten, dass Sie diese wunden Punkte nicht unabsichtlich berühren.

Zusammenfassendes Porträt des Kritikers:

Er erhält von uns eine düstere Farbe, weil es sich bei ihm um eine Fassette handelt, die ihre Wirkung aus dem Hinterhalt oder aus dem Untergrund entfaltet.

Der Kritiker enthält grundlegende Werte, Prinzipien und Normen, an denen wir unser Handeln überprüfen können. Er ermöglicht uns, Teil einer Familie, einer Gruppe oder eines Unternehmens zu werden, und ist deshalb von großer Wichtigkeit. Viele Schwierigkeiten im Kontakt mit Kunden oder Kollegen basieren auf unterschiedlichen Werteverständnissen oder inneren Glaubenssätzen. Anders formuliert, wenn wir eine Wertekongruenz erreichen, ist die Grundlage für eine produktive Zusammenarbeit geschaffen.

Abb. 3.10: Der Kritiker enthält grundlegende Werte und Normen, an denen wir unser Handeln überprüfen können

Die düstere Gestalt des Kritikers kann allerdings auch zu dominant werden. Dann ist ihr Wirken irrational und zuweilen gegen uns selbst gerichtet.

3.3.7 Die innere Vertriebsmannschaft

Damit haben wir alle für das Key Account Management wichtigen Fassetten der Persönlichkeit nachvollzogen. Unsere innere Vertriebsmannschaft ist jetzt vollständig. Die folgende Abbildung 3.11 zeigt noch einmal die Entwicklung der Persönlichkeitsstrukturen. Alles beginnt mit dem Kind, das in seinen wesentlichen Merkmalen auch im Erwachsenen erhalten bleibt und Einfluss auf unser Handeln nimmt. Aus ihm differenzieren sich die drei Figuren Anima, Animus und Kämpfer. Und schließlich wird die Mannschaft noch durch einen Spieler von außen ergänzt, den wir Kritiker nennen.

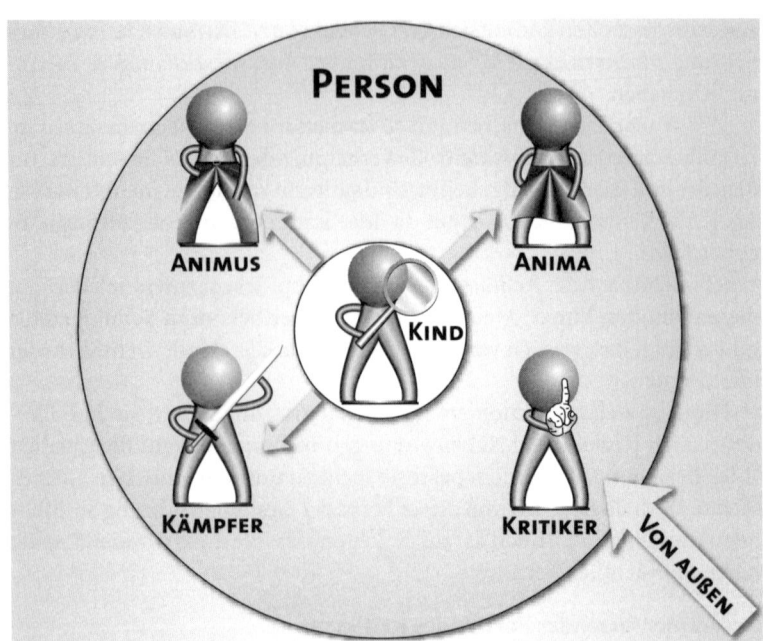

Abb. 3.11: Entstehung und Besetzung der inneren Vertriebsmannschaft

Diese kleinen Figuren können wir wie einen Baukasten benutzen, der uns erlaubt, verschiedene Aufstellungen der inneren Vertriebsmannschaft vorzunehmen. Dabei können die Spieler in ihrer Größe und ihrer Position variieren. Wenn sich die Person in einer ruhigen und entspannten Atmosphäre befindet, dann fällt es ihr leichter, auf ihre unterschiedlichen Ressourcen zuzugreifen. In einer Stresssituation nehmen die Figuren jedoch eine für die Persönlichkeit typische Mannschaftsaufstellung ein. Hier einige typische Konfigurationen; während des Studierens können Sie schon mal versuchen, welcher Typ am besten zu Ihnen passt:

Der Kopf-KAM

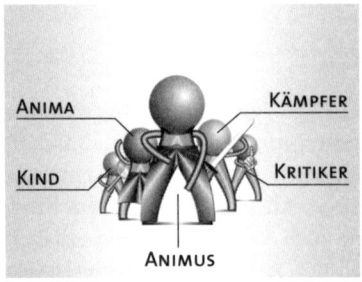

Abb. 3.12: Der blaue, logisch-rationale Anteil dominiert die gesamte innere Mannschaft

„Meine KAMs sind dröge Ingenieure in schlechten Anzügen", so beschrieb ein elegant gekleideter Vertriebschef wörtlich seine Mannschaft und warf dabei die Hände wie um Hilfe bittend nach oben. Damit meinte er die Kopf-KAM-Konfiguration. Der blaue, logisch-rationale Anteil dominiert die gesamte innere Mannschaft. Wir finden solche Persönlichkeiten in allen Branchen, deren Produkte oder Dienstleistungen eine hohe Fachkompetenz verlangen. In der Tat beginnt ihre Karriere meist mit einem naturwissenschaftlichen Studium.

Sie sind Experten auf ihrem Gebiet und können über ihr Fach stundenlang referieren. Sie bemerken nicht, wenn ihre Zuhörer entweder fachlich nicht mehr folgen können oder sich gar langweilen. Mit monotoner Stimme und einem Minimum an Mimik und Gestik tragen sie ihre Inhalte vor. Andere Persönlichkeitsanteile scheint es bei ihnen gar nicht zu geben. In der Pause fällt es mit diesen Menschen schwer, ein belangloses Gespräch zu führen. Nur, wenn es um ihr Fach geht, zeigen sie eine Spur von emotionaler Regung. Sie scheinen zutiefst davon überzeugt zu sein, dass sich die ganze Welt mit einem hinreichend großen ExcelSheet beschreiben lässt. Wenn sich Verhandlungen schwierig gestalten, dann kann es aus ihrer Sicht nur einen Grund dafür geben: Der Kunde hat nicht genug Fakten für seine Entscheidung.

Experten mit hoher Fachkompetenz

Auf der anderen Seite werden ihre Fachkompetenz sowie ihre ruhige und sachliche Art sehr geschätzt.

Der Kampf-KAM

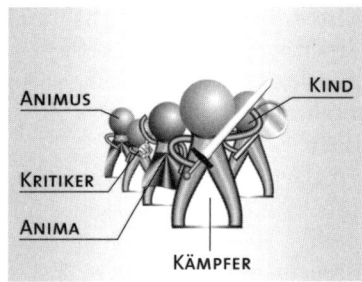

Abb. 3.13: *Bei diesen Menschen ist die rote, kämpferische Fassette dominant*

Bei diesen Menschen ist die rote, kämpferische Fassette dominant. Sie gehen mit einer großen Leidenschaft ans Werk und nehmen gerne jedes Angebot zum Streit an. Ihnen ist es wichtig, dass sie Recht haben, und darum kämpfen sie um jeden Preis.

Der Kämpfer geht mit großer Leidenschaft ans Werk und nimmt jede Auseinandersetzung an

In unserem Fall ist die grüne Fassette Kind relativ sichtbar und groß. Sie bringt immer mal wieder einen Spaß oder einen Witz ins Spiel. Durch die Präsenz des Kämpfers kommen die Witze jedoch oft als Zynismus oder Sarkasmus beim Gegenüber an, obwohl das gar nicht so beabsichtigt ist. Anima und Animus haben, wie das Bild zeigt, wenig zu sagen. Deshalb wirkt dieser Mensch manchmal buchstäblich wie ein Elefant im Porzellanladen. Erst wenn es gekracht hat und Scherben um ihn herum liegen, beginnt er nachzufühlen und nachzudenken. Dann kann es allerdings schon zu spät sein.

Auf der anderen Seite ist der Kämpfer begeisterungsfähig und geht mit großer Leidenschaft ans Werk. So wie er austeilt, kann er auch einstecken.

Der Bauch-KAM

In dieser Aufstellung dominiert die Anima, das weiche, weibliche Prinzip. Dieser Mensch hat feine Antennen für Stimmungen und Emotionen. Harmonie ist ihm wichtig.

Der Bauch-KAM hat feine Antennen für Stimmungen und Emotionen

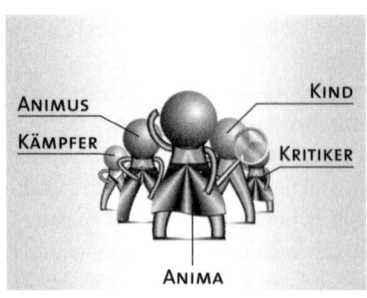

Abb. 3.14: Hier dominiert die Anima, das weiche, weibliche Prinzip

Er kann ein Gespräch erst beenden, wenn er das Gefühl hat, dass alle Ungereimtheiten aus dem Weg geräumt sind. Er will, dass es allen Leuten um ihn herum gut geht. Dadurch kommt er oft in prekäre Situationen. Macht er es seinem Kunden recht und gewährt höhere Rabatte, dann hat er Ärger mit seinem Chef. Macht er es seinem Chef recht und geht hart in die Verhandlung, dann leidet er darunter, dass es dem Kunden nicht recht ist.

Der Heilige-KAM

Die hohen Anforderungen an sich selbst stellt der Heilige-KAM auch an andere

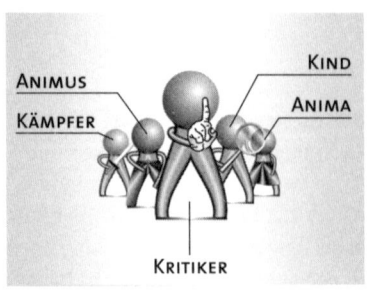

Abb. 3.15: Diese Person wird von meist höchsten moralischen Werten getrieben

Diese Person wird getrieben von meist höchsten moralischen Werten wie Toleranz, Respekt, Pünktlichkeit, Leistungsbereitschaft und Loyalität. Als Gesprächspartner hat man leicht den Eindruck, einen angehenden Heiligen vor sich zu haben.

Leider hat er die höchsten Ansprüche nicht nur an sich selbst, sondern stellt diese auch an seine Mitmenschen. So kommt es, dass er sehr häufig enttäuscht den Kopf hängen lässt. Ein falsches Wort oder eine kleine Unpünktlichkeit rauben ihm die Energie.

Dass er so schnell enttäuscht von sich selbst und seinen Mitmenschen ist, liegt daran, dass er sich selbst so häufig täuscht. Denn wörtlich genommen ist eine Ent-Täuschung nichts anderes als die Erkenntnis, sich selbst getäuscht zu haben. Diese Erkenntnis bleibt dem Heiligen-KAM jedoch meistens verwehrt, so fest sind seine moralischen Grundsätze.

Gerne fordern wir Sie dazu auf, mit Farbstiften und Papier ans Werk zu gehen und weitere Konfigurationen zu entwerfen. Das Wichtigste ist jedoch für Sie, das eigene Bild von sich selbst möglichst realistisch darzustellen.

3.4 Sich selbst besser kennen lernen

Um seine eigene Persönlichkeit besser kennen zu lernen, gibt es viele Möglichkeiten, von denen wir hier einige vorstellen wollen. Allein das Lesen dieses Kapitels hat Ihnen vielleicht schon die eine oder andere Anregung dazu gegeben. Nehmen Sie sich diesen Text öfter einmal vor und reflektieren Sie dabei über sich selbst und über die Menschen, mit denen Sie zu tun haben. Generell sollten Sie sich regelmäßig in der Kunst der Reflexion üben, denn sie ist, wie wir schon ausgeführt haben (siehe Kap. 2.3.1), der Modus des Erkennens.

3.4.1 Persönlichkeitspsychologie

Standardisierte Werkzeuge zur Eigenreflexion bietet auch die Persönlichkeitspsychologie, die wir in diesem Kapitel schon öfter erwähnten. Die Wissenschaftler dieser Disziplin haben es sich zur Aufgabe gemacht, grundlegende Kriterien oder, wie sie sagen, Faktoren zu finden, mit der die Persönlichkeit beschrieben werden kann. Außerdem sind sie ausschließlich an Eigenschaften interessiert, die sich im Laufe des Lebens nicht oder nur wenig ändern. Die weltweit am häufigsten verwendeten Faktoren zur Beschreibung der Persönlichkeit sind die so genannten „Big Five", die Sie in diesem Kapitel schon indirekt kennen gelernt haben.

Die „Big Five": Grundlegende Faktoren der Persönlichkeit, die sich im Laufe des Lebens nicht ändern

In folgender Liste finden Sie nochmals eine Zusammenfassung.

hohe Werte:	niedrige Werte:
ERSTE DIMENSION: EXTRAVERSION	
gesellig, selbstsicher, aktiv, gesprächig, heiter, optimistisch, beziehungsorientiert	zurückhaltend, unabhängig, defensiv, wortkarg, in sich ruhend
ZWEITE DIMENSION: VERTRÄGLICHKEIT	
altruistisch, verständnisvoll, wohlwollend, mitfühlend, hilfsbereit, vertrauensvoll, kooperativ, harmoniebedürftig	unverträglich, egozentrisch, misstrauisch, kompetitiv, unsensibel, draufgängerisch
DRITTE DIMENSION: GEWISSENHAFTIGKEIT	
organisiert, strukturiert, sorgfältig, planend, effektiv, verantwortlich, zuverlässig, überlegt, gewissenhaft	unsorgfältig, unstrukturiert, ungenau, unzuverlässig, ineffektiv
VIERTE DIMENSION: NEUROTIZISMUS	
emotional instabil, besorgt, erschüttert, betroffen, beschämt, unsicher, verlegen, nervös, ängstlich, traurig	ruhig, ausgeglichen, sorgenfrei, stressresistent, mutig, positiv denkend

FÜNFTE DIMENSION: OFFENHEIT FÜR ERFAHRUNGEN	
phantasiereich, wissbegierig, intellektuell, phantasievoll, experimentierfreudig, künstlerisch interessiert, unkonventionell	konservativ, misstrauisch, vorsichtig, konventionell

Abb. 3.16: Die „Big Five" und ihre Ausprägungen

Die hinterlegten Farbbezeichnungen geben den ungefähren Zusammenhang zu den vier archetypischen Strukturen Kind (grün), Anima (gelb), Animus (blau) und Kämpfer (rot) wieder.

Standardisierter Persönlichkeitstest, um die Zusammensetzung der inneren Vertriebsmannschaft zu ermitteln

Ein standardisierter Persönlichkeitstest bietet eine sehr gute Möglichkeit zur Eigenreflexion. Aus ihm können Sie erste Anhaltspunkte zur Zusammensetzung und Gewichtung Ihrer inneren Vertriebsmannschaft erhalten. Dazu gibt es im Markt einige Online-Testverfahren, mit denen Sie Ihre individuellen Werte der „Big Fife" ermitteln können. Ein weit verbreitetes Instrument ist das Hogan Personal Inventory. Nach dem Bearbeiten des Online-Fragebogens erhalten Sie ein ausführliches Manual, das Sie immer wieder zu Rate ziehen können. Es ist sozusagen ein Buch über Ihre Persönlichkeit. Wir empfehlen unbedingt eine Coaching-Sitzung durch einen erfahrenen Hogan-Spezialisten.

3.4.2 Coaching

Reine Selbstreflexion birgt die Gefahr, sich immer wieder selbst zu bestätigen

Eine weitere Möglichkeit zur Selbst-Reflexion ist, es dem Denker von Rodin gleichzutun. Sie setzen sich auf einen Stein, gehen in sich und denken über sich selbst nach. Dieses Vorgehen hat allerdings seine Tücken. Im Laufe unseres Lebens haben wir uns mühevoll ein Bild von uns selbst und der Welt um uns herum gebastelt. Diese Konstruktion ist sozusagen unser bisheriges Lebenswerk. Natürlich wollen wir an diesem Werk möglichst nichts oder, wenn überhaupt, nur wenig ändern. Und so kommt es, dass wir bei dieser Form der Reflexion immer wieder Gefahr laufen, uns selbst zu bestätigen.

Reaktion und Einschätzung eines Dritten können die Selbsterkenntnis fördern

Um sich wirklich weiterzuentwickeln, braucht der Mensch Impulse von außen. Er braucht jemanden, der ihm den Spiegel vor die Nase hält. Ein objektives Testverfahren, wie das Hogan Inventory, kann ein solcher Spiegel für Sie sein. Eine weitere Möglichkeit ist es, sich Coaches zu suchen, die Sie mit anderen Sichtweisen konfrontieren und dadurch Ihre Reflexion bereichern. Unser Verständnis von Coaching ist relativ breit gefächert. Im Grunde können Sie jede Person, mit der Sie zu tun haben, für sich als Coach nutzen. Das beginnt bei Kindern, von denen wir frei nach dem Sprichwort *„Kindermund tut Wahrheit kund"* einiges lernen können. Aber auch Lebenspartner und Kollegen können Coaches für Sie sein. Und schließlich gibt es noch die Möglichkeit, so genannte Professional Coaches in Anspruch zu nehmen.

Ein Beispiel zum Coaching nach Kindermund

Die Episode handelt von einem Außendienstmitarbeiter, dessen Persönlichkeit eine Mischung aus „Heiliger-KAM" und Kopf-KAM ist. Sein ganzes Leben orientierte sich an höchst moralischen Grundsätzen. Sein Kopf lieferte dazu die intelligentesten Begründungen. Seine „Lieblingsfeinde" waren die Raucher, die er allesamt mit den Attributen „charakterschwach", „asozial", „rücksichtslos" und „respektlos" bedachte. Dummerweise war sein Chef, ein älterer Herr, leidenschaftlicher Zigarrenraucher. Nach gemeinsamen Dienstreisen kam der KAM jedes Mal mit fahler Gesichtsfarbe nach Hause und schimpfte: *„Der alte Idiot hat mir wieder mit seinen Zigarren das Auto verpestet."* Eines Tages lud er den Alten auf ein Tässchen Kaffee zu seiner Familie ein. Seine Frau, seine beiden Kinder, er und der Alte saßen im Wohnzimmer, die Atmosphäre war steif, förmlich und angespannt. Ein richtiges Gespräch kam einfach nicht in Gang. Dem kleinen fünfjährigen Jungen des KAM war die Gesellschaft zu langweilig, deshalb versuchte er ein Gesprächsthema in die Runde zu bringen, von dem er wusste, dass es bei seinem Vater zu leidenschaftlichen Diskussionen führte. Er zupfte seinen Papa an der Hose und sagte, *„Du, Papa, hat der alte Idiot wieder mit seinen Zigarren dein Auto verpestet?"* Die Gesichter der Erwachsenen wurden abwechselnd rot und bleich. Das Kaffeekränzchen wurde relativ zügig beendet.

An dieser Stelle biete ich Ihnen zwei mögliche Ausgänge der Geschichte an:
- Der Vater ging in die Selbst-Reflexion und erkannte, dass ihm der Kleine im Grunde den Spiegel vorgehalten hat. Eine Person mit solch hohen moralischen Ansprüchen wie er, sollte vor seinem Chef nicht anders reden als bei seiner Familie über den Chef. Und schließlich fehlte es ihm einfach an Mut, seinen Chef zu bitten, im Auto auf das Rauchen zu verzichten. Er nahm sich vor, das zu verändern.
- Der Vater las seinem kleinen Jungen die Leviten und trainierte ihn in der großen Kunst des Zurückhaltens. Er nahm sich vor, seinen Jungen zu verändern.

Welchen Ausgang halten Sie für den wahrscheinlichsten?

Privatpersonen als Coaches

Sie können für sich jedes x-beliebige Gespräch zu einer Coaching-Session machen. Wichtig dabei ist nur die innere Einstellung: *„Ich will etwas über mich lernen."* Wenn Sie wirklich diesen Wunsch haben, dann gehen Sie wie folgt vor:
- Sie suchen sich eine Person, von der Sie wissen, dass sie eine völlig andere Sicht auf die Dinge hat als Sie. Die Vorstellung von deren innerer Mannschaft kann Ihnen dabei helfen. Wenn Sie eine Person wählen, die genau so denkt, fühlt und handelt wie Sie selbst, dann werden Sie dabei nicht viel über sich lernen.
- Sie schildern dieser Person eine schwierige Situation aus Ihrem beruflichen Alltag. Dabei beschreiben Sie zunächst die Sachverhalte, geben

Prinzipiell lässt sich jedes x-beliebige Gespräch zu einer Coaching-Session machen

konkrete Beispiele, sprechen auch über Ihre Empfindungen, um schließlich die Konsequenzen daraus abzuleiten.
- Dann bitten Sie Ihren Private-Coach, seine Sicht der Situation zu beschreiben. Sie sollten nur zuhören, nicht diskutieren, lediglich Verständnisfragen sind erlaubt.
- Wenn Sie die andere Sichtweise nachvollziehen können, bedanken Sie sich und wechseln das Thema.

Wichtig ist es, die andere Sichtweise zunächst einfach anzuhören und erst später darüber zu reflektieren.

Professional Coaching
Aus unserer Sicht lohnt es sich, in regelmäßigen Abständen mit einem professionellen Coach zu arbeiten. Zum einen verfügt er über ein Repertoire von Coaching-Werkzeugen und zum anderen hat er reichlich Erfahrung in seinem Geschäft.

KONSEQUENZEN FÜR IHR KEY ACCOUNT MANAGEMENT

- **Klären:** Die eigene innere Mannschaft und deren Aufstellung besser kennen lernen!
- **Überprüfen:** Die Wirkung unterschiedlicher Mannschaftsaufstellungen beobachten!
- **Handeln:** Variation durch unterschiedliche Aufstellungen ins Spiel bringen!
- **Pflegen:** Die innere Mannschaft kontinuierlich trainieren!

4 Entwicklung der Persönlichkeit

> **WAS SIE IN DIESEM KAPITEL ERWARTET**
>
> Immer, wenn sich ein KAM über irgendetwas aufregt, dann hat er die Chance, etwas über sich zu lernen. Was Aufregung mit Lernen zu tun hat, erfahren Sie in diesem Kapitel. Die beste Möglichkeit, seine eigene Persönlichkeit zu entwickeln, besteht darin, seine Umwelt als Spiegel seiner eigenen Inhalte zu begreifen. Wenn Gespräche sich im Kreise drehen oder Konflikte im Raume sind, dann können Sie den Teufelskreis dadurch beenden, dass Sie das hierfür ursächliche Prinzip erkennen und benennen. Was ein solches Prinzip ist und wie man ihm auf die Schliche kommt, erfahren Sie ebenfalls in diesem Kapitel.

4.1 Das Innenleben

Kennen Sie den „*Passat-Effekt*"? Dabei handelt es sich um ein unter Vertriebstrainern und Coaches beliebtes geflügeltes Wort für ein Phänomen, das wir Ihnen an einem Beispiel erläutern wollen.

Der Passat-Effekt oder wie sich der Vertriebler am eigenen Schopf aus dem Sumpf zieht

Stellen wir uns den KAM eines großem Softwarehauses vor, der mit seinem Dienstwagen, einem Passat, auf dem Weg zu einem Kundentermin ist. Er hat sich perfekt auf das Gespräch vorbereitet, hat klare Ziele definiert, eine Strategie zur Zielerreichung entwickelt und sich positiv auf das Gespräch eingestimmt. Heute wird er den Kunden davon überzeugen, in ein zusätzliches Softwaremodul aus seinem Hause zu investieren.

Der Kunde begrüßt ihn mit bösem Blick: „*Dass Sie sich überhaupt noch hierher trauen!*" Und dann zieht er vom Leder: „*Mit großen Tönen haben Sie mir Ihre perfekten Lösungen und die exzellenten Dienstleistungen Ihres Hauses angepriesen. Die Realität sieht allerdings ganz anders aus. Seit Mitternacht steht die ganze Produktion. Ihre so genannten Experten entpuppen sich als Volltrottel. Wenn ich eine unserer Putzfrauen mit der Lösung des Problems beauftragen würde, dann hätte ich größere Aussicht auf Erfolg. Im Ausstellen von unverschämten Rechnungen sind Sie perfekt. Ehrlich gesagt, bin ich kurz davor, Ihnen Hausverbot zu erteilen.*" usw., usw.

Unser KAM macht sich im Stehen schnell ein paar Notizen, verspricht, sich sofort um alles zu kümmern, und kriecht wie ein geprügelter Hund „auf allen Vieren" zu seinem Passat. Als er losfährt, versteckt er sich hinter seinem Lenkrad und „leckt seine Wunden". Nach zehn Kilometern ist er schon um einige Zentimeter gewachsen. „*Eigentlich habe ich die Situation ganz gut gemeistert*", denkt er bei sich. Nach weiteren zehn Kilometern schaut seine Nase schon über das Lenkrad: „*Dem habe ich durch mein Verhalten deutlich gemacht, wo seine Grenzen sind.*" Nach dreißig Kilometern sitzt er schon fast aufrecht: „*Der ist nur ausgerastet, weil er sich einer so* starken Persönlichkeit wie mir unterlegen fühlte. Es war genau das Richtige, ihm nichts zu entgegnen. Das wäre wie eine Demütigung für ihn gewesen."

Bei der Ankunft in seiner Firma hat unser KAM schon wieder seine ursprüngliche selbstsichere Haltung eingenommen. Zu seinem Chef sagt er: „Der Kunde war ganz aufgeregt, als ich unsere Lösung vorstellte. Er war ganz aus dem Häuschen. Noch einen Besuch und ich habe den Auftrag in der Tasche." Der Chef blickt finster drein und schiebt ihm schweigend ein Fax über den Tisch. Hier ist von Vertragskündigung und Konventionalstrafen die Rede. Der KAM hätte Hausverbot, stand da zu lesen, gesprochen würde nur noch mit der Geschäftsleitung persönlich. Und dann poltert der Vertriebschef los. Auf alle Vieren verlässt unser KAM das Büro seines Chefs. Hinter seinem Lenkrad versteckt macht er sich auf den Weg zu seinem nächsten Kunden. Nach zehn Kilometern ist er schon wieder um einige Zentimeter gewachsen. *„Eigentlich habe ich die Situation ganz gut gemeistert",* denkt er bei sich ...

Um es kurz zu machen, bei der Ankunft zu seinem nächsten Gespräch hat der KAM schon wieder seine ursprüngliche selbstsichere Haltung eingenommen.

Der Druck, bei jedem Termin „gut drauf" sein zu müssen, sollte nicht zu permanentem Selbstbetrug führen

Obwohl diese Geschichte natürlich übertrieben dargestellt ist, kennen sicher auch Sie das grundlegende Prinzip. In einer gewissen Ausprägung brauchen wir im Vertrieb die Fähigkeit, missliche Situationen schnell zu überwinden, um beim nächsten Termin wieder gut drauf zu sein. Übertreiben wir das Ganze jedoch, lügen wir uns in die eigene Tasche. Deshalb wollen wir uns mit dem für Schönfärberei verantwortlichen Mitglied unserer inneren Vertriebsmannschaft etwas genauer befassen. Seine Funktion heißt EGO.

Der innere Kampf um den Chefsessel

Es scheint fast so etwas wie ein Naturgesetz zu sein: Immer, wenn mehrere Personen zusammenkommen, gibt es eine Art Machtgerangel, das so lange anhält, bis einer von ihnen die Rolle des Führers oder Sprechers der Gruppe eingenommen hat. Manchmal wird der Inhaber dieser Position mit formalen Insignien wie Titel, Gehalt, Größe des Dienstfahrzeugs, Befugnissen usw. ausgestattet. Zuweilen gibt es auch stille Autoritäten, die letztlich auch so etwas wie Führung ausüben, an denen sich die Teammitglieder orientieren. Schon ein leichtes missbilligendes Kopfschütteln einer solchen natürlichen Autorität kann eine Gruppe zur Raison bringen.

Wer führt die innere Mannschaft?

Da wir uns die Persönlichkeit als eine innere Mannschaft vorstellen, ist es naheliegend, davon auszugehen, dass auch hier Auseinandersetzungen um die Führungsposition stattfinden. Den Chefsessel, auf dem das EGO sitzt und herrscht, befindet sich nach unserer Vorstellung im Kopf. Er ist natürlich von allen Mannschaftsmitgliedern begehrt und im Laufe des Lebens hat meistens jeder schon einmal auf diesem Stuhl gesessen. Als Säugling hatte das innere Kind das Sagen, später war es vielleicht der wilde Kämpfer und irgendwann auch einmal die weiche Fassette der Anima.

Letztlich hat sich bei den meisten Menschen in unserer Kultur der logisch-rationale Anteil, der Animus, als innerer Chef breitgemacht. Der Grund dafür, dass sich dieses Teammitglied im wahrsten Sinne des Wortes durchsetzt, ist das äußerst intensive Training, das ihm während der gesamten Schul- und Studienzeit zuteil wird. Ein Akademiker braucht dreizehn Jahre bis zum Abitur, dann folgen weitere fünf Jahre Studium, macht insgesamt achtzehn Jahre hartes Training für den logisch rationalen Anteil. Die Anliegen aller anderen Teammitglieder werden in dieser Zeit wenig oder gar nicht beachtet.

In westlich geprägten Kulturen sitzt in der Regel der logisch-rationale Animus auf dem Chefsessel

Nachdem EGO alias Animus endlich die Chefposition errungen hat, sieht er sich einem wahrlich ungeordneten Haufen gegensätzlicher Teilpersönlichkeiten gegenüber. In bester Absicht versucht er zunächst einmal Struktur in den Laden zu bringen.

Eine seiner ersten Amtshandlungen betrifft die zwischenmenschliche Kommunikation, zu der er folgende Anweisungen erteilt:
- Informationen über uns selbst gehen nur nach einer intensiven Prüfung durch mich, das EGO, und mit meiner Genehmigung nach draußen.
- Die Welt da draußen besteht aus einer wahren Informationsflut. Um dem Chaos Herr zu werden, werden auch alle eingehenden Informationen von mir geprüft und selektiert. Aufgenommen wird nur das, was Sinn macht. Und was Sinn macht, das bestimme ich.
- Zur Darstellung unserer Persönlichkeit in der Umwelt werde ich ein genaues Bild dessen erstellen, wie wir sind und wer wir sind. Jedes der Teammitglieder hat sich daran zu halten.

Das EGO zensiert aus- und eingehende Informationen

Das alles klingt ziemlich autoritär und natürlich meldet sich der eine oder andere aus der inneren Mannschaft zu Wort, um sich über diese Behandlung zu beschweren. Meistens ist der Chef unter ständiger Zeitnot und mit anderen, aus seiner Sicht wichtigeren Dingen beschäftigt. So kommt es, dass er, wie viele andere Chefs, draußen in der Wirtschaft den Kontakt zu der Basis verliert. Er hat oft keine Ahnung von dem, was sich in den Katakomben seiner inneren Welt so alles abspielt, denn er ist ausschließlich damit beschäftigt, ein brillantes Bild von sich selbst abzugeben und gut dazustehen.

Bevor wir nun mit der internen Gruppendynamik fortfahren, wollen wir die Situation modellhaft beschreiben.

4.2 Das Bewusstsein

In den vorherigen Absätzen haben Sie die grundlegenden Bestandteile und Fassetten, aus denen sich eine Person zusammensetzt, kennen gelernt. In diesem Abschnitt wollen wir uns eine Vorstellung davon machen, wie das Innenleben einer Person funktioniert. Eines haben wir schon mehrfach erwähnt, nämlich dass es in einer Person bewusste und unbewusste

Bereiche gibt. Etwas genauer betrachtet, können wir sogar drei Stufen des Bewusstseins differenzieren.

Das Bewusste

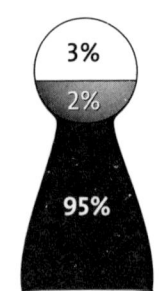

Abb. 4.1: Das Bewusstsein macht nur drei Prozent unserer Persönlichkeit aus

Das Bewusstsein repräsentiert der obere Teil unserer Figur. Sein Büro ist, wie schon erwähnt, im Kopf. Wissenschaftler gehen davon aus, dass das Bewusste nicht mehr als drei Prozent der gesamten Persönlichkeit ausmacht. Wenn wir in einem KAM-Training die Teilnehmer bitten, sich in der Runde gegenseitig vorzustellen, dann erhalten wir von ihnen eine ganze Menge Informationen, wie Name, Berufsausbildung, Berufserfahrung, vielleicht auch Aussagen zu Familie und Hobbys. Es ist genau das vom EGO vorgeschriebene Bild. Das alles, so sagen sie, macht mich aus, das bin ICH. Was die meisten schon gar nicht mehr bemerken, ist die Tatsache, dass sie uns nur von dem berichtet haben, was ihnen bewusst zugänglich ist, und dann noch allen Ernstes behaupten, das sei so ziemlich alles, was sie ausmacht. Sie machen damit einen ziemlich gravierenden arithmetischen Fehler, der mit der unsinnigen Gleichung drei Prozent = 100 Prozent veranschaulicht werden kann. Jener Teil von uns, der von unserer gesamten Person lediglich drei Prozent ausmacht, behauptet, dass er die gesamte Persönlichkeit, also 100 Prozent, repräsentiere. Wollten wir diesem Teil der Persönlichkeit eine Farbe zuweisen, würden wir Blau wählen, da das Bewusstsein in der Regel vom Animus (siehe Kap. 3.3.3) repräsentiert wird.

Das Unterbewusste

Das ist der mittlere Teil unserer Figur von zwei Prozent. Die hier gespeicherten Inhalte sind uns noch relativ gut zugänglich, werden allerdings ebenfalls gerne weggedrückt, wenn sie nicht in das Bild des EGO passen.

Das Unbewusste

Rein rechnerisch macht dieser Teil 95 Prozent aus! Wir haben ihn ziemlich düster mit dunklem Grau dargestellt. Da unten sind gewissermaßen die Katakomben unserer Persönlichkeit, die so manchen beängstigen. Dabei sind in der Tiefe sehr viele Ressourcen, die wir auch als KAM ganz gut gebrauchen können.

Experiment zum Unbewussten:

Die ersten Experimente zur unbewussten Handlungssteuerung wurden schon in den Sechzigerjahren durchgeführt. Einer der Pioniere in diesem Bereich war der Neurophysiologe William Grey Walter, der das folgende, ethisch höchst bedenkliche Experiment durchführte. Die Versuchspersonen waren Epileptiker, denen man eine Behandlung ihres Leidens durch gehirnchirurgische Operationen versprach. Wer schon einmal Zeuge eines epileptischen Anfalls wurde, kann nachvollziehen, dass die betroffenen Menschen sich zu allem bereit erklärten, was auch nur den Hauch einer Linderung versprach. William Grey

Walter hatte jedoch ganz andere Absichten, die er den Versuchspersonen vermutlich nicht einmal mitteilte.

Er pflanzte in die Gehirne der Patienten Elektroden ein, mit denen unbewusste Hirnaktivitäten gemessen werden konnten. Aufgabe der Versuchspersonen war es nun, mittels eines Schalters einen Diaprojektor zu bedienen, um jeweils das nächste Bild auf die Leinwand zu projizieren. Was sie nicht wussten: Der Schalter hatte keinerlei Funktion. Dennoch wurde jeweils das nächste Bild gezeigt, nachdem die Versuchspersonen den Schalter gedrückt hatten. Was war geschehen? Der Projektor wurde durch die Gehirnströme gesteuert, die den motorischen Vorgang des Schalter-Drückens einleiteten und die durch die Elektroden weitergeleitet wurden.

Das Erstaunlichste und Beunruhigendste aber war, dass die Versuchspersonen berichteten, der Projektor habe bereits kurz *bevor* sie sich entschlossen hätten, den Schalter zu drücken, jeweils schon das nächste Bild gezeigt.

Offensichtlich gehen also bewussten Handlungen unbewusste Impulse vorher, die die Handlung bestimmen, bevor das Bewusstsein überhaupt eine Entscheidung getroffen hat. Das, was wir üblicherweise als souveräne, rationale Entscheidung unseres Bewusstseins ansehen, wird also zu großen Teilen von unbewussten Impulsen gesteuert. Im Falle des beschriebenen Experimentes mögen die hierin liegenden Konsequenzen noch wenig spektakulär sein, aber denken Sie einmal an komplexere Abläufe, wie zum Beispiel das Zustandekommen von Kaufentscheidungen …

Offensichtlich gehen bewussten Handlungen unbewusste Impulse vorher, die die Handlung bestimmen

An dieser Stelle sei noch einmal darauf hingewiesen, zu welchen Handlungen sich naturwissenschaftlich orientierte Forscher verleiten lassen können, wenn in ihrem Menschenbild ethische Werte unberücksichtigt bleiben.

Ethisch „saubere" Experimente mit dem gleichen Ziel wurden in der Folge von Benjamin Libet durchgeführt. Seine Forschungen zu bewussten Willensakten zählen schon seit längerer Zeit zu den in der Philosophie am häufigsten diskutierten empirischen Untersuchungen. Diese Experimente wurden bereits in den Achtzigerjahren veröffentlicht, sind aber zwischenzeitlich verschiedentlich wiederholt und verbessert worden.

Die hier beschriebenen Funktionen des Unbewussten sind somit nicht unsere „Erfindung", sondern ein höchst brisanter Stoff in allen wissenschaftlichen Disziplinen. Nach diesem kleinen Exkurs aber zurück zum KAM und seinen inneren Vorgängen.

4.3 Das Verdrängen

Die meisten unserer Coachees können von irgendeiner Situation berichten, in der sie sich für ihr eigenes Empfinden merkwürdig verhalten haben. *„Ich habe mich in diesem Moment selbst nicht mehr gekannt",* sind typische Aussagen für das, was wir meinen. Auch dazu eine kleine Sequenz aus einer Coachingsitzung.

Mir gegenüber sitzt ein KAM, der auf mich ziemlich ausgeglichen und beherrscht wirkt. Auf die Frage, ob er sich auch vorstellen kann, dass er eine kämpferische, vielleicht sogar aggressive, wilde Fassette in sich hätte, antwortet er ein klares und bestimmtes Nein.

Ab hier gebe ich den Dialog im Originalton wieder:
Coach „Also sind Sie noch nie aus der Haut gefahren?"
KAM „Nein, so etwas kommt bei mir nie vor! Ich verachte unbeherrschte und aggressive Menschen. Ich habe mich immer unter Kontrolle."
Coach „Sie sind der erste Mensch, den ich kennen lerne, der sich so unter Kontrolle hat. Das finde ich beneidenswert. Noch nie im Leben aus der Haut gefahren zu sein, das würde ich auch gerne von mir behaupten."
KAM „Na ja, es gibt schon auch Situationen, in denen ich mich mal aufrege."
Coach „Aber Sie können es immer zurückhalten. Das ist eben das Beneidenswerte!"
KAM „Na ja, immer kann ich es auch nicht zurückhalten."
Coach „Das kann ich mir bei Ihnen überhaupt nicht vorstellen. Haben Sie ein Beispiel dafür?"
KAM „Erst letzte Woche hatten wir ein Vertriebsmeeting, auf dem immer diese Marketing-Typen auftauchen. Sie wissen schon, Leute, die keine Ahnung vom Geschäft mit dem Kunden haben, aber tolle Broschüren entwerfen und den Großen mimen. Die wollen uns doch tatsächlich vorschreiben, wie wir mit unseren Kunden umzugehen haben."
Coach „Ja, solche Situationen kenne ich auch. Was haben Sie dann gemacht?"
KAM „Diesen Burschen hab ich mir vorgeknöpft. Zunächst einmal habe ich ihm bescheinigt, dass er keine Ahnung davon hat, wie unsere Kunden ticken. Dann habe ich seine Broschüre Stück für Stück zerpflückt und ihm seine eigene Unfähigkeit unter die Nase gehalten."
Coach „Wie viele Leute waren denn auf diesem Meeting?"
KAM „Ungefähr 80 Kollegen aus dem Vertrieb."
Coach „Das war ja eine richtige Attacke auf den Marketing-Kollegen. Haben Sie mit ihm in der Pause gesprochen oder vor versammelter Mannschaft?"
KAM „Natürlich vor versammelter Mannschaft!"
Coach „Haben Sie eine Ahnung, wie sich der Marketing-Kollege danach gefühlt hat?"
KAM „Natürlich! Der hat den Schwanz eingezogen und auf „allen Vieren" das Podium verlassen. Wahrscheinlich hat er sich bei irgendeiner Marketing-Kollegin ausgeweint. Sein Chef musste das Mikrofon übernehmen, er versuchte zu retten, was zu retten war."

Coach	*„Also, wenn einer so fertiggemacht wird, dass er auf allen Vieren das Podium verlassen muss, dann ist das aus meiner Sicht ein ziemlich aggressiver Akt, finden Sie nicht auch?"*
KAM	*„Eigentlich schon – mir fällt das, ehrlich gesagt, erst jetzt so richtig auf."*

Im weiteren Verlauf des Coachings haben wir noch einige Beispiele für Aggression aus seinem Berufsleben gefunden. Das EGO dieses KAM hat mit seiner selektiven Informationspolitik alles ausgefiltert, was nicht in sein Bild passte. Diesen Vorgang nennen wir Verdrängung. Zwischen dem, wie wir sein wollen, also unserem Drei-Prozenter, und unserem gesamten Selbst gibt es so etwas wie eine Grenze, die mehr oder weniger durchlässig ist. Im extremsten Fall ist diese Grenze dicht, keine Informationen gelangen von einer Seite auf die andere. Die Situation erinnert mich an den Eisernen Vorhang zwischen den ehemaligen deutschen Staaten. In der ehemaligen DDR wurde versucht, jeglichen Austausch an der Grenze zum Westen zu unterbinden.

Wir verdrängen Informationen und Erlebnisse, die nicht ins Bild unseres EGOs passen

4.4 Die Projektion

Was haben die Menschen auf beiden Seiten des Eisernen Vorhangs getan? Sie haben mit allen Mitteln versucht, die Grenze zu durchbrechen. Sie gruben unterirdische Fluchtwege, gingen durch Minenfelder, liefen durch bewachte Grenzbereiche, durchschwammen Grenzflüsse und versuchten, die Mauer zu überwinden. Ähnlich verhalten sich die Mitglieder unseres persönlichen Teams, doch auch hier lässt die Obrigkeit keine Passage zu. Sie ist manchmal sogar selbst davon überzeugt, dass es gar keine solchen Versuche gibt. Auch im Falle des Eisernen Vorhangs hat die Regierung der ehemaligen DDR die Schuld nicht bei sich selbst gesucht, sondern die Agitatoren des Kapitalismus dafür verantwortlich gemacht, dass Menschen über die Grenze wollten.

Die vom EGO unterdrückten Mitglieder des inneren Teams versuchen sich Gehör zu verschaffen

Doch bleiben wir bei unserem Selbst. Angenommen in uns gäbe es ein Teammitglied, das sich nicht darum kümmert, wie die anderen Leute um uns herum auf unsere Persönlichkeit reagieren. Am liebsten würde es, wenn ihm etwas nicht passt, dem Gegenüber respektlos derbe Schimpfworte an den Kopf werfen. Nennen wir es deshalb einfach einmal den „Wilden". Das EGO hat jedoch beschlossen, dass unser ICH freundlich, höflich, hilfsbereit, tolerant, stilvoll, stets gut gelaunt und gelassen ist. Stellen wir uns weiterhin vor, es gäbe bei einem unserer Kunden eine Person, die wir nicht sonderlich mögen, weil sie uns gerne zeigt, wer von uns beiden am längeren Hebel sitzt. Wir haben bei dieser Person einen Termin und fühlen uns mal wieder so richtig von oben herab behandelt.

Der Wilde reagiert natürlich ziemlich aufgebracht auf diese Provokation. Seine Handlungsempfehlung an das EGO ist:

- *„Sag diesem Aufschneider endlich mal, dass er aber auch nicht die leiseste Ahnung hat!"*

- „Hau ihm verbal (noch besser mit der Faust) eins zwischen die Hörner!"
- „Mach ihn fertig, steh auf und knall die Tür hinter dir zu!"
- „Geh zu seinem Chef und sorge dafür, dass man ihn feuert!"

Unser EGO kann solche Handlungsempfehlungen natürlich nicht billigen. Das wäre nicht ICH, ist seine Begründung. Es geht noch einmal die Liste der guten Eigenschaften durch und beschließt seinerseits folgende Handlungsstrategie:

- „Auf keinen Fall Emotion zeigen!"
- „Immer ruhig und sachlich bleiben!"
- „Höfliche Formulierungen finden!"
- „Gute Argumente vorbringen!"

Aus Widersprüchen zwischen dem EGO und den Ansprüchen anderer Persönlichkeitsfassetten entstehen innere Konflikte

Damit haben wir so etwas wie einen inneren Konflikt. Die Botschaften beider Seiten könnten unterschiedlicher nicht sein. Die Obrigkeit, alias das EGO, setzt sich in solchen Fällen fast immer durch. Zumindest ist es davon überzeugt. Der wilde Kerl gibt sich allerdings damit nicht zufrieden. Er beteiligt sich einfach unmerklich an der Kommunikation. Da die verbale Sprache für ihn per EGO-Beschluss tabu ist, benutzt er andere, subtilere Methoden, wie zum Beispiel die Farbe der Haut, die Körpersprache und die Mimik, um sich Gehör zu verschaffen. So entsteht das, was wir Doppelbotschaften nennen. Übertragen auf unsere Situation könnte das wie folgt aussehen:

Botschaft des EGO	Botschaften aus dem Untergrund	
• „Ich freue mich, heute bei Ihnen zu sein."	• Gesicht ist fahl, Mimik angespannt, Lächeln wirkt unecht	• „Von Freude kann gar keine Rede sein."
• „Das kann ich Ihnen zusichern."	• Der Blickkontakt wird gemieden	• „Ich habe dich eben angelogen."
• „Das sollten wir näher besprechen."	• Der Körper ist leicht vom Gegenüber abgewendet	• „Am liebsten würde ich aufstehen und wegrennen."

Unterdrückte Aspekte der Persönlichkeit schaffen sich über Stimmlage und Körpersprache Gehör

Zusätzlich gibt es viele weitere Signale, die ohne Zutun des Bewusstseins gesendet werden, dazu gehören unter anderem:
- Verschiedene Färbungen der Stimme, die etwas über die Stimmung des Senders verraten.
- Die unbewusste Wahl der Worte. „Ja, aber…" ist eine häufig verwendete Floskel, die im Grunde in sich widersprüchlich ist, denn das „Ja" bedeutet Zustimmung, das „Aber" hingegen stellt diese wieder in Frage.
- Gesten, die mit dem Gesagten nicht übereinstimmen. Der Klassiker ist eine verbale Zustimmung, also ein „Ja", gepaart mit einem leichten Schütteln des Kopfes, also ein „Nein".

Das Unbewusste unseres Gesprächspartners registriert am EGO vorbeigeschmuggelte Signale sofort

Diese Botschaften werden vom Unbewussten des Gesprächspartners sofort registriert und entsprechend beantwortet. So scheint auf der „oberen Etage" zwar ein sachliches Gespräch stattzufinden, in der Ebene darunter beginnt aber zuweilen ein kleiner Machtkampf, der beiden beteiligten EGOs vielleicht gar nicht auffällt. Das Ergebnis ist ein unbefriedigender Gesprächsverlauf. In der nebenstehenden Abbildung ist diese Doppelbotschaft symbolisch dargestellt.

Die vom Bewusstsein gesteuerte verbale Botschaft lautet hier: *„Du bist o.k.!"* Der aus dem Unbewussten stammende nonverbale Impuls lautet dagegen: *„Du bist nicht o.k.!"*

Abb. 4.2: Wenn Worte und Körpersprache nicht übereinstimmen, misslingt die Kommunikation

Und nun kommt ein ziemlich vertrackter Mechanismus ins Spiel, den wir Projektion nennen. Der bewusste Anteil sendet die Botschaft, *„Ich freue mich, heute bei Ihnen zu sein",* der unbewusste Anteil hingegen, *„Ich wäre lieber überall auf der Welt, nur nicht bei dir!"* Der Gesprächspartner reagiert darauf vielleicht mit einer gewissen Zurückhaltung oder gar Ablehnung. Unser EGO erkennt diese Reaktion mit etwas Verwunderung und denkt sich, *„Ich habe ihn doch so freundlich begrüßt und er reagiert reserviert. Das ist aber ein unfreundlicher Typ!"* Was das EGO dabei in keiner Weise in Erwägung zieht ist, dass die eigene Person Ursache für das sein könnte, was es da draußen sieht. Es ist vollkommen davon überzeugt, nur positive Botschaften gesendet zu haben, folglich liegt das Negative oder die Schuld am Gesprächspartner.

Der Begriff Projektion hat seinen Ursprung im Lateinischen *„proicere"* – *„vorwärtswerfen",* „hinwerfen". In diesem Sinne sehen wir im anderen etwas, was wir selbst dorthin geworfen haben. Die viel zitierte Geschichte mit dem Hammer aus Paul Watzlawiks Büchlein „Anleitung zum Unglücklichsein" beschreibt das Phänomen der Projektion vortrefflich:

Wir neigen dazu, unbewusst eigene Gefühle und Vorstellungen in andere zu projizieren

Ein Mann, der sich bei einem Nachbarn einen Hammer ausleihen will, bezweifelt dessen Gutwilligkeit so lange, bis er schließlich für sich zu dem Schluss gelangt, der Nachbar habe etwas gegen ihn und steigert sich in diese Vorstellung derart hinein, dass er letztlich wütend zu dem Nachbarn hinüber stürmt und ihn anschreit: *„Behalten Sie doch Ihren Hammer!"*

Ein weiteres Beispiel ist eine kleine Episode aus dem wirklichen Leben der Reisenden:

Trainer und Coaches gehören wie die KAMs zum „fahrenden Volk" unserer Wirtschaft, wir sind fast täglich in alle Himmelsrichtungen unterwegs. Wenn Sie ab und zu mit Bahn oder Flugzeug reisen, kommt Ihnen das folgende Phänomen sicherlich bekannt vor. Die einzelnen Reisenden reden relativ selten miteinander. Jeder ist mit sich, seinem Handy, dem Notebook, der Financial Times oder irgendwelchen Business-Dokumenten beschäftigt. Die nonverbale Botschaften dieser Leute lautet: *„Ich bin, wie du siehst, mit sehr wichtigen Dingen beschäftigt. Komm bloß nicht auf die Idee, mit mir über Belanglosigkeiten plaudern zu wollen."* Doch wenn einem der Bediensteten der Bahn oder einer Airline ein kommunikativer Lapsus unterläuft, dann wendet sich das Blatt. Selbst die wortkargsten

Typen brechen ihr Schweigen und wenden sich an ihre wildfremden Nachbarn: *„Finden Sie das Verhalten dieses Schaffners nicht auch unverschämt?"* Plötzlich sind die beiden in einen intensiven Dialog vertieft. Weitere Reisende beteiligen sich eifrig an der Diskussion. Jeder berichtet von noch größeren Unmöglichkeiten, die er oder sie in der „Servicewüste" Deutschland erlebt hat. Aus den Einzelgängern ist eine solidarische Gruppe geworden, die sich in einem Punkt einig sind: Wenn wir alle unseren Job so machen würden, wie dieser Bahnmitarbeiter, dann wäre es schlecht um Deutschland bestellt. So wird der nächste Kontrollgang des Schaffners zu einem wahren Spießrutenlauf.

Ich gebe zu, auch ich habe mich zuweilen an solchen Debatten beteiligt, doch eines Tages war ich mit der Bahn unterwegs zu einem Erstkontakt für ein Projekt bei der Deutschen Bahn. Es war fast so etwas wie Aberglaube, der mich auf den folgenden Gedankengang brachte. Wenn du zu den Bediensteten der Bahn ganz freundlich bist, dann wirkt sich das vielleicht irgendwie positiv auf die anstehende Entscheidung aus.

Hinter mir hörte ich, wie ein Reisender den folgenden Dialog mit dem Bahnschaffner führte: *„Der Zug hat eine halbe Stunde Verspätung. Das ist eine bodenlose Unverschämtheit. Ein richtiger Saftladen ist die Bahn inzwischen geworden."* Der Schaffner antwortete verärgert: *„Wir mussten aus Sicherheitsgründen warten, bis ein Böschungsbrand gelöscht war. Ich kann nichts dafür."* Das brachte den Reisenden in Rage: *„Sie sind für mich der Repräsentant der Bahn. Und was machen Sie? Sie stehlen sich aus der Verantwortung. Das scheint bei euch Unternehmenskultur zu sein, bloß keine Verantwortung übernehmen! Das Wort Kundenorientierung ist für Euch wohl ein Fremdwort? Seien Sie froh, dass ich nicht Ihr Chef bin. Ich würde Ihnen Beine machen."*

Als der genervte Schaffner dann zu mir kam, begrüßte ich ihn freundlich: *„Das stelle ich mir ziemlich anstrengend vor, sich den ganzen Tag solche Worte von aufgebrachten Kunden anzuhören."* Sein Gesicht hellte sich etwas auf, mit einem leichten Lächeln sagte er: *„Das ist durchaus nicht leicht. Aber zum Glück gibt es auch andere Reisende. Ich wünsche Ihnen eine gute Weiterfahrt und das mit der Verspätung tut mir wirklich leid."* Eigentlich eine ganz netter Type, dachte ich mir.

Als er das nächste Mal vorbeikam, machte ich ihn auf Folgendes aufmerksam: *„Ich habe mich riesig darüber gefreut, dass meine Lieblings-Symphonie von Mozart in Ihrem Unterhaltungsprogramm angekündigt ist. Der Klassikkanal bringt jedoch ein ganz anderes Repertoire."* Er werde sich sofort darum kümmern, ob der richtige Tonträger eingelegt sei, versprach er mir. Nach fünf Minuten kam er zurück und bedauerte, dass tatsächlich die falsche CD geliefert wurde. Da der ICE aus zwei getrennten Zügen bestünde, würde er beim nächsten Aufenthalt kurz in den vorderen Zug laufen, um dort die richtige CD zu holen. So sah ich ihn im Laufschritt auf dem Bahnsteig entlang eilen, um mir einen Gefallen zu erweisen.

Diese Episode ist kein Einzelfall. Ich habe mich seither bei jeder Bahnfahrt ähnlich verhalten und wurde fast immer freundlich und zuvorkommend bedient. Den Zuschlag des Projekts bei der Deutschen Bahn haben wir übrigens bekommen. Das lag sicherlich nicht an der Freundlichkeit gegenüber den Bediensteten, dennoch empfehlen wir Ihnen: Probieren Sie es doch einfach mal aus!

Wie man in den Wald hineinruft, so schallt es heraus

In Anlehnung an einen Filmprojektor betrachten wir unser Gegenüber, im obigen Beispiel den Schaffner, einfach einmal als eine Projektions-Leinwand, auf die wir projizieren, was sich bildlich wie folgt darstellen lässt:

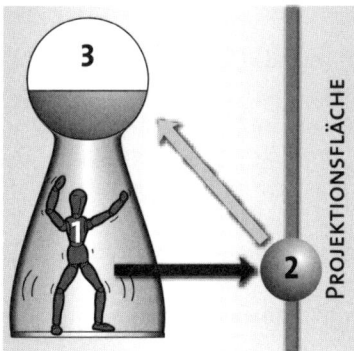

Abb. 4.3: Der Vorgang der Projektion

Wir senden ein nonverbales Signal, z.B. eine Respektlosigkeit oder Unfreundlichkeit aus. Die Ursache (1) ist eines unserer im Untergrund lebenden inneren Mitglieder, in diesem Falle der wilde Kerl. Auf der Leinwand entsteht als Projektion die Reaktion der Umwelt auf unsere Respektlosigkeit (2). Unser Ego schaut sich diese Reaktion an (3) und hat keine Ahnung davon, dass sich die Ursache dafür in seiner eigenen Person (1) befindet.

Vielleicht kennen Sie den Ausspruch, „So, wie man in den Wald hineinruft, so schallt es auch heraus." In der Umgangssprache entstehen solche Redewendungen sicher deshalb, weil viele Menschen eben nicht erkennen, dass das, was sie aus dem Wald herausschallen hören, genau das ist, was sie vorher selbst hineingerufen haben.

4.4.1 Die „auf-Regung"

Über Personen, die wir nicht sonderlich mögen, regen wir uns zuweilen auf. Auch hier ist die sprachliche Formulierung interessant. Wir sagen seltener: „*Der andere regt mich auf,*" sondern häufiger: „*Ich rege mich über den anderen auf.*" Der letzte Satz deutet schon darauf hin, dass diese Aufregung etwas mit uns selbst zu tun hat.

Wenn uns etwas aufregt, liegt die Ursache in der Regel weniger im anderen, sondern etwas in uns regt sich auf

Das Wort „aufregen" besteht aus den beiden Teilen „auf" und „regen". Irgendetwas regt oder bewegt sich bei diesem Vorgang offensichtlich, die räumliche Bestimmung „auf" gibt die Richtung der Bewegung an, nämlich von unten nach oben. Bildlich gesprochen ist es vielleicht der kleine rote wilde Kerl, der von unten an die Grenze pocht und das EGO auffordert, ihn anzuhören und sich mit ihm zu beschäftigen. Doch leider sieht EGO nur dessen Wirkung im Außen. So gesehen könnte jede Aufregung eine gute Gelegenheit sein, etwas über sich selbst zu lernen.

Eine sehr angenehme Form der „auf-Regung" ist das Lachen. Dieser Vorgang ist ganz offensichtlich vom Unterbewusstsein gesteuert. Versuchen Sie zur Probe einfach einmal, willentlich herzhaft zu lachen. Es wird Ihnen sicher nicht so ohne Weiteres gelingen. Und wenn Sie gewollt lachen, dann fühlt es sich ganz bestimmt nicht so an wie ein spontanes Lachen. Beobachtet man Menschen, die lachen, dann stellen wir fest, dass das Lachen oft regelrecht aus ihnen herausplatzt. Es scheint fast so, als würde sich dabei eine Art Druck entladen. Vielleicht empfinden wir Lachen deshalb als eine Art Erleichterung oder gar Befreiung? Nach unserem Modell lässt sich das Phänomen wie folgt erklären: Die Grenze zwischen unten und oben wird für einen kleinen Moment durchlässig und gibt den Weg für Inhalt oder Unbewusstes frei.

Beim Lachen wird die Grenze zwischen der Zensur des Egos und den aufbegehrenden Persönlichkeitsbestandteilen durchlässig

Worüber lachen wir? Meistens sind es irgendwelche menschlichen Unzulänglichkeiten, die wir selbst in uns haben und die wir im Moment des Lachens erkennen (könnten). Wir lachen also im Grunde über uns selbst. Oder anders formuliert, wenn wir das, worüber wir lachen, nicht in uns selbst hätten, dann fänden wir die Situation auch nicht komisch. In letzter Konsequenz würde das bedeuten:
- Wir lachen über einen Trottel – in uns selbst gibt es folglich einen Trottel.
- Männer lachen über die Einfalt von Blondinen – in Männern gibt es folglich auch etwas Einfältiges.
- Wir lachen über die Naivität von Kindern – in uns selbst gibt es folglich (hoffentlich) etwas Naiv-Kindliches.

Oft wird allerdings die Grenze schnell wieder verschlossen und der Moment des Erkennens nicht genutzt. Stellen wir uns vor, ein paar KAMs sitzen an der Hotelbar und erzählen sich Witze. Einer aus der Kategorie „harmlos" könnte etwa lauten:

Ein KAM rettet seinen Chef vor dem Ertrinken. Voll Dankbarkeit sagt der zu ihm: „Sie haben einen Wunsch frei." Ohne zu überlegen, antwortet der KAM: „Bitte erzählen Sie meinen Kollegen nicht, dass ich es war, der Sie gerettet hat."

Warum lachen einige Personen über diesen Witz heftiger, andere aber so gut wie überhaupt nicht? Vor dem Hintergrund unseres Modells könnte sich die Person nach dem Lacher folgende Fragen stellen:
- Wie ist das Verhältnis zu meinem Chef?
- Wie offen bin ich ihm gegenüber?
- Wie ist das Verhältnis zu meinen Kollegen?
- Hänge ich vielleicht mein Fähnlein in den Wind?

Da wir schon von Blondinen gesprochen haben, auch dazu ein Beispiel:
Warum klauen Blondinen nur bei ALDI? ALDI ist einfach billiger!

Die Schlussfolgerung aus diesen Witz kann nur lauten, dass sich hier jemand ziemlich dumm benimmt. Wer also darüber lacht, sollte sich folgende Frage stellen:

„Gibt es in meinem Job Situationen, in denen ich genau so dumme Schlussfolgerungen ziehe, wie die Blondine im Witz?"

Eine Standardsituation ist zum Beispiel die Leistungsbeurteilung. In der Regel vereinbaren Vertriebschefs mit ihren KAMs Ziele, an denen ihre Leistung gemessen wird. Sehr häufig kommt es vor, dass sich die Leistungsbewertungen von Chef und KAM erheblich unterscheiden. Der Chef ist der Auffassung, dass die Ziele des KAM nicht erreicht wurden, und bewertet die Leistung entsprechend. Der KAM argumentiert, dass er viel Zeit und Energie investiert hat. Der Job sei ihm wichtiger als private Interessen. Deshalb erwarte er eine exzellente Leistungsbeurteilung. Mit Verlaub, diese Argumentation ist wie bei ALDI klauen, weil es billiger ist, also ziemlich blond.

Unser Fazit an dieser Stelle: Wenn Sie über irgendetwas lachen, dann reflektieren Sie öfter einmal, was Sie in diesem Moment erkennen oder lernen könnten.

Eine andere Form der Aufregung ist Wut und Zorn. Auch diese Momente sind nicht von unserem Bewusstsein gesteuert. Probieren Sie einmal, ganz bewusst wütend oder zornig zu werden. Wahrscheinlich erleben Sie dabei das Gleiche wie bei dem Versuch, bewusst zu lachen. Es wird Ihnen sicherlich nicht so ohne Weiteres gelingen. So gesehen sind auch Wut, Zorn oder Ärger Momente, in denen Sie etwas über sich lernen könnten. Wie im obigen Beispiel mit der Wut auf den Opelfahrer (Kap. 3.3.5), nutzen wir auch diese Gelegenheiten viel zu selten zur Erkenntnis. Der betreffende KAM konnte sich nicht einmal mehr daran erinnern, dass er wütend war. Er hat seine Wut gleich wieder verdrängt und die Grenze nach unten wieder dicht gemacht. Oft kommen Wut und Ärger nicht einmal zum Ausdruck. Sie werden vorher zurückgehalten, die Grenze wird vom EGO aktiv verteidigt und dichtgemacht. Dennoch sehen wir an der betreffenden Person äußerliche Anzeichen von Wut. Das Gesicht errötet, er wirkt nervös, trommelt mit den Fingern auf den Tisch, hält die Luft an oder beißt die Zähne zusammen.

Auch in Momenten der Wut oder des Zorns wird die Grenze zwischen Zensor und Unbewusstem durchlässig

Fazit:

Immer, wenn Sie sich aufregen, dann haben Sie die Chance, etwas über sich selbst zu lernen. Das Lachen ist allemal die angenehmste Form des Erkennens.

4.4.2 Die Grenze

An dieser Stelle wollen wir uns mit den Eigenschaften der Grenze zwischen oben und unten oder dem Bewussten und Unbewussten beschäftigen. Sie ist in der umseitgen Abbildung 4.4 als gestrichelte Linie dargestellt:

Wir sehen, dass der wilde Kerl von unten an die Grenze stößt und sie überwinden will. Die Grenze ist jedoch dicht, er kann sie nicht passieren.

Vom EGO unerwünschte eigene Anteile zu erkennen erfordert Mut

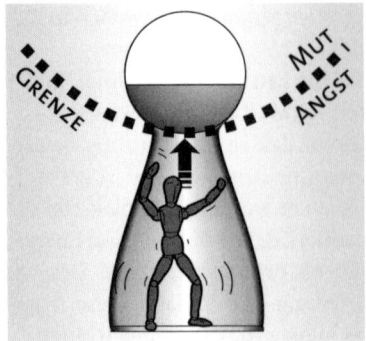

Abb. 4.4: Angst macht die Grenze zwischen Bewusstsein und Unbewusstem dicht

Die kleinen Poren sind viel zu eng. Das Wort Enge ist ur-verwandt mit dem Lateinischen „angustia" – „die Enge" und „angor" – „das Würgen". Vom gleichen Wortstamm ist übrigens der Begriff Angst abgeleitet. Angst bedeutet also nichts anderes als Enge. In unserem Modell wird im Zustand der Angst die Grenze nach unten dicht gemacht. Angst ist in diesem Falle ein Erleben, das entsteht, wenn die Grenze geschlossen und verteidigt wird. Das Gegenteil von Angst ist ein Zustand, den wir Mut nennen. Hier ist der Mut gemeint, in sich selbst hineinzuschauen und auch unerwünschte eigene Anteile zu erkennen. Eine persönliche Weiterentwicklung setzt logischerweise eine Bereitschaft voraus, sich mit der eigenen inneren Grenze zu beschäftigen.

Das „Abdichten" der Grenze wurde uns im Rahmen unserer Sozialisation zur Genüge beigebracht, deshalb wollen wir uns hier mit den Möglichkeiten der Grenzöffnung beschäftigen. Unser Ziel ist nicht die totale Grenzöffnung. In der Umgangssprache gibt es dafür die interessante Formulierung: „Der ist ja nicht ganz dicht!" Gemeint ist, er lässt viel zu viel von seinem Inneren nach außen und hat dadurch Schwierigkeiten mit seiner Umwelt. Wichtig ist uns vielmehr eine gute individuelle Balance zwischen Angst (oder besser Furcht) und Mut zu erreichen. Was sind also Möglichkeiten, diese Grenze zu öffnen?

Das Oktoberfest als gigantische Sales-Incentive-Veranstaltung

Dazu eine kleine Geschichte über eine Veranstaltung, zu der bayerische KAMs alljährlich ihre Kunden einladen – das Münchener Oktoberfest oder kurz „die Wiesn". Schon beim Versuch, einen Termin mit den Kunden zu vereinbaren, hören die KAMs dieser Region ab August immer wieder die Aussage: „Ende September, Anfang Oktober wäre die beste Möglichkeit für einen Termin". Dieser rein formale Terminvorschlag enthält die hintergründige Botschaft: „Ich will, dass du mich zur Wiesn einlädst." Und so wird das Oktoberfest zu einer gigantischen Sales-Incentive-Veranstaltung, zu der Tausende KAMs mit ihren Kunden pilgern. Für diejenigen, die das Phänomen Wiesn nicht kennen, sei kurz das grundlegende Prinzip erwähnt: Es geht nämlich darum, in möglichst kurzer Zeit möglichst viel Bier zu trinken. Das ist alles.

Welche Wirkung dieser Bierkonsum bei den Wiesnbesuchern hat, wollen wir hier beispielhaft nachvollziehen. Unser KAM hat in diesem Falle Entwicklungsingenieure eingeladen, das sind die schon erwähnten Herren in den schlechten Anzügen. Typisches Merkmal dieser Spezies ist eine hohe Ausprägung der Introversion bis hin zu bubenhafter Schüchternheit.

Unser KAM hat alle hübschen Frauen seiner Firma mobilisiert, um den Rahmen für eine gelungene Wiesn zu schaffen. Sie erscheinen natürlich im Dirndl, das die weiblichen Formen ganz besonders betont. Einer unserer Ingenieure sitzt also einem solchen Dirndl gegenüber und hat alle Mühe, seine Blicke loszureißen. Nach der ersten Maß Bier gelingt es ihm immer weniger, seine Blicke zu kontrollieren, und nach der zweiten Maß hat er die schöne Frau in seinen Armen und schunkelt nach Herzenslust. Auch seine ingenieurhafte Fistelstimme wandelt sich zum Brüllen eines Löwen: „*Eins, zwei, gsuffa …*". Dann schließt er Brüderschaft mit ihr, was natürlich mit einem kräftigen Schluck Bier (der dritten Maß) und einem Busserl besiegelt wird. Unser Ingenieur ist nicht mehr wiederzuerkennen. Er tanzt auf den Bierbänken, brüllt die Wiesnsongs und macht allen Frauen um sich herum feurige Komplimente, dass Casanova vor Neid erblassen würde.

An dieser Stelle die Frage: Ist das veränderte Verhalten des Ingenieurs buchstäblich durch das Bier in ihn hineingeschüttet worden? Oder war diese Verhaltensdisposition vorher schon in ihm angelegt und wurde durch den Alkohol „befreit"? Wir plädieren für die zweite Deutung.

Nach der Wiesn laden viele KAMs ihre Kunden traditionsgemäß zu einem Katerfrühstück mit Weißwürsten, Weißbier, Brezen und Aspirin ein. Nur wenige Stunden nach der Orgie ist aus unserem Casanova wieder der introvertierte Ingenieur im schlechten Anzug geworden, der um alle anwesenden Frauen einen großen Bogen macht.

Alkohol beeinflusst also die Grenze zwischen oben und unten, macht sie durchlässig. In der Tat wird Alkohol oft systematisch im Vertrieb eingesetzt. Viele KAMs, die in den ehemaligen Ostblockstaaten zu tun haben, berichten uns, dass dort ein Geschäft erst dann abgeschlossen wird, wenn man vorher zusammen Wodka getrunken (oder korrekt formuliert, gesoffen) hat. Offensichtlich wollen die Geschäftspartner hinter die Kulissen schauen und besser erkennen, wen sie vor sich haben. Der Chef eines großen Automobilwerks berichtete uns von der folgenden Begebenheit:

Er reiste nach China, um dort Verhandlungen mit einem hohen Regierungsbeamten über den Bau eines neuen Automobilwerkes zu führen. In typisch deutscher Strebsamkeit wollte er gleich zur Sache kommen, doch sein Gastgeber bestand darauf, ihn vorher zu einem Bankett einzuladen. Dort saß er also mit vielen Chinesen in einem vornehmen Restaurant und wurde aufs Köstlichste bewirtet. Immer wieder wurde ein Trinkspruch ausgegeben, die Höflichkeit zwang ihn, mitzutrinken. Irgendwann fiel unserem Manager jedoch auf, dass der Regierungsbeamte selber keinen Tropfen Alkohol trank und ihn stattdessen sehr genau beobachtete. Nach dem Essen war er ziemlich betrunken und wollte in sein Hotelzimmer. Doch sein Gastgeber nötigte ihn förmlich, mit ihm eine Bar im Rotlichtviertel zu besuchen. Auch dort gab es wieder reichlich Alkohol und insbesondere viele schöne Frauen, die dem Gast aus Deutschland ihre Dienste auf Rechnung des Gastgebers anboten. Auch hier trank der Regierungsbeamte keinen Tropfen und kümmerte sich auch nicht um die Frauen. Er

In den ehemaligen Ostblockstaaten und in Asien wird Alkohol oft systematisch im Vertrieb eingesetzt, um das Gegenüber aus der Reserve zu locken

beobachtete lediglich seinen Verhandlungspartner. Erst am anderen Tag konnten die Verhandlungen beginnen. Bis dahin wusste der Gastgeber mehr über sein Gegenüber als dieser selbst.

Alkohol ist also eine Möglichkeit, die Grenze durchlässig zu machen. Jedoch raten wir dringend davon ab, diese Droge zu vertrieblichen Zwecken einzusetzen oder sich gar zum Trinken animieren zu lassen. Sie laufen Gefahr, die Kontrolle zu verlieren und den anderen viel mehr von sich preiszugeben, als Ihnen lieb ist. Außerdem ruinieren Sie damit auf Dauer Ihre Gesundheit.

Wir empfehlen Ihnen stattdessen, sich in der Kunst der drei Schlüsselkompetenzen Reflexion, Rationalität und Autonomie (siehe Kap. 2.3) zu üben. Dabei soll Ihnen das Bild der Projektion helfen (allerdings in einer anderen Reihenfolge wie in Abb. 4.3):

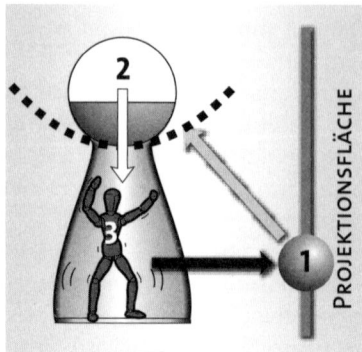

Abb. 4.5: Den Mechanismus der Projektion bewusst unterbrechen und angemessen reagieren

In diesem Falle beobachten Sie im Außen das Verhalten eines Gesprächspartners (1), zum Beispiel Respektlosigkeit. Sie erkennen (2), dass Sie auf dieses Verhalten innerlich reagieren, dass Sie sich „aufRegen" (3). Statt nun zu projizieren und zum Beispiel zu sagen: „Der andere ist respektlos", stellen Sie sich die einfache Frage: „Was hat das, was ich beobachte, mit mir zu tun?" oder „Was ist mein Anteil an der Situation?".

Gegenstand der Betrachtung ist in diesem Falle nicht der andere, sondern Sie selbst. Sie wollen Ihren Anteil erkennen. Dieses Erkennen ist nur möglich, wenn es Ihnen gelingt, vorher in den Modus der Reflexion zu wechseln. Sie gehen bildlich gesprochen aus sich heraus und betrachten sich selbst als Außenstehenden. Je öfter Sie sich darin üben, desto besser werden Sie in der Kunst der Reflexion. Als KAM haben Sie dazu jede Menge Gelegenheiten. Sie können das während der Autofahrt oder im Flughafen oder im Flugzeug selbst tun. Am wirksamsten ist die Reflexion, wenn Sie sich dabei schriftliche Notizen machen. Beispielhaft könnte eine solche Notiz wie folgt aussehen, Grundlage ist das obige Beispiel.

4.5 Anleitung zur Selbst-Reflexion

Diese Anleitung orientiert sich an der bereits in Kapitel 2.3.2 vorgestellten Viererkette zur Umsetzung von Rationalität. Abbildung 4.6 beschreibt die vier prinzipiellen Reflexionsschritte:

- Aussage, Beobachtung, Begründung
- Konkrete Beispiele, Situationen
- Empfindungen, Körperreaktionen
- Sinn, Nutzen, Konsequenz

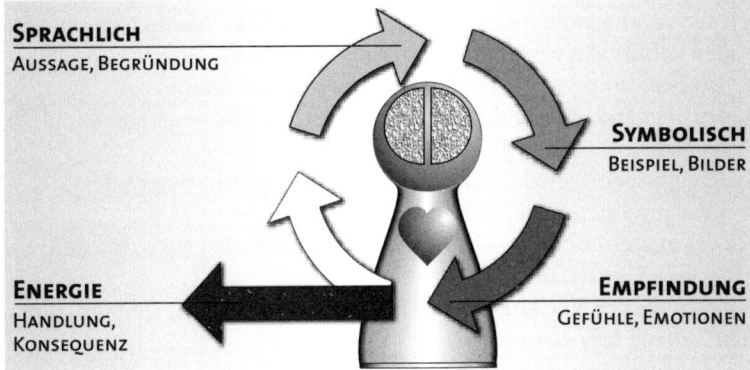

Abb. 4.6: *Die Viererkette zur Umsetzung von Rationalität*

Auf unser Beispiel übertragen erwachsen aus dieser Strategie folgende Überlegungen:

Erster Schritt: Meine Beobachtungen	Zweiter Schritt: Beispiele für Beobachtungen	Dritter Schritt: Meine Empfindungen	Vierter Schritt: Mein Anteil, Hypothesen
Der Kunde verhält sich arrogant.	Er lässt mich warten und ist unpünktlich. Er behandelt mich von oben herab.	Ich spüre ein Grummeln im Bauch, ich ärgere mich.	Ich verhalte mich dem Kunden gegenüber arrogant.
Er setzt mich unter Druck.	Er stellt unrealistische Forderungen.	Ich fühle mich in die Enge getrieben und unter Druck gesetzt.	Ich setze den Kunden unter Druck.
Er handelt respektlos.	Er verwendet beleidigende Formulierungen.	Ich fühle mich verletzt, gekränkt, gedemütigt.	Ich verhalte mich dem Kunden gegenüber respektlos.

Wie Sie sehen, betrachten wir die Aussagen in Schritt eins als Unterstellungen gegenüber dem Kunden. In Schritt vier unterstellen wir uns, um den Projektionsmechanismus zu unterbrechen, dann selbst genau dieses Verhalten. Bleiben Sie im Modus der Reflexion und prüfen, ob es für die Ich-Aussagen irgendwelche Indizien gibt. Seien Sie bei dieser Prüfung möglichst kritisch und lügen Sie sich selbst nicht in die Tasche. In der Regel werden Sie nach wenigen solcher Reflexionen Ihr EGO überlisten und eigene Muster erkennen. Schon diese Erkenntnis wird Ihnen dazu verhelfen, Gespräche aus einer anderen inneren Grundhaltung heraus zu führen. Beispiele dafür könnten sein:

Suchen Sie nach Indizien für eigene Projektionen, die die Kommunikation erschweren oder gar misslingen lassen

Ich verhalte mich dem Kunden gegenüber arrogant. Was an meinem Verhalten könnte also arrogant auf den Kunden wirken?
- Ich begrüße den Chef in seinem eigenen Büro zuletzt.
- Ich verwende häufig die Floskel „*Ja, aber …*", und widerlege damit die Aussagen des Kunden.
- Ich ignoriere Signale für Zeitdruck, Stress oder Unbehagen des Gegenübers und ziehe mein Ding durch.

All das mag ohne direkte Absicht geschehen, kann aber trotzdem als Arroganz aufgefasst werden.

Ich setze den Kunden unter Druck. Welches Verhalten von mir könnte den Kunden unter Druck setzen?
- Durch mein Handeln droht dem Kunden Gesichtsverlust. Vielleicht hat er uns eine Zusage gemacht, hat dabei aber die Sachzwänge nicht genügend berücksichtigt. Jetzt steht er vielleicht als Lügner da?
- Jede Form von Abschlusstechnik im falschen Moment kann massiven Druck bewirken.
- Vielleicht hat der Kunde im Moment viel wichtigere Themen im Kopf. Der Gesprächszeitpunkt ist nicht optimal. Wir stehlen ihm, ohne es zu wollen, die Zeit.

Ich verhalte mich dem Kunden gegenüber respektlos. Welches Verhalten von mir könnte respektlos wirken?
- Ich höre nicht aktiv zu.
- Ich bin mit mehreren Personen des Unternehmens in Kontakt und nutze meinen Informationsvorsprung.
- Mein Gegenüber hat den Eindruck, dass ich ihn übergehe und mit seinem Vorgesetzten Vereinbarungen treffe.

Wie Sie sehen, gibt es viele Argumente dafür, das, was Sie Ihrem Gegenüber unterstellen, auch sich selbst zu unterstellen.

4.6 Prinzipien des Handelns

Um zu nachzuvollziehen, was wir unter Prinzipien oder Handlungsprinzipien verstehen, beschreiben wir ein kleines Beispiel aus dem privaten Alltag.

Ein KAM und seine Frau streiten sich um das Urlaubsziel. Sie will ans Meer, er in die Berge. Als schlagendes Argument bringt der KAM immer wieder die Kostenrechnung auf den Tisch. Der Urlaub in den Bergen ist einfach billiger. Nach langem Hin und Her macht die Frau folgende Aussage: „Im Prinzip dreht es sich bei dir doch gar nicht um die paar Euro, die wir mit einem Urlaub in den Bergen sparen. In Wirklichkeit steckt doch etwas ganz anderes dahinter. Bei deinem Motorrad drehst du auch nicht jeden Cent um." Damit hat sie die Endlosschleife durchbrochen und die Aufmerksamkeit auf das gelenkt, worum es sich im Prinzip dreht.

Endlosdiskussionen kennen Sie sicher auch aus ihrem Job. Ein Kunde will noch mehr Informationen über das Produkt. Bekommt er die gewünschten Daten, dann hat er noch weitere offene Fragen. Marketing stellt den Vertriebsmitarbeitern die neue Produktkampagne vor. Es wird endlos über die kleinsten Details gestritten, ohne dass man sich einigt. Bei Preisverhandlungen beißt man sich in einer Diskussion an der zweiten Stelle hinter dem Komma fest und kommt einfach nicht weiter. Bei all diesen Situationen dreht es sich nicht wirklich um die vordergründige Sache, über die so heftig diskutiert wird. Wir haben oft das Gefühl, dass da etwas anderes dahintersteckt.

Oft geht es nicht um die gerade verbissen verhandelte Sache, sondern um etwas, was dahinterliegt

Der Begriff „Prinzip" kommt vom lateinischen *„principium"* – *„Anfang"* oder *„Ursprung"*. Es ist in unserem Sinne die Sache hinter der Sache. Die Suche nach dem Prinzip und dessen Benennung kann uns viele Missverständnisse und Endlosdiskussionen ersparen. Wie erkennen Sie diese Prinzipien? Unsere Antwort ist fast immer die gleiche:

> Sie sollten innerlich aus dem laufenden Prozess für ein paar Momente aussteigen und eine andere Sicht einnehmen.

Diesen Vorgang nennen wir Reflexion. Dazu stellen wir Ihnen wieder kleine Reflexionshilfen zur Verfügung. Als Erstes zitieren wir noch einmal den bereits erwähnten C.G. Jung, der eine Liste von Prinzipien aufstellte, die grundsätzlich Ursache für Verhalten und Handeln sein können. Einen für KAMs relevanten Ausschnitt finden Sie in der folgenden Darstellung. Wir haben die Prinzipien den schon bekannten Mitgliedern der inneren Mannschaft zugeordnet.

ANIMUS	ANIMA	KÄMPFER	KIND	KRITIKER
BEWUSSTSEIN	VERSTÄNDNIS	SCHUTZ	**VERTRAUEN**	GERECHTIGKEIT
KONTROLLE	LIEBE	AGGRESSION	ENTWICKLUNG	**VERANTWORTUNG**
ERKENNTNIS	ACHTUNG	FÜHRUNG	UNABHÄNGIGKEIT	ÜBERWINDUNG
STRUKTURIERUNG	OFFENHEIT	BEHAUPTUNG	SICHERHEIT	KRITIK
KOMPETENZ	BESINNUNG	ENTSCHLOSSENHEIT	GEWISSHEIT	LOYALITÄT
ORGANISATION	**RESPEKT**	ERHALTUNG	**WERT**	VERPFLICHTUNG
REFLEXION	VERBUNDENHEIT	MANIPULATION	FLUCHT	EHRLICHKEIT
	VERTRÄGLICHKEIT	**BESTIMMUNG**		

Abb. 4.7: Liste der Prinzipien in Anlehnung an C.G. Jung

Die in diesem Schema fett formatierten Prinzipien werden weiter unten beispielhaft behandelt.

Handlungsprinzipien sind gleichermaßen auf die eigene Person und auf die Umwelt gerichtet

Diese Prinzipien haben immer zwei Richtungen. Die eine zeigt auf die Umwelt, die andere auf uns selbst. Deshalb können alle Beispiele auch mit den Präfixen „fremd" und „selbst" verwendet werden. So gibt es für das Prinzip „Vertrauen" sowohl das „Selbst-Vertrauen", als auch das „Fremd-Vertrauen". Beide Formen hängen zusammen, sie sind wie die beiden Seiten einer Münze. Ohne Selbst-Vertrauen kann ich demnach kein Vertrauen in meine Umwelt haben und ohne Vertrauen in die Umwelt gibt es kein Selbst-Vertrauen.

Um die Anwendung der Prinzipien zu veranschaulichen, untersuchen wir noch einmal den Streit zwischen Mann und Frau um das Urlaubsziel. Durch die kluge Aussage der Frau wurde zunächst der Teufelskreis unterbrochen. Beide wollen zusammen herausfinden, worum es sich wirklich dreht, welches Prinzip dahintersteckt. Wir unterstreichen noch einmal, dass diese Recherche beide zusammen unternehmen sollten. Sie könnten durch die Ausführungen in diesem Buch auf die Idee kommen, heimlich die Prinzipien eines anderen zu entdecken, um ihn dann entsprechend zu manipulieren. Davon raten wir Ihnen ab. Höchstwahrscheinlich wird der Schuss nach hinten losgehen.

Die Form der Kommunikation gibt den ersten Hinweis, um welches Prinzip es sich handeln könnte

Ein erster Hinweis darauf, um welches Prinzip es sich handeln könnte, gibt die Form der Kommunikation. Verläuft sie relativ emotionslos und auf reinen Fakten basierend, dann kommen vermutlich die Prinzipien aus der Animus-Liste infrage. Wird die Auseinandersetzung dagegen mit viel Energie geführt und sind auch aggressive Akzente mit im Spiel, dann könnte die Kämpfer-Liste das Prinzip enthalten. Wurde einer der Gesprächspartner in die Enge getrieben und macht einen eher hilflosen Eindruck, dann dominiert vielleicht ein kindliches Prinzip. Und wird mit erhobenem Zeigefinger argumentiert, dann könnte unser innerer Moralapostel alias Kritiker das Prinzip enthalten.

Die beste Möglichkeit die Prinzipien zu entdecken ist, dem anderen sein Verhalten respektvoll zu spiegeln.

Eine Auflösung des Urlaubsstreits könnte daher wie folgt aussehen:
Frau   „Du regst dich ziemlich über das Thema Urlaub auf."
Mann   „Ja, die ganze Sache geht mir gegen den Strich, ich finde das Thema nervig."
Frau   „Was nervt dich denn so? Ist es wirklich das Geld?"
Mann   „Wenn ich ehrlich bin, nein. Um die paar Euro dreht es sich nicht wirklich."
Frau   „Was ist es dann, was dich nervt?"
Mann   „Wenn ich ganz ehrlich bin, dann will ich weder in die Berge noch ans Meer, sondern mit meinem Freund zusammen eine Motorradtour machen."

Prinzipien des Handelns 91

Damit wurde das Prinzip durch den Mann schon explizit formuliert, es geht um Ehrlichkeit oder Selbst-Ehrlichkeit. Die Kostenargumente vorzuschieben war im Grunde unehrlich. Er hat sich davor gedrückt, seine wahren Beweggründe zu nennen, und stattdessen haarspalterische Diskussionen um ein paar Euro geführt.

Ob die Unterhaltung nach dem Erkennen des Prinzips harmonischer verläuft, ist nicht abzuschätzen. Sie dreht sich jedenfalls ab sofort um das zentrale Thema und damit sind die Aussichten auf eine Lösung erheblich besser als zuvor.

Andere mögliche Prinzipien in diesem Szenario könnten sein:
- Fremd- und Selbst-Kontrolle: Er fühlt sich von ihr kontrolliert und will die Kontrolle wiedergewinnen.
- Fremd- und Selbst-Respekt: Sie respektiert seine Wünsche nicht. Er fühlt sich respektlos behandelt.
- Unabhängigkeit: Er fühlt sich abhängig und strebt nach mehr Unabhängigkeit. Motorradfahren hat ja viel mit Unabhängigkeit und Freiheit zu tun.
- Gerechtigkeit: Sie hat sich in den letzen Jahren mit ihren Urlaubszielen durchgesetzt. Das empfindet er als ungerecht.

Auch die Handlungsprinzipien wirken vorwiegend im Unterbewussten. Oft ist es uns selbst nicht so richtig klar, warum wir so handeln oder worüber wir uns so aufregen.

4.6.1 Prinzipien und Resonanzen

Unsere Anatomie der Persönlichkeit wird durch die Vorstellung von Prinzipien verfeinert. Das Selbst unterteilen wir jetzt in einen bewussten und unbewussten Bereich, beide sind durch eine Grenze voneinander getrennt. Unterhalb der Grenze, also im Unbewussten, finden wir die Mitglieder der inneren Mannschaft. In jeder dieser Teilpersönlichkeiten gibt es Handlungsprinzipien, die so etwas wie Atome, also die kleinsten, unteilbaren Elemente, darstellen. Deshalb wollen wir uns jetzt mit einer Art „Atomphysik" der Persönlichkeit befassen. Dazu versetzen wir uns zunächst in das Büro eines Vertriebschefs, in dem wir die folgende Szene beobachten.

Jede der Teilpersönlichkeiten der inneren Mannschaft bevorzugt bestimmte Handlungsprinzipien

Ein KAM hat eine Auseinandersetzung mit seinem Chef. Er regt sich fürchterlich darüber auf, dass sein Vertriebsmanager über jeden Kundenbesuch einen detaillierten Bericht haben will und diese Dokumente auch noch pedantisch kontrolliert.

Der Dialog läuft immer nach dem gleichen Muster ab:
KAM „Die Besuchsberichte zu schreiben ist ein enormer zeitlicher Aufwand für mich. Wenn ich diese Zeit für Kundenbesuche nutzen würde, hätten wir mehr Umsatz. Das ist doch viel wichtiger für das Unternehmen als diese Berichte!"
Chef „Das sehe ich nicht so. Wenn Sie mit Bahn oder Flugzeug unterwegs sind, könnten Sie während der Reise die Berichte schreiben. Und

KAM	*in dieser Zeit könnten Sie ohnehin keinen weiteren Kunden besuchen. Sie können sich noch nicht von A nach B beamen."*
KAM	*„Die meisten Kundenbesuche mache ich, wie Sie wissen, mit dem Auto. Während der Fahrt kann ich wirklich nicht schreiben."*
Chef	*„Ich besorge Ihnen ein Diktiergerät! Sie sprechen Ihren Bericht während der Fahrt auf Band. Ich biete Ihnen sogar an, die Bänder in mein Sekretariat zu schicken. Dort werden sie dann abgetippt."*
KAM	*„Während des Fahrens muss ich mich auf den Verkehr und die Wegfindung konzentrieren ... "*
Chef	*„Ich erkläre Ihnen noch mal Sinn und Zweck dieser Berichte. Wie Sie wissen, habe ich insgesamt zehn KAMs in meiner Truppe. Ich will einfach einen Überblick über die Aktivitäten meiner Leute haben, damit ich die Ressource sinnvoll führen kann."*

Das vordergründige Thema dieses Dialogs heißt „sinnvolle Nutzung der Zeit". Wie Sie sehen, bahnt sich bei der Diskussion keine Lösung an. Der KAM wird irgendwann das Büro mit einem Diktiergerät in der Tasche verlassen und sich nach wie vor über die lästigen Besuchsberichte aufregen. Sein Ärger wird eher noch größer sein, weil der Chef sämtliche Argumente entkräften konnte. Er ging sozusagen als Verlierer aus dem Disput hervor. In diesem Falle ist es sinnvoll, sich auf die Suche nach dem grundlegenden Prinzip zu machen. Das folgende Schema kann uns dabei helfen.

4.6.2 Reflexionshilfe: Das Prinzip entdecken

Der einfachste Weg zum Prinzip ist wieder die Anwendung unserer Viererkette. Sie beginnt mit einer möglichst nüchternen Aussage über den Sachverhalt. Dann folgt ein konkretes Beispiel, das Sie sich möglichst in all seinen Fassetten ins Gedächtnis rufen sollten. Wenn Sie sich vollständig an die Situation erinnern, versuchen Sie Ihre Empfindungen zu erspüren und zu formulieren. Dabei wird meistens das grundlegende Prinzip erkennbar oder sogar benannt.

Die Überlegungen unseres KAMs könnten folgendermaßen aussehen:

Feststellung, Aussage	„Ich rege mich fürchterlich über das leidige Thema Besuchsberichte auf."
Konkretes Beispiel	„Das letzte Gespräch mit meinem Chef: Ich habe versucht ihm klar zu machen, dass mit den Berichten Zeit vergeudet wird. Er ging auf keines meiner Argumente ein."
Empfindungen Gefühle	„Ich habe mich gefühlt wie ein kleiner Junge, der seine Hausaufgaben nicht machen will. Irgendwie habe ich das Gefühl, dass mein Chef mir nicht vertraut und mich deshalb massiv kontrollieren will."

| **Grundlegendes Prinzip** | Offensichtlich heißt das grundlegende Prinzip „Vertrauen" oder „Kontrolle". |

Ohne die störenden Einflüsse dieses zunächst nicht bewusst gewordenen Prinzips aus dem Untergrund hätte der KAM die Anweisung seines Chefs ganz einfach akzeptieren und sich selbst sagen können: „*Irgendwie kann ich nachvollziehen, dass der Chef ohne die Besuchsberichte ziemlich aufgeschmissen ist. Aus seiner Sicht ist es durchaus sinnvoll, einen Überblick zu haben. Außerdem gibt es auf Reisen immer wieder Leerlaufzeiten, in denen ich die Berichte schreiben könnte, da hat er einfach Recht. Und schließlich hat er mir mit Diktiergerät und Schreibservice sogar eine aktive Unterstützung angeboten, die mir das Verfassen der Berichte erheblich erleichtert. Eigentlich ein sehr kooperativer Zug von ihm. Ich bin zwar nach wie vor nicht begeistert davon, will ihm aber den Gefallen tun."*

Erkennt er das seiner Weigerung zu Grunde liegende Prinzip dagegen nicht, wird er nach wie vor das Verfassen der Besuchsberichte vor sich her schieben und sie nur widerwillig schreiben. Das beeinflusst höchstwahrscheinlich die Qualität seiner Beratung und seine Termintreue. Die nächste Auseinandersetzung mit seinem Chef ist damit schon vorprogrammiert. Dabei wird der Vertriebsmanager höchstwahrscheinlich irgendwann einmal die Geduld verlieren und disziplinarische Konsequenzen folgen lassen.

Bildhaft kann die Wirkung des Prinzips wie folgt dargestellt werden. Die Zahlen in dieser Abbildung beschreiben den folgenden Vorgang:

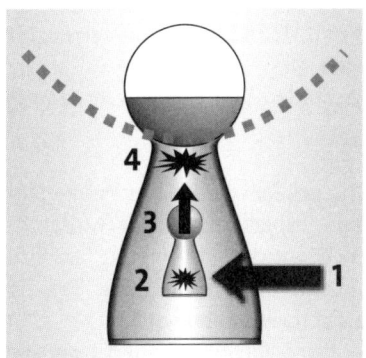

Abb. 4.8: Ein Reiz trifft auf ein verborgenes Prinzip und löst Energie aus

1 Irgendein Reiz dringt wie ein Pfeil in unsere Person ein, ohne dass wir uns dessen bewusst sind. Wie jeder fliegende Pfeil hat auch dieser eine gewisse kinetische Energie. Der Pfeil wurde in diesem Fall vom Chef abgefeuert, seine Kernbotschaft lautete: „*Ich will, dass Sie Berichte schreiben. Daran führt kein Weg vorbei!*"

2 Der Pfeil trifft auf das unbewusste Prinzip „Vertrauen" und überträgt dabei seine Energie. Das Prinzip beginnt durch diese Energie zu schwingen, es gerät in Resonanz.

3 Die Energie regt das Prinzip auf. Es bewegt sich nach oben. Wir spüren diese Aufregung körperlich. Wir können sie höchstens verstecken, aber nicht verhindern.

4 Oben stößt das Prinzip an die verschlossene Grenze. Damit ist die Energie immer noch im System und sucht einen Ausgang.

Das Bewusstsein unseres KAMs beschäftigt sich währenddessen immer noch mit dem Thema „Zeitverschwendung" und ist damit auf der völlig falschen Fährte.

Das nächste Bild beschreibt, welchen Weg die Energie nach dem Abprall an der Grenze nimmt:

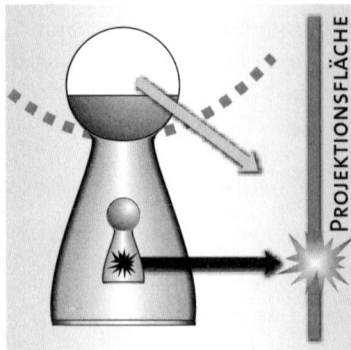

Abb. 4.9: Das Verhalten des Gegenübers wird nicht als Reaktion auf eigenes Verhalten erkannt

Die Energie, die sich nicht den Weg in das Bewusstsein des KAMs bahnen kann, wirft dieser in Form von Gegenargumenten auf den Chef zurück und löst dort, da der Chef sie nicht akzeptieren kann, wiederum eine Reaktion aus (dargestellt als Punkt auf der Projektionsfläche). Indem der Chef dagegenhält, schießt er, ohne es zu wissen, gewissermaßen den nächsten Pfeil zurück in Richtung des verborgenen Prinzips im Inneren des KAMs (Abb. 4.8). Dessen EGO sieht lediglich die Reaktion der Umwelt (durch den oberen Pfeil angedeutet), erkennt sich selbst aber nicht als Ursache. Der KAM kommt deshalb zu dem logischen Ergebnis: „Der Chef ist schuld, dass ich mich aufrege." Damit sind wir wieder beim Vorgang der Projektion oder der Schuldzuweisung. Dieses Hin und Her kann sich fortsetzen, bis die Situation irgendwann einmal eskaliert.

Die entsprechenden Eskalationsstufen sind in der folgenden Abbildung dargestellt:

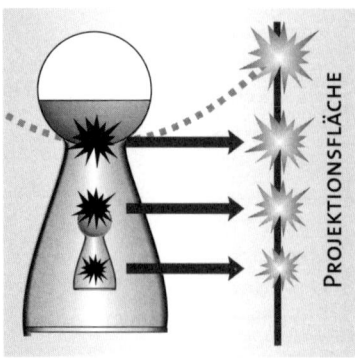

Abb. 4.10: Bleibt das zugrundeliegende Handlungsprinzip unerkannt, kommt es zur Eskalation

Die größer werdenden Punkte auf der Projektionsfläche verdeutlichen, wie die „auf-Regung" wächst, solange das grundlegende Prinzip nicht thematisiert wird:
- Der Chef argumentiert gegen die Aussagen des KAMs.
- Er setzt den KAM mit Androhung disziplinarischer Maßnahmen unter Druck.
- Der KAM erhält die erste schriftliche Abmahnung.
- Der Chef kündigt das Arbeitsverhältnis.

4.6.3 Der alternative Prozess: Das hintergründige Prinzip thematisieren

Nach diesem Worst-Case-Szenario ein alternativer Prozess unter Berücksichtigung des grundlegenden Prinzips.

Unser KAM hat also durch Selbst-Reflexion erkannt, dass sein hintergründiges Prinzip „Vertrauen" heißt. Die beste Möglichkeit, den Teufelskreis zu durchbrechen, ist es, das Thema auf den Tisch zu bringen und zu benennen. Das führt vielleicht nicht zwangsläufig zu einer Lösung, die Erfolgsaussichten vergrößern sich damit jedoch erheblich. Es wird nicht mehr länger um den „heißen Brei" herumgeredet. Dafür gibt es grundsätzlich zwei unterschiedliche Möglichkeiten.

Den Teufelskreis durchbrechen und das eigentliche Thema auf den Tisch bringen und benennen

4.6.3.1 Der Vorwurf

Die erste Möglichkeit ist die Form des Vorwurfs, bei dem die Botschaften des KAM wie folgt lauten könnten:

- „Du vertraust mir nicht!"
- „Deshalb kontrollierst du mich!"
- „Wenn du mir vertrauen würdest, dann bräuchtest du nicht die Besuchsberichte von mir!"

Vielleicht erkennen Sie, dass diese Form der Aussagen eine ganze Menge Unterstellungen beinhaltet. Dass der Chef seinem KAM nicht vertraut, ist schlicht und ergreifend eine Behauptung. Sie kann völlig falsch sein. Die einzig mögliche Aussage, die der KAM wahrheitsgemäß machen kann, ist, dass er Misstrauen empfindet. Die Aussagen, *„Du traust mir nicht!"* und *„Ich empfinde Misstrauen!",* haben eine völlig unterschiedliche Qualität. Die zweite Unterstellung ist der Satz: *„Deshalb kontrollierst du mich!".* Vielleicht kontrolliert der Chef nicht die Person des KAMs, sondern lediglich die für das Business relevanten Aktivitäten all seiner Mitarbeiter. Zwischen der Kontrolle einer Person und einer Sache ist ebenfalls ein himmelweiter Unterschied. Schließlich erfolgt eine unsaubere Beweisführung mit der Gleichung: Besuchsbericht = Misstrauen.

Unterstellungen provozieren Ablehnung und Abwehr

Wenn Sie ein Prinzip, das Sie aufregt, als Vorwurf auf den Tisch bringen, dann werden Sie Entrüstung und Abwehr auf der anderen Seite als Antwort erhalten. Eine fast zwangsläufige innere Reaktion des Chefs wird sein: *„Was fällt dem ein, ausgerechnet mir Misstrauen zu unterstellen? Der sieht in mir wohl so etwas wie einen Stasi-Beamten! Das kann ich nicht auf mir sitzen lassen."* Seine Reaktion wird entsprechend sein. Im Begriff „Vorwurf" steckt das Verb „werfen". Wenn Sie dem anderen also etwas vorwerfen, dann wird er es mit ziemlicher Sicherheit zurückwerfen, und zwar heftiger.

4.6.3.2 Das Prinzip mit der Viererkette benennen

Besser ist es, seine Erkenntnis des hintergründigen Prinzips in die Form einer Ich-Botschaft zu kleiden. Dazu verwenden Sie das Ergebnis Ihrer Selbst-Reflexion, mit der Sie das grundlegende Prinzip erkannt haben, und formulieren die Sätze so, dass der Chef sie annehmen kann.

Ich-Botschaften provozieren keine Abwehrreaktion

Feststellung, Aussage	„**Ich** rege **mich** immer wieder über das Thema Besuchsberichte auf und frage **mich**, woran das liegt."
Konkretes Beispiel	„Nun sind wir schon wieder dabei, über das Thema zu sprechen. Die Diskussion läuft aus **meiner** Sicht immer gleich ab."
Empfindungen, Gefühle	„Irgendwie habe **ich** das Gefühl, dass Sie mir nicht vertrauen und **mich** deshalb kontrollieren."
Konsequenz	„Vielleicht habe **ich mich** da in etwas verrannt. **Mich** interessiert einfach einmal Ihre Sicht der Dinge."

Diese Form der Aussage eröffnet dem Gegenüber wesentlich mehr Handlungsmöglichkeiten. Das Risiko des Vorwurfs wird durch die konsequente Formulierung in der **Ich**-Form erheblich reduziert. Deshalb haben wir alle **ich** und **mich** im Text hervorgehoben. Sehr wichtig ist die Aussage in der Zeile „Konsequenz". Dort weist der KAM noch einmal darauf hin, dass die Aussagen ausschließlich seine Innenwelt betreffen und dass sie durchaus unbegründet sein könnten. Und schließlich zeigt er Interesse an der alternativen Sichtweise des Chefs.

Nach unserer intuitiven Statistik führt die korrekte Anwendung der Viererkette in weit über 90 Prozent der Fälle zu einer günstigen Wendung des Gesprächs, die wie folgt aussehen kann:

Chef „Dass Sie von Misstrauen sprechen, das erstaunt mich. Sie wollen meine Meinung hören?
Also, ich glaube, dass ich sehr großes Vertrauen in Sie setze. Die Betreuung unseres wichtigsten Kunden habe ich ganz bewusst Ihnen anvertraut. Auch auf Ihre Einschätzungen einer Situation vertraue ich. Wenn Sie mir sagen: „Da ist nicht mehr drin!", dann vertraue ich darauf. Ich weiß, dass Sie mir keinen Bären aufbinden, um den bequemeren Weg gehen. Und schließlich vertraue ich Ihnen auch schwierige Jobs wie die Präsentation der Vertriebsstrategie bei unserem Management an."

KAM „So habe ich es in der Tat nicht gesehen."

Chef „Was die Kontrolle anbelangt, so gehört es einfach zu meinem Job, den Überblick zu haben. Deshalb bestehe ich auf die Besuchsberichte. Das hat aber aus meiner Sicht nichts mit einem Mangel an Vertrauen zu tun."

KAM „Danke, ich glaube ich habe eben etwas Wichtiges gelernt."

Nach diesem Gespräch hat der KAM die Möglichkeit, mit dem Prinzip „Vertrauen" aktiv umzugehen. Und sein Chef wird ihm vielleicht auch immer wieder kleine Hinweise zum Thema geben.

Weitere Praxisbeispiele für Prinzipien:

Selbst-Reflexion

Das gesamte Buch befasst sich im Grunde mit dem Thema Reflexion oder Selbst-Reflexion. Immer, wenn Sie in einer Situation sprichwörtlich nicht mehr durchblicken, dann sollten Sie in den Modus der Reflexion wechseln und die ganze Situation aus einer anderen Perspektive betrachten. Das Gegenteil davon wäre ein „Durchwursteln" oder im Englischen auch „muddling through" genannt. Sie tun irgendetwas, um etwas zu tun. Sie tun dabei aber vielleicht das Falsche.

Es kann auch sein, dass ein Gesprächspartner in einen undurchsichtigen Dschungel verstrickt ist. In diesem Falle können Sie ihn dabei unterstützen, in die Reflexion zu gelangen und die Dinge zu sortieren. Auch dazu eignet sich die Viererkette.

Auch den Gesprächspartner unterstützen, in die Reflexion zu gelangen

Feststellung, Aussage	„Ich glaube, wir drehen uns im Kreis."
Konkretes Beispiel	„Seit einer Stunde diskutieren wir über kleine Details wie Ort, Zeit, Ablauf der gemeinsamen Veranstaltung. Dabei haben wir noch gar nicht über die Finanzierung und die Ziele gesprochen."
Empfindungen, Gefühle	„Ich befürchte, dass wir so nicht weiterkommen und Zeit verschwenden."
Grundlegendes Prinzip	„Ich glaube wir sollten uns erst einmal zu den übergeordneten Punkten verständigen." (= Reflexion)

Selbst-Respekt

Der KAM einer Unternehmensberatung wird zu einem Termin bei der Geschäftsleitung eines Kunden gebeten oder besser vorgeladen. Dort prasselt eine Kanonade von Beschwerden auf ihn ein. Die Wortwahl des wütenden Geschäftsführers ist beleidigend und respektlos. Der KAM fühlt sich wie vor einem Tribunal. Er fällt förmlich in sich zusammen und ist wehrlos. Seine Selbst-Reflexion könnte wie folgt aussehen:

Feststellung, Aussage	„Der Geschäftsleiter handelt beleidigend und demütigend."
Konkretes Beispiel	„Er verbietet mir das Wort. Er unterstellt mir, ich sei ein Lügner. Er tituliert mich mit Taugenichts."
Empfindungen, Gefühle	„Ich fühle mich wie ein geprügelter Hund. Ich fühle mich respektlos behandelt."

| Grundlegendes Prinzip | Offensichtlich heißt das grundlegende Prinzip „Respekt" oder „Selbst-Respekt". |

An dieser Stelle wieder die Selbstunterstellung: Aus „*Der Kunde ist respektlos*" wird jetzt „*Ich bin respektlos*". Suchen wir also nach Indizien dafür, dass es dem KAM an Respekt mangelt. Eine mögliche Lösung ist der Mangel an Selbst-Respekt. Wer respektlos gegenüber sich selbst ist, ist in solchen Situationen wehrlos. Wer Selbst-Respekt lebt, wird sich vehement zur Wehr setzen und seine Würde verteidigen. Er wird nicht zusammenfallen wie ein Kartenhaus, sondern sich aufrichten und in die Verteidigung gehen. Der KAM in diesem Beispiel sollte das Prinzip Selbst-Respekt sorgfältig beachten.

Selbst-Bestimmung
Der Gegenpol von Selbst-Bestimmung heißt logischerweise Fremd-Bestimmung. Aufregung und Ärger können darauf beruhen, dass Sie keine Handlungsmöglichkeiten sehen und sich von Ihren Gesprächspartnern kontrolliert fühlen.

4.7 Lerntiefen

Damit Sie keine unrealistischen Erwartungen entwickeln, möchten wir Ihnen an dieser Stelle ein Modell vorstellen, das sich mit den Lerntiefen befasst. Die Idee dazu kommt von dem Wissenschaftstheoretiker Thomas Samuel Kuhn, der sinngemäß drei unterschiedliche Formen des Lernens oder Erkennens unterschied:
- kumulativ
- evolutionär
- revolutionär

4.7.1 Kumulatives Lernen

Sie verfügen schon über umfangreiche Kompetenzen in einer Disziplin und fügen weitere, gleichartige hinzu

Kumulieren kommt vom Lateinischen „*cumulus*" – „*Anhäufung*" oder „*Häufeln*". Sie verfügen bei dieser Art des Lernens schon über umfangreiche Kompetenzen in irgendeiner Disziplin und fügen weitere, gleichartige hinzu. Ein Beispiel könnte das Lernen von Fremdsprachen sein. Sie haben Englisch in Schule und Studium gelernt und beherrschen die Sprache recht gut. Aufgrund Ihrer Tätigkeit besuchen Sie einen Aufbaukurs in Business-English. Dabei fügen Sie zu dem, was Sie schon können, weiteres gleichartiges Wissen hinzu. Dazu brauchen Sie Ihre Persönlichkeit prinzipiell nicht zu ändern. In der Regel ist dieses Lernen auch nicht mit großer Aufregung verbunden.

4.7.2 Evolutionäres Lernen

Sie lernen etwas Neues

In diesem Fall lernen Sie etwas Neues, z.B. über sich selbst. Sie entdecken durch das Lesen dieses Buches, durch einen Persönlichkeitstest oder ein

Coaching ganz neue Fassetten ihrer Persönlichkeit, die gut zu Ihnen passen und Ihre Möglichkeiten erweitern. Ein solcher Lernprozess ist in der Regel mit mehr oder weniger heftigen Aufregungen verbunden. Ein Beispiel dafür ist der oben erwähnte Vertriebschef (siehe Kap. 3.3.2), dessen weiche Seite ihm immer wieder einen Streich spielte. Nachdem er diese Fassette über eine Aufregung erkannt hatte, fiel es ihm leichter, sie gezielt einzusetzen oder darauf zu achten, dass sie nicht im ungünstigen Moment zum Tragen kam.

Der Begriff Evolution geht auf das Lateinische *„evolvere"* – *„abwickeln"*, *„entwickeln"* zurück. Diese Form des Lernens ist also das Auswickeln von etwas, was eingewickelt ist. Es bedeutet, „hinter die eigenen Kulissen schauen", oder in den Worten unseres Modells ausgedrückt, „die eigenen Grenzen überwinden".

4.7.3 Revolutionäres Lernen

Bei dieser Form des Lernens wird die gesamte innere Ordnung einer Person auf den Kopf gestellt. Die Person steht vor der schwierigen Aufgabe, sich selbst neu zu erfinden. Der Verlust der inneren Ordnung ist in der Regel ein sehr schmerzhafter Vorgang, der von Lebenskrisen begleitet wird. Dazu ein Beispiel:

Ein sehr erfolgreicher Vertriebschef ignorierte jahrelang die kleinen Anzeichen seines Organismus, dass er bezüglich seiner Kräfte weit über seine Verhältnisse lebte. Keine Pausen, kein Urlaub, kein Wochenende, immer volle Leistung, das prägte sein bisheriges Berufsleben. Eines Tages wurde er wegen Herzinfarkt mit Blaulicht in ein Notfallkrankenhaus eingeliefert. Die Ärzte bescheinigten ihm, dass er dieses Mal noch einmal mit einem blauen Auge davongekommen sei. Wenn er jedoch so weitermache wie bisher, dann käme zwangsläufig das finale Aus. In der darauf folgenden Krise musste der Vertriebschef sein gesamtes Leben neu ordnen und sich selbst sozusagen neu erfinden.

Hier wird die gesamte innere Ordnung einer Person auf den Kopf gestellt

Unser Buch befasst sich ab Kapitel 8 mit dem eher kumulativen Lernen. Wir vermitteln Ihnen einige Werkzeuge, die Ihr bisheriges Repertoire erweitern können. In der vorhergehenden Kapiteln geht es um das evolutionäre Lernen. Wir vermitteln Ihnen Ideen und Modelle für Ihre Persönlichkeitsentwicklung und Ihr Beziehungsmanagement. Insbesondere beim evolutionären Lernen brauchen Sie Geduld und eine gewisse Ausdauer.

Eines versprechen wir Ihnen aber: Diese Geduld und Ausdauer machen sich bezahlt. Vielleicht verhelfen Sie Ihnen dazu, heftige Krisen und ein revolutionäres Lernen zu vermeiden.

Und noch einen Tipp an dieser Stelle: Wenn Sie Anzeichen dafür spüren, dass Sie auf eine innere Revolution zusteuern, dann zögern Sie nicht, sich einen guten Coach zu suchen, der über viel Erfahrung in diesem Bereich verfügt.

Zum Abschluss noch ein Hinweis auf die Dynamik des Lernens. Bei regelmäßiger Reflexion werden Sie oft erst nach einem Gespräch erkennen, worum es sich wirklich drehte und was Ihr eigener Anteil an einer Situation war. Nach einer gewissen Zeit des Übens werden Sie es immer häufiger schon während des Gesprächs erkennen. Und schließlich können Sie Gespräche mit Kunden systematisch unter Berücksichtigung der eigenen Persönlichkeit und Muster vorbereiten und durchführen.

4.8 Die Rolle des KAMs

Viele Probleme erwachsen aus einem unklaren Rollenverständnis

Nachdem wir über das persönliche Innenleben des KAM und das seiner Kunden und Kollegen gesprochen haben, wollen wir uns jetzt den eher formalen Aspekten der Person KAM widmen. Vieles von dem, was einem KAM das Leben erschwert oder den Erfolg verhindert, basiert auf einem unklaren Rollenverständnis, das normalerweise in einer Stellenbeschreibung festgelegt ist. Bei den schon öfter zitierten Handwerkern ist die Rolle ziemlich eindeutig. Von einem Schreiner erwartet kein vernünftiger Mensch, dass er ihm den Fernseher repariert. Und von einem Elektroniker verlangen wir nicht, dass er uns die Garageneinfahrt betoniert. Doch was können Kunden, Vorgesetze und Kollegen von einem KAM verlangen?

Wenn dieses Verständnis nicht in einem Dokument mit der Überschrift „Stellenbeschreibung" festgelegt ist, tun Sie gut daran, selbst ein solches Dokument zu entwickeln. Darin sollten Sie folgende Punkte festhalten:

> **DIE STELLENBESCHREIBUNG LEGT FEST, WAS VON IHNEN ERWARTET WIRD**
>
> - Was sind Ihre grundsätzlichen Aufgaben und Ziele als KAM?
> - Mit welchen Personen sollen Sie Kontakte pflegen, was sind Ihre Schnittstellen?
> - Mit welchen Personen sollte prinzipiell die nächste Hierarchieebene verhandeln?
> - Welche Entscheidungsbefugnisse haben Sie als KAM? Was sollen Sie entscheiden? Was dürfen Sie auf keinen Fall alleine entscheiden?
> - Über welche Ressourcen können Sie selbstständig verfügen?
> - Welche Informationspflichten haben Sie?
> - Auf welche Informationen haben Sie prinzipiell einen Anspruch?
> - Welche Eskalationswege stehen Ihnen zur Verfügung?

Stimmen Sie die Inhalte der Stellenbeschreibung mit Ihrem Umfeld ab

Wenn Sie eine solche Stellenbeschreibung verfasst haben, dann ist der nächste Schritt, sie mit dem Vorgesetzten abzustimmen. Und schließlich sollten alle Kunden und internen Kollegen wissen, was sie von Ihnen verlangen können und wo Ihre Grenzen sind. Ohne diese Klärung stehen dem KAM eine ganze Menge „Fettnäpfchen" im Wege, in die er zwangsläufig hineintritt. Einige Beispiele sollen verdeutlichen, welche Auswirkungen eine fehlende Rollendefinition haben kann.

4.8.1 Grundsätzliche Aufgaben und Ziele des KAMs

In manchen Branchen ist die Aufgabe des KAMs, möglichst viele Artikel im Sortiment des Kunden zu platzieren und für einen möglichst großen Absatz zu sorgen. Die Leistung dieses KAMs wird an Stückzahlen, Umsatz und den verhandelten Preiskonditionen gemessen. Die Konsumgüterindustrie ist ein Beispiel dafür. Trotz dieser klaren Zieldefinition kommt es immer wieder vor, dass KAMs ihre Lieblingskunden haben, die sie gerne besuchen und mit denen sie zuweilen sogar freundschaftlich verbunden sind. Mit anderen Kunden gestaltet sich die Zusammenarbeit schwieriger, zuweilen haben KAMs sogar richtige Hasskunden, die sie nur mit Widerwillen besuchen. Manchmal spielen solche persönlichen Präferenzen bei der Besuchsplanung eine Rolle. Es ist ja auch nachvollziehbar, dass ich Lieblingskunden tendenziell häufiger besuche als die schwierigen. Dummerweise sind die schwierigen Kunden oft jene mit dem größeren Potenzial. Ein Blick auf die Stellenbeschreibung könnte die Erkenntnis fördern: *„Dein Job ist weniger die Gestaltung von guten Beziehungen, sondern die Optimierung der Kundenbesuche nach dem Kriterium Potenzial."*

In der Konsumgüterindustrie wird der KAM an Stückzahlen, Umsatz und den verhandelten Preiskonditionen gemessen

In anderen Branchen haben KAMs eine eher moderierende Funktion. Ihre Aufgabe ist es im Wesentlichen, alle Aktivitäten ihres Accounts zu bündeln und dafür zu sorgen, dass die richtigen Personen miteinander reden. Ihre Leistung wird an Kriterien wie Kundenzufriedenheit, Lösung von Konflikten und Informationsleistung gemessen. In diesem Falle gibt es zuweilen separate Vertriebskollegen, die eben für die Ergebnisse verantwortlich sind. Wenn ein solcher KAM plötzlich Abschlüsse forciert und vertriebliche Verhandlungen führt, dann hat er schnell alle möglichen Konflikte am Hals.

In anderen Branchen haben KAMs eine eher moderierende Funktion

4.8.2 Schnittstellen und Kontakte des KAMs

Auch in diesem Punkt liegt einiges an Konfliktpotenzial. Unternehmen sind nun mal hierarchische Machtstrukturen, in denen es so etwas wie ungeschriebene Regeln darüber gibt, wer mit wem worüber reden darf. Wir kennen viele KAMs, die solche Regeln ignorieren und dabei in erhebliche Schwierigkeiten geraten.

Wer im eigenen oder Kundenunternehmen die ungeschriebenen Regeln der Hierarchie verletzt, handelt sich schnell Probleme ein

Ein KAM, der in bester Absicht zu intensive Kontakte mit einer höheren Stelle der Hierarchie pflegt, kann eine ganze Lawine von Konflikten auslösen. Zum einen übergeht er die Personen, die seiner Hierarchieebene entsprechen. Sie werden im ungünstigsten Falle seine Aktivitäten sabotieren und warten nur darauf, bis er einen Fehler macht, um sich dann zu rächen. Zum anderen kann er sich auch Probleme im eigenen Unternehmen schaffen, wenn nämlich sein Chef oder gar der Geschäftsführer sich auf den Schlips getreten fühlen. Dazu ein kleines Beispiel aus der IT-Branche.

Microsoft Deutschland bestand Ende der Achtzigerjahre aus einem kleinen Team von etwa 70 Personen mit einer sehr flachen Hierarchie. Zehn Jahre später waren es mehrere Tausend Mitarbeiter, die folglich in einer mehrstufigen Hierarchie organisiert waren. Einer der KAMs genoss die anfangs flache Hierarchie in vollen Zügen. Sein mit Humor formuliertes Motto war: „Wenn ich mit einem Kunden in Bayern am Tisch sitze, dann bin ich Bill Gates."

Ein paar Jahre später wurden die Abschlüsse größer, und so kam es, dass er den Geschäftsführer in seine Verhandlungen involvieren musste. Beim ersten gemeinsamen Besuch wurde unser KAM wie ein Star begrüßt, er war ja für seine Kunden Bill Gates. Seinem Geschäftsführer wurde von der Kundenseite keinerlei Beachtung geschenkt. Das war ja auch nicht notwendig, denn für sie war unser KAM die Nummer eins. Damit hatte sich der KAM in eine ziemlich missliche Lage gebracht. Er hatte sich sozusagen mit falschen Federn geschmückt und musste jetzt bitter dafür bezahlen. Sein Geschäftsführer war drei Hierarchieebenen über ihm und in der Situation gezwungen zu handeln, um seine Autorität zu wahren und den KAM in die ihm angemessene Rolle zu verweisen. Am Ende der Besprechung war der richtige Chef die Nummer eins und unser KAM musste kräftig Federn lassen. Bitter musste er die Weisheit des Sprichworts „Schuster, bleib bei deinen Leisten" am eigenen Leib erfahren. In diesen Fällen war es der KAM, der die Regeln von Macht und Hierarchie missachtete und für seine Anmaßung bluten musste.

Oft wird von verschiedenen Seiten auf den KAM „durchgegriffen", ohne dass er ein entsprechendes Mandat hat

Es gibt auch den umgekehrten Fall, den wir Durchgriff nennen. So wurde schon mancher KAM beim Kunden zu einer höheren Stelle zitiert und wurde dort mit Themen konfrontiert, die nicht in seinem Ermessen lagen. Aus Pflichtbewusstsein oder Loyalität zum eigenen Unternehmen und zum Kunden ließ er sich vielleicht auf das Spielchen ein und brachte sich damit selbst in Schwierigkeiten. Dieser Durchgriff findet auch häufig im eigenen Unternehmen statt. So kommt der Geschäftsführer manchmal direkt auf den KAM zu, um ihm Aufgaben zu übertragen. Der KAM nimmt diese Aufgaben an, weil er es ja mit dem Ranghöchsten in der Firma zu tun hat, und gefährdet damit die Loyalität zu seinem eigenen Vorgesetzten. Wie dem auch sei, eine Reflexion über die Rolle, die ein KAM einnehmen will oder darf, kann einige Schwierigkeiten a priori aus dem Weg räumen.

Im ersten Fall wird der KAM rechtzeitig erkennen, dass sein Verhalten anmaßend ist, und den Kunden auf den Besuch des Geschäftsführers einstimmen. Im zweiten Fall wird der KAM seinem Geschäftsführer unmissverständlich mitteilen, dass er seinen direkten Vorgesetzten nicht umgehen und unter allen Umständen loyal zu ihm stehen wird.

4.8.3 Entscheidungsbefugnisse des KAMs

Sehr schnell geht beim Kunden ein Satz wie: „Ich besorge Ihnen eine Maschine, die Sie einen Monat lang testen können", über die Lippen. Wenn der KAM dann im eigenen Unternehmen sein Anliegen vorbringt, erhält er eine Abfuhr. Die Maschine, so sagt man ihm, koste pro Tag 2.000 Euro.

Damit würde der gesamte Test für das Unternehmen ein Investment von insgesamt 60.000 Euro plus Transportkosten bedeuten. Das sei finanziell nicht darstellbar. Der Kunde könne die Maschine gerne zu Testzwecken für den genannten Preis mieten.

Der KAM hat offensichtlich seine Entscheidungsbefugnis überschritten und Zusagen gemacht, die er jetzt wieder revidieren muss. Der Kunde wird natürlich verärgert auf den neuen Vorschlag reagieren. Eine Reflexion über die eigenen Befugnisse hätte diesen Konflikt von vornherein verhindert. Ein strategisch klügerer Bescheid wäre gewesen: *„Ich werde überprüfen, ob und zu welchen Konditionen wir Ihnen eine Maschine zu Testzwecken zur Verfügung stellen können, und Sie dann umgehend informieren."* Damit hätte der KAM eine wesentlich bessere Ausgangsposition für seinen nächsten Besuch.

In der Hitze des Kundengesprächs wird oft die Entscheidungsbefugnis überschritten

Eine weitere Überschreitung der Befugnisse betrifft oft den Service. Ein KAM, der ausschließlich am Vertrieb von Hardware interessiert ist, verspricht zuweilen zu schnell eine kostenlose Dienstleistung, mit der er dann in einen Konflikt mit dem Servicemanager gerät. Der ärgert sich darüber, dass sein Service einen relativ unwichtigen Stellenwert hat und einfach verschenkt wird. Und er wird ihm dann eine ähnliche Kostenrechnung wie im obigen Fall unterbreiten.

4.8.4 Informationsansprüche und -pflichten des KAMs

Der Informationsanspruch des KAMs lässt sich dabei relativ einfach formulieren: Über alle wichtigen Aktivitäten mit seinem Kunden sollte er informiert, noch besser sollten sie mit ihm abgestimmt sein. Die folgende kleine Episode habe ich selbst schon erlebt:

Über alle wichtigen Aktivitäten mit seinem Kunden sollte der KAM informiert, noch besser sollten sie mit ihm abgestimmt sein

Ein KAM trifft per Zufall einen Marketingkollegen in einem Business Hotel und fragt ihn, was er denn hier mache: *„Ich führe eine Informationsveranstaltung mit unseren Großkunden zum Thema X durch. Und was machst du hier?"* – *„Ich führe eine Informationsveranstaltung für unsere Großkunden zum Thema X durch."*

Solche Pannen sind nicht nur ärgerlich für den KAM, sie geben auch gegenüber dem Kunden ein ziemlich schlechtes Bild ab. Da weiß offensichtlich die linke Hand nicht, was die rechte tut.

Die Informationspflichten des KAMs sind dabei weniger offensichtlich. Vielleicht hätte er über die Marketingaktion etwas erfahren, wenn er selbst über seine Großkundenveranstaltung informiert hätte? Und vielleicht wäre dabei eine konzertierte Aktion herausgekommen, mit der man einiges an Kosten gespart hätte?

Ein anderes Beispiel zum Thema Information ist ebenfalls gang und gäbe. Ein KAM hat die Strategie, eine Hochpreis-Produktlinie beim Kunden zu lancieren, und macht damit auch gute Fortschritte. Grund dafür ist zum einen der bei weitem höhere Umsatz und zum anderen erfüllt diese Linie die Bedarfe des Kunden perfekt. Vom Kunden erfährt unser KAM dann von einem Marketingprogramm seines Unternehmens, das ihn mit der Low-Price-Linie bewirbt. Damit fallen all seine Bemühungen wie ein Kartenhaus zusammen.

4.8.5 Eskalationswege

Schon bevor Worst-Case-Szenarien eintreten, einen Notfallplan entwerfen und mit den Beteiligten abstimmen

Und schließlich sollte jeder KAM so etwas wie Emergency Plans haben, die in seinem Unternehmen bekannt und akzeptiert sind. Dazu ist es notwendig, für mögliche kritische Situationen je einen Handlungsplan zu entwerfen und zu kommunizieren. Dabei ist es sinnvoll, zwischen drei Stufen der Eskalation zu unterscheiden:

	Problembeschreibung	Handlung	Ziel
Stufe 1	• Es gibt eine Beschwerde seitens des Kunden, sie wirkt sich nicht unmittelbar auf die Geschäfte aus.	Direkter Kontakt zu den ausführenden • Produkt Managern • Produktion • Service Mitarbeitern • Sachbearbeitern usw.	Beseitigung der Störung
Stufe 2	• Qualität kann durch Kontakt auf gleicher Ebene nicht gesichert werden. • Schwer wiegende Beschwerden des Kunden, die sich auf das Geschäft auswirken können.	Direkte Kommunikation an zuständiges Middle Management • Leiter Vertrieb • Leiter Marketing • Leiter Produktion • Leiter Service usw.	Einleitung sofortiger konzertierter Maßnahmen
Stufe 3	• Schwer wiegender Störfall, der zum Verlust des Kunden führen kann. • Attacke eines Konkurrenten.	Direkte Kommunikation an Middle Management und Geschäftsleitung	Sofortige Emergency Task Force

In Stufe 2 und 3 umgeht der KAM die hierarchischen Strukturen. Deshalb sollte er einen solchen Plan unbedingt mit seinem Chef abstimmen, um ihn nicht zu kompromittieren.

In einem Störfall wird der KAM in jedem Fall zum Überbringer schlechter Nachrichten, der ja bekanntlich im Altertum enthauptet wurde.

Das Risiko, am Ende der Buhmann zu sein, wird durch eine klare Eskalationsstrategie erheblich reduziert.

Eskalationspläne sind aber auch aus unternehmerischer Sicht wichtig und richtig. Angenommen, es kommt zu schwer wiegenden Fehlern seitens des Kundenservices, die auch durch die Eskalation an den Service Manager nicht zu beseitigen sind, sollte die Geschäftsleitung unbedingt davon in Kenntnis gesetzt werden.

Vielleicht kämpft der Service Manager mit einer zu dünnen Personalausstattung und bekommt durch diese Eskalation eine Unterstützung. Vielleicht hat er auch Führungsprobleme und eine Personalentscheidung seitens der Geschäftsleitung war längst überfällig. Wie dem auch sei, wenn die Informationen ihren hierarchischen Gang nehmen, kommen sie oft nicht oder nicht vollständig oben an.

Ist schnelles Handeln erforderlich, müssen oft Hierarchien und Dienstwege übersprungen werden

Zum Abschluss dieses Kapitels zur Persönlichkeit des KAMs noch ein Beispiel für eine KAM-Stellenbeschreibung aus der Konsumgüterbranche:

4.9 Stellenbeschreibung Key Account Manager, Beispiel Konsumgüterbranche

Reporting:	Der KAM ist direkt dem deutschen Key Account Direktor unterstellt
Verantwortung:	Der KAM ist für die operative Umsetzung der Unternehmensziele innerhalb seines Kundenbereiches verantwortlich. Das betrifft die Kenngrößen: • Umsatz mit den Key Accounts • Marktanteile bei den Key Accounts • Verantwortung für den Einsatz seines Budgets • Zahl der Aktionen mit seinen Kunden • Durchführung von Promotionen durch seine Kunden • Kontinuierliche Weiterentwicklung seiner Kunden
Kunden:	Der KAM betreut die beiden Kunden: • Müller GmbH • Mayer AG
Aufgaben:	• Vorbereitung und Durchführung von Jahresgesprächen • Erstellen von kundenbezogenen Konditionsanalysen • Führung von und Teilnahme an Kundengesprächen zusammen mit dem Key Account Director Entwicklung von kundenspezifischen • Analysen • Zielvorschlägen • Strategien zur Zielerreichung • Customer Development Plans
Kommunikation und Schnittstellen:	**Monatlicher Kennzahlenreport an:** • Key Account Direktor • Marketing Direktor • Geschäftsleitung

	Teilnahme an: • Vertriebsleiter-Besprechungen, • Vertriebskonferenzen **Zusammenarbeit mit:** • Produkt Marketing • Filial-Außendienst • Vertriebscontrolling **Besuchsberichte:** • Dokumentation aller Besuche im ERP-System
Befugnisse:	**Preisverhandlungen:** • Preisziele bedürfen der Zustimmung des Key Account Direktors vor Preisverhandlung • Bis zu zwei Prozent Verhandlungsspielraum bezogen auf Preisziel ohne Rücksprache • Ab zwei Prozent Zustimmung des Key Account Direktors erforderlich **Promotions:** • Bis zu 1.000 Euro ohne Zustimmung des Key Account Direktors • Ab 1.000 Euro detaillierter Aktionsplan und Zustimmung des Key Account Direktors • Ab 10.000 Euro Vorstellung der Aktion in Vertriebsleiter-Besprechungen vor Durchführung
Eskalationen:	Dreistufige Eskalation bei Störungen: • Erhebliche Störung, Lösung auf der Ebene ihrer Entstehung durch den KAM • Massive Störung bedroht Umsätze, direkte Einbindung des KAM-Directors • Bedrohliche Störung, direkte Eskalation bis zur Geschäftsleitung

> **KONSEQUENZEN FÜR IHR KEY ACCOUNT MANAGEMENT**
>
> • **Klären:** Rollen, Verantwortung, Schnittstellen, Kompetenzen
> • **Überprüfen:** Kennen und verstehen die anderen Ihre Rolle als KAM?
> • **Handeln:** Bei Konflikten und schwierigen Gesprächen das zugrundeliegende Prinzip erkennen und benennen
> • **Pflegen:** Ihre eigene Persönlichkeit durch Wahrnehmung der Signale aus der Umwelt entwickeln

5 Beziehung

> **WAS SIE IN DIESEM KAPITEL ERWARTET**
>
> Der Begriff „Beziehungsmanagement" ist derzeit in aller Munde. Wenn wir in unseren Seminaren die Teilnehmer fragen, was Beziehung eigentlich ist, sind die Aussagen ziemlich uneinheitlich und diffus. Dieses Kapitel liefert Ihnen Antworten auf die Fragen: Was ist Beziehung? Wie funktioniert Beziehung? Wie „managt" ein KAM bewusst Beziehung zu seinen Kunden und Kollegen? Woran erkennt er die Qualität von Beziehungen?

Sicher haben Sie schon bemerkt, dass wir der Sache gerne auf den Grund gehen und deshalb auch recherchieren, wo die von uns verwendeten Begriffe herkommen. Beziehung hat mit „Bezug" zu tun. Beziehung ist also eine Art Bezugssystem. Im Englischen heißt Beziehung „relationship", in dem unser Begriff „Relation", also Verhältnis, steckt. In der Umgangssprache sprechen wir auch von einem Verhältnis, das irgendeine mit irgendeinem hat oder hatte. Mit Beziehung meinen wir also die Verhältnisse oder Zustände in einem zwischenmenschlichen System und sollten somit auch diesen Begriff „System" klären.

Eine Beziehung ist ein zwischenmenschliches Bezugssystem mit bestimmten Regeln

System geht auf das griechische „σύστημα", „systema" – „das Gebilde", „das Zusammengestellte", „das Verbundene", zurück. Ein System ist ein Gebilde, dessen wesentliche Elemente aufeinander bezogen sind und aufeinander einwirken. Aus der Physik kennen wir die Vorstellung, dass Systeme unterschiedliche (Aggregat-)Zustände haben können. Stellen wir uns beispielhaft einen Wassertropfen als System vor. Die Beziehung der Wassermoleküle untereinander bewirkt, dass sie zusammen einen Tropfen bilden. Wäre diese Beziehung nicht vorhanden, dann würden sich die Moleküle in alle Richtungen zerstreuen. Wasser hat in diesem Tropfen den Aggregatzustand flüssig. Es kann fließen, sich an Hindernissen aufteilen und danach wieder zusammenströmen. Wird Wasser unter null Grad abgekühlt, verändert sich die Beziehung der Moleküle untereinander schlagartig. Sie sind plötzlich fixiert und bilden zusammen einen festen Körper. Die einzige Möglichkeit, seine Form in diesem Zustand zu verändern, ist, das Eis zu zerbrechen oder zu zerschlagen. Das Ergebnis sind viele Splitter oder Teilsysteme, die sich in diesem Aggregatzustand nicht wieder zusammenfügen lassen.

5.1 Arten der zwischenmenschlichen Beziehung

In Anlehnung an die Physik wollen wir zwei wesentliche „Aggregatzustände" (oder Arten) der zwischenmenschlichen Beziehung beschreiben. Auch in einem solchen System kommt es vor, dass sich der Zustand schlagartig verändert. Dieses Schlagartige in Beziehungen finden wir auch in der Umgangssprache. Zwei Menschen kennen sich schon seit längerer Zeit und plötzlich, wie aus heiterem Himmel, sind sie ineinander verknallt oder verschossen. Sie finden sich attraktiv, suchen die Nähe zueinander und fühlen sich verbunden. Dieser Schlag kann allerdings auch in die andere Richtung gehen, wie eingangs im Fall unserer beiden Vorsitzenden bei der „feierlichen" Ratifizierung eines Vertrags beschrieben. Beide sind zunächst guter Dinge, treffen aufeinander und wie aus heiterem Himmel sind sie sich unsympathisch oder gar zuwider. Sie können einander nicht riechen. Wir empfinden die Stimmung als frostig, kühl, unterkühlt oder gar eisig.

Die Beziehung der Wassermoleküle kann neben gasförmig die Zustände fest oder flüssig einnehmen, unsere Analogie im Zwischenmenschlichen sind die Zustände „Subjekt – Objekt" und „Subjekt – Subjekt".

5.1.1 Der Subjekt-Objekt-Modus oder der Verhandlungs- und Konfrontationsmodus

Die Begriffe Subjekt und Objekt werden in der Psychologie, Philosophie, aber auch in der Grammatik verwendet, deren Systematik wir jetzt folgen. Das Thema Satzbau befasst sich mit der Beziehung von Wörtern in einem Satz. Im folgenden einfachen Satz, *„Der KAM besucht den Kunden",* ist *„KAM"* das Subjekt und *„Kunde"* das Objekt. Das Subjekt ist der aktive, absichtsvolle, handelnde Teil der in diesem Satz dargestellten Beziehung. Das Objekt ist der zunächst passive, behandelte Teil der Beziehung. Wie der eine den anderen behandelt, beschreibt das Prädikat „besuchen". In diesem Sinne wollen wir die beiden Begriffe Subjekt und Objekt in unseren Ausführungen gebrauchen. Der Subjekt-Objekt-Zustand liegt vielen natürlichen hierarchischen Beziehungen zugrunde:

Der Subjekt-Objekt - Zustand liegt vielen natürlichen hierarchischen Beziehungen zugrunde

Subjekt aktiv, handelnd	Prädikat die Art der Behandlung	Objekt passiv, behandelt
Der Lehrer	unterrichtet	den Schüler.
Der Polizist	verhaftet	den Dieb.
Die Mutter	erzieht	das Kind.
Der Vertriebschef	lobt	den KAM.
Der Kunde	beleidigt	den KAM.
Der Helfer	hilft	dem Notleidenden.
Der Richter	verurteilt	den Angeklagten.
Der Ehemann	betrügt	seine Frau.
Der Sieger	schlägt	den Besiegten.

Diese Beispiele könnten wir beliebig fortsetzen. Die handelnden Subjekte in dieser Liste haben einige gemeinsame Merkmale:

- Sie sind meist in einer höhergestellten Position.
- Sie verfügen über die größere Macht.
- Sie sind oft die Stärkeren und haben letztlich das Sagen.
- Sie verbergen oft ihre Absichten.

Dieser Zustand ist in vielen Situationen ein großer Vorteil, wenn nicht gar überlebenswichtig. Wenn der Richter nicht die Autorität hätte, Verbrecher zu verurteilen, der Polizist nicht Mittel und Macht hätte, sie zu verhaften, dann wäre es mit der Sicherheit in unserem Land schlecht bestellt. Wenn Eltern und Lehrer nicht ihre hierarchische Position einnehmen, um zu unterrichten und zu erziehen, sind die Folgen ebenso schlecht für alle Beteiligten.

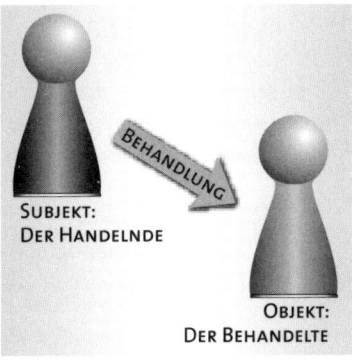

Abb. 5.1: Kommunikation über ein Hierarchie- oder Machtgefälle hinweg

In nebenstehender Abbildung ist die obere Figur das handelnde Subjekt. Sie hat eine höhere übergeordnete Position. Die untere Figur ist das behandelte Objekt. Sie hat eine untergeordnete Stellung. Der Pfeil zwischen beiden zeigt nur in eine Richtung und symbolisiert die Behandlung von oben herab. Die Augen sind nicht auf gleicher Höhe. Das Subjekt ist, wie gesagt, der aktiv und absichtlich handelnde Part in diesem Zustand. Das Objekt ist zunächst passiv und wird behandelt.

In manchen per Definition hierarchischen Beziehungen fragt man sich allerdings, wer tatsächlich Subjekt und Objekt ist.

Beispiel: Im Supermarkt

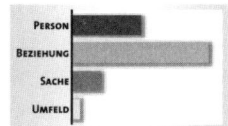

In vielen Supermärkten sind an den Kassen Süßigkeiten so platziert, dass Kinder sie vom Kindersitz des Einkaufswagens aus erreichen können. Immer wieder beobachten wir die gleiche Szene. Ein Kind greift nach Bonbons und will sie haben. Von der Mutter kommt ein klares Nein und die Aufforderung, das Naschwerk zurückzulegen. Das Kind schreit, als würde es ihm ans Leben gehen. Die ungeduldigen Kunden in der Warteschlange machen entrüstete Gesichter. Die Mutter fühlt sich unter Druck und will das Geschrei um jeden Preis beenden. Das Kind bekommt die Bonbons und hat damit sein Ziel erreicht. Es sitzt in diesem Moment am längeren Hebel, es hat mehr Macht und spielt sie auch voll aus. Unsere Beziehungsgrammatik sieht jetzt wie folgt aus:

Subjekt aktiv, handelnd	Prädikat die Art der Behandlung	Objekt passiv, behandelt
Das Kind	nötigt	die Mutter.

In hierarchischen Beziehungen können Subjekt und Objekt vertauscht sein

In dieser hierarchischen Beziehung sind Subjekt und Objekt vertauscht, was sich in der Regel ungünstig auf die Beteiligten auswirkt. Die Mutter hat es schwer, wieder ihre Autorität zu gewinnen und somit ihrer Rolle als erziehende Person gerecht zu werden. Dem Kind fehlen die für seine Entwicklung wichtigen Grenzen und damit eine Orientierung.

Beispiel: Ins Leere laufen

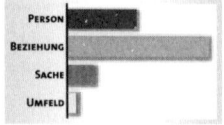

Solche Vertauschungen von Subjekt und Objekt kommen auch im Kontakt mit dem Kunden vor, wie das folgende Beispiel zeigt:
Ein KAM hat sich vorgenommen, einem Kunden Informationen zur Investitionsstrategie seines Unternehmens zu entlocken. Er ist zunächst das handelnde Subjekt und lenkt das Gesprächsthema immer wieder beiläufig auf die für ihn interessanten Themen. Tatsächlich sickern auch ein paar Informationen durch. Doch dann bemerkt der Kunde, dass der KAM etwas „im Schilde führt". Er übernimmt heimlich die Subjekt-Rolle, lässt den KAM zappeln, ins Leere laufen und amüsiert sich insgeheim darüber, dass er ihn durchschaut hat. Schließlich blickt er auf die Uhr, sagt, dass er in das nächste Meeting müsse, und beendet aktiv das Gespräch – eine letzte Demonstration, wer hier das Sagen hat.

Die Beziehungsform Subjekt-Objekt ist, wie wir sehen, in vielen Situationen richtig und angemessen, in anderen Situationen überwiegen die Risiken und Nebenwirkungen.

> Der Modus Subjekt-Objekt ist absichtsvoll, zielorientiert und manipulativ. Ohne ihn erreichen wir keine Ziele oder Ergebnisse.

Wer sich jedoch als Objekt von oben herab behandelt fühlt, hat zuweilen das Bestreben, „den Spieß" einfach umzudrehen. Das Ergebnis kann ein Taktieren aus dem Hinterhalt sein. Beide Seiten verbergen ihre Absichten. Sie zeigen nicht, was sie „im Schilde" führen. Sie schließen ihr „Visier".

5.1.2 Der Subjekt-Subjekt-Modus oder Partnerschaftsmodus

Auch diese Form der Beziehung wollen wir anhand eines Beispielsatzes und dessen Struktur erklären. *„KAM und Kunde unterhalten sich."* Hier sind sowohl der KAM als auch der Kunde handelnde Subjekte. Statt eines Objekts steht in diesem Satz das rückbezügliche Fürwort „sich", das für beide Subjekte gilt.

Subjekte aktiv, handelnd	Prädikat die Handlung	Reflexivpronomen
KAM und Kunde	vertrauen	einander.
Mutter und Kind	freuen	sich.
Lehrer und Schüler	achten	einander.

Zwei Kollegen	unterstützen	sich.
Zwei Spieler	spielen	miteinander.

In diesen einfachen Sätzen sind alle Beteiligten gleichwertig handelnde Dialogpartner. Sie begegnen sich in diesem Moment auf „Augenhöhe", obwohl sie vielleicht unterschiedliche hierarchische Positionen innehaben. Ihre Wortwahl, Gestik, Mimik und Körperhaltung bringt diesen Zustand zum Ausdruck:

- Die beiden sind einander zugewandt.
- Sie hören einander zu.
- Häufig gibt es Signale des Verstehens.
- Sie stellen einander häufig offene Fragen.

Eine Mutter, die ihr Kind auffordert, jetzt sofort seine Hausaufgaben zu machen, nimmt ganz automatisch eine Haltung ein, die ihre Autorität symbolisiert. Sie richtet sich auf und demonstriert damit ihre Überlegenheit. Sie stemmt ihre Fäuste in die Hüfte und signalisiert damit Konsequenz und Konfliktbereitschaft. Wenn Erwachsene und Kinder dagegen miteinander plaudern, dann gehen die Großen fast automatisch in die Hocke und sind damit auf Augenhöhe mit den Kleinen.

Alle Beteiligten sind auf gleicher Augenhöhe handelnde Dialogpartner

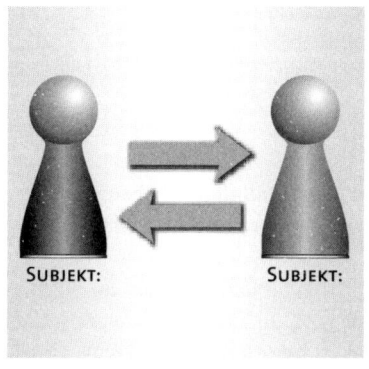

Abb. 5.2: Kommunikation auf gleicher Augenhöhe

Im Partnerschaftsmodus sind beide Seiten prinzipiell gleichgestellt. Wir sind auf „Augenhöhe" oder wie es im Englischen heißt „peer to peer". Hier gibt es nichts Verborgenes oder Manipulatives. Hier werden „Visiere" geöffnet und authentische „Ich-Botschaften" kommuniziert. Das muss nicht immer harmonisch sein. Unsere besten Freunde sagen uns manchmal ungeschminkt ihre kritische Meinung – und dafür schätzen wir sie.

Der Partnerschaftsmodus steht für einen offenen Dialog auf gleicher Augenhöhe. Trotzdem (oder gerade deshalb) kann er durchaus auch kritische Seiten haben.

5.2 Beispiel für Aggregatzustände im Konsumgut-Discounter-Vertrieb

Der Anteil der Discounter in Deutschland am Lebensmitteleinzelhandel wächst stetig. Im Jahr 2004 betrug er schon zirka 40 Prozent.

Das Konzept des Discounthandels folgt weitgehend der Idee von Karl und Theo Albrecht, die 1962 den ersten typischen Aldi-Laden eröffneten. Aldi steht für Albrecht Discount. Die beiden Brüder sind damit diejenigen, die diesen amerikanischen Ansatz in Deutschland verbreiteten. An Löhnen und Geschäftsräumen wurde systematisch gespart, Kühltruhen gab es zu Anfang in den Aldi-Läden nicht und die Angestellten mussten die Butter nach Geschäftsschluss in den Keller tragen. Bereits in der Entstehungsphase der Discountläden in Deutschland wurde deutlich, dass die Mitarbeiter auf ihre rein mechanische Funktion in einem ausgefeilten logistischen Prozess reduziert wurden. Während die Aldi-Brüder als gläubige Katholiken noch als relativ human ihrem Personal gegenüber galten, sparen die Discounter der zweiten Generation auch hier. Mit diesem reduktionistischen Ansatz hatten auch die KAMs der Zulieferer ihre liebe Not.

Beispiel:
Die „Eiserne Lady"

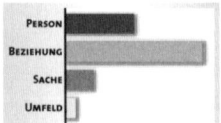

Die Einkaufschefin einer großen Discounterkette wurde von den KAMs der Zulieferer die „Eiserne Lady" genannt, die den Discounter-Ansatz auf ideale Weise verkörperte. Sie war eine gefürchtete Verhandlungspartnerin, unnahbar und ließ sich auf keinerlei private Themen ein. In den Gesprächen machte sie deutlich, wer hier das Sagen hatte. Wer nicht nach ihrer „Pfeife tanzte", wurde kaltschnäuzig darauf aufmerksam gemacht, dass vor der Tür die KAMs der Mitbewerber nur darauf warten, hereinkommen zu dürfen. Und da es öfter auch zu schmerzhaften „Auslistungen" kam, entstand ein weit verbreiteter Respekt – zumindest vor dem verantworteten Einkaufsvolumen der „Eisernen Lady".

Dass sie die KAMs zuweilen in arge Bedrängnis brachte, schien sie überhaupt nicht zu interessieren, sie nahm es vermutlich nicht einmal zur Kenntnis. Viele, die es mit ihr zu tun hatten, verließen den Raum mit einem frostigen Gefühl und der Erkenntnis, eher ein unbedeutendes „Würstchen" zu sein.

Noch viel unangenehmer waren die Auseinandersetzungen im eigenen Unternehmen der KAMs. Wenn es darum ging, die Ergebnisse der Verhandlung bei der Vertriebsleitung zu präsentieren und zu rechtfertigen. Nicht selten endeten Gespräche für die KAMs auch dort frustrierend. Die in eine zynische Anmerkung verpackte Botschaft der Vertriebsleitung lautete: „Um unsere Waren zu verschenken, brauchen wir keinen teuer bezahlten KAM."

Wer die Zentrale eines Discounters betritt, stellt fest, dass die Reduktion auf das absolut Wesentliche sogar bei den Arbeitsplätzen der Führungskräfte konsequent umgesetzt wird. Büros, Gesprächs- und Pausenräume sind schmucklos und mit Billigmöbeln ausgestattet. Das durchgängige Grau in Grau hat den Charme einer LKW-Garage. Auf den Toiletten wird das Licht aus Kostengründen durch Bewegungsmelder gesteuert. Wer sein Geschäft nicht zügig erledigt, sitzt nach wenigen Sekunden im Dunkeln und muss warten, bis der nächste Toilettenbesucher den Bewegungsmelder an der Eingangstür auslöst.

Der KAM eines Süßwarenherstellers berichtete uns von einer merkwürdigen Begegnung mit der „Eisernen Lady". Die Verhandlung für ein Jahresgespräch wurde durch eine kurze Kaffeepause eingeleitet. Vermutlich weil es der letzte Termin des Discounters war und man nach hinten genügend Raum für ergebnisorientierte Sequenzen plante. Im Discounter-Umfeld ist diese menschliche Geste vergleichbar mit einer Einladung zu einer Incentive-Reise nach St. Moritz in anderen Branchen.

Der KAM und die Lady standen nebeneinander an einem wackeligen Bistrotisch, der Kaffee wurde in Plastikbechern serviert. Jeder hatte zusätzlich ein Glas Wasser vor sich stehen. Beide holten gleichzeitig ein kleines Röhrchen aus der Tasche und warfen eine Brausetablette in das Wasserglas (soll in dieser Branche öfter vorkommen). Jeder beobachtete kurz das „Ritual" seines Nachbarn und warf einen Blick auf das Röhrchen des anderen: Beide nahmen das gleiche Medikament. Zum ersten Mal in der langjährigen Zusammenarbeit erhellte sich die Miene der Eisernen Lady etwas und sie sagte: „Oh, Sie haben auch Probleme mit dem Magen?" Es folgte zaghaft ein Gespräch über die Erfahrungen mit dem Leiden und den unterschiedlichsten Medikamenten. Die beiden hatten per Zufall, sozusagen ohne taktische Absicht, etwas Gemeinsames entdeckt. Von diesem Moment an war die Beziehung auch danach im Verhandlungsraum anders. Die „Eiserne Lady" war nicht mehr ganz so kompromisslos gegenüber unserem KAM. Sie machte zuweilen sogar Zugeständnisse und hörte wirklich zu!

Unsere Beziehungsgrammatik lässt sich in diesem Fall auf die einfachen Aussagesätze reduzieren:

Subjekt aktiv, handelnd	Prädikat die Behandlung	Objekt passiv, behandelt
Die „Eiserne Lady"	manipuliert	den KAM.

und

Subjekte aktiv, handelnd	Prädikat die Behandlung	Reflexiv- pronomen	Objekt
Die „Eiserne Lady" und der KAM	unterhalten	sich	über ein gemeinsames Leiden.

An dieser Stelle können wir Folgendes vermuten:

> Beziehungen, in denen sowohl der Subjekt-Objekt- als auch der Subjekt-Subjekt-Modus vorkommen, sind erfolgreicher.

Diesen Zustand bezeichnet die Umgangssprache auch als „intakt". Hier „takten" die Zustände rhythmisch zwischen den unterschiedlichen Beziehungsmodi, wie ein Metronom in der Musik zwischen den Takt-Polen.

Im Folgenden wollen wir untersuchen, in welchen Situationen welcher Zustand angemessen ist, und uns über die Risiken und Nebenwirkungen des jeweiligen Modus klar werden.

5.3 Beziehungsmodi – was sie leisten und welche Risiken sie bergen

Nach jedem Kundenkontakt reflektieren, wie oft welcher Beziehungsmodus oder Aggregatzustand im Gespräch vorherrschte

Wir empfehlen Ihnen, nach jedem Kontakt mit Kunden, aber auch mit dem eigenen Management zu reflektieren, wie oft welcher Beziehungsmodus oder Aggregatzustand im Gespräch vorherrschte. Wie oft waren die Parteien (Sie selbst eingeschlossen) konfrontativ und wie oft herrschte eine partnerschaftliche Atmosphäre. Sie werden selbst feststellen, dass in Gesprächen ohne befriedigendes Ergebnis meist nur ein Zustand vorherrschte.

Ein aktives Beziehungsmanagement bedeutet für den KAM, ein solches Ungleichgewicht rechtzeitig zu erkennen, um dann den fehlenden Modus aktiv zu fördern. Dazu ist es nützlich, zu untersuchen, was der jeweilige Modus leistet und welches Risiko mit ihm verbunden ist.

5.3.1 Subjekt-Objekt-Modus oder Verhandlungs- und Konfrontationsmodus

Der Subjekt-Objekt Modus ermöglicht prinzipiell die beiden Handlungen Angriff und Verteidigung. Beide Begriffe erinnern an die Kriegsführung, sie sind aber auch in sportlich fairen Auseinandersetzungen wie dem Fußballspiel geläufig.

5.3.1.1 Der Angriff

Wenn wir angreifen, nehmen wir die Dinge in die Hand

Befassen wir uns zunächst mit dem Wort „Angriff". Zum Angreifen benutzen wir im ursprünglichen Sinne die Hand. Es hat also auch mit dem aktiven Handanlegen oder Handeln zu tun. Aktives Handeln hat Konsequenzen, also Folgen. Angreifen ist in diesem Sinne ein aktives und zielgerichtetes Handeln, für das wir auch in der Umgangssprache viele Redewendungen finden:

- Ein Gespräch in die Hand nehmen
- Die Dinge voranbringen
- Sein Anliegen durchsetzen
- Den anderen in die Pflicht nehmen
- Auf etwas bestehen
- Vereinbarungen einfordern
- Den anderen überzeugen
- Einwände entkräften
- Zum Abschluss kommen

Ganz offensichtlich brauchen wir diese Handlungsansätze, um vertrieblichen Erfolg zu haben. Fehlen diese Aktionen, haben wir Schwierigkeiten,

zu einem Abschluss zu kommen. Viele KAMs zögern (oft zu lange), in diesen konsequenten Modus zu wechseln, was unterschiedliche Gründe haben kann:
- Sie wollen den Kunden nicht durch Forderungen verärgern oder gar verlieren. Schließlich ist ja der Kunde König.
- Es fehlt an Übung, diesen Modus aktiv und produktiv zu nutzen.
- Wir sind uns über die Risiken und Nebenwirkungen nicht im Klaren und handeln deshalb lieber vorsichtig.

Wir brauchen diese Handlungsansätze, um vertrieblichen Erfolg zu haben

Der KAM eines Baumaschinenherstellers hat schon sehr viel in einen großen potenziellen Neukunden, einem Baukonzern, investiert. Er besuchte den Kunden zusammen mit Entwicklungsingenieuren, die zu allen technischen Fragen Rede und Antwort standen. Er erreichte den gemeinsamen Besuch bei einem Referenzkunden. Das war eine heikle Angelegenheit, die einiges an Nerven kostete. Schließlich wurde ein großer Aufwand betrieben, um dem Kunden teure Baumaschinen zu Testzwecken zur Verfügung zu stellen. Der Prozess schien zu einer endlosen Kette von Aktionen zu werden. Trotz großer Bemühungen war eine Entscheidung außer Sicht. Immer, wenn die Bedenken des Kunden entkräftet wurden, tauchten neue auf. An diesem Punkt stellte der KAM fest, dass es so nicht weitergehen könne. Er musste angreifen, das Heft aktiv in die Hand nehmen, Klarheit schaffen und eine Entscheidung herbeiführen.

Beispiel: Eine Entscheidung herbeiführen

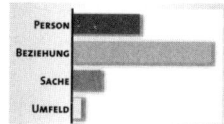

Welche Handlungsoptionen dafür geeignet sind, erläutern wir in den folgenden Absätzen.

5.3.1.2 Strategie des Angriffs

Wie wir angreifen, hängt davon ab, welches Verständnis wir von uns und unserem Gegenüber haben. Strategien, die auf einem mechanistischen Menschenbild basieren, ergeben andere Handlungsoptionen als die vor dem Hintergrund des von uns vorgestellten konstruktivistischen Menschenbilds entworfenen (siehe Kap. 2.2 und 2.3).

Im ersten Fall ist unser einziges Ansinnen, die Entscheidung in Richtung unserer Ziele zu beeinflussen. Wir erwägen, welche Handlungen oder gar Behandlungen dazu geeignet sind, und betreiben ein gezieltes Informationsmanagement. Wir halten ganz bewusst Informationen zurück, streuen andere gezielt in die Runde. Eine sehr häufig verwendete Taktik ist es, den Konkurrenten mit solchen gezielten Informationen schlechtzumachen. Oft basieren diese Angriffsstrategien auf dem Moment der Überraschung oder Überrumpelung. Mag sein, dass wir mit dieser Vorgehensweise die eine oder andere Schlacht gewinnen.

Welche Handlungen sind geeignet, die Entscheidung in Richtung unserer Ziele zu beeinflussen?

Die Risiken und Nebenwirkungen sind jedoch nicht zu unterschätzen. Im Volksmund heißt es: „*So, wie du in den Wald hineinrufst, so schallt es auch heraus.*" Während wir unseren Angriff ausführen, bereitet der Gegner vielleicht schon einen Gegenangriff vor.

Die von vielen KAMs verwendete kriegerische Metaphorik zeigt, dass aus Gegnern schnell Feinde werden können

Dass wir bei dieser Art von Auseinandersetzung nicht mehr von einem Kunden, sondern von einem Gegner sprechen, sollte uns alarmieren, denn aus einem Gegner wird sehr schnell ein Feind. Da dieser Feind am längeren Hebel sitzt, ziehen wir am Ende unweigerlich den Kürzeren. Die Taktik, sich selbst aufzuwerten, indem man den Konkurrenten abwertet, funktioniert in den seltensten Fällen. Die in diesem Absatz verwendeten Begriffe weisen auf kriegerische Auseinandersetzungen hin, bei denen es am Ende immer Gewinner und Verlierer geben muss. Ziele dieser Formen des Angriffs sind: „Eine starke Position erkämpfen"; „Oberwasser gewinnen"; „die Situation unter Kontrolle bringen"; „sich durchsetzen" usw. In unserem Modell bedeutet das nichts anderes, als die Subjekt-Objekt-Beziehung zu etablieren, in der wir selbst das handelnde Subjekt sind. Diese martialischen Begriffe sind im Übrigen nicht unsere Erfindung. Wir hören sie immer wieder in der Zusammenarbeit mit Key Account Managern.

Eine Strategie des Angriffs auf der Basis unseres konstruktivistischen Menschenbildes verfolgt dagegen weniger einseitige Ziele und verlangt auch andere Methoden.

Nicht zielführende Kommunikationsschleifen unterbrechen und die Dinge von einer Metaebene aus betrachten

Das erste Ziel ist es, einen ins Leere laufenden oder sich zu einer Eskalation aufschaukelnden Kommunikationsprozess zunächst einmal zu stoppen, statt sich in Endlosschleifen zu verfangen.

Danach sollte der KAM erreichen, dass alle Parteien gemeinsam in eine andere Betrachtungsebene wechseln, die häufig mit Metaebene oder „Helikoptersicht" bezeichnet wird. Von dort aus sollte allen Beteiligten die Sinnlosigkeit der bisherigen Vorgehensweisen klar werden. Nicht nur der KAM vergeudet damit Energie und Zeit, sondern auch der Kunde.

Schließlich sollten alle Beteiligten gemeinsam nach Möglichkeiten suchen, den Prozess konstruktiv zu einer Entscheidung zu bringen. Manchmal reicht es auch schon, dem Kunden zu sagen, welche „Taktik" man jetzt gerade bei ihm vermutet. Das sollte jedoch mit einer gewissen Wertschätzung für diese „Fähigkeit" und vor allem ohne Schuldzuweisung geschehen. Aussagen wie, *„Mit Ihrer ständigen Salami-Taktik kommen wir doch nicht weiter, Sie zwingen mich zu ..."*, sind hier eher kontraproduktiv.

Möglichst schnell auf „Augenhöhe" kommen, um eine Aufgabe gemeinsam zu lösen

Die alternative Art von Angriff hat letztlich das Ziel, möglichst schnell auf „Augenhöhe" zu kommen, um eine Aufgabe gemeinsam zu lösen. Strategie und Taktik orientieren sich dabei an den Prinzipien:

- **Transparenz:** Bevor du handelst, kündige dein Handeln an und gib deine Absichten zu erkennen. Handle nach dem Prinzip größtmöglicher Offenheit.
- **Rationalität:** Begründe dein Handeln, überprüfe, ob die anderen deine Begründung nachvollziehen können. Berücksichtige dabei die Balance von Denken – Fühlen – Handeln.
- **Respekt:** Behandle andere nur so, wie du auch selbst behandelt werden willst.

In diesem Sinne könnte der Angriff des KAMs wie folgt aussehen:

Aussagen des KAMs	Ziele der Aussagen
„Mir ist in unserem Dialog etwas aufgefallen, was ich gerne ansprechen möchte, bevor wir weitermachen."	• Transparenz, Offenlegen der Handlungsabsicht • Gemeinsamer Wechsel in eine Metaebene
„Ich habe den Eindruck, wir reden aneinander vorbei. Geht es Ihnen auch so?"	• Begründung der Handlung • Überprüfung, ob der andere die Aussage nachvollziehen kann
„Sie verfolgen offensichtlich die Strategie der kleinen Schritte. Ich versuche zunächst grundsätzliche Themen des Gesamtpakets zu diskutieren."	• Die eigentliche Aussage
„Beide Ansätze sind aus meiner Sicht richtig und wichtig."	• Respekt, Anerkennung der Strategie des anderen
„Was halten Sie davon, wenn wir zunächst den grundsätzlichen Rahmen diskutieren und danach die Detailfragen klären?"	• Lösung, in der jeder Ansatz zum Tragen kommt

Diese Form des Angriffs ist frei von Schuldzuweisungen. Sie bietet dem Gegenüber die Chance einzulenken, ohne das Gesicht zu verlieren. Die Aussichten, in einem Dialog wieder auf Augenhöhe zu kommen, sind dabei wesentlich besser als beim verdeckten Angriff.

UNSERE EMPFEHLUNGEN

- Sensibilisieren Sie Ihre Wahrnehmung für Prozesse, die ins Leere laufen. Je früher Sie die Dynamik erkennen (siehe auch Kapitel 9.2), umso weniger riskant ist der Angriff.
- Trainieren Sie den Angriff systematisch. Beobachten Sie immer, welche Wirkungen und Nebenwirkungen Sie verursachen.
- Greifen Sie nie die Person an, sondern immer die Sache.
- Bereiten Sie den Angriff sorgfältig vor, formulieren Sie vor dem Gespräch ein möglichst klares Ziel sowie die Grenzen. Nutzen Sie dazu das obige Beispiel als sprachliches Modell.
- Verwenden Sie die dialektische Viererkette als prinzipielle Grundlage Ihrer Argumentation.

5.3.1.3 Verteidigung

Nicht selten gerät ein KAM zwischen die Fronten. Die Kunden richten ihre Forderungen an ihn und bringen ihren Ärger ihm gegenüber zum Ausdruck. Das Gleiche geschieht im eigenen Unternehmen. Das Vermitteln zwischen den beiden Seiten ist letztlich sein Job. Allerdings kann es im Eifer des Gefechts dazu kommen, dass der Überbringer der Nachrichten zum Prügelknaben wird, auf dem beide Seiten ihren Unmut abladen.

Verbale Angriffe auf den KAM

Dabei werden zuweilen die Grenzen des Anstands überschritten. Die Botschaften sind dann respektlos, beleidigend, verletzend oder gar erniedrigend. Das kann in sprachlich offener Form erfolgen und zielt dann weniger auf das Handeln als auf die Person des KAMs:

- „Sie sind inkompetent!"
- „Sie sind ein Betrüger!"
- „Sie sind ein Lügner!"
- „Ihr Gehalt ist eine Geldverschwendung für das Unternehmen!"
- „Sie machen Spazierfahrten und werden dafür noch bezahlt!"

Andere Formen von Grenzüberschreitung

In vielen Fällen sind die Grenzüberschreitungen subtiler und indirekter:

- Termine werden ohne Begründung kurzfristig abgesagt.
- Der KAM wird ständig unterbrochen oder gar ignoriert.
- Im Unternehmen des Kunden oder in der eigenen Firma wird gegen den KAM Stimmung gemacht. Das kann bis zum Mobbing ausarten.
- Kritik wird nicht gegenüber dem KAM direkt vorgebracht, sondern bei seinem Vorgesetzten oder auch beim Wettbewerber.
- Wichtige Informationen werden dem KAM vorenthalten. Man lässt ihn ins offene Messer laufen.
- Gespräche werden beendet, z.B. mit den Worten „*Schicken Sie mir da mal was zu, wir melden uns dann wieder …*".

Aus der Position des Unterlegenen ist es nahezu unmöglich, seine Ziele zu erreichen

In allen Fällen gerät der KAM in die Position des Unterlegenen, die aus unterschiedlichen Gründen ungünstig ist. Langfristig können dadurch gesundheitliche Probleme entstehen, die den Spaß an der Arbeit verderben und die Leistungsfähigkeit beeinträchtigen. Aus der Position des Unterlegenen ist es nahezu unmöglich, seine Ziele zu erreichen. Und schließlich verfestigt sich die ungünstige Rolle mit jeder Grenzüberschreitung, die nicht zurückgewiesen wurde.

> **UNSERE EMPFEHLUNGEN**
>
> - Sensibilisieren Sie Ihre Wahrnehmung für Respektlosigkeit. Der beste Indikator dafür sind Ihre eigenen Empfindungen. Je früher Sie die Überschreitung Ihrer ethischen Grenze erkennen, umso schneller und nachhaltiger können Sie Ihre Verteidigung einsetzen.
> - Angriffe können Sie gezielt planen und vorbereiten. Grenzüberschreitungen dagegen sind meist überraschend und sollten spontan in der jeweiligen Situation thematisiert oder zurückgewiesen werden. In der Umgangsspra-

> che gibt es die Formulierung: „*Was erlaubt der sich eigentlich?*" Drehen Sie die Formulierung einfach um und fragen sich in einem solchen Moment: „*Was erlaube ich ihm eigentlich?*"
> - Nehmen Sie sich ernst! Wenn ein KAM nach einem Angriff formuliert: „*Der Kunde nimmt mich doch gar nicht ernst!*", dann heißt das eigentlich, der KAM nimmt sich selbst nicht ernst, weil er das zulässt (und das ärgert uns prinzipiell am meisten)!

5.3.2 Subjekt-Subjekt-Modus oder Partnerschaftsmodus

In diesem Modus der Beziehung stehen Absichten und Ziele im Hintergrund. Hierarchische Unterschiede sind in diesem Moment nebensächlich. Die beiden Gesprächspartner sind in diesem Dialog prinzipiell gleichwertig und auf Augenhöhe. Sie zeigen gegenseitiges Interesse an der Person und der Situation, in der sich der andere befindet. Sie sind in der Lage, die Sichtweise des anderen nachzuvollziehen.

Prototypisches Beispiel für eine solche Situation sind alte Freunde, die sich nach langer Zeit wieder begegnen. In diesem Gespräch gibt es keine Agenda. Jeder erzählt von seinen Erlebnissen und wie es ihm in den letzten Jahren erging. Die Themen wechseln ständig, man spricht über Beruf, Beziehung, Kinder, Urlaub und vieles mehr.

Nur in diesem Modus können die relativ „weichen" und unklaren auf Gegenseitigkeit beruhenden Beziehungsqualitäten wie Respekt, Vertrauen, Offenheit, Integrität, Fairness usw. entstehen. Das muss nicht bedeuten, dass man sich gegenseitig ausschließlich mit Samthandschuhen anfasst. Ein Freund wird auch nicht dadurch zum guten Freund, dass er einem ausschließlich schmeichelt. Vielmehr ist er es, von dem wir auch eine kritische und ehrliche Meinung erwarten und akzeptieren können.

Nur in diesem Modus können die „weichen" Beziehungsqualitäten Respekt, Vertrauen, Offenheit, Integrität, Fairness etc. entstehen

Sehr oft wird diese Form der Beziehung mit den schon erwähnten Incentives verwechselt. Geschenken und Einladungen liegen jedoch ganz pragmatische Absichten und Ziele zugrunde. Das Gegenüber spürt sehr schnell, ob der KAM wirklich an seiner Person oder nur an seinem Budget interessiert ist. Im Nu sind wir dann wieder im Subjekt-Objekt-Modus, den wir in diesem Moment gar nicht wollen.

Kennzeichen für den Modus Subjekt-Subjekt sind:
- Die Atmosphäre ist entspannt und locker.
- Die Anwesenden wirken offen und authentisch.
- Es wird auch über Empfindungen und Gefühle gesprochen.
- Verbale und nonverbale Kommunikation wirken lebendig.
- Die Anwesenden weisen Kritik nicht kategorisch zurück, sondern setzen sich aktiv damit auseinander.
- Viele kreative Lösungen entstehen im Dialog.
- Die Anwesenden nehmen die Zeit nicht mehr bewusst wahr.

Kennzeichen für den Modus Subjekt-Subjekt

Gefahr des ziellosen — Ein Risiko dieser Beziehungsform ist die Ausartung in eine ziellose Plauderei.

Das wichtigste Merkmal dieses Modus ist die Offenheit.

Förderung des Subjekt-Subjekt-Zustands — Das bedeutet letztlich, dass wir uns weniger hinter der eingangs erwähnten „Maske" verstecken (sieh Kap. 1.2.1) und mehr von uns zeigen sollten. In unserer Kultur scheint es gar nicht so einfach zu sein, sein eigenes „Visier" zu öffnen und mehr von sich zu zeigen. Die Maske ist schließlich ein Schutz, ihn beiseite zu legen bedeutet, auf diesen Schutz zu verzichten. So kommt es, dass oft alle Beteiligten mehr Offenheit anstreben, dass aber jeder darauf wartet, bis einer damit anfängt.

UNSERE EMPFEHLUNGEN

- Den ersten aktiven Schritt zu tun. Als Erstes das „Visier" öffnen. Störungen, Grenzen oder Wünsche thematisieren oder Feed-back geben und in diesem Sinne ein aktives Beziehungsmanagement betreiben.
- Zeitnahes Ansprechen und nicht irgendwann später, denn Beziehungsstörungen haben die unangenehme Eigenschaft zu wachsen.
- Authentische „Ich-Botschaften" formulieren und keine „Du-Botschaften" mit Schuldzuweisungscharakter senden. Dies führt direkt in den Konfrontationsmodus.
- Die eigenen Wahrnehmungen (sich) ernst nehmen und nicht nur die logische Zielorientierung verstärken.

Zusammenfassung

Im folgenden Vierfelderschema sind die beiden Beziehungszustände mit ihren positiven Wirkungen und Nebenwirkungen, mit Tugenden und Untugenden zusammenfassend dargestellt. Das Schema zeigt, dass beide Formen der Beziehung sowohl Tugend als auch Untugend sein können.

Zur Untugend entartet ein Aggregatzustand oder Beziehungsmodus aus zweierlei Gründen:

1 Durch die Übertreibung eines Modus
   So kann extrem hartes Verhandeln beim Gegenüber respektlos, unmenschlich oder gar verletzend wirken, umgekehrt kann eine übertriebene Kompromissbereitschaft Verhandlungen endlos in die Länge ziehen.

2 Durch das Fehlen eines Modus:
   Sich behaupten, sich durchsetzen, seine Ziele konsequent verfolgen und hartes Verhandeln werden vom Gegenüber dann akzeptiert, wenn auch Respekt, Kompromissbereitschaft und Interesse an der Person gezeigt werden.

Beziehungsmodi – was sie leisten und welche Risiken sie bergen

	VERHANDLUNGS- UND KONFRONTATIONSMODUS Subjekt: Der Handelnde → Behandlung → Objekt: Der Behandelte	**PARTNERSCHAFTSMODUS** Subjekt ⇄ Subjekt
TUGEND	• Ziele verfolgen • Klare Positionen beziehen • Eine Position behaupten • Sich durchsetzten • Einen Prozess vorantreiben • Argumentieren • Entscheidungen erreichen • Zum Abschluss kommen • Hart verhandeln	• Vertrauen schaffen • Motive finden • Gemeinsamkeiten entdecken • Störungen klären • Beziehung pflegen • Respektvoll sein • Konflikte bewältigen • Beschwerden bearbeiten • Kompromisse eingehen
UNTUGEND	• Aus dem Hinterhalt agieren • Absichten verschleiern • Taktieren • Beleidigen, verletzen • In Grabenkämpfe geraten • Sich festbeißen • Energie verschwenden • Den Kontakt verlieren	• In die Harmoniefalle geraten • Den roten Faden verlieren • Zwischen die Fronten geraten • Ausgenutzt werden • Die Opferrolle einnehmen • Konflikte scheuen • Sich unterordnen • Keinen Abschluss erreichen

Abb. 5.3: Chancen und Risiken der beiden Beziehungszustände

Versuchen Sie herauszufinden, in welchem der vier Quadranten Sie sich häufig in der Beziehung befinden. In der Regel werden Sie feststellen, dass Sie einem der beiden Modi weniger Beachtung schenken oder Raum geben. In diesem Falle ist es Ihre persönliche Entwicklungsaufgabe, die weniger ausgeprägte Schwesterntugend (siehe auch Abb. 1.1) systematisch zu entwickeln.

Auf der Basis von vielen Erfahrungen hat sich folgende Handlungsmaxime als Schlüssel zur erfolgreichen Beziehungsarbeit bewährt:

HANDLUNGSMAXIME

Je mehr du die Person des anderen würdigst, respektierst und tolerierst, desto konsequenter kannst du deine Position vertreten und umso härter kannst du verhandeln. In diesem Fall wird die Beziehung auch bei konträren Standpunkten intensiver und tragfähiger.

5.4 Beziehungskonten

Zwischenmenschliche Beziehungen können unterschiedliche Qualitäten haben, die sich im Laufe der Zeit verändern. Manche Beziehungen werden intensiver, Konflikte gefährden ihre Existenz nicht, sie sind somit tragfähig und halten auch größere Belastungen aus. Andere Beziehungen wirken zerbrechlich, werden bei kleinen Erschütterungen infrage gestellt. Sie erscheinen uns wie zarte Pflänzchen, die man auf keinen Fall zu fest anfassen darf. Und schließlich gibt es Beziehungen, die als hoffnungslos zerrüttet und verdorben erlebt werden. Das betrifft nicht nur Beziehungen im privaten Umfeld, sondern auch die Verhältnisse Unternehmen und Angestellten sowie KAM und Kunde.

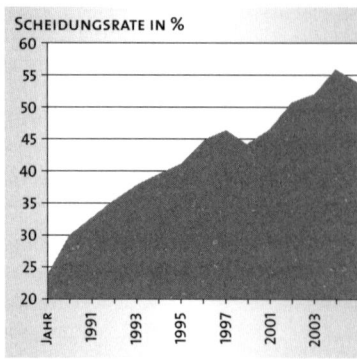

Abb. 5.4: Die Scheidungsraten sind zunehmend angestiegen

Die nebenstehende Statistik zeigt den Anstieg der Scheidungsraten der Bundesrepublik Deutschland von zirka 23 Prozent im Jahre 1990 auf zirka 54 Prozent im Jahre 2004. Die Zahl der zerrütteten privaten Beziehungen nimmt also stetig zu.

Für die Beziehungen im Unternehmensumfeld liegen uns zwar keine statistischen Daten vor, unsere Erfahrungen zeigen jedoch, dass dieser Trend auch in der Wirtschaft zu erkennen ist:

Langjährige und bewährte Beziehungen KAM – Kunden werden seltener

KAMs wechseln häufiger das Unternehmen als noch vor zehn Jahren. Langjährige und bewährte Beziehungen KAM – Kunden werden seltener. Ursachen für diesen Trend sind zum einen die Beschleunigung der Veränderung in den globalen Märkten, sicher aber auch die Vernachlässigung der Beziehungsarbeit, mit der wir uns aus diesem Grunde intensiver befassen.

Wie auf einem Bankkonto gibt es auch auf einem „Beziehungskonto" positive und negative Veränderungen

Zunächst wollen wir uns mit der Frage beschäftigen, wie sich die Qualität von Beziehungen im Laufe der Zeit positiv oder negativ verändert. Dazu verwenden wir das Modell eines „Bankkontos", in dem es bekanntlich positive und negative Veränderungen gibt. Wenn wir dieses Konto nicht ordentlich pflegen und dadurch in die tiefroten Zahlen geraten, dann bekommen wir mannigfaltige Beziehungsprobleme. Die Bank will sich von uns trennen. Die Telefongesellschaft kappt unsere Telefonleitung. Der Energieversorger schaltet den Strom ab. Der Gerichtsvollzieher pfändet unser Hab und Gut. Wir stehen mit dem Rücken zur Wand und müssen irgendwann den Offenbarungseid leisten. Interessant ist in diesem Zusammenhang, dass die Zahl der jährlichen privaten Insolvenzen einen ähnlichen Verlauf wie die obige Scheidungskurve hat.

5.4.1 Das Bonuskonto:

Unsere These lautet, dass bei jedem Kontakt in einer Beziehung, ob sie nun privat oder geschäftlicher Natur ist, Bewegungen auf den so genannten Beziehungskonten der Beteiligten stattfinden. Dabei kann es zu positiven Einträgen kommen, die wir Bonuspunkte nennen, oder zu negativen, den Maluspunkten.

Bei jedem Kontakt in einer Beziehung finden Bewegungen auf den Beziehungskonten der Beteiligten statt

Der Einfachheit halber verfolgen wir den Verlauf einer Liebesbeziehung und unterstellen, dass die KAM – Kundenbeziehung einer ähnlichen Dynamik folgt:

Zwei KAMs treffen also per Zufall in einem Businesshotel aufeinander. Er ist 38 Jahre alt, lebt bei seiner Mutter in Bonn und ist Großkunden-Betreuer eines Konzerns der Telekommunikationsbranche, früher ein staatliches Unternehmen, weshalb er auch heute noch Status und Habitus eines Beamten hat. Zu diesem Job kam er, nach eigenen Aussagen, mehr oder weniger wie die Jungfrau zum Kind.

Beispiel: Zwei KAMs verlieben sich

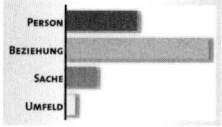

Sie ist 32 Jahre alt, betreut Großkunden einer der weltweit größten Werbeagenturen. Schon während ihres Studiums hatte sie eine klare Vorstellung von ihrem zukünftigen Beruf und setzt ihre Pläne konsequent und ehrgeizig in die Tat um.

Ein Taschendieb hatte ihr die Brieftasche mit allem Bargeld, Kreditkarten und Ausweisen gestohlen. Er zeigte sich als Gentleman und hat ihr Geld geliehen, damit sie wenigstens das Taxi zu einem sehr wichtigen Kundentermin bezahlen konnte. Für diese Gefälligkeit hat sie ihm natürlich einen dicken Bonuspunkt in ihr Beziehungskonto eingeklebt. Zwangsläufig hatten die beiden wieder Kontakt miteinander und, wie soll es anders sein, sie verliebten sich ineinander. Die Bonuspunkte auf ihren Konten häuften sich in den folgenden Wochen. Gründe dafür gab es genug: Er lud sie zum Essen ein. Er brachte ihr Blumen. Er konnte gut zuhören und sich einfühlen: „Was für ein Mann!", dachte sie. Er war eben ein Gentleman, öffnete der Dame die Tür und nahm ihr den Mantel ab. Er las ihr jeden Wunsch von den Augen ab. Ein gemeinsamer Urlaub war für beide wie das Paradies auf Erden. Beide Beziehungskonten waren prall mit grünen Bonuspunkten gefüllt – sozusagen alles im grünen Bereich. So lag die Erkenntnis nahe, dass beide wie füreinander geschaffen seien und konsequenterweise einen gemeinsamen Haushalt gründeten.

Wie sich diese Beziehung weiter gestaltete, erfahren Sie im folgenden Absatz über das Maluskonto.

5.4.2 Das Maluskonto:

Sie fanden ihre Traumwohnung, richteten sie liebevoll ein, dem gemeinsamen Glück stand nun nichts mehr im Wege. Doch schon bald zogen dunkle Wolken am heiteren Beziehungshimmel auf. Er kam abends nachhause und ließ seine sieben Sachen einfach dort auf den Boden fallen, wo er gerade stand. Von seiner Mutter war er gewohnt, dass sie alles wegräumte. Ihr missfiel das sehr. Sie machte ihn mit süßen Worten auf ihren Unmut aufmerksam. Doch er dachte nicht im Entferntesten daran, sein Verhalten zu ändern. So klebte sie in ihr Beziehungskonto die ersten fetten roten Maluspunkte.

Mit der Zeit stellte sich heraus, dass sich auch ihre Vorstellungen von Sauberkeit erheblich unterschieden. Er nutzte zum Beispiel die Toilette oft im Stehen. Seine Trefferquote war aus ihrer Sicht miserabel. Die Folgen waren weitere fette Maluspunkte auf ihrem Konto. Bislang zehrte die Beziehung noch von den vielen Bonuspunkten aus der Vergangenheit. Doch schon bald war der Bonus-Malus-Gleichstand erreicht.

Manchmal hatte sie das Gefühl, dass es ihr wie Schuppen von den Augen fiel. Wie konnte sie nur übersehen, dass er so ein weltfremdes, verwöhntes Muttersöhnchen war. Warum war es ihr nicht schon viel früher aufgefallen, dass er ständig in den gleichen langweiligen, graubraunen Anzügen herumlief, die sie nun zu hassen begann? Auf ihrem Beziehungskonto war inzwischen alles im roten Bereich. Eines Tages kam es zum Eklat. Sie öffnete die Wohnungstür, stolperte über seine Socken und das war der sprichwörtliche Tropfen, der das Fass zum Überlaufen brachte. Sie explodierte förmlich. Nach einem heftigen Streit über die Socken im Flur packte sie ihre sieben Sachen und verließ ihn für immer.

Er verstand die Welt nicht mehr. Es war ihm völlig unbegreiflich, wie eine Beziehung, die er als so positiv erlebt hatte, wegen der Socken auf dem Boden im Flur in die Brüche gehen konnte. Und so zog er wieder zu seiner Mutter, und wenn sie nicht gestorben ist, dann umsorgt sie ihn vermutlich noch heute.

Die Wahrscheinlichkeit ist groß, dass sie sich bald wieder verlieben wird. Endlich wird sie den Richtigen gefunden haben und wieder ein wahres Feuerwerk von Bonuspunkten zünden. Vermutlich werden ihr wieder die Schuppen von den Augen fallen, den Rest kennen Sie schon. Und wenn sie nicht gestorben ist, dann wird sie vermutlich immer noch in dieser Endlosschleife hängen ...

Das Beispiel mag für manche übertrieben klingen, doch auch im Vertrieb gibt es bei jedem Kontakt Kontenbewegungen, die jedoch etwas subtiler und weniger offensichtlich stattfinden. Wir meinen, es lohnt sich für einen KAM, sich damit zu beschäftigen.

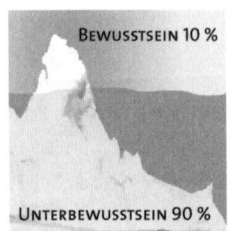

Abb. 5.5: Nach Freud ähnelt unser Bewusstsein einem Eisberg

Ein Bild sagt mehr als tausend Worte, deshalb wollen wir die Dynamik der zwischenmenschlichen Beziehung in einfachen Bildern darstellen. Zunächst einmal müssen wir Sie mit einer fast ungeheuerlichen Tatsache konfrontieren, dass nämlich der größte Teil von Beziehung im Unbewussten abläuft. Der schon erwähnte Sigmund Freud war einer der ersten, der diese These in wissenschaftlichen Kreisen verbreitete. Er verursachte damit einen wahren Sturm der Entrüstung. Er verglich unser Bewusstsein mit einem Eisberg, von dem man nur zirka zehn Prozent sieht, die restlichen 90 Prozent sind unter der Wasseroberfläche verborgen. Diese Tatsache wurde der Titanic zum Verhängnis, 1.504 Menschen kamen durch den

Eisberg ums Leben. Auf der anderen Seite machte der Eisberg Leonardo DiCaprio, den Hauptdarsteller des gleichnamigen Filmepos, unsterblich – so ist das Leben!

Im Jahre 2006 wird Freud nicht nur wegen seines einhundertfünfzigsten Geburtstags umjubelt und gefeiert. Hirnforscher konnten inzwischen seine Thesen mit naturwissenschaftlichen Methoden beweisen. Sie kommen zum Ergebnis, dass sogar weit weniger als zehn Prozent unserer Handlungen vom Bewusstsein gesteuert werden.

Abbildung 5.6 zeigt den Menschen als eine Art „Mensch-Ärgere-Dich-Nicht"-Figur. Der bewusste Anteil entspricht der oberen Figur im Kopf. Die gestrichelte Linie symbolisiert die Wasseroberfläche. Darunter ist das Unbewusste, von wo aus der größte Teil der zwischenmenschlichen Beziehung gesteuert wird. Wir stellen uns vor, dass es in diesem Unbewussten zwei relativ selbstständige Konto-Verantwortliche gibt, nämlich den dunklen „Malus" und den hellen „Bonus".

Abb. 5.6: Auf unserem unbewussten Beziehungskonto gibt es einen Bonus- und einen Malus-Bereich

Jeder betrachtet die Welt um sich herum mit anderen Augen: Malus achtet minutiös auf die negativen Aspekte der Beziehung wie Respektlosigkeit, Unhöflichkeit, Misstrauen, Geringschätzung, Distanz und macht entsprechende rote Einträge auf seinem Beziehungskonto.

Bonus hingegen ist an den positiven Seiten der Beziehung interessiert und sammelt Bonuspunkte für Höflichkeit, Anerkennung, Vertrauen, Hilfsbereitschaft oder Verständnis.

Vom Zusammenspiel dieser beiden Spezies hängt die Qualität einer Beziehung ab. Im Folgenden wollen wir drei unterschiedliche Fälle diskutieren.

5.4.3 Die ausgewogene oder intakte Beziehung

Das hier dargestellte Beziehungskonto zeigt einen relativ ausgeglichenen Kontostand. Der Mensch ist offen für beide Seiten. Er hat ein realistisches Bild von sich selbst und seinem Gegenüber. Statt einem „Bankkonto" könnte man auch die Metapher eines „Rabattmarkenheftes" nutzen, um das Verhältnis der geklebten „Beziehungsmarken" zueinander zu veranschaulichen.

Diese Form der Beziehung bietet die besten Voraussetzungen für eine langfristige Entwicklung. Die beiden Seiten machen sich nichts vor. Sie sehen die positiven und negativen Aspekte des anderen. Im günstigsten

Abb. 5.7: Ausgewogenes Beziehungskonto

Abb. 5.8: „Liebe macht blind" – Verliebte sehen nur das Positive

Falle können sie das Anderssein sogar als Bereicherung für die Beziehung empfinden. Auf beiden Seiten des Beziehungsheftes wurden „Marken" geklebt und thematisiert.

5.4.4 Verliebt sein oder naiv sein

Der Mensch sieht nur die positiven Aspekte des anderen. Er ist blind für das Unangenehme. Er läuft deshalb Gefahr, irgendwann eine böse Überraschung zu erleben. Dieser Kontostand entspricht der ersten Phase der oben beschriebenen Liebesbeziehung.

„Liebe macht blind!", ist eine geläufige Redewendung. Eigentlich müsste sie lauten: „Verliebt sein macht blind!", denn wer liebt, so meinen wir, kann alle Seiten des anderen sehen und annehmen. Diese Verliebtheit betrifft jedoch nicht nur Personen, sondern auch eigene Ideen oder Wünsche.

Sehr oft kommt es vor, dass ein KAM ein gutes Gespräch mit dem Kunden hatte und mit dem Gefühl nachhause fährt, einen Abschluss zu 100 Prozent in der Tasche zu haben. Er ist von dieser Überzeugung so eingenommen, dass er die kritischen Aspekte, die Gefahren und Risiken nicht wahrnehmen will oder kann. Viele grüne Marken wurden geklebt und die Champagnerkorken fliegen vielleicht viel zu früh. Umso größer ist die Enttäuschung, wenn er im Nachhinein erkennt, dass er kritische Signale übersehen hat. In Enttäuschung steckt das Wort Täuschung. Einer Enttäuschung geht meist eine (Selbst-)Täuschung voraus.

5.4.5 Verfeindet sein

Abb. 5.9: Feinde nehmen selektiv nur Negatives wahr

Der Mensch sieht nur noch die negativen Aspekte des anderen. Seine Wahrnehmung ist im kritischen Sinne selektiv. Er ist blind für die guten Seiten. Es wird nur nach roten „Marken" gesucht und die werden auch konzentriert gefunden. Diese Beziehung droht zu zerrütten.

Wer hat ihn nicht, den Lieblingsfeind unter den Kundenkontakten. Das sind Personen, die uns zutiefst zuwider sind. Wir lassen kein gutes Haar an ihnen. Doch auch hier sollten wir in Betracht ziehen, vielleicht einer Täuschung zu unterliegen. Jedenfalls ist diese Form der Beziehung die beste Voraussetzung für Misserfolg. Dennoch ist sie im Key Account Management gang und gäbe.

5.4.6 Die Eigenschaften der Kontoeinträge und „Beziehungsmarken"

Nicht alle Aspekte einer Situation bleiben im Gedächtnis haften, sondern nur die damit verbundenen Gefühle

Die beiden Herren Bonus und Malus sind bei ihrer Kontoführung ziemlich ungenau. Ganz egal, ob es sich um zerrüttete Ehen, Arbeitsverhältnisse oder Kundenbeziehungen handelt, es fällt selbst mit Unterstützung eines externen Profis sehr schwer, die roten „Marken" sukzessive zu bearbeiten und wieder rückgängig zu machen. Der Grund dafür ist, dass nicht alle Aspekte einer Situation im Gedächtnis gespeichert werden, sondern nur das Empfinden und die Gefühle.

Wir besuchen einen Kunden, der uns im Vorzimmer warten lässt. Wir haben ein leichtes Grummeln im Bauch, verspüren einen Hauch von Ärger. Ganz automatisch erhält er in unserem Unterbewusstsein einen roten Eintrag in unserem „Beziehungsheft". Gespeichert wird, wie gesagt, nur das unangenehme Gefühl, das wir während der Wartezeit empfanden. Alle anderen Informationen sind dem Malus unwichtig.

Ein andermal unterbricht der Kunde vielleicht das Gespräch mehrmals durch Telefonieren. Wieder addieren wir einen roten Eintrag, und auch in diesem Fall nur das Gefühl von Ärger und Unmut. Wenn sich diese Kette von kleinen Beziehungsstörungen fortsetzt, dann beginnt die Beziehung zu verderben, ohne dass wir uns dessen bewusst sind. Wir besuchen die betreffende Person mit zunehmendem Unbehagen, die Gespräche verlaufen zäh und unproduktiv.

Eine weitere Eigenschaft dieser Kontoeinträge ist, dass sie unsere Wahrnehmung beeinflussen. Wir erwarten vielleicht schon vor dem Besuch ein unangenehmes Gespräch. Am Ende werden wir feststellen, dass wir Recht hatten. Dieser Effekt wird in der Psychologie mit „sich selbst erfüllende Prophezeiung" oder „Pygmalion-Effekt" bezeichnet.

„*Sich selbst erfüllende Prophezeiung*": Die Einträge auf dem Beziehungskonto prägen die Art unserer Wahrnehmungen

Pygmalion ist eine Figur aus der griechischen Mythologie, sein Beruf ist Bildhauer. Weil er so einsam ist und offensichtlich Schwierigkeiten mit dem Anbandeln oder Flirten hat, schnitzt er sich einfach eine Frau aus Elfenbein. Er gestaltet sie so schön, dass er sich prompt in diese Figur verliebt. Dummerweise ist sie eben aus leblosem Material und die Liebesbeziehung zu ihr folglich unbefriedigend. In seiner Not wendet er sich an eine Göttin namens Aphrodite, die den liebeskranken Künstler erhört und der Elfenbeinfigur Leben einhaucht. Bald darauf erwidert die lebendige Elfenbeinfigur seine Liebe, beide heiraten und werden ein glückliches Paar.

Diese Vorstellung ist für einen KAM fast so verführerisch wie die Versprechen der Verhaltenspsychologie (siehe Kap. 2.2). Wir „schnitzen" uns einfach einen Kunden, Vorgesetzten oder gar eine Ehefrau nach unseren ganz individuellen Vorstellungen. Dummerweise sind KAMs meistens keine Bildhauer. Und eine Aphrodite wohnt sicherlich auch nicht bei ihnen um die Ecke.

Bevor wir diese Idee aber verwerfen, sollten wir allerdings prüfen, ob nicht doch etwas daran ist. Dabei wollen wir nochmals den Autobauer Henry Ford zitieren, der sinngemäß gesagt haben soll: „*Die Welt ist nicht voller Probleme! Das Problem ist, wie du die Welt siehst.*" Dieser Idee folgend sind auch KAMs in gewisser Weise Bildhauer. Denn sie haben durchaus einen Einfluss darauf, wie sie selbst die Welt sehen. Sie können entscheiden, ob sie den Kunden als Esel auffassen wollen, der sich nur dann bewegt, wenn wir ihm eine Möhre vors Maul halten. Sie können ihn aber auch als intelligentes Wesen betrachten, das reflektiert und auf der Basis von rationalen Erwägungen handelt.

Wir haben in gewisser Hinsicht auch die Wahl, ob und wie wir Beziehungen gestalten. Wir können uns verführerischen Illusionen hingeben und den ungeliebten Teil der Realität ausblenden. Oder wir können im anderen unseren Gegner sehen, den wir mit ausgefeilten Tricks überlisten wollen.

Die häufigsten Hintergründe für die Kontoeinträge

Die häufigsten Hintergründe für die Kontoeinträge in beruflichen oder privaten Beziehungen lassen sich anhand von wenigen Prinzipien darstellen:

Positive Kontoeinträge „Grüne Beziehungsmarken"	Negative Kontoeinträge „Rote Beziehungsmarken"
• Bei Wertschätzung • Bei Respekt • Bei Vertrauen • Bei Nähe • Bei Offenheit	• Bei Geringschätzung • Bei Respektlosigkeit • Bei Misstrauen • Bei Distanz • Bei Verschlossenheit

Wenn der Partner zu spät nachhause kommt, obwohl er versprochen hat, pünktlich zum Essen da zu sein, sind seine Begründungen meist wirkungslos. Sie werden eher als Ausreden verstanden. *„Im Prinzip war etwas anderes wichtiger als ich"*, empfindet der andere – und klebt eine dicke „rote Marke"!

Wir haben die Fähigkeit, körperlich zu spüren, wenn positive oder negative Einträge auf Beziehungskonten gemacht werden

Überprüfen Sie selbst die Hintergründe für Situationen, in denen spürbar Marken geklebt werden. Sie werden oft auf eines dieser Prinzipien stoßen. Das „spürbar" kann man übrigens wirklich ernst nehmen, denn wir haben die Fähigkeit, diese Prozesse körperlich zu spüren. Irgendeine Stelle in unserem Körper signalisiert uns, wenn „rote Marken" im Gespräch geklebt werden.

Oft ist es der Bauch, da der Verdauungstrakt so etwas wie unser emotionales Gedächtnis darstellt. Diese „Ratgeber" sollte man wirklich ernst nehmen, denn das mehrmalige „Übersehen" oder „Ignorieren" von roten Marken wird mit hoher Wahrscheinlichkeit in irgendeiner Form zeitnah „geahndet" oder „bestraft".

5.4.7 Bewusster Umgang mit Beziehung und „Rabattmarken"

Beispiel: Der Herr auf dem Thron

Hierzu ein eigener aktueller Praxisfall, es handelt sich um eines unserer Erstgespräche im Bereich des Dienstleistungsvertriebs.

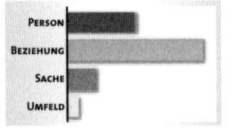

Wenn irgend möglich, sind wir bei den wichtigen Akquisitionsgesprächen zu zweit, um unsere Wahrnehmungen und Argumente zu addieren – so auch in einem viel versprechenden Erstkontakt-Termin bei einem namhaften Markenhersteller. Die Personalentwicklung hatte aus „Kollegenkreisen" eine Empfehlung für unsere Dienstleistung bekommen und nahm Kontakt mit uns auf. Schnell war ein Termin für ein erstes Vorgespräch gefunden und

vereinbart. Es ging um die Qualifizierung der Vertriebsmannschaft einschließlich des KAM-Teams.

Bereits kurz nach diesem Vorgespräch fand erfreulicherweise ein zweites Gespräch mit den verantwortlichen Entscheidern statt. Wir traten im hoch motivierten Tandem beim Geschäftsführer Vertrieb, dem Leiter KAM und dem Leiter Außendienst an. Nach einer kurzen und sachlichen Begrüßung im Stehen nahmen wir zügig Platz, da der Zeitrahmen mit maximal einer Stunde angesetzt war. Ein Herr Ende Vierzig, der sich als Geschäftsführer Vertrieb vorstellte, „thronte" hinter seinem Schreibtisch, die beiden anderen zu seiner Rechten und zur Linken. Wir saßen vor diesem „Tridem". Der Geschäftsführer gab das „Zepter" zügig an seine Mitarbeiter weiter, mit den Worten: „ ... schildern Sie doch mal kurz aus der Frontsicht den Grund für unser Gespräch".

Zu dem Leiter KAM und zum Leiter Außendienst bauten wir schnell einen regen Informationsaustausch auf. Beide erläuterten engagiert ihre Situation und ihren Bedarf. Die Blicke waren intensiv und die Wortwahl locker und trotzdem ernsthaft im Thema. Hier hatten wir schnell den Eindruck von intakten Beziehungen und „grünen Beziehungsmarken".

Der Geschäftsführer sagte nicht viel, seine Blicke waren flüchtig und er schien auch parallel mit anderen Dingen beschäftigt zu sein. Er machte irgendwelche Notizen, ab und zu blickte er in die Runde und stellte knappe Fragen. An dieser Stelle hatten wir bereits den Eindruck, dass er „rote Marken" geklebt hatte, die Hintergründe waren uns jedoch nicht ersichtlich. Der Austausch von Blicken mit meinem Partner zeigte, dass wir dieselbe Wahrnehmung hatten.

Nach zirka 15 Minuten wurde der Herr auf seinem Thron aktiv und stellte uns mit einem angespannten und nervösen Gesichtsausdruck die folgende Frage: „Meine Herren, ich habe noch nicht wirklich begriffen, was Sie von anderen Anbietern unterscheidet! Können Sie mir jetzt bitte mal in zwei Sätzen sagen, was Ihr Angebot eigentlich auszeichnet?" Sein Blick war nun konzentriert und wanderte zwischen meinem Partner und mir. Die nächste „rote Marke" war fällig!

An dieser Stelle holen viele Akquisiteure nun argumentativ weit aus und brennen ein „Feuerwerk" von Alleinstellungsmerkmalen in Verbindung mit namhaften Referenzen ab. Mit dieser Vorgehensweise würden wir jedoch nicht „leben, was wir lehren" und vermutlich weitere „rote Marken" ernten.

Wir nahmen daher den „Ball" auf, den er uns vermutlich unbewusst zugespielt hatte, und thematisierten mit zugewandter Haltung und freundlicher Mimik unsere wahrgenommenen „roten Marken": „Gerne kommen wir Ihrer Anregung nach. Ein Thema, das wir auch in unseren Trainings und Coachings vermitteln, ist die Achtung und Nutzung wichtiger Wahrnehmungen im Dialog. Wir haben derzeit den Eindruck, dass wir Ihre Interessen noch gar nicht haben wecken können, und wir haben auch noch keine Idee, welchen Anteil wir an dieser unbefriedigenden Situation haben."

Diese Reaktion schien er nicht erwartet zu haben und er äußerte zunächst nur knapp: „Da ist was dran!" Da war er, der erste kleine Spalt in seiner

„Visieröffnung". Wir fuhren fort: „Danke für Ihren Eindruck. Wenn Sie uns einen zarten Hinweis geben, was unser Anteil ist, dann könnten wir das ändern und wir haben alle mehr von dem Gespräch." Er sah uns länger an, holte tief Luft und erwiderte: „Nun, da Sie Offenheit schätzen ... eigentlich ist der Termin heute für mich sehr unpassend, den hat mir die Personalabteilung aufs Auge gedrückt. Und wenn wir schon mal dabei sind, Sie haben am Anfang auch einen kleinen Fehler gemacht und mich als Letzten begrüßt. Das bin ich meinem Büro nicht gewohnt!" Sein „Visier" öffnete sich weiter. Auch wir ließen das Visier geöffnet: „Danke für Ihre Offenheit, jetzt können wir besser verstehen – und die Reihenfolge der Begrüßung war wirklich keine Absicht. Sagen Sie uns doch bitte auch mit der gleichen Offenheit, ob wir nicht besser einen anderen Termin vereinbaren sollen?" Er winkte ab und sagte: „Nein, nein, jetzt sind Sie schon mal da – und wir können ja wirklich professionelle Unterstützung gebrauchen ..."

Von diesem Moment an war der Kontakt da, die Beziehung wurde intakter und der Geschäftsführer brachte sich aktiv ein. Die Situation hatte sich durch das Thematisieren von „roten Marken" in kürzester Zeit komplett verändert. Wir hatten vermutlich die Wertschätzung und den Respekt bedient, der nötig war. Das, worum es im Moment „eigentlich ging"!

Und das Gesprächsergebnis stellte abschließend alle Beteiligten mehr als zufrieden.

Das Szenario hätte sich auch anders entwickeln können, wenn wir an der wichtigsten Stelle unsere „Ratgeber" missachtet hätten, nicht in den Partnermodus gegangen wären, sondern im Verhandlungsmodus absichtsvoll und ausführlich agiert hätten. Wir hätten in „trockener" Atmosphäre abschließend ein „Danke für Ihre interessanten Ausführungen, wir werden uns beraten und wieder mit Ihnen Kontakt aufnehmen ..." geerntet.

Im Auto sitzend hätte unser EGO gesagt: „Wir waren gar nicht schlecht, zwei von drei Gesprächsteilnehmern haben gute Signale vermittelt!". Und meist auch: „Das muss etwas werden, bei dem hohen Potenzial und dem bekannten Namen!"

Unser Bauch jedoch hätte uns zu spüren gegeben: „Vergiss es, hier stimmt irgendetwas nicht, ihr wart nicht gut genug – und habt mich nicht ernst genommen!"

Vielleicht erinnern Sie sich an vergleichbare Situationen im beruflichen oder privaten Alltag und können reflektieren, welche Beziehungskonten ausgeglichen und welche zu einseitig waren?

Reflexionshilfe Beziehungsmanagement

Das folgende Formular soll Sie dabei unterstützen, nach Gesprächen deren Verlauf zu reflektieren. Als Mustereintragungen haben wir die wichtigsten Phasen des Fallbeispiels „Der Herr auf dem Thron" verwendet. Die Fakten zum Gespräch sind folgende:

Gesprächsteilnehmer:	Gesprächsart, Ort, Datum:	Gesprächsziele:	Zielerreichung:
• KAMs: Bernhard Bartsch, Wolfgang Schwenk, CO-MATRIX GbR • Dr. Hans Huber, Geschäftsführer Herr Müller, KAM Vertrieb Herr Meyer, Direktvertrieb Huber Software GmbH	• Erstkontakt • München • 15.01.07, 13:00 – 14:00	• Interesse für unsere Dienstleistung ist geweckt • Unsere Position ist verstanden • Eine gute Beziehung ist aufgebaut • Erstellung eines Angebots ist vereinbart	• 100 Prozent • 50 Prozent • 70 Prozent • 100 Prozent

Wichtige Phasen des Gesprächs:

Feststellungen zum Gesprächsverlauf	Beispiele	Empfindungen	Konsequenzen, Beziehungskonten
Zu Beginn klare Subjekt-Objekt-Beziehung • Huber = Subjekt • Bartsch, Schwenk = Objekte	• Herr Huber demonstriert, wer Herr im Hause ist mit Sitzposition, Körperhaltung, Ton • Erledigt andere Aufgaben während des Gesprächs, hört nicht aufmerksam zu	• Mulmiges Gefühl • Wir sehen unsere Felle davonschwimmen • Empfindung der Unterlegenheit, Unbehagen • Kommen nicht in Kontakt	• Auf beiden Seiten werden „rote Marken" geklebt • „Der Herrscher auf dem Thron" ist unsere Projektion, „ ... Der lässt uns abblitzen". • Seine Sicht: „Die stehlen mir die Zeit ... "
Unser Angriff Subjekt-Objekt-Beziehung • Bartsch, Schwenk = Subjekt • Huber = Objekt	• „Wir glauben, wir konnten Ihr Interesse noch nicht wecken. Wir haben keine Idee, warum."	• Angriff gibt uns Selbstvertrauen • Huber ist erstaunt, honoriert den Mut	• Auf beiden Seiten werden „erste grüne Marken" geklebt. • Beziehung auf Augenhöhe kündigt sich an
Die erste Öffnung Beziehung auf Augenhöhe	• „Da ist was dran!" • „Wenn Sie uns einen zarten Hinweis geben, was unser Anteil ist, dann könnten wir das ändern und wir haben alle mehr von dem Gespräch."	• Auf beiden Seiten entspannt sich die Situation	• Weitere „grüne Marken" wegen Signalen gegenseitigen Interesses

Eine Störung wird thematisiert Beziehung auf Augenhöhe	• „Sie haben am Anfang auch einen kleinen Fehler gemacht und mich als Letzten begrüßt. Das bin ich meinem Büro nicht gewohnt."	• Wir freuen uns, auf diesen Fehler aufmerksam gemacht zu werden, wir sind so in der Lage, darauf zu reagieren	• Weitere „grüne Marken" wegen Offenheit
Produktive und konstruktive Phase Beziehung auf Augenhöhe	• „Nein, nein, jetzt sind Sie schon mal da – und wir können ja wirklich professionelle Unterstützung gebrauchen…"	• Alle sind erleichtert, jetzt endlich konstruktiv zu werden	• Vereinbarung eines Angebots

**FAZIT DES GESPRÄCHS, ERKENNTNIS:
ES ZAHLT SICH AUS, EINE STÖRUNG OFFEN ANZUSPRECHEN.**

KONSEQUENZEN FÜR IHR KEY ACCOUNT MANAGEMENT

- **Klären:** Sind die Ursachen kritischer Situationen auf der Sach- oder auf der Beziehungsebene?
- **Überprüfen:** Wie sind die „Kontostände" auf den Beziehungskonten?
- **Handeln:** Beziehungsstörungen respektvoll ansprechen und intakt gestalten.
- **Pflegen:** Kontinuierliches Beobachten der Beziehungsqualität und proaktive Maßnahmen zur Beziehungsgestaltung.

6 Umfeld – Komplexe Systeme

> **WAS SIE IN DIESEM KAPITEL ERWARTET**
>
> Wir unterscheiden die systemischen Ebenen Person, Beziehung, Team, Abteilung, Firma, Markt. Der KAM kann sein Handeln dadurch optimieren, dass er die grundsätzliche Dynamik von Systemen erkennt. Systeme können meist nicht direkt beeinflusst werden.
> Durch die Berücksichtigung der so genannten systemischen Regeln kann aber die eigene Wirksamkeit in Systemen nachhaltig vergrößert werden.
> Eine sehr plausible Beschreibung von komplexen Systemen ist die Vorstellung von einer Mikropolitik in sozialen Systemen.

Immer, wenn Wissenschaftler komplizierte und schwer zu fassende Phänomene beschreiben, verwenden sie Begriffe wie Feld, System, Komplex oder gar Chaos. Ein Feld ist etwas, was man nicht sehen, riechen oder anfassen kann. Beispiele dafür sind das Magnetfeld, das Gravitationsfeld, das Kraftfeld oder eben in sozialen Zusammenhängen das Umfeld. In allen Fällen werden mit „Feld" Kräfte beschrieben, die sich verstärken oder gegenseitig aufheben können. Sichtbar ist am Ende nur die Auswirkung der Kräfte, jedoch nicht die wirkenden Kräfte selbst.

Mit „Feld" werden Kräfte beschrieben, die sich verstärken oder gegenseitig aufheben können

Nachdem wir uns in den vorangegangenen Kapiteln mit dem „mysteriösen" Unbewussten befasst haben, behandeln wir jetzt auch noch das Unsichtbare, das scheint ja kein Ende zu nehmen, werden Sie denken. Nun, unsere Strategie ist immer die gleiche – wir versuchen uns ein Bild von dem zu machen, was wir nicht kennen oder nicht sehen. Dazu dienen uns einfache Modelle wie die Vorstellung von einer „inneren Mannschaft" im Kapitel „Person". Modelle sind jedoch lediglich Abbildungen der Realität, nicht die Realität selbst. Das sollten wir uns immer wieder in Erinnerung rufen. Wenn ein solches Modell für Sie nützlich und handhabbar ist, dann sollten wir es verwenden. Wenn es die Realität nicht genau genug beschreibt, sollten Sie es verbessern. Und wenn es Ihnen nichts bringt, sollten wir es verwerfen. Ob die Modelle für Sie nützlich sind, können Sie letztlich nur durch Ausprobieren herausfinden.

Modelle veranschaulichen Prozesse, die wir nicht sehen können

Auch KAMs befinden sich in einem sozialen Spannungsfeld, wenn nicht sogar in einem regelrechten sozialen Brennpunkt, wie wir gleich sehen werden.

6.1 Das hierarchische Umfeld

6.1.1 Klassische Linienorganisation

Relativ überschaubar geht es dabei in klassischen hierarchischen Organisationen zu, die im folgenden Modell bildhaft dargestellt sind.

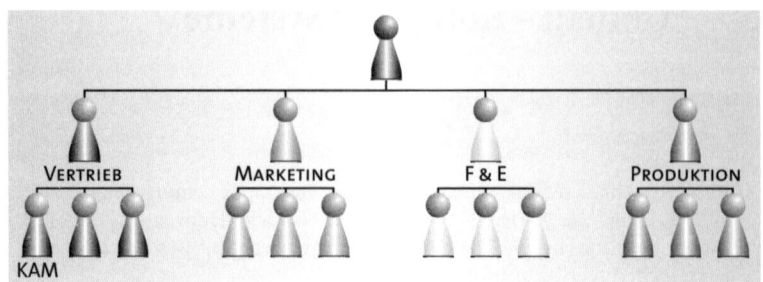

Abb. 6.1: Klassische Linienorganisation

Jeder weiß, wo er hingehört, was von ihm erwartet wird und welche Kommunikationswege er einzuhalten hat

Die graue Eminenz an der Spitze repräsentiert die Geschäftsleitung, an sie berichten in diesem Falle vier Abteilungsleiter. Der KAM hat in diesem Falle also nur einen Vorgesetzten, nämlich den Vertriebschef. Wir kennen viele Unternehmen, die über Jahrzehnte konsequent hierarchisch organisiert waren. Der große Vorteil dieser Struktur ist, dass jeder genau weiß, wo er hingehört, was von ihm erwartet wird und welche Kommunikationswege er einzuhalten hat. Der Vertriebschef hat im Falle eines Konflikts in diesem Umfeld für den KAM das letzte Wort. Viele KAMs berichten uns, dass diese Form der Organisation zuweilen einen militärischen Charakter hat. Auf der anderen Seite war sie unter bestimmten Marktbedingungen sehr erfolgreich und jeder, dessen Vergütung einen erfolgsabhängigen variablen Anteil hat, profitierte letztlich davon.

6.1.2 Das Umfeld in der Matrix-Organisation

Im Zuge der Globalisierung wurden viele Unternehmen zu einer Matrix-Organisation umstrukturiert. *„Meine Güte, das waren noch herrliche Zeiten, als ich nur einen Chef hatte! Da wusste ich wenigstens noch, woran ich war."* Solche Seufzer hören wir immer wieder von unseren Seminarteilnehmern, meist nach dem dritten Pils an der Hotelbar. Er kommt von KAMs, die sich mit den Auswirkungen der Matrix-Organisation auseinandersetzen. Bildhaft stellt sich ihr neues Umfeld wie folgt dar:

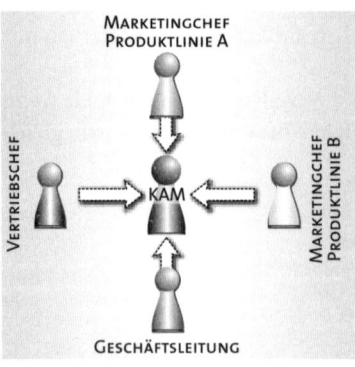

Abb. 6.2: Matrix-Organisation

Im nebenstehend dargestellten Fall haben also dem KAM gegenüber vier Personen das Sagen. Die erste ist, wie gehabt, sein Vertriebschef, der auch weiterhin sein disziplinarischer Vorgesetzter bleibt. Hinzu kommen zwei gesamteuropäische Marketingchefs der Produktlinien A und B. Und immer öfter hat es der KAM in der Matrix auch direkt mit der Geschäftsleitung zu tun. Diese Konstellation ist keine Seltenheit.

Manche KAMs haben sogar noch mehr Chefs! Dazu kommen noch die Kräfte, die von den Kunden ausgehen und mancher KAM soll ja auch noch so etwas wie ein Privatleben haben, das letztlich ebenfalls zum sozialen Umfeld gehört und deshalb berücksichtigt werden sollte.

Das neue Spannungsfeld des KAMs ist in folgender Tabelle beschrieben. Als Beispiel dient die Konstellation eines KAMs bei einem Hersteller von Standard-Software. Die Aussagen sind zwar etwas übertrieben, prinzipiell jedoch richtig.

VORGE-SETZTER	ABSICHTEN DES VORGESETZTEN	ZIELE FÜR DEN KAM
Vertrieb	Der variable Anteil seiner Vergütung und der seiner Sales Force wird am Umsatz festgemacht, also will er in erster Linie Umsatz, ganz egal, mit welchen Produkten und bei welchen Kunden.	**Maximaler Umsatz!** „Wähle die Kunden und Produkte, die den größten Umsatz ermöglichen!"
Marketing A	Er vermarktet die „low price"-Linie und interessiert sich für • Marktanteile • Zahl der Lizenzen • Kundenzufriedenheit Die installierte Basis sichert ihm zukünftiges Upgrade-Geschäft.	**Maximale Stückzahl!** „Sorge dafür, dass wir mit der Linie A zum Marktführer werden. Steigere die Zahl der Lizenzen, wenn es sein muss, verschenke sie."
Marketing B	Er vermarktet die „high price professional"-Linie und interessiert sich für Testimonials* und Show Cases von Unternehmen mit hohem Image-Wert. Diese braucht er für sein Produkt-Marketing. * Begriff aus der Werbung, der die konkrete Fürsprache für ein Produkt oder eine Dienstleistung durch Personen bezeichnet, die sich als überzeugte Nutzer ausgeben.	**Beste Referenzkunden als Testimonials!** „Sorge dafür, dass unsere Lösung genau bei Kunde X und Y implementiert wird. Erreiche, dass der Vorstand sich als Testimonial zur Verfügung stellt."
Geschäfts-leitung	Er steht unter Kostendruck und interessiert sich nicht nur für den Umsatz, sondern auch für die „costs of sales" und damit für den Profit. Er kürzt das KAM-Budget und hält den KAM zum Sparen an.	**Maximaler Profit!** „Versuche statt eines Business Lunch mit dem Kunden das gleiche Ergebnis mit einem Hot Dog oder Döner an der Ecke zu erreichen."

Produkte zu verschenken, um Marktanteile zu gewinnen, ist übrigens ein gängiges Marketinginstrument, das „seeding" oder zu Deutsch „säen" genannt wird. Sie können heutzutage Handys zum Preis von 0,0 Euro „kaufen", wenn Sie gleichzeitig einen Vertrag bei einem Mobilfunk-Provider abschließen. Bei der Vorstellung, Produkte zu verschenken, stellen sich einem KAM natürlich die Haare zu Berge.

> **DIE RISIKEN FÜR DEN KAM IN DIESEM UMFELD BETREFFEN FOLGENDE PUNKTE:**
>
> - Er versucht gegensätzliche Ziele erreichen und gerät damit in innere Zielkonflikte.
> - Personen, die eine Tendenz haben, es möglichst allen Personen um sie herum recht zu machen, geraten in Stress. Am Ende machen sie es keinem recht, am wenigsten sich selbst.
> - Zuweilen tragen die Chefs ihre Beziehungskonflikte auf dem Rücken des KAMs aus.
> - Insgesamt besteht in diesem Umfeld für den KAM das Risiko, sich „Schuhe anzuziehen", die ihm nicht gehören.

Welche Lösungen gibt es für den KAM in dieser Situation? Schon die alten Griechen kannten das Phänomen mehrerer Chefs. Stellen wir uns zwei antike Nachbarn vor, die am Gartenzaun stehen und plaudern. Die beiden kommen auf das Thema Sparen zu sprechen und beschließen, sich aus Kostengründen einen Sklaven zu teilen. Ihre Erfahrungen aus dieser antiken Matrixstruktur ist in die altgriechische Sprache mit dem folgenden Sprichwort eingegangen: *„Der Sklave zweier Herren ist frei."*

Der KAM in der Matrixposition wird nicht nur eingeengt, sondern gewinnt auch gewisse Freiheiten

Übertragen auf unsere Situation bedeutet diese Einsicht, dass unser KAM in der Matrixposition nicht nur eingeengt wird, sondern auch gewisse Freiheiten gewinnt. Schon diese erweiterte Sichtweise kann dazu führen, dass Sie eine andere Einstellung erlangen oder vielleicht die Situation aus einer anderen Perspektive sehen können.

Die Schlüssel zum Erfolg sehen wir jedoch zu einem gewichtigen Teil in der Person oder Persönlichkeit des KAMs selbst. Er sollte sich nicht aufreiben, sondern klare Konturen gewinnen oder beibehalten.

Wichtig für ihn ist es, seine eigenen inneren Ressourcen, aber auch seine individuellen Achillesfersen zu kennen. Er braucht ein möglichst klares Rollenverständnis, das in einer Stellenbeschreibung dokumentiert und an alle Beteiligten kommuniziert ist. Deshalb haben wir dem im Kapitel „Rollenverständnis" so viel Beachtung geschenkt (siehe Kap. 4.8).

Der zweite Bereich betrifft die zwischenmenschlichen Beziehungen (siehe Kap. 5). Die Gestaltung seiner Beziehungen in alle Richtungen ist in der komplexen Situation der Matrixorganisation wesentlich wichtiger als im Rahmen der hierarchischen Organisation.

Und schließlich ist es für ihn hilfreich, die Dynamik komplexer Systeme besser zu verstehen und bei seinem Handeln zu berücksichtigen. Diesem Thema widmen wir uns deshalb im folgenden Abschnitt.

6.2 Das System

Der Begriff System geht auf das Griechische „σύστημα" – „systema", „das Gebilde", „das Zusammengestellte", „das Verbundene" zurück. Ein System ist ein Gebilde, das aus mehreren Elementen (Teilen) besteht, die irgendwie zusammengehören und aufeinander einwirken.

Aus einer übergeordneten Sicht heraus oder in unseren Worten aus der Perspektive der Reflexion, ist dieses Gebilde als ein strukturiertes Ganzes zu erkennen, das sich gegenüber der umgebenden Umwelt abgrenzt oder hervorhebt.

Ein System ist ein strukturiertes Ganzes, das vom umgebenden Umfeld abgegrenzt ist

Beispiele für Systeme, die für den KAM von Bedeutung sind:

6.2.1 Das System Person

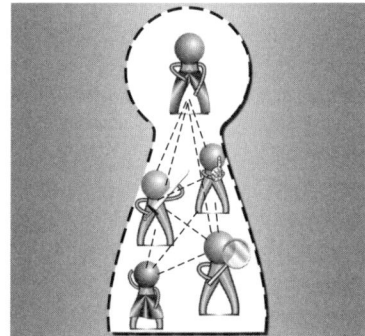

Abb. 6.3: Die einzelne Person selbst kann als System aufgefasst werden

Die einzelne Person selbst kann als System aufgefasst werden. Sie ist nach unserem Modell aus mehreren Teammitgliedern zusammengesetzt, die aufeinander einwirken und die in Beziehung zueinander stehen. So gesehen hat auch eine Person die Charakteristik eines Systems. Die gestrichelte äußere Linie symbolisiert die Systemgrenze. Sie hat Öffnungen, durch die das System mit der es umgebenden Außenwelt in Kontakt ist.

6.2.2 Das System Beziehung

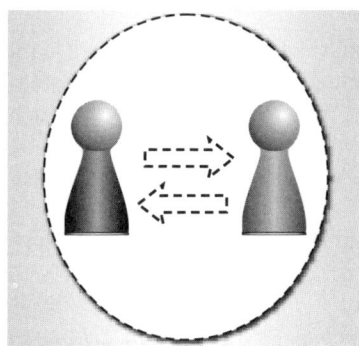

Abb. 6.4: Zwei persönliche Teilsysteme bilden zusammen ein größeres System

In diesem Falle bilden zwei persönliche Teilsysteme zusammen ein größeres System, das wir Beziehung nennen. Eine vollständige Beschreibung müsste also beide Systeme und die Interaktion zwischen ihnen einschließen. Das zusammengesetzte System ist dabei nicht einfach die Summe beider Teilsysteme, sondern mehr und anders. Auch hier ist die Grenze des Systems gestrichelt, das heißt, die Beziehung hat Auswirkungen auf das Umfeld und umgekehrt beeinflussen Umfeldfaktoren die Beziehung der beiden Personen.

6.2.3 Das System Team

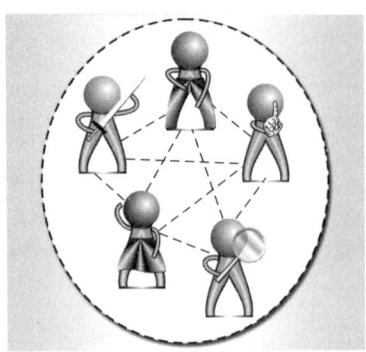

Abb. 6.5: Ein Team besitzt eine sehr komplexe Struktur

Dieses Gebilde könnte zum Beispiel ein KAM-Team darstellen. Die Komplexität ist wesentlich größer als bei den beiden vorangegangenen Systemen.
- Die einzelnen Mitglieder sind nämlich für sich genommen schon Systeme.
- Jedes dieser Systeme steht mit jedem anderen Teammitglied in Beziehung.
- Jeder bildet mit allen anderen zusammen das System Gruppe.

Auch hier handelt es sich um ein so genanntes offenes System, das Einflüssen von außen ausgesetzt ist und auch Einfluss nach außen hat.

Je komplexer ein System ist, desto weniger ist sein Verhalten vorhersagbar

Dieser Logik folgend wären die nächstgrößeren Systeme die Abteilung, das Unternehmen, die Branche, die Gesamtwirtschaft und schließlich die Weltwirtschaft. Das Auffälligste an Systemen ist die Tatsache, dass ihr Verhalten nicht zu 100 Prozent vorhersagbar ist. Das beginnt, wie wir gesehen haben, schon bei der aus unserer Perspektive untersten systemischen Ebene, nämlich der Person, und wird, wenn wir das Unternehmen oder die Wirtschaft einbeziehen, zunehmend schwieriger.

In komplexen Systemen können große, heftige Ereignisse so gut wie wirkungslos bleiben oder kleine unbedeutende Vorgänge Katastrophen auslösen. Dazu je ein Beispiel:

6.2.4 Der Schmetterlingseffekt

In komplexen Systemen können kleine Begebenheiten gravierende Folgen nach sich ziehen

Der Flügelschlag eines Schmetterlings im Central Park in New York kann ein Erdbeben in China auslösen. Das nennen die Vertreter der Chaostheorie den „Schmetterlingseffekt", um zu veranschaulichen, wie für sich genommen kleine und offensichtlich unwichtige Begebenheiten eine Kette von Ereignissen in Bewegung setzen können, die gravierende Folgen haben.

In die Welt des KAMs übersetzt könnte das Phänomen in einer fiktiven Geschichte wie folgt beschrieben werden:

Der KAM eines mittelständischen Automobilzulieferers hat zum Leidwesen seiner Frau die Angewohnheit, die Zahnpastatube nicht zu verschließen. Das führt zu regelmäßigen kleinen morgendlichen Unstimmigkeiten in der Beziehung. Eines Morgens, Sie kennen das vielleicht, wacht er mit einer miesen Laune auf, er ist einfach nicht gut drauf. Ausgerechnet an diesem Tag gibt es wieder einen Disput um die Zahnpastatube, was seine Laune noch weiter verschlechtert. So verlässt er zähneknirschend das Haus und macht sich auf den Weg zum ersten Termin bei seinem größten Kunden, einem Hersteller von teuren Luxuslimousinen. Dort wird er unfreundlich empfangen, man übergibt ihm vorwurfsvoll eine ziemlich große Mängelliste. Das hatte ihm gerade noch gefehlt. Während des Gesprächs fällt mehrfach das Wort „Pfusch", was natürlich an seinem polierten EGO kratzt, und es fällt ihm schwer, gegenüber dem Kunden höflich zu bleiben.

Gleich nach dem Termin ruft der KAM den Produktionschef seines Unternehmens an und setzt diesen von den Mängeln in Kenntnis. Leider wendet unser KAM dabei nicht unsere rhetorische Viererkette an, sondern macht dem Kollegen bittere Vorwürfe. In diesem Gespräch verwendet er die Begriffe „Pfuscherei", „Blödheit", „Unfähigkeit" und „Dilettantismus". Der Produktionschef beendet das Gespräch, indem er wütend den Hörer auf die Gabel knallt. Die eigentliche Botschaft des KAMs: „Eine Überwurfmutter für das Bremssystem ist fehlerhaft", kommt erst gar nicht beim Empfänger an.

Eine Woche später berichtet die Presse in großen Lettern: „Skandal! Vier Personen in Nobellimousine tödlich verunglückt. Ursache ist ein Materialfehler im Bremssystem".

Der Kunde kündigt mit sofortiger Wirkung alle Verträge mit dem Unternehmen unseres KAMs. Das mittelständische Unternehmen verkraftet diesen Auftragseinbruch nicht. Es gerät in die Insolvenz und unser KAM verliert seinen Job. Kurz danach berichten die Zeitungen: „Größte Rückrufaktion in der Geschichte der Automobilindustrie. Zweihunderttausend Fahrzeuge müssen zurück zum Hersteller! Fahren mit dem sichersten Auto der Welt ist lebensgefährlich".

Die Kosten für die Rückrufaktion sind gigantisch. Die Fahrzeuge des Herstellers sind ab diesem Zeitpunkt praktisch unverkäuflich. Der Aktienkurs des Unternehmens stürzt ins Bodenlose und reißt die Werte der gesamten Branche mit in die Tiefe. Der Kursrutsch greift in der gesamten Wirtschaft um sich. An der Wallstreet muss der Handel ausgesetzt werden. Die Zeitungen berichten von einer Weltwirtschaftskrise, schlimmer als die durch den Schwarzen Freitag des 25. Oktober 1929 ausgelöste Wirtschaftsdepression.

Fazit: Eine nicht verschlossene Zahnpastatube löst also die größte Weltwirtschaftskrise aller Zeiten aus. Nun, diese Aussage ist natürlich unsinnig. Das grundlegende Prinzip der kleinen Geschichte aber können Sie sicherlich auch mit Ihren eigenen Erfahrungen aus dem Alltag in Einklang bringen. Wir sprechen dann zum Beispiel von einer Serie dummer Zufälle.

Da kleine Ursachen große Wirkungen haben können, ist es wichtig, auch auf Kleinigkeiten zu achten

An anderer Stelle haben wir schon von einer Situation berichtet, in der wie aus heiterem Himmel der Zustand eines Systems kippte. Ein Vertrag war schon in trockenen Tüchern, doch irgendeine kleine Störung löste eine Kettenreaktion aus, an deren Ende der Verlust des Kunden stand.

So ist eine erste Konsequenz aus dem Wissen um die Macht des Schmetterlingseffekts, öfter einmal auch auf die Kleinigkeiten zu achten.

6.2.5 Der Starfighter-Effekt

In sich stabile und intakte Systeme können auch großen Schwierigkeiten widerstehen

Dieses Beispiel beschreibt eine Situation, bei dem sogar ein Worst Case Szenario das System „Hersteller-Kunde" nicht gefährden konnte. Er ist in diesem Falle nicht fiktiv, sondern eine bittere Realität.

Die Lockheed F-104, bekannter unter dem Namen Starfighter, war ein US-amerikanisches Kampfflugzeug, das ab 1954 in großer Stückzahl gebaut und in den Luftstreitkräften mehrerer NATO-Staaten eingesetzt wurde.

Die deutsche Luftwaffe hatte bei der Suche nach einem Abfangjäger prinzipiell die Wahl zwischen Lockheeds Starfighter oder der französischen Mirage III. Auf allerhöchster Ebene und gegen den Rat praktisch aller Experten wurde vom damaligen Verteidigungsminister eine Entscheidung für den Starfighter als zukünftigem deutschen Abfangjäger getroffen. Zwei Piloten der Luftwaffe reisten in die USA, um die F-104 zu testen. Das Ergebnis kam einem vernichtenden Urteil gleich, dennoch wurde von Seiten des Verteidigungsministeriums unbeirrt an der F-104 festgehalten. Der Hersteller wurde übrigens in der Folge mehrfach der Bestechung beschuldigt und teilweise auch verurteilt. Hier lag wohl der Grund für die hohe Stabilität des Systems?

Die schlimmsten Mängel versuchte man auszubügeln, indem in die deutsche Version F-104 F ein neues Radar, ein stärkerer Rumpf, stärkere Triebwerke und eine komplett überarbeitete Navigationsausrüstung eingebaut wurden. Obwohl also von vornherein klar sein musste, dass man hier viel Geld für ein technisch unzulängliches Flugzeug ausgab, kam es schließlich zur Unterzeichnung eines Vertrags der nochmals verbesserten Version F-104 G („G" für „Germany").

Die Bundeswehr setzte von 1960 bis zur Ausmusterung am 22. Mai 1991 insgesamt 916 Starfighter ein; davon gingen knapp ein Drittel, nämlich 292 Maschinen, durch Unfälle verloren. Unter der Bevölkerung Deutschlands wurde der Starfighter wegen der häufigen Abstürze und auch wegen der 2.000 durch Mängel notwendigen technischen Änderungen als Fallfighter, Erdnagel und Witwenmacher bezeichnet. Bis 1991 fanden 116 deutsche Piloten den Tod. Allein im Jahre 1965 ereigneten sich 27 Unfälle mit 17 Todesfällen. Dennoch wurde das Flugzeug weitere 26 Jahre geliefert, eingesetzt und wurden die Rechnungen dafür bezahlt.

Die KAMs der Firma Lockheed waren offensichtlich sehr erfolgreich. Sie hatten einen Milliarden-Deal zum Abschluss gebracht und trotz der vielen Katastrophen erreicht, dass der gesamte Vertrag des Kunden erfüllt wurde. Eine Ironie der Situation ist, dass die Beseitigung der Mängel offensichtlich zulasten des Kunden vorgenommen wurde und dabei noch einmal die Kasse klingelte. Inwieweit diese KAMs ihre Methoden und die Folgen ethisch vertreten konnten, ist uns nicht nachvollziehbar.

Zwischen den hier veranschaulichten beiden Extremen ist in einem komplexen System also so ziemlich alles möglich. Dennoch gibt es einige

Gesetzmäßigkeiten, die uns helfen, Systeme besser zu verstehen und unser Handeln zu optimieren. Um die weiteren Ausführungen möglichst praxisnah zu gestalten, nehmen wir als Gegenstand unserer Betrachtung das soziale System „Team", die Mechanismen gelten jedoch in gleicher Weise für die Abteilung, die Firma oder den Markt. Jeder KAM ist Mitglied oft mehrerer Projektteams und kann die Erkenntnisse dieser Systemgesetze oder Systemregeln sofort im Tagesgeschäft anwenden.

Gesetzmäßigkeiten, die uns helfen, Systeme besser zu verstehen und unser Handeln zu optimieren

6.3 Handlungsprinzipien in Systemen

Die folgende Tabelle zeigt in der linken Spalte Handlungen, die ein soziales System, in diesem Falle ein Team, stabilisieren, und auf der rechten Seite Handlungen, die das System destabilisieren und im ungünstigsten Fall ins Chaos führen.

6.3.1 Handeln in komplexen Systemen

Wenn Sie diese Tabelle etwas genauer betrachten, dann stellen Sie vielleicht fest, dass sich hier einige der schon behandelten Prinzipien von C.G. Jung finden (siehe Kap. 4.6).

STABILISIERENDE HANDLUNGSPRINZIPIEN	DESTABILISIERENDE HANDLUNGSPRINZIPIEN
• Anerkennen und annehmen dessen, was ist	• Realität ablehnen oder gar verleugnen
• Recht eines jeden Teilnehmers auf Zugehörigkeit beachten	• Teilnehmer oder Zugehörige übergehen oder ausschließen
• Gleichgewicht von Geben und Nehmen immer wieder herstellen	• Andere ausnutzen oder das Helfersyndrom leben
• Wertschätzung der Früheren durch die Späteren	• Geringschätzung der Historie und der Vorarbeit der Ersten im Team
• Respekt gegenüber Personen mit höherer Verantwortung	• Missachtung von Personen mit höherer Verantwortung
• Würdigung von Personen, die höhere Leistung erbringen	• Ignoranz gegenüber Personen, die höhere Leistung erbringen
• Achtung von Personen mit größerem Wissen und Kompetenz	• Verachtung von Personen mit größerem Wissen und Kompetenz

Als kleine Übung in systemischem Denken schlagen wir Ihnen Folgendes vor:
- Nach einer relativ unproduktiven Teambesprechung versuchen Sie in einer Reflexion herauszufinden, welche Handlungsprinzipien den Misserfolg im System verursacht haben könnten. Verwenden Sie dazu die rechte Spalte.
- Nach einer erfolgreichen Teambesprechung versuchen Sie in einer Reflexion herauszufinden, welche Prinzipien die Teamarbeit erfolgreich gemacht hat. Verwenden Sie dazu die linke Spalte.

Wir sind sicher, dass Sie aus dieser kleinen Tabelle plausible Gründe sowohl für Gelingen als auch für Scheitern ableiten können. Um die einfachen Aussagesätze zu erklären, werden wir sie nun an Beispielen erläutern.

6.3.2 Anerkennen und annehmen dessen, was ist

Besonders wichtig, wenn unterschiedliche Unternehmenskulturen aufeinanderprallen

Dieses Prinzip ist besonders wichtig, wenn unterschiedliche Kulturen aufeinanderprallen. Ein Beispiel dafür ist die Fusion zweier Unternehmen aus der Pharmabranche mit jeweils sehr unterschiedlichen Grundprinzipien der Führung und des Vertriebs.

Das eine Unternehmen war streng hierarchisch strukturiert, die Themen Leistung und Ergebnis standen im Mittelpunkt allen Handelns. Themen wie Beziehung und Respekt waren eher zweitrangig.

Das andere Unternehmen war größer und als Matrixorganisation aufgestellt. Wahrscheinlich durch dieses Umfeld mitbedingt, war für die KAMs und deren Vertriebsmanager das Thema Beziehung und Respekt viel bedeutsamer.

Nach dem Merger saßen nun die Vertreter beider Seiten in gemischten Projektteams. Die einen warfen den anderen vor, ihre Methoden seien eher für einen Dienst in der Armee geeignet, nicht aber für den heutigen Markt. Von der Gegenseite kamen Botschaften wie „Weicheier" oder „Kuschelclub". So waren die Arbeitstreffen unproduktiv und eine Tortur für alle Beteiligten. Der Grund für diese Situation war, dass weder die einen noch die anderen letztlich die neue Realität der Fusion akzeptierten. Die „Softies" wollten nichts mit den „Offizieren und deren Frontkämpfern" zu tun haben und die „Hardliner" nichts mit den „Kuschelclubs". Eigentlich hätten beide Seiten die Fusion am liebsten rückgängig gemacht. Und so verhärteten sich die Fronten.

Erst als die Beteiligten beider Seiten das grundlegende Prinzip erkannten, kam Bewegung in die Auseinandersetzung. Erst dann konnte damit begonnen werden, die jeweils positive Seite der anderen zu erkennen und davon zu profitieren.

An diesem Beispiel zeigt sich auch eine andere Eigenwilligkeit von Systemen, die im Volksmund mit der Aussage *„Gut Ding will Weile haben!"* formuliert wird. Bei einem Merger von zwei kleinen Unternehmen kann der Konsolidierungsprozess schneller und zügiger verlaufen, große, schwerfällige „Tanker" sind nun mal nicht so beweglich. Dafür haben sie andere Vorteile. Die Größe und Komplexität von Systemen bestimmen also ihre Dynamik.

Das Annehmen dessen, was ist, gilt in gleichem Maße für Meetings beim Kunden. Oft sind die Gesprächspartner von den Dienstleistungen und Produkten der KAMs überzeugt. Sie sind allerdings in ihr System eingebunden und haben nicht die Entscheidungsbefugnis oder Handlungsfreiheit, die sie selbst gerne hätten.

Wenn ein KAM in dieser Situation nicht anerkennt und akzeptiert, was ist, dann läuft er Gefahr, gegen die Dynamik des Systems zu agieren, was in den allermeisten Fällen von vornherein zum Scheitern verurteilt ist. Nicht selten fliegt er selbst aus dem System. Schließlich gibt es auch bei Kunden solche Fusionen oder Abspaltungen von Unternehmensteilen, die auch dort ihrer eigenen Dynamik folgen.

Gegen die Dynamik des Systems im Kundenunternehmen anzugehen, ist in der Regel zum Scheitern verurteilt

6.3.3 Das Recht eines jeden Teilnehmers auf Zugehörigkeit beachten

Hier wollen wir den folgenden „Klassiker" als Beispiel verwenden: Ein Produktmanager stellt seine Marketingkampagne auf einer Vertriebstagung vor. Bei dieser Gelegenheit gibt es reichlich Möglichkeiten zu beobachten, wie die Botschaft, „*Du gehörst nicht dazu!*", auf mannigfaltige Weise verbal und nonverbal zum Ausdruck gebracht wird. Hier nur ein kleiner Ausschnitt des Repertoires.

Oft werden Marketer von Vertriebsleuten ausgegrenzt

- Die Zuhörer führen während des Vortrags miteinander Gespräche, sie nehmen den Sprecher nicht zur Notiz.
- Der Sprecher wird immer wieder durch Zwischenfragen unterbrochen, er kommt gar nicht dazu, sein Programm umfassend darzustellen.
- Verbale Zwischenrufe attackieren nicht das vorgestellte Konzept, sondern die vortragende Person.
- Die Zuhörer machen den Vortragenden durch Witzeleien lächerlich.
- In der Pause gehen viele Teilnehmer auf Distanz zu dem Marketingkollegen.

Wir empfehlen Ihnen, bei der nächsten Tagung Ihre Aufmerksamkeit auf ähnliche Botschaften zu lenken, das könnte ganz interessant für Sie sein. Oft hat der Marketing-Kollege nicht die geringste Chance, Zugang zu der Gruppe seiner Vertriebskollegen zu finden.

In Meetings bei Kunden mag sich die Situation für den KAM zuweilen anders gestalten. In diesem Falle sind vielleicht die Botschaften, „*Du gehörst nicht dazu!*", für ihn selbst bestimmt. Auch hier ist es wichtig, das grundlegende Prinzip zu erkennen, um sein Handeln daran zu orientieren. In diesem Falle sind zwei Handlungsgrundsätze wichtig:

- Die Dynamik des Systems erkennen und auch gegen die Widerstände „dranbleiben", Beharrlichkeit und Geduld sind hier die geforderten Tugenden.
- Wenn die Botschaften in respektloser oder würdeloser Form erfolgen, klare Grenzen aufzeigen – Respekt, Anstand einfordern.

Gegen die Widerstände des Systems „dranbleiben"

6.3.4 Das Gleichgewicht von Geben und Nehmen immer wieder herstellen

Wir kennen KAMs, die für ihre Kunden „Himmel und Hölle" in Bewegung setzen. Sie investieren viel Zeit und Energie, oder anders formuliert: Sie geben ihrem Kunden sehr viel, vielleicht viel mehr, als sie zurückbekommen. Ein solches Ungleichgewicht kann, so paradox das klingen mag, das System destabilisieren.

Wer einseitig gibt und nichts zurückfordert, läuft Gefahr, ausgenutzt zu werden

Mancher Kunde gewöhnt sich an die vielen Gefälligkeiten und nimmt sie als selbstverständlich an, ohne zuweilen im Geringsten daran zu denken, eine Gegenleistung zu erbringen. Für den KAM hingegen wird die Situation immer frustrierender. Er fühlt sich mehr und mehr ausgenutzt. Am Ende wird er seinen Kunden als undankbar oder unredlich bezeichnen.

Wenn in einem System wie diesem die Balance zwischen Geben und Nehmen gestört ist, stellt sich die Frage, wer die Verantwortung dafür trägt. Wir schlagen als Antwort vor: der KAM! Diese Antwort ist schon deshalb plausibel, weil er der Einzige ist, der in dieser Situation aktiv handeln kann. Noch mehr tun und darauf hoffen, dass von der anderen Seite irgendwann die Gegenleistung erfolgt, hat aus systemischer Sicht wenig Aussicht auf Erfolg.

Wenn Sie dieses Prinzip erkannt haben, dann empfehlen wir folgende Handlungsalternativen:

Führen Sie ein Konto dessen, was Sie geben und was Sie an Gegenleistungen erhalten

- Führen Sie in Gedanken (oder noch besser schriftlich) so etwas wie ein inneres Konto, in das Sie alles, was Sie geben, und alles, was Sie nehmen, eintragen.
- Reflektieren Sie regelmäßig, wo die Grenzen dessen sind, was Sie bereit sind zu geben.
- Wenn diese Grenze überschritten ist, dann sprechen Sie Ihren Kunden darauf an. Verwenden Sie dazu die Viererkette. Dazu ein Beispiel aus der Pharmabranche:

Feststellung, Aussage	„Ich habe festgestellt, dass ich in letzter Zeit viel für Sie getan habe."
Konkretes Beispiel	„Schon seit einem halben Jahr besorge ich Ihnen regelmäßig kostenlose Präparate zu Testzwecken. Ich habe Ihnen die Teilnahme am Urologenkongress in Wien ermöglicht und auch finanziert."
Empfindungen, Gefühle	„Irgendwie habe ich inzwischen das Gefühl, ausgenutzt zu werden. Ich gebe mehr, als ich bekomme."
Konsequenz	„Darüber möchte ich gerne mit Ihnen sprechen. Wie sehen Sie die Situation?"

In den allermeisten Fällen werden Sie feststellen, dass sich der Kunde dieser Situation gar nicht bewusst war. In der Regel reagiert er darauf mit einer gewissen Betroffenheit. Er wird versuchen, das systemische Ungleichgewicht wieder herzustellen und etwas für Sie zu tun. Wichtig ist dabei, den Angriff nicht als Vorwurf zu gestalten, sondern in der oben beschriebenen Form. Sie ermöglicht dem Gegenüber einzulenken, ohne das Gesicht zu verlieren.

Bei intakter Beziehung wird der Kunde versuchen, das systemische Ungleichgewicht wieder herzustellen

In den wenigen Fällen, in denen dieser Dialog nicht erfolgreich ist, bleibt Ihnen immer noch die Möglichkeit, Ihr Engagement auf ein sinnvolles Maß zu reduzieren. Ein Mehr an Geben bringt dann keine besseren Ergebnisse. Im Extremfall steht vielleicht sogar eine prinzipielle Entscheidung für Sie an. Vielleicht sollten Sie die Priorität dieses Kunden herabstufen und sich intensiver um kooperativere Geschäftspartner kümmern.

6.3.5 Wertschätzung der Früheren durch die Späteren

Ein junge KAM übernimmt die Kunden eines älteren Kollegen, der entweder in den Ruhestand geht oder vielleicht aus irgendwelchen Gründen sogar „gefeuert" wurde. Bei einer ersten Analyse der Situation stellt er fest, dass sein Vorgänger eine Menge Fehler in der Kundenbetreuung machte. Eine klare Strategie ist in seinem Handeln nicht zu erkennen. Viele Potenziale hat er gar nicht erkannt oder adressiert. Der neue KAM empfindet das Handeln seines Vorgängers als verschroben und unzeitgemäß.

In seinem jugendlichen Ehrgeiz will er natürlich zeigen, wie man alles besser machen kann. Dieses Motiv ist wichtig und richtig. Allerdings läuft er Gefahr, die Arbeit seines Kollegen dabei abzuwerten. In Gesprächen mit Kunden, Kollegen oder dem Vorgesetzen kommt es dabei schnell zu abfälligen Äußerungen. Dieser Mangel an Wertschätzung gegenüber einem Vorgänger wirkt sich in Systemen relativ ungünstig aus. Wir dürfen nicht vergessen, dass zwischen dem Vorgänger und seinen Kontaktpersonen langjährige persönliche Beziehungen entstanden sind, die mit solchen Abwertungen vielleicht torpediert werden und letztlich Widerstände hervorrufen. Schnell entsteht dabei der Eindruck, dass sich der junge Kollege auf Kosten des Älteren profilieren will. Und auch das wirkt sich in Systemen letztlich negativ aus. Kollegen werde sich vielleicht denken: „*Er zieht die Arbeit seines Vorgängers durch den Dreck, um als Saubermann dazustehen. Vielleicht macht er das Gleiche irgendwann auch mit mir? Sei lieber vorsichtig mit ihm!*"

Mangelnde Wertschätzung gegenüber einem Vorgänger wirkt sich in Systemen relativ ungünstig aus

Die Konsequenz aus dieser Betrachtung lautet nicht, sein Licht unter den Scheffel zu stellen, ganz im Gegenteil. Sie lautet vielmehr, die bestmögliche Leistung erbringen, und gleichzeitig die Leistung des Vorgängers zu respektieren und zu schätzen. Vielleicht sollte sich der junge KAM einfach einmal in die Situation des Vorgängers versetzen und die Welt mit seinen Augen betrachten. Vielleicht stellt er dabei fest, dass sein Kollege wesentlich ungünstigere Umfeldbedingungen hatte, als er sie jetzt vorfindet. Bei einer solchen Reflexion wird er dann eine innere Haltung gewinnen, die sich in der folgenden Aussage formulieren lässt:

„*Mein Kollege hat die Kunden über viele Jahre erfolgreich betreut. Diese Vorarbeit ist für mich wertvoll. Sie ermöglicht mir heute, die Kunden weiter zu entwickeln.*"

Die ungünstige alternative Einstellung dazu lautet: „*Mein Vorgänger hat viele Fehler gemacht. Ich mache es besser!*"

Ein System kann auch mit dem sprichwörtlichen Wald verglichen werden, in den man hineinruft. Sie können sicher sein, wenn Sie respektlos hineinrufen, dann werden Sie auch irgendwann mit dem entsprechenden Echo konfrontiert. Es kommt dann allerdings oft überraschend und aus einer Ecke des Systems, aus der wir sie gar nicht vermutet hätten.

6.3.6 Respekt gegenüber Personen mit höherer Verantwortung

An anderer Stelle hatten wir schon ein Beispiel erwähnt, in dem der Geschäftsführer uns mitteilte: „*Ich bin es nicht gewohnt, in meinem eigenen Büro als Letzter begrüßt zu werden."* Diese Unachtsamkeit kann vom Gegenüber als Respektlosigkeit wahrgenommen werden, ohne dass wir uns dessen bewusst sind. In solchen Situationen wird schnell der Schmetterlingseffekt wirksam (siehe Kap. 6.2.4). Die kleine Störung ist wie ein winziger Dominostein, der angestoßen wird und dann eine Kettenreaktion auslöst.

Zu Zeiten der Monarchien gab es eine Etikette, die genaue Rituale beschrieb, wie man sich einem Monarchen gegenüber zu verhalten hatte. Aus dieser Zeit stammt auch der Begriff „Höflichkeit", der in diesem Sinne das richtige Verhalten bei Hofe meinte. Heutzutage sind die Umgangsformen wesentlich ungezwungener und freier. Dennoch gibt es so etwas wie eine ungeschriebene Etikette, die, wenn sie nicht beachtet wird, das System ungünstig beeinflusst.

Die Missachtung ungeschriebener Gesetze beeinflusst das System negativ

Statt vom Monarchen, womöglich noch von Gottes Gnaden, sprechen wir lieber von Personen, die eine höhere Verantwortung tragen. Ihnen gebührt der notwendige Respekt, der sich oft in kleinen Gesten ausdrückt. Sie sind nichts anderes als Signale mit der Botschaft: „*Ich respektiere deine höhere Position!*" Beispiele für diese kleinen Gesten sind:

- Die Begrüßung beginnt immer bei der Person mit der höheren Verantwortung.
- Sie sollte als erste bestimmen, wo sie sich hinsetzen will.
- Ihr gegenüber sollten wir auch eine gewisse Distanz wahren. Unangemessene Zutraulichkeiten wirken negativ.
- Unpünktlichkeit sollte bei Meetings mit solchen Personen tunlichst vermieden werden.

Weitere Verhaltensregeln finden Sie in den unzähligen Knigges, die auf dem Buchmarkt angeboten werden. Wir empfehlen Ihnen, ein solches Buch öfter einmal in die Hand zu nehmen und Ihr Verhalten an diesen Regeln zu überprüfen. Dieser Respekt gegenüber einer Person sollte nicht mit Unterwürfigkeit oder Opportunismus verwechselt werden. Wenn Sie diesen Respekt zum Ausdruck bringen, können Sie auch klare sachliche Kritik üben, die mit hoher Wahrscheinlichkeit angenommen wird. Fehlt es an diesem Respekt, wird auch eine sachliche Kritik schnell zu einem Angriff auf die Position oder gar die Person. Das System wird irgendwann einmal darauf reagieren.

Dazu auch ein Beispiel aus der Geschichte der BRD. Eine der größten Herausforderung für die Politiker der Siebzigerjahre war die Auseinandersetzung mit dem Terrorismus der „Rote Armee Fraktion" im so genannten „Deutschen Herbst". Der damalige Bundeskanzler Helmut Schmidt verfolgte trotz seiner linken politischen Herkunft eine sehr klare und konsequente Linie. Die Terroristen forderten ihn auf, direkt mit ihnen zu verhandeln. Seine Aussage dazu war sinngemäß: *„Es geht nicht darum, ob ich das persönlich will oder nicht. Es gebührt nicht der Würde des Amtes, dass der deutsche Bundeskanzler sich mit Terroristen an einen Tisch setzt."*

Ein lateinisches Sprichwort sagt: *„Quod licet Iovi non licet bovi!"* Sinngemäß übersetzt heißt das: *„Was dem Jupiter* (dem ranghöchsten römischen Gott) *ziemt, ziemt einem Ochsen noch lange nicht."* Und aus Sicht der Systemtheorie hinzugefügt: Wenn der Ochse das Gleiche tut wie Jupiter, dann wird das System darauf mit Sicherheit ziemlich heftig reagieren. Für den Ochsen bedeutet es, dass er irgendwann die Peitsche zu spüren bekommt.

Die bisherigen Formen von Respektlosigkeit beruhten eher auf Unkenntnis der ungeschriebenen Regeln oder auf Unachtsamkeit, waren also nicht bewusst und nicht gewollt. Eine andere Form ist ein Mangel an Respekt, der im Reden über solche Personen mit höherer Verantwortung zum Ausdruck kommt. Sprachlicher Ausdruck dafür sind Spötteleien wie *„Nieten in Nadelstreifen"* oder *„der Fisch stinkt zuerst am Kopf"* usw. Beteiligen Sie sich lieber nicht an solchen Witzeleien. Sie können sicher sein, dass sie auch in Abwesenheit der betreffenden Personen im System wirken und dass Sie das Echo irgendwann einmal zu spüren bekommen.

Gezielte und bewusste Respektlosigkeit fällt irgendwann auf einen zurück

6.3.7 Würdigung von Personen, die höhere Leistung erbringen

Es gibt nun einmal in jedem Team Personen, die mehr leisten als andere. Nicht selten reagieren die anderen Teammitglieder mit Neid und Missgunst darauf. Auch das hat, systemisch gesehen, eine negative Wirkung auf das Team als Ganzes und die Neider im Einzelnen. Dabei ist das eine der besten Gelegenheiten, sich in der Kunst der Würdigung und Wertschätzung zu üben. Dabei können und sollen Sie auch Ihre negativen Empfindungen zum Ausdruck bringen. Sie drücken sich ja auch ohne Ihr Dazutun aus. Eine solche Aussage, wieder in Anlehnung an unsere Viererkette, könnte z.B. wie folgt lauten: *„Was du geleistet hast, finde ich bewundernswert. Ehrlich gesagt ertappe ich mich auch immer wieder dabei, dass ich dich darum beneide."* Eine solche Aussage wirkt verbindend. Ihr Gegenüber wird Sie wahrscheinlich eher unterstützen, als überheblich zu reagieren.

Neid und Missgunst gegenüber Leistungsträgern schaden dem System

Eine Form, gute Leistungen zu würdigen, ist, den Betreffenden um Rat zu fragen. Irgendetwas macht er offensichtlich besser als die anderen. Somit können im Grunde alle etwas von ihm lernen.

6.3.8 Achtung von Personen mit mehr Wissen/Kompetenz

Auch in diesem Zusammenhang haben wir es zuweilen mit einer Art Generationenkonflikt zu tun. Ein KAM, der zwanzig oder dreißig Jahre lang seine

Kunden betreute, hat nun einmal einen viel größeren Erfahrungsschatz als ein Einsteiger. Diese Seite wird von seinen jüngeren Kollegen oft nicht beachtet oder geachtet. Häufig sehen sie nur die altmodischen und aus ihrer Sicht verschrobenen Eigenwilligkeiten und nehmen dessen Wissen, Erfahrung und Kompetenz gar nicht zur Kenntnis. Damit ist im Unternehmen ein Wissen vorhanden, das nicht genutzt und schon gar nicht auf die Jüngeren übertragen wird. Wenn solche Kollegen das Unternehmen verlassen, nehmen sie ein großes Stück Firmengedächtnis mit. Das bedeutet letztlich, dass jeder neue KAM wieder von vorn beginnt und sozusagen das Rad neu erfinden muss. Das ist eine eher logische Argumentation für Achtung von größerem Wissen und Kompetenz. Eine Missachtung dieser Regel wirkt aber auch systemisch, die Folgen sind damit unvorhersagbar. Irgendwann einmal erhalten Sie ein Echo, das ist das einzig Sichere daran.

> **KONSEQUENZEN FÜR IHR KEY ACCOUNT MANAGEMENT**
>
> Wie Sie sehen, haben Sie durchaus viele Möglichkeiten, in komplexen sozialen Systemen so zu handeln, dass Sie positive Echos erhalten oder korrekter gesagt, dass Sie die Wahrscheinlichkeit positiver Echos erhöhen. Wir empfehlen Ihnen, sich ein kleines Erinnerungskärtchen anzufertigen, auf das Sie die je sieben systemstabilisierenden und -destabilisierenden Prinzipien schreiben. Werfen Sie öfter mal einen reflektorischen Blick auf diese Liste.

6.4 Mikropolitik

Eine andere Sichtweise auf komplexe soziale Systeme ist mit dem Begriff „Politik" verbunden. Oft ist zu hören: *„Das ist doch reine Politik!"* oder *„Lass bloß die Finger davon, das ist hochpolitisch!"*. Solche Aussagen deuten auf eine negative Einstellung zu dem hin, was wir Mikropolitik nennen.

Doch zunächst einmal wollen wir uns mit dem Begriff selbst befassen. In Meyers Lexikon steht unter dem Stichwort Politik Folgendes zu lesen: *„Politik (griech.-frz.), auf die Durchsetzung bestimmter Ziele insbesondere im staatlichen Bereich und auf die Gestaltung des öffentlichen Lebens gerichtetes Verhalten von Individuen, Gruppen, Organisationen, Parteien, Klassen, Parlamenten und Regierungen. Aus der Interessenbestimmtheit ergibt sich der Kampfcharakter der Politik."*

Auch ein KAM, der es mit Gruppierungen mit unterschiedlicher Zielsetzung zu tun hat, betreibt Politik

Vieles von dem finden wir auch im Alltag eines KAMs. Auch er hat es mit Gruppierungen zu tun, die unterschiedliche Ziele verfolgen. Und auch diese Auseinandersetzungen haben zuweilen Kampfcharakter.

6.4.1 Dunkle Seiten der Politik

Die Begriffe „Politik" und „Macht" sind in unserer Wirtschaft häufig mit negativen Attributen wie Mobbing, Seilschaften, Selbstdarstellung, Sabotage, Zurückhalten von Informationen und dem gezielten Schaffen von Abhängigkeiten verbunden. Deshalb machen viele Leute einen großen Bogen um Situationen, die politisch sind. Der folgende Satz von Paul Watzlawick, Sie erinnern sich, das ist der Herr mit der Hammer-Geschichte (siehe Kap. 4.4), wird häufig im Zusammenhang mit der zwischenmenschlichen Kommunikation zitiert: *„Man kann nicht nicht kommunizieren!"*

Wir sind der Auffassung, dass er direkt auf die Politik im Allgemeinen oder die Mikropolitik im Besonderen übertragen werden kann: *„Man kann nicht nicht politisch sein!"*

Man kann nicht nicht politisch sein

Selbst Personen, die nach dem Grundsatz handeln: *„Ich halte mich aus der Politik heraus!"*, unterstützen gerade durch ihr Nicht-Handeln das aktuelle politische System. Kritik an den vorherrschenden politischen Zuständen wird oft hinter vorgehaltener Hand ausgeübt. Im Grunde ist das eine Form der Kommunikation, die der Klagende selbst verurteilt und unter der er sogar leidet. Wer die Mikropolitik nicht aktiv mitgestaltet, gerät zudem in eine passive, erduldende Rolle und nimmt häufig die Haltung des Opfers ein. Die dunklen Seiten der Politik sind folglich Erscheinungen des Gesamtsystems, zu dem jedes Mitglied seinen Beitrag leistet, ganz egal ob als Handelnder oder Erduldender. So gesehen tut jeder KAM gut daran, sich auch als politisch handelnde Person aufzufassen.

Der Begriff Mikropolitik geht auf Publikationen von Prof. Dr. Oswald Neuberger zurück, deren wesentliche Inhalte wir hier zusammenfassend darstellen. Mikropolitik ist für ihn das Arsenal der alltäglichen „kleinen" Machtmethoden, mit denen innerhalb von Organisationen Macht aufgebaut und eingesetzt wird.

Arsenal der alltäglichen „kleinen" Machtmethoden, mit denen innerhalb von Organisationen Macht aufgebaut und eingesetzt wird

Zielsetzungen von „Mikropolitikern" sind unter anderem:
- Aufstieg in der Organisation, Beförderung
- Höhere Vergütung
- Erweiterung eigener Handlungsspielräume
- Statussymbole
- Sich der hierarchischen Kontrolle entziehen

Um ihre Ziele zu erreichen, setzen Mikropolitiker unter anderem die folgenden Taktiken ein:

Taktiken der Mikropolitik

- **Einschalten von Vorgesetzten,** höheren Autoritäten, die ihren Einfluss und ihre Beziehungen geltend machen und Partei für einen ergreifen
- **Informationskontrolle,** Filtern, Zurückhalten oder Schönen von Informationen, Verbreiten von Gerüchten, um die Glaubwürdigkeit anderer in Zweifel zu ziehen
- **Kontrolle von Regeln und Normen,** indem sie im eigenen Sinne ausgelegt und ausgedehnt werden
- **Bildung von Koalitionen,** Klüngeln, Lobbyismus
- **Günstlingswirtschaft,** Heranziehen einer Gefolgschaft, Seilschaft

- **Belohnung oder gar Beförderung,** um sich Dankbarkeit und Verbündete zu verschaffen
- **Machtmittel,** Androhung von Sanktionen

6.4.2 Chancen der Mikropolitik

Nur zirka 20 Prozent des Lebens in einer Organisation lassen sich rational steuern

Eine vollständig nach rationalen Prinzipien aufgebaute Organisation wäre das Gegenteil von Mikropolitik. Laut Neuberger lassen sich jedoch nur zirka 20 Prozent des Lebens in einer Organisation rational steuern. Das Streben nach Eigeninteresse, der Kampf um Macht, das Bilden von Koalitionen usw. scheint ein Phänomen zu sein, das alle lebenden Systeme naturgemäß hervorbringen. Wir können Politik demnach nicht wegrationalisieren. Viel sinnvoller ist es, nach den positiven Aspekten der Mikropolitik zu suchen.

Kämpfen und Streiten sind energetische Formen der Auseinandersetzung. Unter bestimmten Bedingungen können sie das Unternehmen vital und dynamisch erhalten. Das Verfolgen von Eigeninteressen macht kreativ und erfinderisch, was letztlich dem Unternehmen zugute kommt. Durch die Auseinandersetzung entsteht eine gewachsene systemische Ordnung. Schließlich scheint eine Streitkultur dem Wesen des Menschen viel eher zu entsprechen als das Befolgen von rationalen Regeln, das Konflikte zuweilen verschleiert oder unterdrückt. Unter welchen Bedingungen ist Mikropolitik von Nutzen für die Personen, Gruppen, dazu gehört auch der Vertrieb, und das Unternehmen? Wie können die negativen Auswirkungen minimiert werden?

6.4.3 Bedingungen für sinnvolle Mikropolitik

Wie können rationales Handeln und Mikropolitik sinnvoll miteinander in Einklang gebracht werden?

Es geht nicht um die Frage, entweder rationales Handeln oder Mikropolitik. Es geht viel mehr darum, beide Aspekte des Führens sinnvoll miteinander in Einklang zu bringen. Die erste Bedingung dafür ist, die soziale Realität so zu akzeptieren, wie sie ist. Politik ist eine Realität menschlichen Zusammenlebens. Im Bereich der makropolitischen Systeme finden wir z.B. totalitäre Staaten, wie die ehemalige DDR, in denen die negativen Auswirkungen der Politik vorherrschen. Wir finden aber auch Systeme wie die BRD in der Nachkriegszeit, in denen die politische Auseinandersetzung fruchtbarer für alle Beteiligten ist und in denen politisches Handeln zu einer Ordnung führt.

Im Kontrahenten nicht nur das Gegensätzliche, sondern auch das Gemeinsame sehen

Voraussetzung dafür ist, im Kontrahenten nicht nur das Gegensätzliche, sondern auch das Gemeinsame zu sehen. Wir sind auch aufeinander angewiesen und uns gegenseitig von Nutzen. Viele gegensätzliche Motive entpuppen sich in der offenen Auseinandersetzung als gemeinsames Motiv. Zumindest lassen sich so genannte Motiv-Schnittmengen bilden.

Ein grundsätzliches Regelwerk kann helfen, die Auseinandersetzungen so zu gestalten, dass die negativen Auswirkungen minimiert und die produktiven Aspekte optimiert werden. So hat der deutsche Staat ein Grundgesetz als Basis für die politische Auseinandersetzung. Und schließlich gilt es, soziale Kompetenzen bei den Mitgliedern des Systems zu entwickeln, die eine fruchtbare Streitkultur erst ermöglichen.

6.4.4 Regeln für eine konstruktive Mikropolitik

Auch hier beziehen wir uns noch einmal auf Prof. Dr. Oswald Neubauer, der sinngemäß folgende Regeln für die Gestaltung einer eigenen Mikropolitik vorschlägt:

Mikropolitische Ziele formulieren

Politische Ziele sind vom Wesen her anders als rein vertriebliche. Wie in einem politischen Wahlkampf dreht es sich darum, für eine eigene Sache zu werben, um möglichst viele „Wähler" für sich zu gewinnen. Für den KAM geht es dabei sowohl um Wähler in der eigenen Firma als auch beim Kunden. Diese eigene Sache sollte möglichst klar formuliert sein, damit die Umworbenen sie auch verstehen. Beispielhafte Ziele für einen KAM könnten sein:

Die Umsetzung mikropolitischer Ziele ist vielleicht noch wichtiger als das Erreichen vertrieblicher Ziele

- Aufbau einer guten Beziehung der Geschäftsführer auf beiden Seiten. Sie ist wichtig für die Befürworter im Unternehmen des Kunden und für den KAM. In unserem ersten Fallbeispiel (siehe Kap. 1.5.1) wurde die Vertragsunterzeichnung durch die beiden Geschäftsführer „politisch" nicht entsprechend vorbereitet und dadurch das Treffen zu einem riskanten Glücksspiel.
- Waffenstillstand und Friedensverhandlungen zwischen zwei sich bekriegenden Parteien (Abteilungen, Firmen). Krieg behindert, wie in der Weltwirtschaft auch, den Handel zwischen zwei Seiten. Eine friedlichere Form der Auseinandersetzung käme den Parteien zugute und wäre auch förderlich für die Zielerreichung des KAMs.

Fehlende Kompetenzen ergänzen

Ein KAM ist in den seltensten Fällen ein Supermann, der alles kann. Um seine Gestaltungskompetenz zu erweitern, kann er entweder zehn Jahre lang trainieren, um sich die fehlenden Kompetenzen selber anzueignen, oder aber seine Kompetenzen durch Bündelung und Kooperation mit anderen ergänzen. Voraussetzung dafür ist natürlich, seine eigenen Fähigkeiten möglichst genau zu kennen, um gezielt nach Personen zu suchen, die über genau diese fehlende Ressource verfügen. Eine narzisstische Grundeinstellung nach dem Motto: „*Kann alles, weiß alles, macht alles!*", wird dies mit ziemlicher Sicherheit verhindern. Auch stellen wir immer wieder fest, dass persönliche Beziehungen oft nach dem Muster des Sprichworts: „*Gleich und Gleich gesellt sich gern!*", gesucht und gepflegt werden. Dadurch kommt es nie zur Ergänzung fehlender Kompetenzen. Zwei Blinde werden dadurch, dass sie sich zusammentun, auch nicht sehend.

Statt zu versuchen, alles selber zu machen, ist es besser, sich ein Netzwerk aufzubauen, um fehlende Kompetenzen zu ergänzen

Diese Bündelung kennen wir auch von Regierungschefs, die zu diesem Zweck einen Beraterstab zusammenstellen. Ein kluger Chef wird in die-

sem Stab viele unterschiedliche Persönlichkeiten versammeln, die seine eigenen Sichtweisen ergänzen. Weniger klug ist es, ausschließlich Berater zu suchen, die einem nach dem Mund reden. Auch das soll es in der großen Politik geben. Hier einige beispielhafte Schwachstellen und ihre mögliche Ergänzung durch Kooperation:
- Hat der KAM keine guten Antennen für Stimmungen und Zwischentöne, sollte er gezielt nach einer Person suchen, die ganz besonders einfühlsam ist, und sie immer wieder um ihre Meinung befragen.
- Tut sich der KAM schwer mit strategischen Themen, braucht er natürlich einen Strategen zum Freund.
- Hat der KAM eine Aversion gegen Zahlen, Daten und Fakten, sollte er sich mit einem Controller verbünden.

Im Rahmen dieser Anbahnung von Kooperationen oder Freundschaften ist es ganz besonders wichtig, das systemische Gesetz von der Balance von Geben und Nehmen zu beachten (siehe Kap. 6.3.4). Sie sollten dem Partner ermöglichen, auch etwas von Ihnen zu bekommen und von Ihren eigenen Stärken zu profitieren. Das ist, um es noch einmal zu wiederholen, nur dann möglich, wenn Sie Ihre eigene Persönlichkeit sehr genau kennen.

Offenheit

Das Zurückhalten von Informationen führt zu Widerständen

Verschleierung von Absichten, Zielen und Strategien führt in den wenigsten Fällen zu einem nachhaltigen Erfolg. Um es martialisch zu formulieren: Damit gewinnen Sie vielleicht eine Schlacht, nicht aber den Krieg. Das Zurückhalten von Informationen führt zu Widerständen. Die Auseinandersetzungen werden im Untergrund geführt, Sie müssen damit rechnen, dass hinter jedem Busch ein Heckenschütze lauert. In diesem Sinne empfehlen wir Ihnen, sich in Offenheit und Klarheit zu üben.

Das gilt insbesondere für Konflikte zwischen unterschiedlichen Parteien.

Klare Regelung von Kompetenzen und Befugnissen

Die eigene Rolle immer wieder reflektieren

Hier sind wir wieder bei der oben beschriebenen Stellenbeschreibung, in der solche Befugnisse dokumentiert sind (siehe Kap. 4.8 und 4.9). Um falschen Erwartungen vorzubeugen, sollte diese Rolle immer wieder reflektiert und kommuniziert werden.

Schnittmengen

Ein für alle Seiten akzeptabler Kompromiss ist vielfach die beste Lösung

Es liegt in der Natur politischer Auseinandersetzungen, dass ein hundertprozentiges Durchsetzen der eigenen Ziele und Interessen höchst selten ist. Häufig ist die beste Lösung ein Kompromiss, mit dem beide Seiten gut leben können. Diese Lösung erreichen Sie am besten, wenn Sie die folgenden Punkte offen klären:
- Motive, Ziele und Interessen, die sich nicht vereinbaren lassen, klar benennen. Hier werden wir nicht zusammenkommen.

- Gemeinsame Motive, Ziele und Interessen suchen und klar benennen. Hier können wir voneinander profitieren.

Diesen Trend erkennen wir sogar in der Wirtschaft. Autohersteller kämpfen vordergründig gegeneinander um Marktanteile. Parallel dazu profitieren sie gegenseitig von ihrem jeweiligen Know-how. So gibt es zum Beispiel viele Projekte, in denen Ingenieure von Porsche und Mercedes gemeinsam an der Entwicklung neuer Technologien arbeiten, während der Vertrieb „kein gutes Haar" am jeweiligen Konkurrenten lässt.

Dies folgende Reflexionshilfe besteht aus einer kleinen Sammlung von Fragen, die Sie sich immer wieder selbst stellen sollten:

REFLEXIONSHILFE MIKROPOLITIK

Die eigene Position
- Welche politischen Ziele verfolge ich?
- Mit welcher Strategie versuche ich diese Ziele zu erreichen?
- Welche Kompetenzen fehlen mir dazu?
- Wer könnte mir die fehlenden Kompetenzen liefern?
- Welche Gegenleistung kann ich Kooperationspartnern anbieten?

Die Parteien
- Welche unterschiedlichen mikropolitischen Parteien gibt es in meinem Umfeld?
- Welche Ziele verfolgen diese Parteien?
- Mit welchen Strategien verfolgen sie ihre Ziele?
- Welche Motive, Ziele und Interessen habe ich mit diesen Parteien gemeinsam?
- Welche Motive, Ziele und Interessen sind zwischen beiden Parteien unvereinbar?

Die Mächtigen
- Wie sind die Rollen in diesen unterschiedlichen Parteien verteilt?
- Wie viel Macht kann ich ausüben?
- Mit welchen Handlungen komme ich einer mächtigeren Person der eigenen Partei in die Quere?
- Welche Personen der anderen Partei (z.B. Kunden) üben die größte Macht aus?
- Welche meiner Handlungen sind ein Angriff auf Macht und Einfluss dieser Personen?
- Mit welchen „Machtspielen" (das ist ein Begriff von Prof. Dr. Oswald Neubauer) versuchen sie ihre Macht zu erhalten?
- Welche dieser Spiele bin ich bereit mitzuspielen? Welche Spiele sind mit meiner ethischen Grundhaltung nicht vereinbar?

> **KONSEQUENZEN FÜR IHR KEY ACCOUNT MANAGEMENT**
>
> - **Klären:** Die Parteien im eigenen mikropolitischen Umfeld?
> - **Überprüfen:** Ziele, Strategien, Taktiken, Schnittmenge von gleichen Interessen?
> - **Handeln:** Anwendung der systemischen Gesetze.
> - **Pflegen:** Beziehungen, die im Austausch fehlende Kompetenzen beisteuern.

7 Beweggründe entdecken und bedienen

> **WAS SIE IN DIESEM KAPITEL ERWARTET**
>
> Das Entdecken von Beweggründen hinter menschlichen Verhaltensweisen gehört zu den wichtigsten Fähigkeiten im Überzeugungs- oder Verhandlungsprozess. Welchen Einfluss Beweggründe auf Verhaltensweisen und Entscheidungen haben, wie sie wahrgenommen werden und wie sie sich unterscheiden, kurz gesagt, die Frage: *„Was treibt uns morgens aus dem Bett"*, ist der Schwerpunkt dieses Kapitels.

7.1 Bedeutung von Beweggründen

Die meisten Modelle, Beweggründe zu erkennen, beschäftigen sich mit den Beweggründen der anderen Menschen, also zum Beispiel dem Gesprächspartner beim Key Account. Aus diesem Grund beginnen wir dieses Kapitel mit einem kleinen interessanten Experiment.

Sehen Sie sich die folgenden Szene an und denken Sie sich eine kleine Geschichte aus, die folgende Fragen beantwortet:

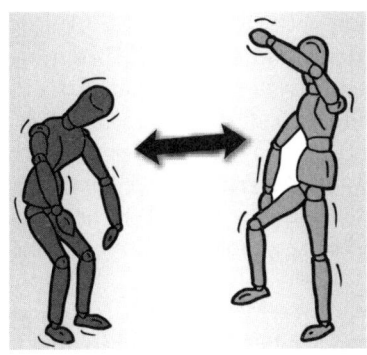

- Wer sind die beiden?
- Was ist da los?
- Wie fühlen die sich?
- Wie geht das weiter?

Wenn Sie sich eine kleine Geschichte überlegt und in Stichworten festgehalten haben, hinterfragen Sie doch einmal, warum Ihnen gerade diese Geschichte eingefallen ist. Warum Sie gerade diese Beispiele oder Begrifflichkeiten genutzt haben.

Mit Sicherheit werden Sie irgendeinen eigenen Bezug finden. Eine Parallele zu der kleinen Geschichte, die etwas mit Ihrer Stimmung oder mit aktuellen persönlichen Themen zu tun hat. Einer der bekanntesten deutschen Neurowissenschaftler, Wolf Singer, sagt dazu: *„Wahrnehmung ist immer die Folge eines erwartungsgesteuerten Suchprozesses!"*

„Wahrnehmung ist immer die Folge eines erwartungsgesteuerten Suchprozesses!"

So geht es uns auch mit der Wahrnehmung und Einschätzung von anderen Menschen. Wir wollen Menschen gerne einschätzen können. Oft stellen wir unbewusst Bezüge her und „projizieren" Fähigkeiten, Eigenschaften oder Defizite in Personen, die auch viel mit uns selbst zu tun haben.

Die häufigsten vier Gründe für solche „Projektionen" sind:

Gründe für Projektionen in andere Personen

- Das Projizierte ist für uns selbst ein wichtiger Wert oder eine geltende Norm
- Das Projizierte ist ein „Thema" oder eine Eigenschaft, die wir selbst gerade lernen oder entwickeln
- Weil wir uns derartige Verhaltensweisen oder Eigenschaften gar nicht erlauben (Verdrängung) – und uns so etwas aufregt
- Weil wir jemanden kennen, der ähnliche Verhaltensweisen oder Äußerlichkeiten hat (Übertragung)

Somit ist es sehr hilfreich, wenn wir auch unsere eigenen Verhaltensmuster, Prinzipien und die zugehörigen Beweggründe kennen, um musterhafte Projektionen in andere Menschen auch einmal aufheben zu können.

Beispielsweise gibt es im Vertrieb der Pharmaindustrie öfter die Parallelbetreuung eines Kunden durch drei bis vier verschiedene Außendienstmitarbeiter des gleichen Herstellers. Fragt man nun jeden dieser Vertriebsspezialisten nach den Motiven dieses identischen Kunden, erhält man oft völlig unterschiedliche Eindrücke und Wertungen. Hier spielen die Erwartungen der Außendienstmitarbeiter und die Wechselwirkung der unterschiedlichen Personen zum Kunden eine große Rolle. Wer aber liegt nun richtig in seiner Einschätzung?

7.2   Was sind Bedürfnisse, Beweggründe oder Motive?

Wünsche und Bestrebungen motivieren uns und treiben uns an

Der Mensch erwartet viel vom Leben und weil diese Erwartungen und Bestrebungen nicht immer so eintreten, entsteht eine gewisse „Unzufriedenheit", die uns bewegt oder vorantreibt. Und wenn wir ein Bedürfnis befriedigen, dann tritt das nächste erwartungsvoll vor. Wir können davon ausgehen, dass wir immer Wesen mit Motiven, Bedürfnissen und Entwicklungen sind.

Diese eher unbewussten „Antreiber" unserer Verhaltensweisen stehen seit Anfang der Psychologie im Fokus der Analyse und der Forschung. Es gibt viele Modelle speziell in der Verkaufspsychologie über mögliche Grundmotivatoren.

Die bekannten „Urväter" der Forschung, was Menschen bewegt, Freud (Arterhaltung, Sexualität, Libidotrieb) oder Adler (Macht und Geltung), stellten sich dominante (monistische) Hauptmotivatoren vor, unter denen sich alle weiteren Begrifflichkeiten weiterer Motivatoren subsumieren lassen. Heutzutage sind die Vertreter der komplexeren Modelle (Pluralismus) eindeutig in der Überzahl. Für wissenschaftliche Zwecke oder Persönlichkeitstests macht es durchaus Sinn, Modelle mit bis zu 20 verschiedenen Motivationsbegriffen zu definieren und zu unterscheiden.

In der KAM-Praxis bewährt sich ein möglichst „simples" Modell

Aus unserer Erfahrung bewährt sich in der KAM-Praxis jedoch ein möglichst „simples" Modell, welches dynamisch ist, aber doch unterschiedliche Entwicklungsstufen, Dominanzen und Wahrnehmbarkeiten der Grundmotive aufweist.

Eine grafische Übersicht der Theorien bekannter Motivationsforscher lässt Zusammenhänge der prinzipiellen Begrifflichkeiten erkennen:

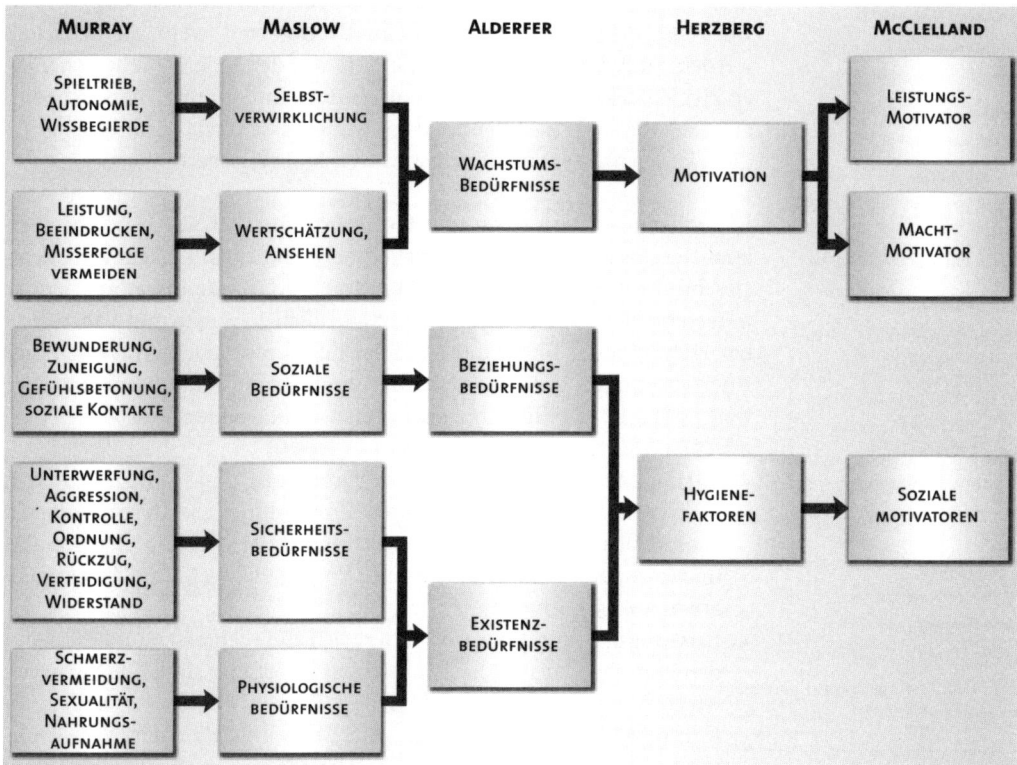

Abb. 7.1: Übersicht der Theorien bekannter Motivationsforscher

Murray (1938), der als einer der Pioniere der persönlichkeitspsychologischen Motivforschung gilt, betrachtete den Menschen als einen aktiven, handelnden Organismus, der in seine Umwelt eingebettet ist. Sein Verhalten richtet sich nach situationsspezifischen Anreizen und Kräften, aber auch nach eigenen Impulsen. Um dieses Verhalten zu erklären, muss man also sowohl die Situations- als auch die Personenseite berücksichtigen.

Eines der bekanntesten späteren Modelle war die Bedürfnispyramide von Maslow, die zirka 1954 entwickelt wurde. In diesem Modell geht Maslow von hierarchischen Bedürfnisprioritäten aus. Das heißt, erst wenn die grundsätzlichen physiologischen Bedürfnisse (z.B. Nahrungsaufnahme und Arterhaltung) gedeckt sind, treten die nachfolgenden, z.B. Sicherheitsbedürfnisse, in den Vordergrund – usw. Diese statischen Prioritäten erscheinen jedoch wenig haltbar, wenn man beispielsweise den menschlichen Suizid oder Selbstmordattentäter betrachtet. Hier scheint es andere Beweggründe zu geben, die die Selbsterhaltung in den Hintergrund drängen.

Im Gegensatz zu Maslow entwickelte Frederick Herzberg (1959) eine Theorie, die sich auch den humanistischen Ansätzen zuordnen lässt. Bedürfnisse einerseits sind so genannte Motivatoren (z.B. Anerkennung, Verantwortung), die zu erhöhter Arbeitsmotivation und, wenn sie befriedigt werden, zu Arbeitszufriedenheit führen. Auf der anderen Seite benannte er Hygienefaktoren (z.B. Personalführung, Entlohnung, Arbeitsbedingungen), die er als zu stillende Grundbedürfnisse verstand und die befriedigt werden müssen, um Arbeitsunzufriedenheit zu verhindern.

McClelland konzentrierte sich auf drei grundlegende Motivatoren

Ein anderer weltweit bekannter Motivationsforscher war David McClelland, der sich zirka 1953 letztlich auf drei Hauptbegrifflichkeiten konzentriert hat. Prinzipiell hat jeder Mensch diese drei Grundmotivatoren, jedoch unterschiedlich entwickelt und unterschiedlich dominant und wahrnehmbar. Dieses Modell findet aktuell noch häufig Anwendung und Beachtung. Auch aus unserer Sicht hat es sich als Orientierung in der Praxis bewährt, weil es trotz Simplifikation doch einen umfassenden und auch systemischen Ansatz hat.

Die drei Hauptmotivatoren nach McClelland

- **Soziales** als Grundmotiv braucht Verbindung und Nähe. Es lebt vom Vertrauen, von Offenheit und der Zuwendung. Die Orientierung ist eher altruistisch, mit dem Ziel eines Lebens in der Gemeinschaft. Intakte und transparente Beziehungen sind Voraussetzung für die Zusammenarbeit mit Menschen dieser Ausprägung.
- **Leistung** als Grundmotiv orientiert sich an Ergebnissen und Effizienz, die überschaubar und nachvollziehbar erreichbar sind. Die Selbstverwirklichung eigener Ziele ist wichtig. Risiken werden vermieden, die Kontrolle über die Prozesse zum Ziel ist wichtig. Hierzu ist Verantwortung und Unabhängigkeit hilfreich. Dieses Grundmotiv ist sowohl egoistisch als auch altruistisch, wenn „die Sache" dadurch strukturiert und sicher erledigt werden kann.
- **Macht** als Grundmotiv hat mehr mit dem Selbstwert, dem eigenen Ansehen und Prestige zu tun. Eine hierarchisch höhere Position oder eine Sonderrolle im Soziogramm sowie Statussymbole sind hilfreich, um Anerkennung und Geltung zu verwirklichen. Neue Ideen werden genauso geschätzt wie im Trend zu sein. Dieses Grundmotiv ist eher egoistisch und aufmerksamkeitsgesteuert, kann aber auch wertschätzend und charmant sein, wenn prinzipiell dadurch auch die eigene Anerkennung bedient wird.

Vereinfacht dargestellt könnte eine Person also wie in Abbildung 7.2 veranschaulicht „aufgestellt" sein.

Das dominanteste Motiv tritt uns in den häufigsten Situationen am stärksten ins Bewusstsein

Das dominanteste Motiv tritt uns in den meisten Situationen am stärksten ins Bewusstsein. Je nach Lebensphase, persönlicher Entwicklung oder äußeren Einflüssen, die starke Bezüge herstellen, verändern sich die Grundmotive in der Dominanz und in der Bewusstwerdung. Die Rangfolge von Grundmotivatoren hat aus heutiger Sicht nach dem achtzehnten bis zwanzigsten Lebensjahr eher zeitüberdauernden Charakter, kann sich

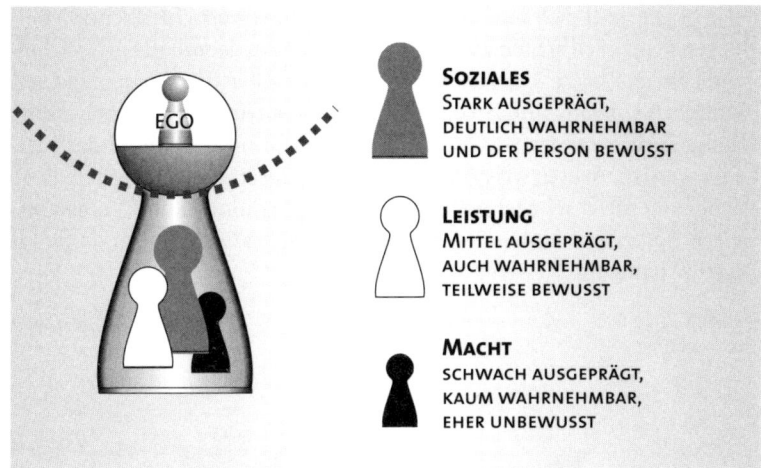

Abb. 7.2: Jeweils personenindividuelle Ausprägung
der drei Grundmotivatoren

aber durch äußere und innere Einflüsse situativ in der Dominanz und in der Wahrnehmbarkeit nach außen verändern.

Ist das dominanteste Motiv befriedigt, tritt häufig das zweitdominanteste in „Erscheinung" und fordert sein „Recht" nach Befriedigung. Im obigen Beispiel würde im Dialog zunächst der Kontakt hergestellt und die Stimmung aktiv gefördert werden. Danach träten die sachlichen Themen und Ziele in den Vordergrund, bis es Störungen auf der Beziehungsebene geben könnte. Diese Beziehungsstörungen nähmen dann wieder die Aufmerksamkeit einer sozialdominierten Person in Anspruch, teilweise auf Kosten der Zielerreichung im Dialog. Da der Machtmotivator im Beispiel nicht sehr stark ausgeprägt ist, erscheint uns eine derartige Person auch nicht so „präsent" oder „dominant" im Raum und in der Durchsetzung der individuellen Meinung eher zurückhaltend und wertschätzend.

Stehen sich zum Beispiel KAMs und Kunden mit ähnlicher Struktur oder innerer „Aufstellung" gegenüber, ist die Kommunikation meist einfach. Es gibt ähnliche Erwartungshaltungen, Symbole, Begrifflichkeiten und Vorlieben. „Gleich und Gleich gesellt sich gern." Jedoch muss diese Gleichartigkeit nicht unbedingt dauerhaft anziehend oder sympathisch sein.

„Gleich und Gleich gesellt sich gern"

Häufig sind es jedoch Gegensätze, die dauerhaft anziehend oder interessant auf uns wirken. Wir schätzen oder verlieben uns z.B. gerne in einen Partner, der zwar gleiche Interessen, Normen oder Werte hat, jedoch in der prinzipiellen „inneren Aufstellung" anders ist als wir. Ein emotionaler „Nähemensch" findet einen zielorientierten „Leistungsmenschen" oder einen selbstbewussten „Machtmenschen" oft sehr ansprechend. Diese Gegensätze erzeugen natürlich auch Reibung und können anstrengend sein. Aber es gilt auch: „Gegensätze ziehen sich an."

„Gegensätze ziehen sich an"

Solange gegensätzlich motivierte Menschen ihre unterschiedlichen Motivatoren prinzipiell achten und „bedienen", sind das dauerhafte und verbindende Beziehungen. Auch „Machtmenschen" finden den offenen und verbindlichen Umgang mit „Sozialmenschen" oft anziehend und interessant, solange sie in ihrer gewünschten Rolle oder Position akzeptiert oder anerkannt werden. Achten wir prinzipielle Motive unserer Mitmenschen nicht, erleben wir meist sehr schnelle und typische Reaktionen und Verhaltensweisen. Spätestens dann sollten wir wissen, welches Grundmotiv da gerade Priorität hatte und zu wenig Achtung fand.

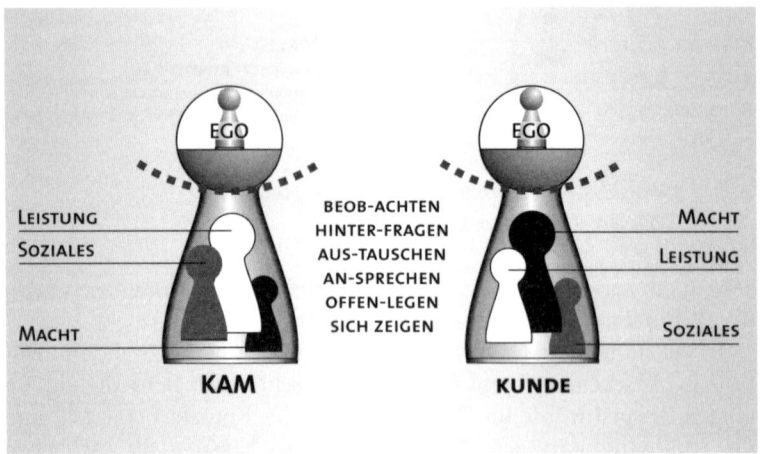

Abb. 7.3: *Gegensätzlich motivierte Menschen sollten ihre unterschiedlichen Motivatoren prinzipiell achten und „bedienen"*

Wer sich der Erwartungshaltung des Gegenübers bewusst anpasst, läuft Gefahr, „Doppelbotschaften" zu senden

Sich den Erwartungshaltungen anderer Menschen bewusst anzupassen und sich so verhalten wollen, wie wir glauben, dass es richtig sei, bringt aber oft auch nicht den gewünschten Effekt. Es entstehen so genannte „Doppelbotschaften", beispielsweise zwischen verbalen Aussagen und nonverbalen (körpersprachlichen) Signalen, die wiederum Vorsicht, Misstrauen oder Antipathie erzeugen können. Deshalb sollten wir unseren eigenen Beweggründen folgen, aber ebenfalls die Beweggründe anderer achten und im Überzeugungsprozess auch nutzen.

7.3 Erkennen von Motiven

Das Erkennen von inneren Motiven unserer Mitmenschen ist mehr eine Wahrnehmung von deren „Symptomen", da Motive im Inneren der Person (intrinsisch) wirken und somit nach außen nicht direkt sichtbar sind. Die Addition mehrerer „Hinweise" macht uns sicherer in der Erkennung und in der Entscheidung. Hinzu kommt für viele Menschen auch noch die Fähigkeit, intuitiv Beweggründe wahrnehmen zu können. Je mehr Erfahrung wir in bestimmten Situationen haben, umso leichter können wir die

Beweggründe unseres Gegenübers intuitiv wahrnehmen. Intuition wird heute als die Fähigkeit bezeichnet, Urteile oder Bewertungen zu fällen, ohne sich der Informationen, auf denen die Urteile basieren, bewusst zu sein. Jedoch fallen Intuitionen nicht „vom Himmel", sondern sie beruhen auf Erfahrungswerten im Unbewusstsein, die sich meist in spontanen „Gefühlsaktionen" äußern.

Motive werden indirekt über ihre Wirkung oder intuitiv wahrgenommen

Eine andere Perspektive zum Thema Motivatoren wäre nicht die Frage, „Was treibt uns?", sondern die Frage, „Was macht uns Angst?" Also die Vermeidung individueller Urängste. Die Frage, „Was will ich nach Möglichkeit vermeiden?", wäre die Negativformulierung für das Erschließen seiner Motivatoren über die Frage, „Was brauche ich prinzipiell?" Ein stark sozialmotivierter Mensch will sein Bedürfnis nach Nähe, Anlehnung und Harmonie bedient wissen. Ist diese Bedürfnisbefriedigung nicht möglich, weckt das individuelle Ängste bei ihm. Dieser Angsttyp wird in der Psychologie „depressiver Angsttypus" genannt. Der ausgeprägte Leistungsmensch braucht dagegen Klarheit und Kontrolle im Prozess, das sichere Gefühl, seine Ziele in definierter Qualität und möglichst effizient zu erreichen. Hier ist der Angsttypus-Begriff „Kontrollverlust". Der Machtmotivator braucht Selbstwert, Status, Aufmerksamkeit und Respekt. Die hier relevanten Urängste sind „narzisstische" und „hysterische Ängste". Die aktive Hilfestellung bei der Vermeidung menschlicher Urängste ist also anders ausgedrückt die Motivation der Menschen.

Die Beantwortung der Frage, was Angst macht oder grundsätzlich vermieden werden soll, ist in der Regel aufschlussreich

Für die strukturierten Zeitgenossen unter uns ist eine tabellarische Darstellung der drei genannten Grundmotivatoren hilfreich, um diese besser zu unterscheiden oder sensibler wahrzunehmen:

GRUNDMOTIVE nach Mc.Clelland	SOZIALES	LEISTUNG	MACHT
Werte **Prinzipien**	• Nähe, Verbindung • Offenheit • Vertrauen • Zugehörigkeit • Geborgenheit	• Zielerreichung • Effizienz • Prozesskontrolle • Selbstverwirklichung • Sicherheit	• Respekt • Ansehen • Hierarchie • Distanz • Neugierde
Umfeld **Äußeres** **Form**	• individuell • persönlich • atmosphärisch • einladend • situativ	• funktional • sachlich • organisiert • korrekt • entlastend	• wirkungsorientiert • statusorientiert • repräsentativ • wertig • trendig • aufwändig

Typische Verhaltensweisen	• authentisch • wertschätzend • launisch • unsicher • kümmernd • zuwendungsorientiert	• ehrgeizig • logisch • analytisch • pedantisch • sorgfältig • lösungsorientiert • kontrollierend	• dominant • präsent • entscheidend • durchsetzungsstark • empfindlich • aufmerksamkeitsgesteuert

Von Goethe soll die Weisheit stammen: „*Wir finden nur das, was wir suchen, und wir suchen nur das, was wir kennen.*" Also macht ein bewusstes Üben, Motivatoren zu erkennen, durchaus Sinn, um in Überzeugungs- und Verhandlungsprozessen durch bewusste Ansprache von Motivatoren noch erfolgreicher zu sein.

In der Argumentation den Nutzen (Form) am wahrgenommenen Motiv (Inhalt) orientieren

Motivorientiert kommunizieren heißt, zum Beispiel in der Argumentation, den Nutzen (Form) am wahrgenommenen Motiv (Inhalt) zu orientieren.

- Nehme ich wahr, dass mein Gegenüber eher in Richtung Macht und Ansehen orientiert ist, dann formuliere ich die Merkmale meiner Leistung – oder meines Produkts – in die Richtung: „*Diese Lösung unterstreicht Ihre Wettbewerbsfähigkeit …*"
- Bei einem mehr leistungsmotivierten Gesprächspartner sprechen wir dagegen eher „ *… die Ergebnissicherheit, Bewährtheit und Transparenz unseres Konzepts …* " an.
- Sozialmotivierte brauchen zugewandte Formulierungen wie: „*Aus unserem gemeinsamen Erfahrungsaustausch ist ein individuelles Konzept entstanden …*"

Dieser „handwerklichen Kunst" in Verkaufs- und Verhandlungsprozessen widmen wir uns im Folgenden intensiv, da sie im Dialog mit Kunden oft entscheidend für Erfolg und Zielerreichung in der Betreuung von Key Accounts ist.

7.4 Motivorientierte Nutzenargumentation

7.4.1 Warum ist Nutzendarstellung überhaupt wichtig?

Wie spreche ich die hintergründigen Entscheidungsmotive der Kunden mit meinen Leistungen und Produkten gezielt an

Die Nutzenvorstellung unserer Gesprächspartner im Key Account Management sind in den jeweiligen Branchen häufig ähnlich. Dennoch unterscheiden sich deren Entscheidungen oft. Wie spreche ich die hintergründigen Entscheidungsmotive der Kunden mit meinen Leistungen und Produkten gezielt an, ist daher die zentrale Frage dieses Kapitels.

Ein Grundprinzip vieler Menschen ist die „Ökonomie". Wir tun oder entscheiden nur etwas, wenn ein materieller oder immaterieller Nutzen daraus entsteht. Dieser kann sehr individuell sein. Folglich ist die Darstellung von Nutzen ein wichtiger Aspekt, wenn wir Menschen zu einer Handlung oder Entscheidung führen wollen.

„*Der Köder muss dem Fisch schmecken, nicht dem Angler!*" ist ein in diesem Zusammenhang viel zitierter Satz.

Auch eine positiv gemeinte Aussage im Überzeugungsprozess wie, „*Wir haben eine umfangreiche Qualitätskontrolle ...* ", kann die unterschiedlichsten Verständnisse beim Gegenüber auslösen. Von der Reaktion, „*Fein, dann bin ich sicher*", über, „*Das verteuert, der Standard reicht mir*", bis, „*Die haben es wohl sehr nötig*", kann alles verstanden werden.

Versuchen, die jeweils individuelle Nutzenvorstellung zu ermitteln und anzusprechen

Hilfreich ist hier, wenn wir die Verständnisse lenken und einen möglichst konkreten Nutzen an dieses Merkmal unseres Angebots addieren: „*Unsere umfangreiche Qualitätskontrolle durch drei unabhängige Prüfer sichert die Zielerreichung im Zeitplan.*" Die Wahrscheinlichkeit eines positiven Verständnisses wird größer.

Nun ist jedoch auch diese Nutzendarstellung nicht für jeden überzeugend. Ein „leistungsmotivierter" Gesprächspartner würde wahrscheinlich das obige Argument wertschätzen. Ein „macht- und ansehensmotivierter" wird dagegen eher auf eine exklusivere Nutzendarstellung wie: „*Unsere umfangreiche Qualitätskontrolle unterstützt Ihre Zielerreichung als Projektleiter*" ansprechen. Somit gilt:

Die Nutzendarstellung ist dann am überzeugendsten, wenn auch die Grundmotivation unseres Gegenübers damit „bedient" wird.

7.4.2 Was ist Argumentation?

Argumentation wird im Duden als eine „Beweisführung" oder „Begründung" definiert. Dies stammt aus dem lateinischen Stammwort „*aguere*" – „*erhellen*", „*beweisen*". Im Zusammenhang mit verkäuferischen Überzeugungsprozessen wollen wir beispielsweise „beweisen", dass unsere angebotene Lösung den größtmöglichen Nutzen darstellt oder die Bedürfnisse des Kunden am besten bedient und dabei die Leistung in Relation zum Preis ein sinnvolles ökonomisches Verhältnis darstellt.

Wenn wir in unserer eigenen Einkaufspraxis Beispiele suchen, in denen der Verkäufer ein Produkt im Detail argumentiert hat, fragen wir uns öfter, wem wollte er denn jetzt etwas erhellen oder beweisen? Mir oder eher sich selbst?

Als ich letztens ein neues Auto anschaffte, argumentierte der sportlich wirkende Autoverkäufer engagiert mit gesteigerter Motorleistung, verbessertem Drehmoment und neuartiger Lenkradschaltung. Er stellte das Fahrzeug so dar, wie er es sich vermutlich gerne selbst kaufen würde. Möglicherweise projizierte er auch seine eigenen Beweggründe in mich als Kunden? Von meinen geäußerten Bedürfnissen „großzügige und flexible Gepäckraumnutzung", „speicherbare Sitzverstellung" oder „hohe passive Sicherheit für alle Insassen" nahm er weniger Notiz. Mein unbefriedigtes Sicherheits- und Entlastungsbedürfnis führte schließlich frühzeitig zur höflichen Verabschiedung, unter dem Vorwand anderer Termine.

Viele Verkäufer argumentieren rein sachlich oder aus ihrem eigenen fachlichen Anspruch heraus

Andere Verkäufer meinen es gut mit uns als Kunden. Sie vermitteln ihre gesamte Kompetenz, ihr gesamtes Produktwissen. Dabei wirken sie wie ein „wandelndes Prospekt", welches jeden Kunden umfangreich beraten will. Zu viel Optionen und Ausstattungsmerkmale führen häufig sogar mehr zur Verunsicherung als zum Kaufwunsch. Wenn der Verkäufer im Fachhandel für Unterhaltungselektronik uns als Kunden beispielsweise mit Optionen und Ausstattungsmerkmalen überschüttet:

„Dieses neue Modell hier mit über 500 Milliarden Farben auf dem Plasma-Panel besitzt eine dynamische Kontrasteinstellung von 10.000 zu 1 und eine Helligkeit von immerhin 1.300 Candela pro Quadratmeter! Der digitale Bildeingang besitzt HDMI mit HDCP. Super Klang durch SRS TruSurround, mit fünf verschiedenen Tonmodi sowie einem Graphic Equalizer. Der PS-42 E 7 H verfügt über einen Spiele-Modus und ist bereits optimiert für die XBOX 360! Es sind alle Schnittstellen vorhanden, die Sie jetzt und zukünftig brauchen: Neben dem digitalen Bildeingang zum Beispiel Komponenteneingang 480i/p, 576i/p, 720p, 1080i, mehrere Scart-Anschlüsse, Antennenanschluss, PC-Anschluss, Monitorausgang, FBAS-Eingang, S-Video und und und ... Eine tolle Sache, sage ich Ihnen!"

Als ich mich vorsichtig erkundigte, ob man damit in zwei Meter Abstand auch ARD und ZDF in guter Qualität sehen könnte, muss ich wie ein Außerirdischer gewirkt haben ...Na ja, ich habe mir die Anschaffung noch mal überlegt. Möglicherweise muss ich da vieles bezahlen, was ich in meinem Fernsehleben nie benötige.

Die Produktmerkmale in motivorientierte Nutzenargumente „verpacken"

Nun sind die meisten Merkmale und Eigenschaften der KAM-Produkte oder -Leistungen nicht frei variabel. Wir haben meist nur eine begrenzte Anzahl wirklich argumentationswürdiger Merkmale oder Eigenschaften, die uns von der Konkurrenz unterscheiden oder die mit Kundennutzen argumentationswürdig sind. Aus dieser vorhandenen „Munition" müssen wir jetzt im Kommunikationsprozess das Beste machen. Aber eben das Beste auch aus Sicht des Gegenübers, auf Basis seiner Bedürfnisse und Motive. So wie die Verpackung beim Geburtstagsgeschenk den Inhalt aufwertet und Neugierde weckt, „verpacken" wir auch unsere Produktmerkmale in motivorientierte Nutzenargumente.

Beispiel eines Überzeugungsprozesses bei einem Konsumgut-Einkäufer

In unserer Art der bildhaften Darstellung lassen sich Aussagen, Nutzenvorstellung und Motive am Beispiel eines Überzeugungsprozesses bei einem Konsumgut-Einkäufer wie in Abbildung 7.4 skizziert darstellen:

Der Einkäufer äußert eine „taktische" Priorität, da unsere Angebote seine Nutzenvorstellungen nach ausreichender Marge möglicherweise nicht immer erfüllt haben. Er sieht sein aktuelles Ziel „Ertragssteigerung" in dieser Warengruppe als klare Priorität und daran hält er sich als eher leistungsmotivierter Mensch nun mal. Die Aussage ist aus seiner Sicht klar und logisch und mit dem zweiten Motivator Macht auch

Motivorientierte Nutzenargumentation 165

Abb. 7.4: *Beispiel eines Überzeugungsprozesses bei einem leistungsorientierten Konsumgut-Einkäufer*

konsequent formuliert. Dass er einen eher sozialmotivierten KAM damit auf Distanz bringen würde, ist ihm oft gar nicht bewusst. Aus seiner eher „sachlich zielorientierten Sichtweise" ist das aber auch nicht so relevant.

Nehmen wir nun einmal an, wir können (oder wollen) unsere Margen aus vertriebspolitischer Sicht nicht einfach verändern, dann müssten wir hier zumindest eine Lösung nennen können, die das prinzipielle Ziel „Ertragssteigerung der Warengruppe" mittelfristig ermöglicht. Und orientiert am Motiv Leistung, sollten wir dies auch nachvollziehbar und klar formulieren.

In vielen Fällen dieser Art stellen wir in der Praxis jedoch fest, dass die ersten Reaktionen von KAMs eher in die Richtung „ *… das können wir nicht, aus folgenden Gründen …* ", auch „ *… das benötigen Sie aber doch, weil …* ", oder „ *… da muss ich erst noch mal in der Zentrale fragen …* " gehen. Derartige Argumentationen befriedigen aber weder die Nutzenvorstellung noch das Motiv des Einkäufers und er wird sich fragen, ob derartige Gespräche überhaupt sinnvoll sind.

Mit einer argumentativen Vorbereitung in Inhalt und Form, die sowohl die aktuelle Nutzenvorstellung als auch die individuellen Motive dieses Einkäufers befriedigt, ist der Erfolg wahrscheinlicher und die Gefahr des Unverständnisses oder der Geringschätzung vom Kunden ist geringer. Die Inhalte überzeugender Argumente hängen natürlich von der Kompetenz und den Möglichkeiten des KAMs in der jeweiligen Branche ab. Dies kann nur branchenorientiert und am jeweiligen Fallbeispiel entschieden werden. Die prinzipielle Form kann man jedoch darstellen und auch trainieren.

Die vereinfachte „Formel" für die Form überzeugender Argumente heißt:

> motivorientierte Argumentation
> =
> Merkmale + Verb + Kundennutzen

Orientiert am wahrscheinlichsten Motiv des Gesprächspartners verbinden wir die Merkmale und Eigenschaften unserer Produkte und Leistungen mit dem Nutzen für den Kunden.

Die Merkmale der Produkte und Leistungen repräsentieren die fachliche Kompetenz des KAMs. Er sollte die argumentationswürdigen Eigenschaften und Merkmale umfassend kennen und bedarfsgerecht nutzen.

Aussagekräftige Verben sind „Impulsgeber" für relevante Motivatoren

Zum Verbinden von Merkmalen mit dem Kundennutzen setzen wir in der Regel Verben ein. Aussagekräftige Verben wie *„sichert", „erweitert", „vermeidet", „garantiert", „unterstreicht"* oder *„verbindet"* sind „Impulsgeber" für relevante Motivatoren. Sie erzeugen Aufmerksamkeit, Anregung und Interesse, wenn sie unsere aktuellen Beweggründe ansprechen. Auch diese „Symptome" lassen sich an den verbalen und nonverbalen Reaktionen unserer Gesprächspartner innerhalb von Sekunden erkennen.

7.4.3 Beispiele für motivorientierte Argumentation

Nehmen wir als Übungsfeld nochmals ein Produkt der Unterhaltungselektronik, da hier die meisten Leser betroffen sind. Viele Endverbraucher spielten z.B. im Fußball-WM-Jahr 2006 mit dem Gedanken, in die schicke Welt der Flachbildschirme mit LCD- oder Plasma-Technik einzusteigen. Jedoch brauchen wir für unser Umfeld (für unseren Partner und auch uns selbst gegenüber) nachvollziehbare Argumente, warum gerade jetzt so viel Geld ausgegeben werden sollte. Im Jahr einer Weltmeisterschaft im eigenen Land fällt das Fußballinteressierten natürlich gar nicht so schwer. Aber finden das denn die mitfinanzierenden Lebenspartner auch? Also starten wir sicherheitshalber einen gezielten Überzeugungsprozess, um unser Vorhaben ohne „Widerstände" und kritische Kommentare in die Tat umzusetzen.

Zunächst sammeln wir einmal die „Munition", also die Merkmale und Eigenschaften. Was zeichnet denn ein solches Gerät gegenüber dem „guten alten Röhren-Fernsehgerät" argumentationswürdig aus? Da hätten wir als Erstes natürlich die Bildschirmgröße, dann die Bildqualität (zumindest bei digitaler Wiedergabe), das flache und schicke Design, die Montagemöglichkeiten an der Wand, zukunftsorientierte Techniken für alle Formate oder Verbindungsmöglichkeiten mit Computern. Was nehmen wir denn nun? Am deutlichsten erscheint zunächst die Bildschirmgröße, am einfachsten könnte jedoch das Design wirken. Wenn wir jetzt die Motivationsprioritäten unseres zu überzeugenden Partners kennen, können wir diese bewusst in der Argumentation nutzen.

Als Beispiel für die situative Flexibilität und das Eingehen auf wahrgenommene Hauptmotivatoren unserer Partner nutzen wir noch einmal unsere Tabelle der Grundmotivatoren:

Grundmotive	Soziales	Leistung	Macht
Steuernde Werte Prinzipien	Nähe, Verbindung Offenheit Vertrauen Zugehörigkeit Geborgenheit	Zielerreichung Transparenz Kontrolle Selbstverwirklichung Sicherheit	Respekt Ansehen Hierarchie Distanz Neugierde
Merkmal Eigenschaft	*Das flache und schicke Design ...*	*Das flache und schicke Design ...*	*Das flache und schicke Design ...*
Verben	*... erfüllt ... ... ermöglicht ...*	*... erleichtert ... ... verbessert ...*	*... bereichert ... ... unterstreicht ...*
Partner-Nutzen	*... deinen Wunsch, den „technischen Kram" optisch zu reduzieren!*	*... die Raumnutzung im Wohnzimmer!*	*... das Erscheinungsbild unseres Wohnzimmers!*

Auch die anderen Merkmale des Beispiels könnten wir zur Argumentation nutzen. Die Kunst liegt jedoch in der „Konzentration" auf das Wesentliche. Und das Wesentliche sollte möglichst die Motivatoren beider Partner ansprechen. Ein Zuviel an Argumenten, ein so genannter argumentativer „Rundumschlag", weckt oft nicht nur die positiven Verständnisse unserer Gesprächspartner, sondern auch kritische Aspekte für eine gewünschte Entscheidung.

Zu viele Argumente erschweren die Entscheidung

Zu viele Entscheidungsaspekte können zum einen mehr Verunsicherung erzeugen als die Willensbildung stärken. Oder sie suggerieren möglicherweise: *„Da an der Sache irgend ein Haken dran ist, muss man vermutlich so viele Argumente darum packen, bis es nicht mehr auffällt."*

Ein erfolgreicher Immobilienmakler formulierte als sein wesentliches „Erfolgsrezept": *„Ich argumentiere nie das ganze Haus im Detail, sondern konzentriere mich auf die aus Kundensicht ein bis zwei schönsten Zimmer. Denn die Käufer finden häufig kritische Punkte, wenn alles im Detail diskutiert wird. Wenn ich positive Reaktionen z.B. beim Kamin im Wohnzimmer oder der Terrasse im Garten wahrnehme, verweilen wir hier am längsten und nehmen abschließend diesen Eindruck mit. Andere kompromissträchtige Aspekte treten dann wieder in den Hintergrund."*

Hier eine bewährte Vorgehensweise für die Erstellung eines individuellen Argumentationsleitfadens, die wir ähnlich der obigen Tabelle auch in Trainings und Coachings verwenden:

Bewährte Vorgehensweise für die Erstellung eines individuellen Argumentationsleitfadens

1. Sammlung der nennenswerten Eigenschaften und Merkmale der eigenen Produkte und Leistungen
2. Einschätzung der oder des Verhandlungspartners mit seinen wahrscheinlichsten beiden Hauptmotiven

3. Addition des Kundennutzens in Verbindung mit den jeweils geeignetsten starken Verben, in Stichworten

2. MOTIV:	1. MERKMAL:	3. VERB:	3. NUTZEN:
Leistung	Dieses simple und doch umfassende Argumentationsmodell ...	... verbessert ...	... die Überzeugungsfähigkeit Ihrer Argumente.
Soziales	Dieses simple und doch umfassende Argumentationsmodell ...	... ermöglicht ...	... die individuelle Kundenorientierung Ihrer Argumente.
Macht	Dieses simple und doch umfassende Argumentationsmodell ...	... ergänzt ...	... die nachhaltige Wirkung Ihrer Argumente.

7.4.3.1 Argumentieren bei „Machtmenschen"

Das Grundmotiv „Macht" wird nach unserer Erfahrung in Trainings oder Coachings am wenigsten von den betreffenden Personen selbst akzeptiert. Vermutlich, weil das Wort in unserem Kulturkreis eher negativ besetzt ist oder dessen Dominanz nicht immer ins Wunschbild der „Inhaber" passt. Jedoch gibt es kein gut oder schlecht bei den Grundmotivatoren. Macht steht genauso für Durchsetzungsvermögen, Präsenz und Motivationsfähigkeit wie für Egoismus, Hierarchie und Unterdrückung.

Bei vielen „hochrangigen" Menschen in der Wirtschaft, im Sport und in der Politik ist das Machtmotiv am stärksten ausgeprägt

Bei vielen „hochrangigen" Menschen in der Wirtschaft, im Sport und in der Politik ist das Machtmotiv am stärksten ausgeprägt. Es ist auch ein wichtiger Antrieb für Karrieren, die über dem Durchschnitt liegen. Es ermöglicht den Vierzehnstundentag eines Managers oder Verantwortlichen, ohne ein Gefühl der Überlastung. Es sorgt dafür, dass sich Wirkungsmittel oder Fähigkeiten überdurchschnittlich entwickeln. Es unterstützt die Akzeptanz als „Alphatier" im Soziogramm. Ist das Machtmotiv zu gering ausgeprägt, machen Führen und Leiten wenig Spaß oder kosten zu viel Energie. Verlieren ausgeprägte Machtmenschen (meist durch äußere Einflüsse) jedoch plötzlich ihren Status oder ihre Position, dann können sie rasch instabil werden, bis zur Infragestellung der eigenen Person oder auch Depression.

Aus unserer Praxiserfahrung sind deutlich „machtmotivierte" Menschen zwar relativ leicht zu „bewegen", aber sie sind auch sehr sensibel für die Wahl der falschen Verben in den Formulierungen. Das Argument, „ *... dies steigert Ihre Position ...* " wird weniger ansprechend sein als die Formulierung „ *... dies unterstreicht Ihre Position*". Das Grundverständnis dieser Motivationsausprägung geht von einer „besonderen Position" aus (oft ist das jedoch noch ein Ziel und kein Zustand). Aussagen, die das infrage stellen könnten, wirken leicht demotivierend und erzeugen schnelle hierarchische oder distanzierende Reaktionen wie, „ *... ich bin bisher auch ohne Sie gut klar gekommen...* " oder „ *... nehmen Sie sich mal nicht so* *wichtig ...*". Gesprächspartner, die auf „Augenhöhe" sind, werden respektiert. Eine devote Haltung wird maximal geduldet, ein „Darüberstellen" erzeugt meistens einen Machtkampf in irgendeiner direkten oder subtilen Form. Nimmt man machtmotivierten Menschen die „Bühne" zur Selbstdarstellung, führt das entweder zur Wiederherstellung ihrer Aufmerksamkeit der Sache gegenüber oder zum Widerstand gegen Aufmerksamkeiten, die auf andere gerichtet sind. Der Machtmensch ist häufig auch an Neuem und „trendigen" Dingen interessiert, weil das seine Aktualität unterstreicht. Ausgeprägte Machtmenschen demonstrieren auch gerne ihre „Stellung" mit Statussymbolen, sowohl in ihrem Umfeld als auch an sich selbst. Schenkt man diesen Statussymbolen echte Aufmerksamkeit, wird das wohlwollend registriert. Auf kritisches Feed-back reagieren Machtmenschen auch am deutlichsten, da der Anspruch an sich selbst meist hoch ist und das eigene Wunschbild ja ungern infrage gestellt wird.

Vereinfacht dargestellt könnte dieser „Typus" also wie nebenstehend skizziert strukturiert sein: Macht deutlicher als Leistung, beides gut wahrnehmbar, im Hintergrund etwas Soziales – kaum wahrnehmbar. Das Verhalten in Verhandlungsprozessen ist dann eher aufmerksamkeitsgesteuert und dominant. Die Sache steht im Vordergrund, der Fokus ist vor allem darauf gerichtet, was die Sache prinzipiell für Auswirkungen auf die Person des Machtmenschen hat. Zu Beginn wenig „Smalltalk", eher ein klares Statement, man kommt schnell „auf den Punkt". Befindlichkeiten und Stimmung der Gesprächspartner sind weniger wichtig. Umfeld und Äußerlichkeiten sind eher repräsentativ sowie funktional. Schnelle und harte Reaktionen, wenn man andere Meinungen kundtut, oder dem Machtmenschen das Wort abschneidet. Ist das Hauptmotiv befriedigt und die „Sonderstellung" gewürdigt, tritt das sachliche Ziel in den Vordergrund.

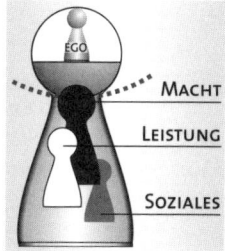

Abb. 7.5: Machtmotivierter mit hohem Leistungsanteil

Andererseits können strukturierte Machtmotivierte auch sehr charmant oder wertschätzend sein, wenn gleichzeitig ihr Beweggrund „bedient" wird. Aussagen wie, *„Ich finde das toll, wie Sie dieses Problem für mich gelöst haben ..."* oder *„... mit Ihnen macht die Erreichung meiner Ziele immer am meisten Spaß ..."*, erzeugen auch Motivation bei denen, die dem Machtmenschen seine „Häuptlingsfedern" ermöglichen.

Eine Struktur wie im nebenstehenden Beispiel kann jedoch auch zu inneren Konflikten führen. Dieser Machtmotivierte ist sich manchmal unschlüssig, wie heftig oder dominant er reagieren soll.

Für Verhandlungen empfiehlt sich hier eine respektvolle und wertschätzende Vorgehensweise. Die Form ist wichtiger als der Inhalt.

Ideen und Vorschläge des Machtmotivierten sollten entsprechend honoriert werden. Statt, *„Das geht nicht ..."* besser, *„Diesen Punkt überprüfe ich für Sie noch genauer"* oder *„Das geht sicher, aber unter folgenden Voraussetzungen ..."*. Das Abschneiden von Wortbeiträgen schätzt auch dieser Machtmotivierte gar nicht, jedoch sind seine Reaktionen respektvoller als

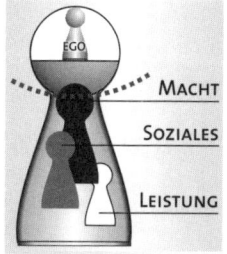

Abb. 7.6: Machtmotivierter mit hoher sozialer Komponente

die des leistungsbewussten Machtmenschen. Genauso wenig werden lange Monologe geschätzt, die mehr Wert auf Strategien und Details legen als auf das Ergebnis und seine Bedeutung für den Machtmotivierten. Individualität und Originalität werden geschätzt, solange sie die eigene Position nicht gefährden. Machtmenschen mit ausgeprägter sozialer Komponente schätzen und nutzen die Gesellschaft, solange sie auch im Mittelpunkt stehen können.

7.4.3.2 Argumentieren bei „Leistungsmenschen"

Die Zielerreichung und das ökonomische Verhältnis von Aufwand und Ertrag stehen im Mittelpunkt

Das Grundmotiv Leistung orientiert sich mehr an der Verwirklichung individuell gesetzter Ziele. Dies kann sowohl in der Gemeinschaft als auch allein erreicht werden. Wichtiger ist hier die Zielerreichung an sich und weniger, wer die Zielerreichung maßgeblich beeinflusst. Hierfür sind Strukturen, Transparenz im Prozess, logische Vorgehensweisen, Details und Qualität unterstützend. Das ökonomische Verhältnis von Aufwand und Ertrag steht im Fokus. Diese Prinzipien werden vom Leistungsmotivierten sehr geschätzt, sie stellen die Basis zur Zielerreichung oder den sicheren Weg zum Ziel dar. Ist ein Ziel erreicht, werden direkt wieder neue gesetzt.

Im Führungs- und Verkaufsalltag sind Leistungsmotivierte oft wegen ihrer Fachkompetenz, Verlässlichkeit und ihren prognostischen Fähigkeiten geschätzt. Die Gefahr besteht jedoch, dass zu viel selbst gemacht wird, damit die Qualität auch stimmt. Delegation ist eher eine Herausforderung – und wenn, dann muss die Kompetenz klar ersichtlich sein. Auch bei Gesprächspartnern werden die Kompetenz und die Verlässlichkeit zunächst geprüft, nach mehreren „guten Erfahrungen" schätzt der Leistungsmotivierte „eingefahrene und bewährte Wege", die er ungern wieder verlässt.

In Argumenten zur Überzeugung von Leistungsmotivierten ist die Nachvollziehbarkeit wichtig. Aussagen wie, *„Das ist die sicherste Vorgehensweise …"* regen eher zum kritischen Hinterfragen an. Da taucht die Frage auf: Wodurch entsteht eigentlich Sicherheit? Besser wäre, *„Durch die bewährte und klar dokumentierte Ablauforganisation erkennen Sie die Effizienz dieser Vorgehensweise …"*.

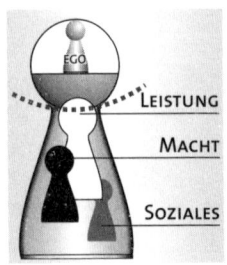

Abb. 7.7: Leistungsmensch mit ausgeprägter Machtorientierung

Der nebenstehend dargestellte Motivationstypus ist in Verhandlungsprozessen weniger emotional, wirkt eher distanziert, sachlich und konzentriert. Das eher funktionale Umfeld passt gut zur sachlich korrekten Kleidung, die qualitätsorientiert, aber korrekt erscheint. Spricht man diesen Motivationstypus auf Emotionen an, wirkt er eher irritiert oder reserviert. Das passt nicht so ganz zur logisch rationalen Welt und könnte die sonst so „strukturierte Welt" infrage stellen. Zur Erreichung seiner Ziele ist der zweite Motivator Macht hilfreich. Er sorgt für Durchsetzungsvermögen und Akzeptanz in Verhandlungen. Unklarheit kann so auch entsprechend zur Geltung gebracht werden. In der Berufspraxis nimmt dieser Leistungsmotivierte häufig die Rolle des „Motors" zur Zielerreichung ein. Er liefert Ideen und Methoden – und setzt sie meist auch gleich selbst um.

Wenn ein Gespräch durch lange Monologe ineffizient oder durch unterschiedliche Meinungen oder Befindlichkeiten gebremst wird, dann stört das die Zielerreichung. Es muss eine schnelle Lösung her, um wieder Richtung Ziel „arbeiten" zu können. Schließlich geht es hier um die Sache (oder mein Ziel). Nicht zu unterschätzen ist das Kontrollbedürfnis einer derartigen Leistungskonstellation, da sich die Kontrolle für die Sache und die Kontrolle für die beteiligten Personen hier addieren.

Leistungs- und Machtmotivierte haben oft ein ausgeprägtes Kontrollbedürfnis

Für Verhandlungen empfiehlt sich hier eine gute faktische und strategische Vorbereitung, die in klaren Argumenten selbstbewusst vermittelt wird.

Nicht nur Nutzen und Resultate sind wichtig, sondern auch, wie die Resultate entstehen. Aussagen wie, *„Wir haben für das heutige Gespräch eine aktuelle Aufstellung mitgebracht, die Ihnen Aufwand und Ertrag verdeutlicht"*, werden geschätzt. Daten und Fakten, Grafiken und Resümees werden begrüßt, aber oft auch hinterfragt. Fallen die Antworten im Bedarfsfall „dünn" aus, steigt die Skepsis und teilweise wird das „Gesamtpaket" dann infrage gestellt. Oft sind Leistungsmotivierte schnelle Rechner und fundierte Fachleute. Risikoträchtige Projekte werden ungern mitgetragen, zumindest muss der „Ernstfall" besprochen sein und eine Lösung für den Bedarfsfall vereinbart (und dokumentiert) sein. Der Inhalt von Unterlagen ist wichtig, aber auch die Form. Dies kann nach außen auch pedantisch wirken.

Die nebenstehende Konstellation des Leistungsmotivierten wirkt ebenfalls sachlich, aber weniger dominant. Durch die ausgeprägte soziale Komponente werden Fachkompetenz und Struktur für viele sympathischer. Intakte Beziehungen und gemeinsame Zielorientierung werden mehr geschätzt. Es ist schöner, wenn alle Beteiligten das eigene Ziel mitverfolgen, als wenn man Einzelkämpfer wäre. Das Ziel wird jedoch selten aufgegeben, zumindest nur vorübergehend in den Hintergrund gestellt. Hier werden zum effizienten und strukturierten Gespräch auch Authentizität und guter Kontakt geschätzt. Unklarheiten oder Ineffizienz werden angesprochen, aber mit der „Chance zur Verbesserung". Die Fehlertoleranz ist etwas großzügiger. Das Umfeld und die Kleidung sind etwas individueller und bequemer gewählt.

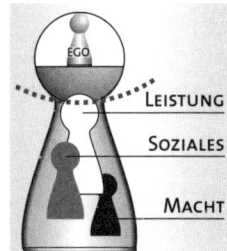

Abb. 7.8: Leistungs- und Sozialmotivierte sind toleranter in Verhandlungen

Bis zu einem gewissen Grad werden beziehungsorientierte Verhandlungsphasen geschätzt, dann überwiegt wieder die Zielorientierung. Die häufigsten Symptome in solchen Situationen sind zunächst verringerte Gesprächsanteile, danach klinkt sich dieser Leistungsmensch langsam aus (wirkt desinteressiert und distanziert) und sagt schließlich gar nichts mehr. Bis er höflich, aber klar auf den „eigentlichen Gesprächsanlass" verweist. Stimmt die Beziehung nicht, dann kann trotzdem auf der Sachebene verhandelt werden, wenn auch nicht so angenehm. Die Fehlertoleranz nimmt auch ab, wenn die sozialen Aspekte nicht gegeben sind.

7.4.3.3 Argumentieren bei „sozialen Menschen"

Man sieht es diesem Typus meist deutlich an, ob er sich willkommen und menschlich wertgeschätzt fühlt. Solche Menschen wirken dann locker, fröhlich und gewinnend. Offenheit, Authentizität und Harmonie sind Grundprinzipien dieses Motivators. Ist die Beziehung intakt, dann sind soziale Menschen zur momentanen „Höchstleistung" fähig. Sie nehmen Stimmungen schnell wahr und sprechen sie wertschätzend oder auch sorgenvoll offen an. Sie gehen auf ihre Verhandlungspartner gerne ein und kümmern sich um deren Bedürfnisse. Sie schätzen den Moment und den Prozess mehr als die Struktur und die Organisation. Sind sie jedoch von sehr sachlichen oder distanzierten und dominanten Menschen umgeben, dann stellt das eine Herausforderung dar. Entweder sie versuchen aktiv, den so wichtigen Kontakt und die Offenheit herzustellen, oder sie „verblassen" und sind kaum noch wahrzunehmen. Das macht diesen Typus in Projekten oder Gesprächen nicht immer prognostizierbar. Die Tagesform, die aktuelle Stimmung und die Qualität der Wechselwirkung zu anderen haben viel Einfluss auf die Verhandlungssituation.

Offenheit, Authentizität und Harmonie sind Grundprinzipien dieses Motivators

An Kleidung, Auftreten und Umfeld kann man die nebenstehende Struktur eines sozial motivierten Menschen am besten erkennen: Sie sind individuell, kreativ und repräsentativ zugleich, je nach Laune und Anlass. Zu Beginn werden aktiv Offenheit und Verbindlichkeit gefördert. Sie teilen auch „ihre Bühne" mit anderen netten und offenen Verhandlungspartnern. Es kann eine lockere und humorvolle Stimmung sein oder auch eine sehr betroffene und mitfühlende.

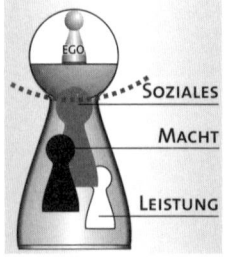

Abb. 7.9: Soziale Menschen mit Machtmotivator sind öfter im „Zwiespalt"

In Argumenten sollte mit Formulierungen wie, „*…mit Ihrem Bereich, und besonders mit Ihnen persönlich, macht auch ein großer Aufwand viel Freude …*", Wertschätzung und Identifikation vermittelt werden. Manchmal gerät das Ziel jedoch in den Hintergrund und man droht sich in „Nebenkriegsschauplätzen" zu verlieren. Eine Steuerung oder Moderation sollte in Verhandlungen oder Präsentationen jedoch eher behutsam und wertschätzend erfolgen. Selbstbewusste und zielorientierte Gesprächspartner werden durchaus geschätzt, solange nicht der Eindruck von Manipulation oder Taktik entsteht. Dieser Typus nimmt sich dann auch das Recht heraus, Intransparenz oder Taktik offen anzusprechen. Gewährt aber auch ernst gemeinte Nachbesserungsvorschläge. Auch hat dieser Typus viel übrig für die „Schwächeren" oder die „Benachteiligten" in Verhandlungsrunden.

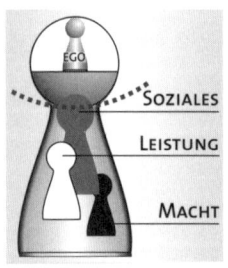

Abb. 7.10: Sozialer Mensch mit hohem Leistungsanteil

Der soziale Mensch mit hohem Leistungsanteil (Abb. 7.10) ist weniger präsent und wirkt meist zurückhaltender und sachlicher. Respektvoll, zuvorkommend und ausführlich wird kompetent über die Sache diskutiert: Ein Ziel bietet Orientierung, solange der Prozess einigermaßen konfliktarm und wertschätzend ist. Kleidung und Umfeld sind zwar individuell, aber weniger auffällig und hinterlassen weniger Eindrücke. Im Fall konträrer Meinungen wird sachlich interveniert, aber ohne Druck. Bei großen Widerständen oder „Machtausbrüchen" wird eher auf Distanz gegangen und man versucht „Verbündete" zu suchen und zu aktivieren.

Direkte Konfrontationen werden selten gesucht, eher werden momentane Kompromisse angestrebt. Formulierungen wie, „ ... *an diesem Vorschlag können Sie unser langfristiges Interesse an der Zusammenarbeit mit Ihnen erkennen, er ist offen, fair und aus unserer Sicht für alle Beteiligten sinnvoll ...*", werden innerhalb der Argumentation honoriert. Allerdings muss man bei diesem Typus etwas genauer hinschauen als bei machtmotivierteren sozialen Menschen. Er neigt nicht so zur deutlichen Reaktion oder wartet länger mit kritischem Feed-back.

Natürlich gibt es viele Fassetten und Kombinationen bei diesem Modell. Mit etwas Übung und Wachsamkeit lassen sich aber die Motivatoren unserer Mitmenschen erkennen.

Zu Beginn empfehlen wir die Konzentration auf den dominantesten Motivator und dessen bewusste Ansprache in der Argumentation.

Dabei sollten Sie aber auch die eigenen Motivatoren nicht außer Acht lassen, da wir Menschen allzu sehr dazu neigen, „*die Welt so zu konstruieren, dass wir mit unseren Prioritäten und Talenten eine erfolgreiche Rolle darin spielen*".

Sie sollten auch Ihre eigenen Motivatoren nicht außer Acht lassen

Was wir für nützlich und überzeugend halten, müssen nicht alle anderen auch so sehen. Was für uns klar und logisch ist, muss nicht auch auf andere die gleiche Wirkung haben. Was wir für erstrebenswert halten, kann auf andere abstoßend und unwürdig wirken!

7.5 Beispiel einer Verhandlungssituation

Ein Ausschnitt aus einer Verhandlungsübung, die wir branchenübergreifend in Trainings nutzen, verdeutlicht die Zusammenhänge und Anwendbarkeit. Die Situation ist eine Verhandlungssituation, die „Störungen" beinhaltet, aber auch viele gemeinsame Interessenfelder und Potenziale. Das Umfeld ist ein bekannter deutscher See, der Bodensee. Der potenzielle Lieferant ist eine Firma, die seit vielen Jahren für den Bau qualitativ hochwertiger Segelboote bekannt ist. Seit drei Generationen inhaberorientiert geführt, mit klaren Werten und Traditionen. Der Kunde ist eine dynamische, innovative Surf- und Tauchschulenkette, die nun auch am Bodensee ins Segelschul-Geschäft einsteigen will. Dazu benötigt sie mehrere Segelboote, die dem harten Segelschulbetrieb standhalten.

Beide Firmen sitzen auf der deutschen Seite des Bodensees. Dies bedeutet gemeinsame Interessen, Synergiemöglichkeiten und kurze Wege im Bedarfsfall. Ein Pilotboot ist zum Test in Auftrag gegeben worden. Man hat sich aus Kostengründen für die Aufrüstung eines Serienbootes entschieden. Ein Kostenvoranschlag für das Pilotboot liegt vor. Der Liefertermin ist vereinbart.

Wo liegt nun der Anspruch dieser Verhandlung? Als Erstes stellt sich beim Lieferanten heraus, dass manche geplanten Aufrüstteile aktuell nicht lieferbar sind – teurere Varianten müssten bestellt werden. Nun sind Kostenvoranschläge ja etwas flexibel in der deutschen Handwerker-Landschaft. Wird jedoch eine Grenze von 20 Prozent überschritten, dann gibt das in Regel emotionale und auch rechtliche Probleme. Das weiß natürlich auch die erfahrene Lieferantenfirma und versucht, den Kunden in die Entscheidungen zu involvieren. Beim Kunden sind die Entscheider jedoch im Ausland und derzeit nicht erreichbar. Nach der Heimkehr erfahren die Kunden, dass das Pilotboot zunächst gestoppt wurde und der vereinbarte Liefertermin wahrscheinlich nicht mehr eingehalten werden kann. Da wird „Druck" gemacht, schließlich hängt eine ganze Kaskade von weiteren Entscheidungen an dem Test für das Pilotboot und der Startzeitpunkt der Schule ist nah! Das Boot muss pünktlich geliefert werden und die internen Lieferantenprobleme müssen ebenfalls gelöst werden.

Das Boot wird gerade noch pünktlich geliefert und gefällt im ausführlichen Praxistest allen Involvierten. Was weniger gefällt, ist, dass die Gründe für die Überschreitung des Kostenvoranschlags um 30 Prozent nicht im Detail ausgewiesen sind. Die Rechnung für das Pilotboot führt lediglich stichwortartig „erhöhte Teilepreise", „Wochenendzuschläge" und „Express-Lieferkosten" auf.

Nun steht ein Entscheidungstermin an, zu dem sich die Kunden fragen: *„Ist der Lieferant wirklich vertrauenswürdig und verlässlich?"* und die Lieferanten fragen sich: *„Ist unsere gute Qualität denn auch erkannt worden und wie viele Segelboote braucht denn die Segelschule?"*

Vier unterschiedliche Gesprächspartner treffen sich nun, jede Seite ist mit zwei Repräsentanten vertreten. Ziel ist eine Entscheidung über die künftige Zusammenarbeit und über die erhaltene Rechnung des Pilotbootes. In der Darstellung unserer Motivatoren sieht die Situation am Verhandlungstisch im Hause des Lieferanten so aus:

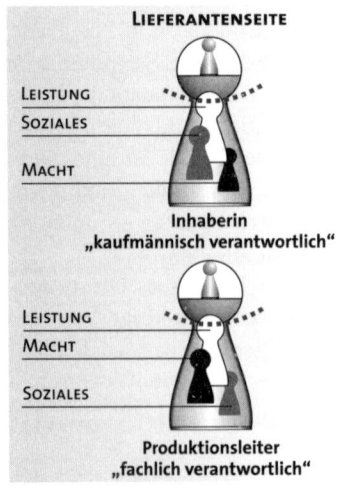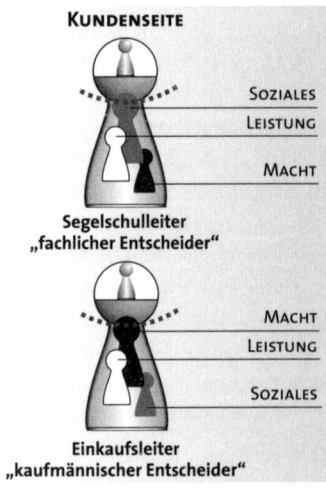

Abb. 7.11: Die Lieferanten-Kunden-Konstellation

Die Inhaberin beginnt, als Hausherrin und Verantwortliche für die Finanzen, die Begrüßung im Besprechungszimmer. Die Dame im klassischen grauen Kostüm ist Anfang 40, schüttelt mit offener Miene herzlich alle Hände der Besucher, stellt ihren Produktionsleiter als *„tragende Säule und Qualitätsgarant der Firma"* vor und bietet Kaffee und Mineralwasser an. Der Einkaufsleiter, Anfang 30, im modernen betont lässigen Leinenanzug, stellt sich zunächst selbst vor, mit dem spontanen Hinweis, *„Ihre Firma habe ich mir etwas größer vorgestellt".* Der Segelschullehrer, ein sportlich legerer Typ Ende 30, bedankt sich für das Mineralwasser und nimmt artig Platz. Der Produktionsleiter, in frischer Arbeitskleidung, Anfang 50, bietet anlässlich der Bemerkung des Einkaufsleiters eine anschließende Besichtung der modernisierten Werkstätten und der neuen Transportfahrzeuge an.

Als alle mit Getränken versorgt sind, ergreift die Inhaberin wieder das Wort und will wissen, *„wie denn das Pilotboot so gefallen hat".* Mit leuchtenden Augen beschreibt der Segelschullehrer seine ersten positiven Erlebnisse bei den Probefahrten. Jedoch kommt er nicht weit, da ihn sein Einkaufsleiter mit den Worten, *„Lassen Sie uns doch bitte erst mal über die erhaltene Rechnung sprechen! Da ist mir noch einiges unklar!",* am Oberarm greift. *„Aber gern, was gibt es denn zu klären?",* erkundigt sich die Inhaberin respektvoll. Mit ernster Miene moniert der Einkäufer: *„Wie kann eine erfahrene und seriöse Firma 30 Prozent mehr in Rechnung stellen als vereinbart – und lässt die Gründe dafür auf der Rechnung auch noch undefiniert? Ich dachte, wir haben es hier mit verlässlichen Leuten zu tun ...".* Da fühlt sich der Produktionsleiter berufen. Mit ausladenden Handbewegungen erklärt er: *„Da möchte ich bitte etwas klarstellen. Wir haben mehrfach versucht Sie zu erreichen, um die Änderungen zu besprechen! Ohne Entscheidungen mussten wir den Auftrag einfach zur Seite stellen. Und dann muss plötzlich alles schnell gehen – das kostet nun mal mehr! Alleine die erhöhten Versandkosten und die Wochenendzuschläge ...".* Weiter kommt er nicht, da schneidet ihm der Einkaufsleiter dominant das Wort ab. *„Moment! Was heißt hier, plötzlich muss alles schnell gehen? Die Termine standen doch lange fest – und stellen Sie sich vor, es gibt auch noch andere Dinge für uns zu tun! Unser Unternehmen expandiert nun mal auch in anderen Ländern ...".*

An dieser Stelle der Verhandlung wird die Beziehung und die Kompromissfähigkeit der Beteiligten häufig nachhaltig belastet. Die Ziele beider Seiten treten in weite Ferne, wenn keiner der Verhandlungspartner vermittelt und dabei auch die Motivatoren der Verhandlungspartner nutzt.

„Aber meine Herren ...", beschwichtigt die Inhaberin, *„ ... eines nach dem anderen. Zunächst tut es uns wirklich leid, die Preise verändern zu müssen, aber wir führen das gerne detailliert auf und Sie werden das dann auch verstehen. Ich bin auch überzeugt, wir finden eine Lösung für die Rechnung, die für beide Seiten akzeptabel ist."* Der Einkaufsleiter blickt sie skeptisch an.

Sein Blick geht kurz zum Produktionsleiter und zur Inhaberin zurück. „Na, da bin ich aber gespannt!", raunt er noch, bevor er seine Tasse zum Nachschenken in die Mitte des Tisches schiebt.

„*Erzählen Sie uns doch ein bisschen mehr von Ihrer expandierenden und innovativen Firma*", fährt die Inhaberin fort. „*Wir freuen uns über jede Erfolgsstory am See, haben manche Sachen über Sie gehört, wissen aber einfach zu wenig über Sie*". Die Augen des Segelschullehrers beginnen wieder zu leuchten als er erzählt, „*In vier Monaten soll es losgehen, mit einer großen Eröffnungsparty am See! Die Tauchschule ist jetzt im dritten Jahr erfolgreich und die Surfabteilung wächst auch rapide. Wir sind mittlerweile zehn Kollegen*", fährt er fort. „*Mit solchen Booten macht das Segellernen natürlich Spaß!*" Die Inhaberin wendet sich dem Segellehrer etwas mehr zu, ohne den Einkaufsleiter aus den Augen zu lassen. „*Das hören wir gerne*", bedankt sie sich und führt weiter mit Fragen. „*Sie sprechen von Booten. Mit wie vielen Booten wollen Sie denn starten?*" Als der Segellehrer Luft holt, kommt ihm der Einkaufsleiter zuvor. „*Natürlich braucht man mehr als ein Boot für die Schule*", steuert er schnell „*aber ich bin mir noch nicht sicher, wer uns die Boote liefern wird. Zunächst mal ist es wichtig, die Verlässlichkeit zu klären und dann natürlich das Preis-Leistungs-Verhältnis.*" Da meldet sich der Produktionsleiter wieder und fragt, „*Aber unsere Qualität wurde auch von Ihrem Segelschulleiter wieder mal bestätigt. Wir haben sogar mehr geliefert als vereinbart. Das ist ein Spitzenboot zu einem Preis, der mir intern Sorgen bereitet!*" „*Über Preise reden wir noch*", erwidert der Einkaufsleiter, „*aber ich kann mir vorstellen, dass Sie anders kalkulieren können, wenn es um mehrere Boote mit entsprechendem Vorlauf zur Beschaffung geht. Und möglicherweise gibt es durch die Nachbarschaft auch interessante Synergien in einem gemeinsamen Marktauftritt, mit gemeinsamen Marketingmaßnahmen und beiderseitigen Kunden*", fährt er mit gönnerhaften Gesten fort. „*Das klingt interessant …*", meldet sich die Inhaberin, „*was für Ideen haben Sie denn da konkret?*" fragt sie mit neugierigem Blick. „*Oh, von gemeinsamen Festen, über Internet-Links oder Segelwerbung, bis zu Cross-Selling ist alles möglich*", verdeutlicht der Einkaufsleiter seine vorgedachten Argumente. „*Was bedeutet denn Cross-Selling in unserer Branche?*", will die Inhaberin wissen. „*Na, wir haben potenzielle Segelbootkäufer und Sie haben potenzielle Segelkurskunden, da lässt sich doch was Sinnvolles daraus machen!*" Der Einkaufsleiter ist in seinem Element und wirkt schon viel lockerer. „*Toll*", sagt die Inhaberin, „*so was haben wir noch nie gemacht. Und auch ein gemeinsames Fest finde ich super*", fährt sie fort und blickt dabei wieder zum Segelschulleiter. „*Da haben wir schon sehr interessante Pakete geschnürt*", ergänzt der Einkaufsleiter, um die Aufmerksamkeit wieder auf sich zu lenken. Der Inhaberin tut der stumme Segelschulleiter zwar leid, aber sie wird immer neugieriger und will auch in Richtung Bedarfsklärung. „*Also bei den idealen Voraussetzungen*", spricht sie wieder zum Einkaufsleiter, „*verraten Sie mir doch bitte Ihren Plan. Sie haben doch sicher einen. Wie viele Boote benötigen Sie denn nun für den Start in vier Monaten?*"

Nun ist die Stimmung wieder positiver und Motive werden bewusst bedient. Zumindest die der Verhandlungspartner. Die Informationsbereitschaft ist wiederhergestellt und die Konfliktpotenziale nehmen ab.

„Also gut", sagt der Einkaufsleiter schließlich, *„gehen wir mal von einem Start mit zirka fünf Booten in vier Monaten aus – und dann noch weitere drei bis fünf Boote in den Folgemonaten. Können Sie das leisten?",* fragt er in Richtung Produktionsleiter. Der startet mit den Worten, *„Also das kommt darauf an, wie wir die Boote letztendlich ausstatten und was in dem Zeitraum lieferbar ist."*

Die Inhaberin spürt immer noch Zweifel in der Frage des Einkaufsleiters. Und bevor sie über Fakten spricht, will sie das Prinzipielle klären und thematisiert die Störung. *„Jetzt mal Hand aufs Herz …",* wendet sie sich an ihre beiden Verhandlungspartner, *„wir müssen ja einen wirklich kritischen Eindruck auf Sie gemacht haben, mit der ersten Rechnung. Das war sicher nicht unsere Absicht und das sind wir auch nicht gewohnt",* erklärt sie ruhig. *„Was müssen wir denn tun, um unserem Ruf auch bei Ihnen gerecht zu werden?",* fragt sie ergänzend. *„Also ich finde das Boot wirklich super!",* bestätigt der Segelschullehrer. Nun lenkt auch der Einkaufsleiter ein mit den Worten, *„Na ja, ich schaue mir nachher die Details mal genauer an. Aber Sie sagten ja, wir können über die Rechnung reden …"*

Diese bewusste und aktive Herstellung der Vertrauensbasis ist nicht zu unterschätzen. Viele Teilnehmer an dieser Verhandlungsübung dachten, dass die Störung schnell beseitigt wurde, und dann bricht sie zum ungünstigsten Zeitpunkt in der Preisverhandlung wieder auf – und stellt oft alles wieder infrage.

An dieser Stelle der Verhandlung brechen wir dieses Kapitel einmal ab. Natürlich kommen jetzt Sachfragen, Details und Rahmenbedingungen zur Verhandlung. Gemeinsame Interessenfelder können genutzt werden, um die reine Preisverhandlung nicht zu sehr in den Vordergrund rücken zu lassen. Auch kann immer noch ein Wettbewerbsangebot als taktisches Element vom Einkaufsleiter genutzt werden. Die Chance eines Konsenses ist jedoch nach diesem Gesprächsverlauf gut möglich, weil Störungen beseitigt sind, die Beziehungen intakt sind und vor diesem Hintergrund die Verhandlungspartner eine Lösung auch wollen.

Hier ging es zunächst darum, beispielhaft zu verdeutlichen, welche Verhaltensweisen bei bestimmten Beweggründen zu erwarten sind. Wie man sie erkennen und bewusst bedienen kann. Wie man in kurzer Zeit lernt, Gesprächpartner einzuschätzen, ohne zu viele der eigenen Beweggründe bei anderen vorauszusetzen.

Für die bis hier dargestellten Phasen der Verhandlung sieht die Priorität der Schlüsselqualifikationen zur Zielerreichung etwa wie nebenstehend abgebildet aus.

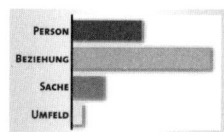

> **KONSEQUENZEN FÜR IHR KEY ACCOUNT MANAGEMENT**
>
> - **Kenntnisse:** Sich mit den eigenen Produkten und Leistungen so weit beschäftigen, dass die wichtigsten Merkmale und Eigenschaften sicher zur Verfügung stehen.
> - **Vorbereitung:** Wichtige Überzeugungsprozesse und Verhandlungen vordenken. Orientiert an den Motiven der Gesprächspartner und flexibel mit individuellem Nutzen argumentieren.
> - **Überprüfen:** An den Reaktionen der Gesprächspartner permanent die eigenen Vorgehensweisen überprüfen und bei Bedarf justieren.
> - **Bewusstsein:** Die eigenen Motive erforschen. Die dadurch entstehenden Prioritäten und Meinungen nicht als Maßstab oder Orientierung für andere anlegen. Aus Sicht der Gesprächspartner denken und argumentieren lernen.

8 Gesprächsstrategien und -Inhalte

> **WAS SIE IN DIESEM KAPITEL ERWARTET**
>
> Je wichtiger der Anlass oder je anspruchvoller das Ziel eines Gesprächs oder einer Verhandlung, umso wichtiger ist es, bestimmte Elemente, Phasen und Inhalte zu planen, etwa vergleichbar einem Schachspieler, der seine Züge und die möglichen Reaktionen vorausdenkt. Dieses Kapitel vermittelt die Chancen und den Sinn, um Zeit in die strategische Vorbereitung wichtiger Gespräche zu investieren.

8.1 Was bringt eine Gesprächsstrategie eigentlich?

Gehen wir in der Zeit weit zurück und hören auf bewährte Erfahrungen: *„Übe dich unablässig darin, deinem Weg zu folgen"*. Dieses Strategieprinzip stammt von Musashi Miyamoto, der in Japan als der größte Samurai betrachtet wird. Er war zunächst bekannt für seine ungestüme Wildheit und Aggressivität. Weil er jedoch manchen Sieg nur knapp für sich verbuchen konnte, wandte er sich immer mehr der Effizienz und dem Verstehen dieser Prozesse zu, um letztlich als Künstler und weiser „Schwertheiliger" zu enden. Die Reflexion vieler Erfahrungen und Empfindungen ließ ihn immer wiederkehrende musterhafte Elemente erkennen, deren Prinzipien er niederschrieb und so auch für andere reproduzierbar machte. Seine Strategie- und Taktikprinzipien finden auch heute noch in Managementlehren, in Verhandlungstaktiken und in Kampfkünsten Anwendung.

Eine Strategie ist ein längerfristig ausgerichtetes planvolles Anstreben einer vorteilhaften Lage oder eines Ziels. Der Begriff stammt aus dem griechischen *„strat-ēgia"* und bedeutet die Kunst der Heerführung oder geschickte Kampfplanung. Strategie beschäftigt sich mit dem, *was* man sinnvollerweise tun sollte, und die Taktik ist dann, *wie* man etwas tut, um ein Ziel zu erreichen.

> **NUTZEN EINER GESPRÄCHSSTRATEGIE**
>
> Eine ziel- und partnerorientierte Vorbereitung für wichtige Gespräche bringt viele Vorteile mit sich:
> - Sie gibt uns Sicherheit und Selbstbewusstsein im Prozess.
> - Sie gibt uns Orientierung, wohin wir steuern sollen.
> - Sie schafft Identifikation und dadurch überzeugende authentische Wirkungsmittel.

> - Sie ermöglicht uns, uns auf die Menschen und den Prozess zu konzentrieren, da die Ziele, die Rollen, die Argumente und Beispiele sowie die Angebote schon vorgedacht sind.
> - Letztlich ermöglichen Strategien zu reflektieren und die so gewonnenen Einsichten in künftigen Aufgaben zu nutzen.

Unsere im Vorfeld des Gesprächs gefasste Einstellung prägt den Verlauf des Gesprächs

Wenn wir jedoch im Vorfeld eines solchen Gespräches davon ausgehen, dass es hier darum geht, zu „*kämpfen*" und den anderen zu „*besiegen*" und Entsprechendes „*in den Wald hineinrufen*", dann schallt auch spürbar wieder „*Kampf*" heraus. Hier erleben wir oft die so viel zitierte „Sich-selbst-erfüllende-Prophezeiung": Unsere Einstellung zum Gesprächspartner könnte eine kämpferische sein: „*Der oder die will mich über den Tisch ziehen*", „*treibt taktische Spielchen mit mir*" oder „*profiliert sich auf Kosten meiner Person …*". Diese Einstellung begleitet uns dann auch ins Gespräch. Jeder Blick, unsere Wortwahl, Betonung und Lautstärke und als Allererstes die Signale unseres Körper in Gestik, Mimik und Motorik suggerieren dem Gegenüber, was wir von ihm und der Situation halten. Das Meiste dieser Botschaften ist uns gar nicht bewusst. Wir „projizieren" den Kampf in den Menschen und die Situation.

Natürlich wird es Reaktionen des Gesprächspartners geben, da diese Signale nicht unbemerkt bleiben. Auch dies findet mehr im Unbewussten des Gesprächspartners statt. Viele können zwar nach einem Gespräch bewusst bewerten, was sie von ihrem Gegenüber halten. Aber zu bestimmen, woran genau dies festgemacht wird, fällt jedoch den meisten schwer. „*Wer Wind sät, wird Sturm ernten*", war der Lieblingsspruch eines kampferprobten Einkaufsleiters.

Der durch unsere unbewusst gesendeten Signale geweckte „Kampfgeist" unseres Gesprächspartners bestätigt dann wiederum unsere Ahnungen und Befürchtungen, die Gespräche eskalieren, wie wir es z.B. häufig in der Konsumgut-Industrie erleben. Ganze Firmenkulturen unterstützen hier den kämpferischen Impetus und die Feindbilder zwischen Handel und Industrie. Junge Key Account Manager lernen von erfahrenen Mentoren: „*Du musst da drin kämpfen, bist du zu schwach, war der andere zu stark!*" Diese „klare" Sicht der Welt ist zwar simpel, aber alles andere als zielführend. Man tritt sich gegenseitig ans Schienbein, obwohl man sich eigentlich gemeinsam überlegen sollte, wie man die Wertschöpfung aus dem Markt holt – und nicht vom Gegenüber. Wer sich freut, ist der Konsument. Und der Profit von Handel und der Industrie wird von Jahr zu Jahr immer geringer, die Fluktuation nimmt dagegen zu …

Vor dem Entwickeln von Strategien die Einstellung zu den betreffenden Menschen überprüfen

Wie die grafische Darstellung der „Sich-selbst-erfüllende-Prophezeiung" in Abbildung 8.1 zeigt, funktioniert dieser Mechanismus mit einer anderen Einstellung auch genausogut im positiven Sinne. Deswegen sollten wir vor dem Entwickeln von Strategien unsere Einstellung zu den betreffenden Menschen überprüfen, den Ursachen für etwaige Vorurteile auf den Grund gehen und unseren Anteil an möglichen Differenzen suchen, denn nur den können wir verändern.

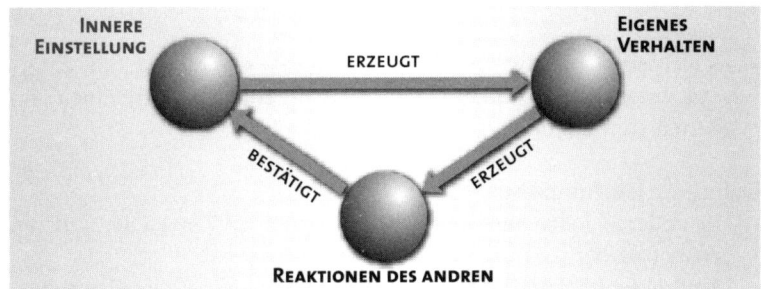

Abb. 8.1: *Unsere innere Einstellung prägt den Verlauf der Kommunikation*

In diesem Zusammenhang taucht auch der Begriff des „inneren Kritikers" auf (siehe Kap. 3.3.6). Ist diese innere Instanz zu stark, neigen wir, wie oben beschrieben, zur Negativ-Projektion. Ist diese Instanz dagegen zu schwach ausgeprägt, dann neigen wir zu Gutgläubigkeit und Naivität. Auch hier ist das Finden der Balance zwischen Effektivität und Humanität (siehe Kap. 1.1 und Abb. 1.1) wieder der „Königsweg".

Die Begriffe „Gespräch" und „Verhandlung" tauchen in diesem Kapitel öfter auf. Sie liegen aus unserer Sicht eng beieinander. Verhandeln, im prinzipiellen Sinne, beginnt, wenn zielorientierte Gesprächspartner die ersten „Eckpfeiler" oder „Positionen" wie Leistungen oder Preise nennen. Dann wird aus Informations- oder Argumentationsgesprächen ein Verhandeln, indem die „Angebote" und „Positionen" hin und her geschoben werden. Bezieht man diese Positionen zu früh, dann läuft man zum einen Gefahr, für die eigene Position Nachteile zu erzeugen, was vom anderen gerne als Vorteil genutzt wird, oder zum anderen, Emotionen zu ernten, die Antipathie oder Aggression erzeugen.

Informations- oder Argumentationsgespräche schlagen schnell in Verhandlungen um

Bevor wir uns den einzelnen Strategie-Elementen genauer widmen, sollten wir uns noch dem prinzipiellen Stil von Gesprächen und Verhandlungen zuwenden.

8.2   Der geeignete Verhandlungsstil

Die Einstellung zu den Menschen und zur Situation bestimmt prinzipiell unser Verhalten und unseren Stil in Verhandlungen. In Verhandlungstrainings sprechen wir vom „kooperativen Verhandlungsstil" oder vom „konfrontativen Verhandlungsstil".

Definition kooperativer Stil
- Beide (alle) Seiten sollen zum Verhandlungsende mit den Ergebnissen zufrieden sein und langfristig daran partizipieren.

- Es herrscht ein ernsthaftes Bemühen, die Interessen und Beweggründe der anderen zu verstehen und bei der Verfolgung der eigenen Ziele so weit wie möglich zu berücksichtigen. Das nennt man auch Interessenausgleich.
- Es werden offene und faire Vorgehensweisen sowie „Taktiken" eingesetzt, die auch dann funktionieren, wenn die anderen sie erkennen und ebenfalls anwenden.

Definition konfrontativer Stil
- Die anderen sollen verlieren. Unser Ziel soll auf Kosten der anderen erreicht werden.
- Der Prozess ist geprägt durch aggressives und manipulatives Verhalten, ohne partnerschaftliche Beziehungsebene. Druck und Gegendruck führen zum Feilschen um Positionen.
- Unfaire Vorgehensweisen und „Taktiken" werden angewandt, die nicht mehr wirklich funktionieren, wenn die anderen sie erkennen und ebenfalls anwenden.

Konsequentes Verfolgen der eigenen Ziele und kooperativer Verhandlungsstil schließen sich nicht aus!

Langfristig lassen sich nur gute Geschäfte machen, wenn beide Seiten gewinnen

Der kooperative Verhandlungsstil berücksichtigt jedoch, dass langfristig nur dann gute Geschäfte gemacht werden können, wenn auch die andere Seite dabei gewinnt. Dies basiert prinzipiell auf gegenseitiger Akzeptanz und intakten Beziehungen. Dies erhöht die Chance, an die wahren Interessen und Beweggründe der anderen heranzukommen und diese möglicherweise mit geringerem Aufwand zu erfüllen, als wenn diese nicht bekannt sind und zu vorgeschobenen Positionen führen. Am Ende eines kooperativen Verhandlungsprozesses steht ein Konsens oder zumindest ein Kompromiss, der beiden Seiten das subjektive Gefühl des Akzeptanz und der momentan größtmöglichen Zielerreichung gibt.

Vier wertvolle Prinzipien für kooperatives und zielorientiertes Verhandeln

Vier wertvolle Prinzipien für kooperatives und zielorientiertes Verhandeln:
- Statt dauernd nur abzulehnen, sage Ja, aber zu deinen Bedingungen.
- Nutze die Frage: „Unter welchen Voraussetzungen wäre ich bereit, der anderen Seite zu geben, was sie will?"
beziehungsweise
„Unter welchen Voraussetzungen wären wohl die anderen bereit, mir zu geben, was ich will?"
- Frage dich permanent: „Welche Interessen und Beweggründe stecken wohl hinter den formulierten Positionen der anderen?"
- Erkläre früh, was nicht verhandelbar ist und warum. Das bringt Klarheit und erhöht die Akzeptanz dieser Punkte.

Zitate bekannter und erfolgreicher Verhandler aus der Geschichte:

*„Werde nicht müde, deinen Nutzen zu suchen,
indem du anderen Nutzen gewährst."*
Marc Aurel

*„Jede Niederlage beginnt damit,
dass man die Positionen des Gegners anerkennt."*
Winston Leonhard Spencer Churchill

Es ist nicht weise, das zu verteidigen, was man ohnehin aufgeben muss."
Niccolo Machiavelli

„Disziplin ist die Mutter des Sieges."
Alexander Wassiljewitsch Suworow

8.3 Die zehn Schlüsselfragen vor dem Entwickeln einer Verhandlungsstrategie

Die nachfolgenden zehn bewährten Schlüsselfragen helfen bei der gedanklichen Vorbereitung von Verhandlungsprozessen. Jedem dieser Punkte werden wir uns im Detail widmen und zusammenfassend auch eine mögliche Form der Strategiedokumentation visualisieren:

VORBEREITUNG VON VERHANDLUNGSPROZESSEN

1. Was sind unsere Ziele und welchen Verhandlungsspielraum haben wir?
2. Was sind wohl die Ziele der Verhandlungspartner, welchen Verhandlungsspielraum haben sie?
3. Wie gehen wir vor, wie verteilen wir die Rollen, wie können wir unsere Flexibilität wahren?
4. Welche Informationen benötigen wir noch von den anderen?
5. Welche Interessen und Motive stecken hinter den bisherigen Positionen der Verhandlungspartner?
6. Inwieweit lassen sich die Interessen und Prioritäten beider Seiten vereinbaren?
7. Wo ist es sinnvoll, Überzeugungsarbeit zu leisten, wo sollten wir uns das sparen und eher einen Vorschlag machen?
8. Welche „Preisschilder" hängen an den einzelnen Verhandlungsgegenständen?
9. Unter welchen Voraussetzungen wären wir bereit, der anderen Seite das zu geben, was sie will?
10. Unter welchen Voraussetzungen wäre wohl die andere Seite bereit, uns das zu geben, was wir wollen?

8.4 Klare Ziele für Orientierung und Handlungswillen

Eine Verhandlung ohne Ziele ist wie ein Hochsprung ohne Latte! Allenfalls könnten wir vielleicht „Haltungspreise" gewinnen. Die Bewertungen wären jedoch nicht objektiv messbar, sie wären sehr subjektiv und schwammig. Ein wirkliches Erfolgserlebnis würde sich kaum einstellen. Das Ergebnis wird nicht von allen mitgetragen, die Orientierung und die Motivation fehlen.

Ein Verhandlungsprozess ohne Ziel und Rahmen ist beliebig

Das erleben wir auch in Verhandlungssituationen. Ein Verhandlungsprozess ohne Ziel und Rahmen ist beliebig. Für Menschen, die sich ungern an Zielen messen oder die flexible Prozessarbeit lieben, wünschenswert. Jedoch besteht die Wirtschaft meist aus faktischen Zielen, Erwartungen und Rahmenbedingungen. Wer in der Wirtschaft als erfolgreich gilt, hat im Vorfeld ehrgeizige Ziele definiert oder bestehende Ziele übertroffen. Der Motor unserer Wirtschaft ist Wachstum, materiell oder immateriell.

Die Vorstellung eines klaren Ziels lässt den nötigen Handlungswillen wachsen, um auch entschlossen zu handeln. Nach dem Handeln entstehen Glücksgefühle, wenn unsere prinzipiellen Beweggründe dadurch bedient wurden. Wir überprüfen sozusagen unbewusst die Wirkung der Zielerreichung in Bezug auf das, was uns bewegt. Ehrgeizige Ziele lassen uns wachsen, sie laden „unsere Batterien" wieder auf für neue anspruchsvolle Situationen. Menschen, die sich bewusst mit Zielen befassen, sind nachweislich erfolgreicher als andere. Ein langjähriger Vertriebschef formulierte die Kehrseite zynisch einmal so: „*Fette Enten fliegen schlecht – und leben mit erhöhtem Risiko!*"

Messbare und motivierende Ziele formulieren

Wie formulieren wir denn Ziele, die messbar und motivierend sind? Drei Faktoren sind für Ziele in Gesprächen und Verhandlungen essenziell:
1. Sie müssen in der Quantität oder/und Qualität genau genug definiert sein:
   - Statt: „*Ich will die künftige Zusammenarbeit klären*", formulieren wir genauer: „*Die zukünftige Zusammenarbeit ist in der Rolle, in der Bedeutung und in der Frequenz definiert und vereinbart!*"
   - Statt: „*Ich will einen Auftrag erreichen*", detaillieren wir das Ziel mit: „*Der Auftrag ist zum minimalen Preis X bei einer maximalen Menge von Y erreicht!*"
2. Sie müssen am Ende des Gesprächs überprüfbar (statisch – mit Ja oder Nein beantwortbar) sein:
   - Statt: „*Zum Jahresende wollen wir erreichen …*", formulieren wir statischer: „*Am Ende dieses Gesprächs ist das Zwischenziel … erreicht!*"
   - Statt: „*Ich gewinne wichtige Informationen*", formulieren wir den Status: „*Alle relevanten Informationen für die Angebotserstellung liegen vor!*"
3. Sie müssen erreichbar und realistisch sein – und sollten sich an übergeordneten Unternehmenszielen und Rahmenbedingungen orientieren:

- Statt: *„Ich will alle Wettbewerber verdrängen …"*, formulieren wir realistisch: *„Am Ende des Gesprächs sind wir entsprechend unserer Marktstellung als Lieferant Nr. 1 akzeptiert!"*
- Statt: *„Die Distribution ist deutlich verbessert"*, orientieren wir uns an den Unternehmenszielen: *„Die Distribution ist auf die definierten Marktanteilswerte von zwölf Prozent vereinbart!"*

Nun ist es wichtig, eigene klare Verhandlungsziele als Orientierung für alle Handlungen zu haben. Aber auch die wahrscheinlichen Ziele und Interessen der Verhandlungspartner sind in der Vorbereitung wichtig. Wenn übergeordnete Ziele ähnlich sind, dann ist die Verhandlung der Teilziele und Maßnahmen nicht schwer. Bei großer Differenz des übergeordneten Ganzen sollte man die Konfliktpotenziale jedoch ernst nehmen. Diese zu verdrängen, funktioniert nur vordergründig. Man dreht sich im Gespräch immer wieder im Kreis oder vereinbart Dinge, die danach nicht realisiert werden. Besser große Unterschiede offen und klar diskutieren, Chancen und Risiken beider Seiten darlegen, um dann nachhaltige Ergebnisse oder Teilergebnisse zu vereinbaren.

Statt Konfliktpotenziale zu verdrängen oder „auszusitzen", sollten wahrscheinliche Differenzen offen angesprochen werden

Die alte „Strategie des Aussitzens" funktioniert in der aktuellen dynamischen und eher kurzfristigen Zeit kaum noch. Die ignorierten Zieldifferenzen fallen uns täglich „zwischen die Füße", beeinflussen und lähmen ganze Systeme, stellen Kompetenzen und Werte ganzer Unternehmen infrage.

8.5 Deadlines und Auszeiten einplanen

„Innere Deadlines" sind im Vorfeld festgelegte faktische Grenzen, in denen der KAM – wenn die Situationen eintreten – eine kurze Auszeit nimmt oder das Gespräch ganz vertagt.

Im Vorhinein festlegen, wann eine Schmerzgrenze erreicht ist und eine Auszeit genommen werden sollte

Der Nutzen dieser vorgedachten (oder im Tandem vereinbarten, siehe Kap. 8.6) „Schmerzgrenzen" ist mehr Gelassenheit in kritischen Situationen durch die innere Vorwegnahme negativer Szenarien. Es ist so besser möglich, wieder Distanz zum schwierigen Prozess zu gewinnen, Emotionen oder Aggressionen abzubauen, durchzuatmen, klarere Entscheidungen trotz emotionaler Beeinträchtigungen oder Beeinflussungen zu treffen.

Die Vermeidung schmerzhafter und übereilter, nicht verantwortlich kalkulierter Sofortentscheidungen ist wahrscheinlicher.

Wichtig beim Einsatz von Deadlines: Die Unterbrechung oder der Ausstieg muss für die Gesprächspartner nachvollziehbar und (bei Interesse) die Fortsetzung des Gesprächs gewährleistet sein.

Beispiele für geeignete Formulierungen kurzer Auszeiten sind:

Auszeiten legitimieren

- *„Das muss ich noch genauer mit unserer Fachabteilung abklären, geben Sie mir fünf Minuten und wir können das anschließend sicherer entscheiden."*

- „Das sind veränderte Voraussetzungen, die ich kurz intern abstimmen muss. Wir können nach einem kurzen Telefonat effektiver weiterverhandeln."
- „Lassen Sie mich die Lieferfähigkeit kurz telefonisch absichern, um Ihnen anschließend ein sicheres Angebot machen zu können."

Nutzenorientierte Gesprächsvertagungen

Beispiele für geeignete Formulierungen von Gesprächsvertagungen sind:
- „Das möchte ich im Detail mit unserer Fachabteilung klären. Gerne nehme ich Ihr Anliegen mit und wir können das im Anschlusstermin endgültig entscheiden."
- „Das sind veränderte Voraussetzungen, die ich so nicht vorbereiten konnte. Wir können in einem neuen Termin für beide Seiten effektiver weiterdiskutieren."
- „Lassen Sie mich die Lieferfähigkeit intern definitiv absichern, um Ihnen in einem neuen Termin ein geeignetes Angebot machen zu können."

Es ist besser, noch zu Klärendes offen anzusprechen als sich unter Druck setzen zu lassen

Abschließend zum Thema „Auszeiten" ist es besser, offen über „noch zu Klärendes" zu sprechen, als sich in Verhandlungen unter Druck setzen zu lassen. Das „Rumeiern" ohne erkennbare Kompetenz und ohne klares Ziel schadet dem Vertrauen und der eigenen Reputation mehr, als es nützt! Erfahrene Verhandlungspartner haben feine Antennen für Inkompetenz, Unsicherheiten und Labilität, sie nutzen diese taktisch gezielt aus.

8.6 Rollenabstimmung in Verhandlungen im Tandem

Wenn wir Verhandlungen alleine führen, dann sind wir sozusagen „Generalisten". Wir füllen alle notwendigen Rollen (vergleichbar den Beziehungs-Modi, siehe Kap. 5.1) selbst aus. Wir achten sowohl auf die absichtsvolle Zielerreichung als auch auf den partnerschaftlichen Kontakt zu den Gesprächspartnern, um Prozesse intakt zu halten und Kompromisse zu ermöglichen. Dieser Anspruch ist hoch und dennoch leisten wir ihn nahezu jeden Tag.

Rollenteilung entlastet und macht Verhandlungen effektiver

Wenn wir dagegen in Tandems oder mit mehreren Kollegen einer Gruppe von Verhandlungspartnern gegenübersitzen, dann haben wir die Chance, uns zu entlasten, uns auf eine dieser Rollen zu konzentrieren und zu spezialisieren. Für anspruchsvolle und komplexe Verhandlungen ist das empfehlenswert.

Für die Rolle des Zielorientierten, Absichtvollen, Hartnäckigen und faktisch Aufmerksamen wird häufig der Begriff „Aggressor" verwendet. Das heißt jedoch nicht, dass man das mit spürbarer Aggressivität machen soll. Respektvoll und klar erinnert der „Aggressor" an Fakten, an strategische Punkte und an Ziele der Verhandlung. Er ist mehr der Vertreter der Effizienz. Er wacht über die Balance von Leistung und Gegenleistung.

Der „Aggressor" wacht über die Balance von Leistung und Gegenleistung

Für die Rolle des vermittelnden, partnerschaftlichen und verbindenden Parts hat sich der Begriff des „Vermittlers" etabliert. Er sichert Kompromissbereitschaft, erinnert an Gemeinsamkeiten, spricht gemeinsame Interessenfelder gezielt an und „baut Brücken", über die andere ohne „Gesichtsverlust" gehen können. Er sorgt auch für nötige Pausen und Auszeiten.

Der „Vermittler" sichert Kompromissbereitschaft und baut Brücken

Im Rahmen der Strategieplanung kann man die entsprechenden Elemente und Phasen denjenigen Personen zuordnen, die die dafür erforderliche Rolle von ihrer Persönlichkeit her am besten ausfüllen können. Zeitliche Zuordnungen haben sich nicht bewährt, da die Prozesse nicht immer so laufen, wie wir es gerne hätten. Themen, die Kontakt und Verbindungen herstellen, übernimmt der Vermittler. Themen, die Positionen und Gegenleistungen beinhalten, übernimmt mehr der Aggressor. Empfehlenswert ist es, die Rollen nur selten zu wechseln, sonst entsteht Orientierungslosigkeit bei den Verhandlungspartnern oder der Einfluss und die Wirkung reduzieren sich.

Generell sollte die jeweilige Rolle in erster Linie der Persönlichkeitsstruktur entsprechen und in zweiter Linie der Funktion oder der Hierarchie des Rollenträgers. Es kostet eine logische, rationale und leistungsmotivierte Person viel Energie und auch Überwindung, die Rolle des Vermittlers authentisch zu leben. Das beginnt schon bei der eingeschränkten Wahrnehmung früher Signale für Dissonanzen und Beziehungsstörungen. Umgekehrt fällt es natürlich einer sozialmotivierten, harmonieorientierten und sensiblen Person schwer, ungeliebte oder konflikträchtige Fakten und Forderungen in den Raum zu stellen.

Generell sollte die jeweilige Rolle in erster Linie der Persönlichkeitsstruktur entsprechen

Diese beiden Rollen können wie ein „Gegentaktverstärker" die Leistung in Verhandlungen erhöhen. Voraussetzungen für die Funktionstüchtigkeit der Rollen im Zusammenspiel sind:

Voraussetzungen für die Funktionstüchtigkeit der Rollen im Zusammenspiel

So funktioniert Ihr Tandem

- **Permanenten Blickkontakt zum Kollegen halten,** um Unterstützung und Rollenverteilung leisten zu können.
- **Schnelle und impulsive Reaktionen vermeiden.** Wenn einer der beiden stark emotionalisiert ist, tritt der Ruhigere in den Vordergrund. Die Zielorientierung leidet am meisten durch emotionale „Nebenkriegsschauplätze". Je mehr Energie Ärger oder Aggression einnehmen, desto geringer wird unsere Fähigkeit, zielorientiert und rational zu sein.
- **Unterstützung des Partners erkennen und auch annehmen.** Selbst, wenn wir uns so richtig im „Element" fühlen, dem Kollegen die Chance des Mitwirkens geben. Es passiert nicht selten, dass der „unterdrückte" Kollege sich entweder ganz „ausklinkt" oder sogar die Positionen der Verhandlungspartner unterstützt.
- **Sich die Zielorientierung immer wieder vor Augen führen.** Sich die gemeinsam vorgedachten Ziele und Deadlines öfters vor Augen führen, notfalls dem Kollegen einen „zarten" Hinweis geben.

8.7 Die Elemente der Verhandlungsführung

Wenn die Zielsetzung und die Rahmenbedingungen stehen, können wir uns an die Details, die einzelnen Elemente der Gesprächs- oder Verhandlungsführung machen. Die nachfolgenden Elemente oder Phasen finden nicht immer in dieser Reihenfolge statt:
- Eröffnung
- Informationsgewinnung oder -absicherung
- Argumentation / Vorschläge / Präsentationen
- Widerstände / Forderungen
- Abschluss, Vereinbarungen, weitere Schritte

Die ersten Elemente, Eröffnung bis Argumentation, sind am besten von uns als Verhandlungsführer zu steuern. Jedoch können bereits schon nach der Eröffnung Forderungen oder Widerstände auftauchen.

8.7.1 Die Eröffnung

Ziel dieser Phase ist die Kontaktaufnahme, die Herstellung der „Augenhöhe", die geeignete Stimmung als Sockel der weiteren Phasen.

Hier zählen Authentizität und Offenheit mehr als manipulative Techniken

Es gibt Erfahrungswerte, Techniken oder Methoden, um diese Ziele bewusst zu erreichen. Jedoch zählen hier Authentizität und Offenheit mehr als manipulative Techniken. Unsere Gesprächspartner merken intuitiv schnell, ob wir wirklich Interesse haben oder etwas nur als taktisches Element „benutzen".

Schon der erste Eindruck stellt die entscheidenden Weichen für Gelingen oder Misslingen

Die Eröffnung beginnt mit der kurzen Phase der Begrüßung. Trotz der Kürze vermittelt die Art der Begrüßung sehr viel über das Selbstbewusstsein und die Beziehung zwischen den Gesprächspartnern. Ein offener und stabiler Blick, gepaart mit einem selbstbewusstem Händedruck, suggeriert menschliche „Augenhöhe". Keines dieser beiden „Signale" sollte man jedoch übertreiben, sonst signalisiert man eher eine hierarchische Einstellung, „Kampf" oder „Aufforderung zum Tanz". Vermiedener Blickkontakt oder ein Händedruck, der eher daran erinnert, einen „toten Vogel" in der Hand zu halten, vermittelt Unsicherheit, Unterwürfigkeit, Ängste, Desinteresse oder Antipathie. Vor allem bei großen oder kräftigen Personen erwartet man spürbare Signale.

Auch die Haltung der Arme gibt Aufschluss über die Beziehung. Ein angewinkelter heranziehender Arm suggeriert je nach entsprechender zugehöriger Mimik, *„Komm her, ich will Nähe"* oder, *„Komm her in den Schwitzkasten"*. Ausgestreckte Arme beim Händedruck signalisieren eher Respekt, Vorsicht oder Distanz.

In anderen Kulturkreisen außerhalb Deutschlands gibt es andere Begrüßungsrituale. Von herzhaften Küsschen während enger Umarmung, über starke Verbeugungen, bis zu maskenhaft distanziertem Nicken ist alles vertreten. Hier dürfen wir nicht unsere deutschen Maßstäbe für die Bewertung heranziehen, sondern müssen uns mit den Hintergründen und Signalen anderer Kulturen intensiv auseinandersetzen, um zu verstehen.

Wir wären vor einer Verhandlung mit asiatischen Gesprächspartnern beinahe bös ins „Fettnäpfchen" getreten. Da hier bei der Begrüßung häufig kleine Geschenke überreicht werden, hatte ich praktische kleine Reisewecker verpacken lassen. Dies hätte in dieser Kultur jedoch so etwas Ähnliches bedeutet wie: *„Deine Zeit ist abgelaufen!"* Zum Glück fragte ein erfahrener Kollege vor der Begrüßung, was in den hübschen Päckchen drin wäre und wir zauberten so schnell es ging, andere „Mitbringsel".

Ein anderes kritisches Praxisbeispiel erlebte ich Jahre später in einem Coaching-On-the-job. Wir kamen gemeinsam ins Besprechungszimmer des Kunden und der KAM fragte nach flüchtigem Blick und Händedruck ritualisiert: *„Und, wie geht Ihnen heute ... ?"* Der Kunde machte eine sorgenvolle Miene und murmelte etwas von Magenschmerzen, griff sich an den Bauch und meinte, dass er irgendetwas dagegen nehmen müsse. Das bekam der KAM jedoch gar nicht mit, da er zum gleichen Zeitpunkt seine Besprechungsunterlagen aus der Tasche kramte und konzentriert nach seinem Stift suchte. Seine wenig beziehungsfördernde Reaktion war: *„Freut mich! Dann sprechen wir doch mal über..."* Die Reaktion des Kunden war zunächst überrascht und dann zunehmend distanziert und kritisch. Er hörte kaum zu und brachte viele Bedenken während der Argumentationsphase. Dieses Gespräch war durch keine nachfolgende Phase mehr zu „retten".

Und doch helfen uns ein paar Erfahrungswerte, diese Phase kreativ und partnerorientiert zu gestalten. Vier Themenbereiche eignen sich prinzipiell zur Eröffnung. Hier ein paar Beispiele:

Vier Themenbereiche für einen förderlichen Einstieg

Person des Kunden	**Unternehmen des Kunden**	**Spezieller Markt, Branche**	**Eigene Person oder eigenes Unternehmen**
Gemeinsamkeiten	Veränderungen	Fusionen	Veränderungen
Besonderheiten	Veröffentlichungen	Veröffentlichungen	Veröffentlichungen
Auffälligkeiten	Entwicklungen	Börsendaten	Entwicklungen
Interessantes	Auffälliges	Wettbewerber	Auffälligkeiten
Interessen	Besonderheiten	Neuheiten	Besonderheiten
Erlebtes	Neues	Messen	Neuheiten
Feed-back	Erfolgsstorys	Neue Produkte	Persönliches
Persönliches	...	...	...
Familiäres			
...			

Wichtig dabei ist zum einen das Interesse der Gesprächspartner und weniger unser eigenes – und zum anderen die Form, wie das Thema angesprochen wird. Hier eignet sich am besten die offene Frageform (siehe auch folgendes Kapitel), um den Dialog anzuregen und weniger den Monolog. Die Gesprächseröffnung, *„Letztens erwähnten Sie anstehende organisatorischen Veränderungen in Ihrem Unternehmen. Was bedeutet das denn für Sie in Ihrer Funktion?"*, erhöht die Chancen für einen interessanten Dialog. Dagegen ist der Gesprächseinstieg: *„Die letztens von Ihnen erwähnte Veränderung im Unternehmen fand ich interessant. Ich muss Ihnen da mal was erzählen, dauert auch nicht lange ..."*, weniger förderlich. Meistens reagieren die Kunden nach einigen Minuten mit deutlichen Steuerungsversuchen „ins Geschäft".

Persönliche Themen sollten sensibel gehandhabt und gesteuert werden

Themen, die die Person selbst betreffen, sind dem Kontakt zwar meist sehr förderlich, sollten jedoch auch sensibel abgeschätzt und eingesetzt werden.

Die Länge dieser ersten Phase ist nicht prognostizierbar. Sie ist zum einen vom gesamten Zeitrahmen abhängig, aber auch vom Interesse und von den Beziehungen der Anwesenden. Manchmal reichen einige wenige Minuten zur Kontaktaufnahme, um eine geeigneten Stimmung zu schaffen, und manchmal muss man nach einer interessanten, aber Zeit fressenden Sequenz bewusst, aber sanft in die eigentliche Zielsetzung des Gesprächs steuern.

Gerade an den Reaktionen während des Übergangs zur nächsten Phase wird uns deutlich, welche Bedeutung diese Einstiegsphase für den jeweiligen Gesprächspartner hatte und welche Wahrnehmungen er dabei machte. An den Mienen der Beteiligten kann man buchstäblich ablesen, wenn die Überleitung aus der Eröffnungsphase zu abrupt erfolgt ist.

In internationalen Kontexten erleben wir nach einem ritualisierten *„How is it?"* häufig ein mechanisches *„O.k., then let's talk about ..."*, egal, was man antwortet. Hier entsteht die Frage: Hatte der Gesprächspartner eigentlich überhaupt ein ehrliches Interesse am Gegenüber?

8.7.2 Die Informationsgewinnung oder -absicherung

Wer die Interessen, Beweggründe und Prioritäten seiner Gesprächspartner nicht kennt, verschenkt Chancen

Die Phase der Informationsgewinnung in Verhandlungen wird häufig unterschätzt. Um Hintergründe zu erfahren, eigene Argumente zu überprüfen, Vorschläge oder Positionen zum richtigen Zeitpunkt zu nennen, ist die Informationsgewinnung essenziell. Wenn wir die Interessen, Beweggründe und Prioritäten unserer Gesprächspartner nicht kennen, beziehen wir falsche Positionen, machen unpassende Vorschläge oder wir bringen sie zu einem falschen Zeitpunkt ein. An der Reaktion unserer Verhandlungspartner erkennen wir schnell, ob wir mit unserem Vorschlag zu früh, zu niedrig oder zu hoch lagen. Dann ist es jedoch zu spät, denn diese Position können wir ohne „Gesichtsverlust" nicht mehr rückgängig machen.

Vielleicht kennen Sie die Situation beim Erwerb eines Gegenstands, dessen Preis Verhandlungssache ist, wie zum Beispiel ein gebrauchtes

Auto. Wir nennen als Käufer früh in der Verhandlung unsere Preisvorstellung. Der Verhandlungspartner sagt mit erhellter Miene sofort zu. Da beschleicht einen schon mal das Gefühl: *„Hier warst du zu schnell oder mit dem Auto stimmt vielleicht etwas nicht".*

Schon vorhandene Informationen über das Unternehmen des Kunden, über die bisherigen Ergebnisse oder über die Personen, die relevant für die Strategie sind, sollten nach Möglichkeit auch noch einmal abgesichert werden. In der heutigen schnelllebigen Zeit hat immer weniger wirklich Bestand! *Immer für aktuelle Informationen sorgen*

Wie schon in der Eröffnung erwähnt, eignen sich unterschiedliche Fragen für unterschiedliche Ziele oder Situationen. An dieser Stelle möchten wir Ihnen jedoch ersparen, alle möglichen Fragearten aufzuzählen und zuzuordnen. Die wichtigste Unterscheidung aus unserer Erfahrung ist:

Will man Informationen und Hintergründe erfahren oder will man Entscheidungen oder Informationen absichern?

Um Informationen, Hintergründe, Handlungsmotive, Interessen und Meinungen zu erfahren, eignen sich „offene Fragen" oder „W-Fragen". Viele Teilnehmer unserer Trainings und Coaching kennen diese Frageform und doch findet sie bewusst wenig Anwendung. Offene Fragen sind wie ein „Informationsbagger", sie regen den Dialog mit unseren Gesprächspartnern an und lassen auch einen Informationstransfer zu, den wir gar nicht erfragt haben. Der Name „W-Fragen" weist schon darauf hin, wie wir solche Fragen bewusst formulieren, da alle Fragewörter mit „W" beginnen: „wie", „was", „wer", „womit", „wohin", „warum", „wodurch" ... Wenn eines dieser Fragewörter am Anfang der Fragen steht, ist die Wahrscheinlichkeit hoch, dass es sich um diesen „Informationsbagger" handelt. *Um Informationen, Hintergründe, Handlungsmotive, Interessen und Meinungen zu erfahren, eignen sich „offene Fragen"*

Im Falle von Zeitknappheit oder bei notorischen Vielrednern sollten wir diese Frageart jedoch dosiert anwenden, da sie dazu einlädt, „weit auszuholen".

Zusätzlich ist diese Frageart ein elegantes Steuerungsinstrument, um Dialoge wie durch eine „Drehscheibe" zu verändern. Nutzen wir die Wortwahl unserer Gesprächspartner dazu, vermitteln wir auch noch Wertschätzung, da wir wirklich zugehört haben. Viele Gesprächspartner suchen gute Zuhörer, die wenigen, die es noch gibt.

Beispiele für offene Fragen:
- Direkt: *„Was halten Sie persönlich von diesem Konzept?"*
- Indirekt: *„Wer außer Ihnen entscheidet denn dieses Projekt noch mit?"*
- Absichernd: *„Welche Veränderungen haben sich in Ihrem Unternehmen seit unserem letzten Gespräch ergeben, die wichtig für unsere Zusammenarbeit sind?"*
- Motivforschend: *„Was muss denn ein neuer Partner für Sie leisten, um interessant zu sein?"*

- Steuernd: „*Sie sprachen eben von Unternehmenszielen. Wo liegen denn Ihre persönlichen Prioritäten und Möglichkeiten in diesem Projekt?*"
- Hinterfragend: „*Wenn die Entscheidung zurzeit nicht getroffen werden kann, von welchen Kriterien hängt die Entscheidung denn prinzipiell ab?*"

Geschlossene Fragen dienen der Absicherung oder der Herbeiführung von Entscheidungen

Die andere große Fragefamilie sind „geschlossene Fragen" oder auch „taktische Fragen". Wer diese Frageart benutzt, will eigentlich wenig Hintergrund oder Information, sondern seine eigene Meinung und Ahnung absichern oder eine Entscheidung beim Gegenüber erwirken. Diese taktischen Fragen beginnen mit Verben oder Hilfsverben wie „*haben*", „*wollen*", „*würden*", „*darf es ...*", „*ist es richtig, dass ...*". Wir erwarten ein „*Ja*" oder ein „*Nein*", beziehungsweise eine komprimierte Bestätigung wie „*Das ist richtig*".

In Situationen mit komplexen Inhalten empfiehlt es sich, diese Fragen als zusammenfassendes Element einzusetzen, um das eigene Verständnis zu überprüfen. Wir komprimieren die wichtigsten Informationen und sichern mit einer geschlossenen Frage die Richtigkeit ab: „*Als wichtigste Elemente habe ich verstanden ..., habe ich etwas Relevantes vergessen?*"

Beispiele für geschlossene Fragen:
- Direkt: „*Entsprechen diese Konditionen Ihren Vorstellungen?*"
- Indirekt: „*Haben wir etwas Wichtiges im Angebot vergessen?*"
- Absichernd: „*Sind alle Informationen vorhanden, um in diesem Gespräch eine Entscheidung zu fällen?*"
- Steuernd: „*Sind Sie einverstanden, wenn wir vor den Konditionen noch einmal über die Lieferzeiten sprechen?*"
- Alternativ: „*Wollen Sie eine schnelle Lösung oder ziehen Sie die maßgeschneiderte Version vor?*"
- Suggestiv: „*Erkennen Sie die ertragreichere Lösung derzeit auch als die sinnvollere Variante an?*"

Prinzipiell hängt die Bereitschaft, dem Verhandlungspartner Informationen zu geben, von der intakten Beziehung, vom Rollenverständnis und vom Verhandlungsstil ab. Auch auf die klügsten Fragen erhalten wir nur substanzlose Floskeln, wenn unser Verhandlungspartner keinen Nutzen darin sieht oder ihn Antipathie zum „Mauern" verleitet.

Bei der Bearbeitung heikler Themenbereiche sollten die entsprechenden Fragen ausreichend legitimiert werden

Wir können jedoch bei sensiblen Themen oder in kritischen Verhandlungssituationen die Verhandlungspartner animieren, uns eine verwertbare Antwort liefern zu wollen. Wir nennen dieses präventive Vorgehen „Fragen legitimieren". Beim Risiko, dass sich ein Gesprächspartner ausgefragt oder manipuliert fühlen könnte, sollten wir vor der eigentlichen Frage einen nutzenorientierten „Puffer" formulieren wie: „*Ich möchte Ihnen nur Angebote machen, die auch wirklich relevant für Sie sind. Dazu benötige ich jedoch noch ein paar Informationen von Ihnen.*" Eine Alternative ist: „*Ich weiß, wir stehen unter Zeitdruck, gerade deshalb helfen Sie mir* noch mit ein bis zwei Informationen, um das Wesentliche selektieren zu können." In Situationen mit Wettbewerbern kann man die Offenheit auch mit einem Vorspann fördern wie: *„Ich kann mir denken, dass diese Informationen sensibel sind. Aber ich denke, wir können uns beide viel Aufwand sparen, wenn Sie mir eine Größenordnung nennen, wie weit wir von Ihren Vorstellungen weg liegen?"*

Eine weitere bewährte Methodik für den Erhalt schwieriger Informationen ist das so genannte „Trichtern". Stellen Sie sich vor, wir befinden uns in einer Quizsendung und die Aufgabe besteht darin, eine berühmte Persönlichkeit der Gegenwart herauszufinden. Die meisten tasten und stochern sich mit geschlossenen Fragen heran, um die eigenen Ideen zu selektieren oder zu klären; etwa: *„Ist es eine Person aus der Politik?"* oder *„Hat man über diese Person in letzter Zeit etwas Wichtiges lesen können?"* Das ist ein mühsamer und langwieriger Prozess. Er benötigt oft zehn bis 20 Fragen, um das Ziel zu erreichen.

Besser wir öffnen den „Trichter" mit einer selektierenden offenen Frage: *„Aus welchem Bereich kommt die Person?"* Wir erhalten dann in der Regel eine Antwort, die alle anderen Bereiche ausschließt: *„Aus der Politik!"*. Jetzt geht es beim Trichtern darum, den Trichter nicht mehr zu verlassen und die erhaltenen Begrifflichkeiten direkt mit offenen Fragen weiter zu verwenden und etwas mehr einzuzuengen; etwa: *„Welche bekannteste Funktion in der Politik bekleidete diese Person?"* Wir erhalten den nächsten entscheidenden Hinweis: *„Bundespräsident"*. Nun müssen wir den Trichter nur noch etwas mehr einengen und fragen: *„Von wann bis wann war die Person im Amt?"* und wir dürften am Ziel sein (vorausgesetzt, unsere Allgemeinbildung reicht in diesem Fall aus).

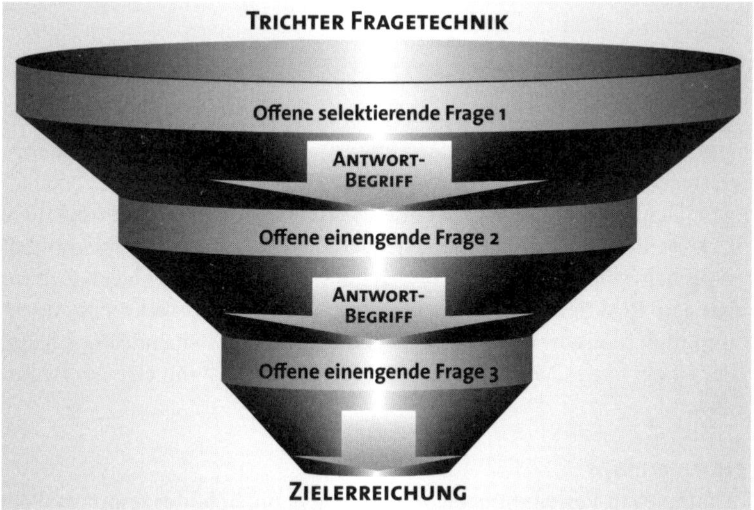

„Fragetrichter": Mit einer selektierenden offenen Frage beginnen und den Fokus dann langsam einengen

TRICHTER FRAGETECHNIK

Offene selektierende Frage 1

ANTWORT-BEGRIFF

Offene einengende Frage 2

ANTWORT-BEGRIFF

Offene einengende Frage 3

ZIELERREICHUNG

Abb. 8.2: Durch „Trichtern" kommt man schnell an sensible Informationen

Diese Methodik hilft, schnell und sicher an wichtige und auch sensible Informationen zu kommen. Mit etwas bewusster Übung benötigen wir maximal drei bis vier Fragen, um unsere Frageziele zu erreichen.

8.7.3 Argumentation / Vorschläge / Präsentationen

Kapitel 7 *„Beweggründe entdecken und bedienen"* beschäftigt sich intensiv mit dem Thema motivorientierter Argumentation. Deswegen beschränken wir uns hier zum Thema Argumentation auf den Hinweis, sich auf die drei bis vier relevantesten Argumente zur Erreichung des Gesprächsziels zu konzentrieren. Hierbei die Motive und den Nutzen der Gesprächspartner als Orientierung verwenden. Hilfreich ist hier immer die grundlegende Frage: *„Was könnte die Verhandlungspartner prinzipiell bewegen, um uns zum Ziel zu folgen oder uns zu geben, was wir benötigen?"*

Vorschläge machen

Wenn sich die Argumentation im Kreis dreht, durch geschickte Vorschläge den Prozess vorantreiben

Sie kennen sicher die Gesprächssituation, wo sich beide Gesprächspartner buchstäblich in der „Argumentationsbadewanne" im Kreis drehen, ein Argument für die Zusammenarbeit ergänzt das vorherige, aber das Gespräch bewegt sich nicht so richtig weiter. Hier strukturieren passende eigene Vorschläge das Gespräch in die eigene Richtung und bringen die Verhandlung konsequent voran. Machen Sie vor dem Hintergrund ausreichender Informationen selbst den ersten Vorschlag, es sein denn, eine realistische Einschätzung ist nicht möglich. Bauen Sie die Interessen der anderen Seite idealerweise in Ihre Vorschläge mit ein. In Verhandlungssituationen ist ein realistisch konkreter Vorschlag mit anschließender nur noch moderater Bewegung glaubwürdiger, als plötzliche große Sprünge, die nicht wirklich nachvollziehbar sind. Bessern Sie Ihre Vorschläge durch Dazu- oder Wegnehmen der „Verhandlungsmasse" entsprechend nach.

Vorschläge entgegennehmen

Auch zunächst inakzeptable Vorschläge Ihrer Verhandlungspartner erweitern Ihren Informationshintergrund

Unterbrechen Sie auf den ersten Blick inakzeptable Vorschläge Ihrer Verhandlungspartner nicht, sondern hinterfragen Sie diese: Welche Interessen stecken hinter dem Vorschlag? Diese Frage sollte uns immer beschäftigen. Denn oft können wir zwar den Vorschlag oder die Forderung nicht direkt bedienen, möglicherweise jedoch das prinzipielle Interesse anderweitig befriedigen. Nehmen Sie sich bei erhaltenen Vorschlägen Zeit für überlegte Reaktionen wie: Zustimmung, Schweigen, respektvolle Ablehnung, diplomatische Gegenvorschläge oder darauf aufbauende Vorschläge. Hier ist ein hartes Nein wieder destruktiver als ein Ja mit eigenen Bedingungen.

Präsentationen

In komplexen Verhandlungen oder in so genannten Jahresgesprächen der Konsumgut- oder Investitionsgutindustrie sind auch Präsentationsparts

Teil der Gespräche und Verhandlungen. Wenn möglich, sollten wir unsere Verhandlungspartner zuerst präsentieren lassen, damit wir deren Prioritäten und Kerninformationen in unsere eigene Argumentation und Präsentation einbinden können.

Generell kann man in Präsentationen über alles reden, aber nicht über 45 Minuten! Gerade die heute üblichen Notebook-Präsentationen über Video-Beamer sind bei Überlänge sehr ermüdend und vor allem distanzierend. Die kreativen Präsentationsmöglichkeiten der heutigen Computertechnik in Ehren, aber der persönliche Bezug zu den Verhandlungspartnern reißt oft spürbar ab, wenn die Form vor dem Inhalt und den Präsentatoren steht.

Die Notebook-Präsentation sollte nicht zulasten des persönlichen Kontakts ausufern

Im Schnitt wird über ein Chart zirka 1,5 Minuten gesprochen. Demnach wird es nach dem zwanzigsten Chart schon kritisch und nach dem dreißigsten Chart langsam ungemütlich. Hier ist die Konzentration auf das Wesentliche sehr willkommen.

Bewährt hat sich eine gedankenführende Dramaturgie „vom Allgemeinen zum Speziellen" oder „vom Gesamtmarkt zum speziellen Markt, zum speziellen Kunden und zur speziellen Warengruppe oder Leistung" – mit klaren resultierenden Zielen. Auch dialektische Elemente wie „These – Antithese – Synthese", oder „Gegenposition – eigene Position – Begründung – Konklusio" hilft bei anspruchsvollen Präsentationszielen.

Eher kritische Erfahrung haben wir mit Präsentationen vor Einkäufern erlebt, die hauptsächlich herausragende Erfolgsstorys und „Muskelspiel" vermittelten. Die Forderungen der Einkäufer stiegen gleichermaßen mit den präsentierten „Superlativen". Denn, wenn irgendwo etwas zu holen war, dann bei dieser „erfolgreichen Firma".

Aufmerksam sollte man sein, wenn man bestehende Präsentationen für ähnliche Zwecke „überarbeitet", damit die Verhandlungspartner nicht in der Präsentation feststellen müssen, dass nicht alle Begriffe, Zahlen oder Logos überarbeitet wurden. Dies signalisiert dem Verhandlungspartner mangelnde Wertschätzung.

8.7.4 Die Königsdisziplin: Der Umgang mit Widerständen und Forderungen

In dieser Phase von Verhandlungen zeigt sich die Kompetenz als souveräner KAM am deutlichsten. Ruhe statt Impulsivität, hinterfragen statt gegenargumentieren, Diplomatie statt Kampfansage zeigen den Standort, wenn es wirklich darauf ankommt. Die Hintergründe von geäußerten Widerständen können sehr vielschichtig sein.

Widerstände

Hinter dem klassischen Widerstand, „*Das ist zu teuer!*", können zahlreiche Ursachen stecken, wie:
- Desinteresse
- Fehlende oder falsche Informationen

Der Klassiker: „Das ist zu teuer!"

- Antipathie, Beziehungsstörungen
- Echter faktischer Vergleich
- Lust am Verhandeln
- Zeitnot
- Unpassende Lösung / unpassendes Angebot
- Verteidigung der bisherigen Positionen oder Entscheidungen
- Missverständnisse
- …

Echter Einwand oder taktischer Vorwand?

Die Liste lässt sich sicher fortführen. Aber handelt es sich nun um einen echten Einwand oder bloß um einen taktischen Vorwand? Wir können es nur ahnen, vorausgesetzt unsere Emotionen lassen überhaupt genügend rationales Denkpotenzial übrig.

Liegt die Ursache mehr auf der Beziehungsebene, machen argumentative „Entkräftungsversuche" ohnehin keinen Sinn. Die Verhandlungspartner bringen neue Widerstände oder bekräftigen die bisherigen und drücken so ihren Unmut aus. Liegt die Ursache aber auf der Sachebene, wissen wir ohne Details auch nicht, woher „der Wind genau weht". Auch die viel genutzten „Ja, aber …"-Formulierungen erzeugen eher weitere Widerstände und Antipathie. Also bleibt nur der „gedankliche Sidestep" statt der schnellen Impulsreaktion mit anschließendem offenen Hinterfragen der Ursachen.

Zu geeigneten offenen Fragen haben wir schon in Kapitel 8.7.2 etwas geschrieben. In dieser schwierigen Phase sollten wir jedoch bestimmte offene Fragewörter vermeiden: „*warum*", „*wieso*" und „*weshalb*". Diese Fragewörter animieren unsere Gesprächspartner nämlich, ihre Widerstände zu bekräftigen und zu ergänzen. Das hilft nicht wirklich weiter und führt noch mehr in das spätere „*Nein!*".

Welche alternativen Fragen sind denn nun geeignet, den oben zitierten Klassiker „ … *zu teuer!*" auszuhebeln?
- „*Sie haben vermutlich einen Benchmark. Womit haben Sie unser Angebot denn verglichen?*"
- „*Wie weit liegen wir denn von Ihrer aktuellen Vorstellung weg?*"
- „*Was, außer dem Preis, wäre denn noch wichtig für Ihre Entscheidung?*"
- „*Wenn wir uns Ihren Vorstellungen annähern, welche Chancen hätten wir denn auf eine heutige Entscheidung?*"
- „*Um Ihre Äußerung zu verstehen, welche Leistungen verbinden Sie denn mit diesem Preis?*"
- „*Mir liegt viel an einer Zusammenarbeit. Wo könnten wir Ihrer Meinung nach im Angebot abspecken?*"
- „*Um unsere Möglichkeiten für die Preisgestaltung abschätzen zu können, welchen Posten im Angebot meinen Sie konkret?*"

Fakten deuten auf einen aus Sicht des Gegenübers berechtigten Einwand hin

Derartige Fragen können uns den Hintergründen eines formulierten Widerstandes näherbringen. Erhalten wir Fakten, dann war es vermutlich ein aus Sicht der Verhandlungspartner berechtigter Einwand.

Bleiben die Antworten dagegen unklar und allgemein, ist die Wahrscheinlichkeit eines Vorwandes oder einer Beziehungsstörung höher. In diesem Fall haben wir nur eine nachhaltige Chance, diesen „Schleifen" zu entgehen, wenn wir unsere Eindrücke respekt- und verständnisvoll thematisieren: *„Ich persönlich habe momentan den Eindruck, noch nicht am tatsächlichen Kern Ihrer Überlegungen zu sein. Was haben wir denn bis hier versäumt oder übersehen?"* Klarheit ist für intakte Beziehungen essenziell. Eine Ich-Botschaft ohne Schuldzuweisung ist wertschätzender und klärender als devote Zugeständnisse oder druckvolle Gegenargumente. Hier laufen wir unweigerlich in trennende Druck-Gegendruck-Prozesse.

Im Falle eines Vorwandes oder einer Beziehungsstörung klare Ich-Botschaften zur Konkretisierung senden

Die Perspektiven und Prioritäten unserer Verhandlungspartner können wirklich völlig unterschiedlich zu unseren eigenen sein. Unser EGO neigt jedoch zur Meinung: *„Der muss doch verstehen ..."* oder *„ ... muss doch akzeptieren, dass ..."*. Nein, muss er nicht. In einigen Fällen sind die Prioritäten und Interessen wirklich prinzipiell unterschiedlich und wir können nur „Schadensbegrenzung" vornehmen.

Die souveräne Vorgehensweise ist:
1. Verständnis zeigen, die Verhandlungspartner ernst nehmen
2. Fragen legitimieren (möglichst mit Nutzen für die Verhandlungspartner)
3. Offene Frage stellen / konkretisieren lassen / relativieren lassen
4. Beziehungsstörungen wertschätzend und klar thematisieren, ohne schuldzuweisende oder geringschätzende Bemerkungen

Diese Voraussetzung für diese Vorgehensweise sichern wir durch:
- Analyse der momentanen Kommunikation nach gedanklicher Lösung aus dem Prozess (Metakommunikation, gedanklicher Sidestep).
- Wertung der Widerstände als Chance zur Verhandlung und nicht als persönlichen Angriff.
- Eine gute Vorbereitung, in der wir die zu erwartenden Widerstände vordenken, unsere innere Einstellung dazu überprüfen und unsere zielführenden Reaktionen darauf vordenken.

Auf diese Weise tragen Sie folgenden Erfahrungen Rechnung:
- Kein Mensch wird seinen Standpunkt ändern, wenn er dadurch einen Gesichtsverlust erleidet.
- Druck erzeugt auch in der Kommunikation meist Gegendruck und führt damit zum emotionalen „Aufschaukeln" bis zum Beziehungsbruch.
- Einstudierte, mechanistisch schnelle Reaktionen auf Widerstände erwecken beim Gesprächspartner folgende mögliche Eindrücke:
  – Der KAM hört diesen Widerstand öfter, auch von anderen Kunden, also ist da was dran.

- Der KAM geht nicht wirklich auf meine Belange ein.
- Der KAM hat kein Interesse an einer individuellen Lösung.
- Der KAM hat vermutlich keine passende Lösung.

Abschließend zum Thema Umgang mit Widerständen und Gegenargumenten noch die „Erfolgsformel" eines altgedienten Key Account Managers mit klarem Rollenverständnis: *„Ich sage bei diesen unqualifizierten Einwänden immer ‚Ach, was ...‹, das funktioniert immer!"*

Forderungen

Forderungen beziehen sich auf konkrete Fakten oder begründbare Sachverhalte

Den Unterschied zwischen Widerständen und Gegenargumenten zu Forderungen sehen wir darin, dass Erstere in der Regel im Allgemeinen bleiben, wohingegen Forderungen mit konkreten Fakten verbunden sind. Hier beziehen die Verhandlungspartner klare faktische Positionen, oft mit Begründungen, um:
- die Verhandlungsphase zu eröffnen oder zu beschleunigen,
- die Verhandlungspartner zu beeindrucken oder zu destabilisieren,
- einen möglichst guten Verhandlungskorridor für die eigene Zielsetzung zu schaffen,
- einfach mal zu sehen, wie die anderen reagieren,
- einfach einen Versuch zu starten, um zu sehen, „was geht",
- ihrer „nicht intakten Beziehung" zu den Verhandlungspartnern oder deren Unternehmen Ausdruck zu verleihen.

Das Setzen erwünschter Positionen als einen Pol des Verhandlungskorridors ist eine beliebte Vorgehensweise. Die Verhandlungspartner erwarten dann, dass wir ebenfalls eine Forderung als Gegenpol formulieren. Und häufig trifft man sich später in der Mitte. Diese Mitte ist aber von der Seite, die die erste Position formuliert, bereits prognostiziert und vorab eingerechnet worden.

Abb. 8.3: Wer als Erster eine Position besetzt, bestimmt die Breite des Verhandlungskorridors

Der Nachteil dieser „Taktik" ist zum einen, dass die so genannte Mitte bereits ein Wert ist, den wir für nicht erstrebenswert halten – und zum anderen besteht die Gefahr des Gesichtsverlustes, je weiter man sich von seiner ursprünglichen Position entfernt.

Hier gibt es mehrere Vorgehensweisen, um diesen „Positionskrieg" zu umgehen:

- Die positionierte Forderung als mögliche Option verstehen und nicht als harte Position. Kaum ein Verhandlungspartner geht davon aus, eine hohe Forderung auch wirklich zu bekommen.
- Nicht um Positionen feilschen, sondern die dahinter liegenden Interessen ergründen und Alternativen vorschlagen, die diese Interessen anders bedienen.
- Das „Wenn-dann-Prinzip" nutzen und eine beispielhafte Frage stellen: *„Wenn wir uns in die Nähe Ihrer Vorstellung bewegen würden, welche gleichwertige Gegenleistung können wir erwarten?"*
- Überzogene taktische Forderungen zur Kenntnis nehmen, aber nicht kommentieren oder infrage stellen. Dies führt meist zum Bekräftigen der genannten Position sowie zum Zwang einer eigenen Gegenposition und die „Fronten" verhärten sich zusehends. Unfaire Taktiken sachlich aufdecken (siehe Kap. 9).

Vorgehensweisen, um einen „Positionskrieg" zu umgehen

8.7.5 Abschluss, Vereinbarungen, weitere Schritte

Die Abschlussphase in Verhandlungen ist eine Ergebnisphase, nicht das „Herzstück". Und dennoch dürfen wir hier nicht nachlassen und müssen versuchen zu ernten, was wir in den bisherigen Phasen gesät haben. Wir stellen jedoch immer wieder fest, dass das „Ernten" manchen KAMs schwerzufallen scheint und die Erkenntnis entsteht: *„Aus der Angst, zu weit zu gehen, gehen wir oft nicht weit genug!"*

Die Abschlussphase in Verhandlungen ist eine Ergebnisphase, nicht das „Herzstück"

Zunächst benötigen wir die Sensibilität für den geeigneten Zeitpunkt, in die „Zielkurve" zu gehen. An folgenden Symptomen können wir uns orientieren:

- Die Verhandlungspartner äußern direkt den Wunsch zum Abschluss, alle relevanten Fragen und Informationen sind geklärt.
- Die Verhandlungspartner stellen Fragen nach dem „danach". Sie beschäftigen sich mit Bereichen, die erst nach der Entscheidung wichtig sind, und zeigen damit, dass sie sich innerlich größtenteils entschieden haben oder eine mögliche Entscheidung weiter absichern wollen.
- Unsere Verhandlungspartner beschäftigen sich mit Details. Sie fragen nach Optionen, genauen Lieferdaten oder Ausstattungen.
- Die Verhandlungspartner formulieren immer öfter Zustimmung und zeigen bereits eine starke Identifizierung mit dem Angebot.
- Es wird nach Praxisbewährung und Referenzen gefragt. Die Absicherung für die bereits gefällte Entscheidung wird gesucht.
- Der Verhandlungspartner zieht weitere Entscheider hinzu. Er testet mit der Meinung der anderen die Richtigkeit seiner bereits gefällten Entscheidung.
- Die Verhandlungspartner nicken häufig zustimmend. Körperhaltung und Mimik signalisieren starkes Interesse.

Indikatoren, die signalisieren, dass wir die Abschlussphase einleiten sollten

Diese und ähnliche „Abschlusssymptome" scheinen zunächst einfach zu erkennen zu sein und doch wird der geeignete Zeitpunkt öfter verpasst. Weitere Vorschläge werden gemacht. Es wird so zusagen „überverkauft". Zusätzliche Argumente wirken nicht immer überzeugend, sie können auch zur Irritation durch zu viele Entscheidungskriterien führen oder sogar kritische „schlafende Hunde" wecken und Gegenargumente erzeugen.

Wird der geeignete Moment zum Abschluss verpasst und „überverkauft", kann das Irritationen wecken

In bisher gut gelungenen Überzeugungs- und Verhandlungsphasen haben wir die Pflicht und das Recht, jetzt den „Sack zuzumachen"!

Möglichkeiten, die letzte Verhandlungsphase einzuleiten

Wie leiten wir diese letzte Verhandlungsphase ein? Folgende Erfahrungswerte können selektiv eingesetzt werden, aber bitte nicht alle auf einmal und idealerweise an den Motiven und Interessen der Verhandlungspartner orientiert:

- **Nutzenkomprimierung mit anschließender Entscheidungsfrage:**
  „ ... fassen wir doch mal zusammen. In der Verhandlung habe ich folgende Akzeptanz von Ihrer Seite wahrgenommen: Erstens ..., zweitens ..., drittens ... Was benötigen Sie zusätzlich, um die Entscheidung jetzt zu treffen?"
  Die von den Verhandlungspartnern während des Gespräches mit Zustimmung begleiteten Argumente, Vorschläge und deren Interessen werden noch einmal in konzentrierter Form zusammengefasst. Anschließend wird die Konsequenz erfragt.

- **Nennung von Referenzen mit weiterführenden Schritten:**
  „ ... eine ähnliche Anforderung hatten wir vor zirka sechs Monaten. Wir haben sie folgendermaßen gelöst ... die Ergebnisse haben beide Seite nachhaltig zufrieden gestellt. Wir bieten Ihnen einen offenen Erfahrungstransfer an, wenn wir Ihnen in der Entscheidung damit helfen. Was halten Sie davon?"
  Einzel- und Pauschal-, Sach- und Personenreferenzen sind unterscheidbar, im Falle der Einzel- und Personenreferenz sollte im Vorfeld immer die Einwilligung der Referenzperson eingeholt werden, da hier auch Antipathien oder Wettbewerbsverhältnisse herrschen können.

- **Zusatzangebot oder ein letztes Zugeständnis:**
  „ ... da wir an einer langfristigen Zusammenarbeit interessiert sind, ist es nicht unser Bestreben, die bewährte Preispolitik zu verlassen. Wenn wir uns heute einigen und beiden Seiten Aufwand ersparen, kann ich dies intern vertreten und Ihnen folgenden Zusatznutzen verrechnen ... "
  Das zurückgehaltene und spät eingesetzte Zusatzangebot kann ein letzter, stichhaltiger Grund für die Entscheidung der Verhandlungspartner sein. Die Formulierung wirkt besonders überzeugend, wenn der Grund für den späteren Einsatz des Angebotes mit genannt wird.
  Einzelfallbezogene Zugeständnisse sind die kleinen Schritte zurück, die die Verhandlungskunst unserer Partner unterstreichen und Erfolgserlebnisse vermitteln. Die Betonung liegt auf „klein", denn langfristige Deckungsbeiträge sollten dadurch nicht wesentlich geschmälert wer-

den. Gerade bei machtmotivierten Menschen wird ein letzter Impuls, ein so genanntes „Bonbon" benötigt, um diesen Motivator zu befriedigen.

Als wichtige weitere Erfahrung legen wir Ihnen ans Herz, die Zusammenfassung und die Ergebnisse selbst zu nennen und auch zu dokumentieren. Diese Zusammenführung wird gerne noch einmal benutzt, um die Fakten „etwas zu modifizieren". Im guten Gefühl der Zielerreichung merken wir die kleinen Modifikationen erst zu spät!

In keinem Fall sollte man Verhandlungen beenden, ohne weitere Schritte oder Termine zu definieren. Es sei denn, es herrscht richtig „dicke Luft" und wir vertagen. Dann die Emotionen beider Seiten erst verrauchen lassen, bevor weitere Schritte diskutiert werden.

Bei Verhandlungsabbruch oder bei Vertagungen sollten Sie keine „Türen völlig zuschlagen" und sich zu Bemerkungen hinreißen lassen, die die Beziehungen kappen und ein neues Treffen als Gesichtsverlust aussehen ließen. Sinnvoller ist es, die „engagierte Verhandlung" wertzuschätzen und sich zum nächsten Schritt noch individueller und intensiver vorzubereiten. Der Satz „*Man trifft sich im Leben immer zweimal!*" musste im Zeitalter der Fusionen und Fluktuation schon von so manchem KAM verdaut werden.

Bei Verhandlungsabbruch oder bei Vertagungen niemals verbrannte Erde hinterlassen

8.7.6 Zusammenführung und Dokumentation

Arbeitet man selten mit strukturierten Gesprächsstrategien, ist die schriftliche Visualisierung empfehlenswert. Nach einigen Beispielen klappt das auch immer mehr ohne Dokumentation. Für wirklich wichtige Verhandlungen oder in Verhandlungen zusammen mit Kollegen sollten die Punkte jedoch mindestens einmal durchgegangen werden:

Die Übersicht auf der folgenden Doppelseite ist ein schlichter Vorschlag für Ihre komprimierte strategische Verhandlungsvorbereitung. Die erste Seite beinhaltet die ersten Phasen, die von uns aktiv und bewusst in Richtung Ziel gesteuert und beeinflusst werden können. Die zweite Seite beschreibt Optionen und Möglichkeiten, die nicht eintreten müssen, wohl aber wahrscheinlich sind. Sollten die hier angesprochenen Probleme aktuell nicht entstehen, besteht auch keine Notwendigkeit, die entsprechend vorbereiteten Schritte einzuleiten. Die hier vorgeschlagenen Schritte können gegebenenfalls Sicherheit und Souveränität vermitteln, andererseits besteht aber auch die Gefahr, „Ängste" zu projizieren und unbewusst „schlafende Hunde" zu wecken!

Die vorausgesetzten Schlüsselqualifikationen für ziel- und partnerorientierte Gesprächs- und Verhandlungsstrategien stellen sich grafisch, wie nebenstehend dargestellt, etwa so dar:

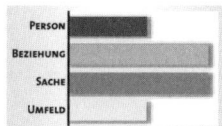

Beziehungen und rational relevante Fakten einschätzen, vordenken und planen zu können, ist gleichermaßen essenziell. Dazu benötigen wir jedoch auch die richtige persönliche Einstellung und auch Kenntnisse über das gemeinsame Umfeld für das Gespräch.

GESPRÄCHSSTRATEGIE I:
VORBEREITUNG DER NOTWENDIGEN SCHRITTE

Eigene Gesprächsziele:
(Klare Zustände am Ende des Gesprächs, mit quantitativen und qualitativen Messkriterien, Orientierung für alle Handlungen ist das maximale Ziel)
- Maximales Wunschziel

- Minimales Akzeptanzziel

Erwartete Gesprächsziele der Partner:
(Wahrscheinliche Ziele, Motive und Interessen, die Beachtung finden müssen)
1.
2.
3.

Deadlines und Vertagungsgrenzen:
(Situationen oder Werte, die bei Eintritt zu geplanten Auszeiten oder Vertagungen führen)
1.
2.
3.

Sinnvolle Eröffnungsthemen:
(Stichwortartige Themen, die sich eignen, intakte Beziehungen zu fördern, in offener Frageform zur Dialogförderung)
1.
2.
3.

Fehlende Informationen – Informationsabsicherung:
(offene Fragen, die möglichst viele Hintergrundinformationen ermöglichen)
Frageziel:
Fragebeispiel:

Frageziel:
Fragebeispiel:

Frageziel:
Fragebeispiel:

GESPRÄCHSSTRATEGIE II:
VORBEREITUNG MÖGLICHERWEISE ERFORDERLICHER SCHRITTE

Kernargumente des Gesprächs:
(Den Kernnutzen für die Zielerreichung vermittelnd, an den deutlichsten Motiven orientiert)
Motiv:
1. Argument:

Motiv:
2. Argument:

Motiv:
3. Argument:

Komprimierte Dramaturgie der Präsentation:
(Ablaufbeschreibung, bei Bedarf. Kernargumente sind ebenfalls implementiert)
1.
2.
3.

Erwartete Widerstände und Forderungen der Partner:
(Wahrscheinliche Gegenargumente und Forderungen, konfliktarm hinterfragt oder mit Gegenleistungen versehen)

- Forderung / Widerstand:
    zielführende Reaktion:

- Forderung / Widerstand:
    zielführende Reaktion:

- Forderung / Widerstand:
    zielführende Reaktion:

Mögliche Abschluss- oder Vereinbarungshilfen:
(Nutzenkomprimierung, Referenzen, kleine Zusatzangebote oder Zugeständnisse)
1.
2.
3.

> **KONSEQUENZEN FÜR IHR KEY ACCOUNT MANAGEMENT**
>
> - **Kenntnisse:** Sich mit den Zielen, Prioritäten, Interessen und Motiven der Gesprächspartner bewusst beschäftigen, um sie zur Gesprächsvorbereitung nutzen zu können.
> - **Vorbereitung:** Wichtige Überzeugungsprozesse und Verhandlungen strukturiert vordenken, um sich auf die Gesprächspartner, den Prozess und die Ziele konzentrieren zu können.
> - **Überprüfen:** Eine Gesprächsvorbereitung nicht als „Korsett" verstehen. An den Reaktionen der Gesprächspartner permanent die eigenen Vorgehensweisen überprüfen und bei Bedarf justieren.
> - **Umsetzung:** Der Umsetzungsgrad von Gesprächsvorbereitungen liegt meist höher, als uns bewusst ist. Eine komprimierte intensive schriftliche Vorbereitung ermöglicht die Einhaltung der wichtigsten „Meilensteine", auch ohne die Unterstützung durch diese Unterlagen während des Gesprächs.

9 Gesprächstaktiken und zielführender Umgang

> **WAS SIE IN DIESEM KAPITEL ERWARTET**
>
> Hier sind viele Erfahrungswerte von Key Account Managern für musterhafte taktische Vorgehensweisen kaufmännisch denkender Entscheider zusammengefasst. Welche dieser Muster sind bewährt? Wie funktionieren sie und wie gehen wir damit um, wenn wir sie erkannt haben? Das sind die Schwerpunkte dieses Kapitels.

9.1 Wie funktionieren Taktiken?

Das aus dem Griechischen stammende Wort „*taktiké*" bedeutete ursprünglich „die Kunst der Aufstellung und Anordnung" und wird heute sinngemäß übersetzt mit „kluges planmäßiges Vorgehen, geschicktes Ausnützen einer Situation". Über viele Jahre haben wir zusammen mit Key Account Managern kritische wiederkehrende musterhafte Vorgehensweisen kaufmännisch denkender Entscheider und Einkäufer gesammelt und diskutiert, um sie zu verdichten sowie um Erfahrungen und Erfolge transferieren zu können.

Die im Folgenden dargestellten Beispiele treten nicht immer in ihrer „Reinform" auf. Viele Taktiken werden auch gerne kombiniert. Grundsätzlich kann man am besten damit umgehen, wenn man sie als mit Erfahrungswerten besetzte „Kompetenz" des Verhandlungspartners definiert und nicht als persönliche Angriffe wertet. So schwierig das auch manchmal erscheint, sobald wir uns richtig ärgern oder impulsiv werden, umso besser funktionieren einige der hier dargestellten Taktiken. „*Wenn das Gefühl kommt, geht der Verstand!*" In angenehmen Situationen, wie zum Beispiel beim Verliebtsein, ist das wünschenswert. Ohne Verstand und ohne rationales Denkvermögen sind wir in Verhandlungen jedoch kaum noch zielorientiert und „Herr der Lage".

Wer den Einsatz von Taktiken als persönlichen Angriff wertet, riskiert, impulsiv und damit nicht zielorientiert zu reagieren

Im Training benutzen wir öfter das Beispiel der alten Ariel-Werbung, in der sich das eigene Gewissen meldet, ob die Wäsche nur sauber ist oder porentief rein. Können Sie sich noch erinnern? Hier hat man eine Person filmtechnisch dupliziert und mit sich selbst über das Gespräch, welches gerade stattfand, diskutieren lassen.

So ungefähr kann man sich „Metakommunikation" vorstellen. Also eine Art Kommunikation über einen gerade stattfindenden Prozess, um zu verstehen und die sinnvollste zielführendste Handlung abzuleiten. Dies ist die wichtigste Voraussetzung, um zielorientiert mit Taktiken in Gesprächen umgehen zu können. Sich kurz gedanklich neben sich zu stellen und sich zu fragen: „*Was passiert hier eigentlich gerade?*" und „*Was bezweckt der*

Metakommunikation: Sich gedanklich neben sich stellen und reflektieren, was gerade in der Kommunikation passiert

Gesprächspartner prinzipiell damit?". Dies dauert nur Sekunden, die jedoch entscheidend sind.

Sobald wir jedoch im Prozess bleiben und je stärker wir empfinden, umso schwerer wird eine zielorientierte souveräne Handlung.

9.2 Die häufigsten Taktiken und der Umgang damit

9.2.1 Die Salami-Taktik

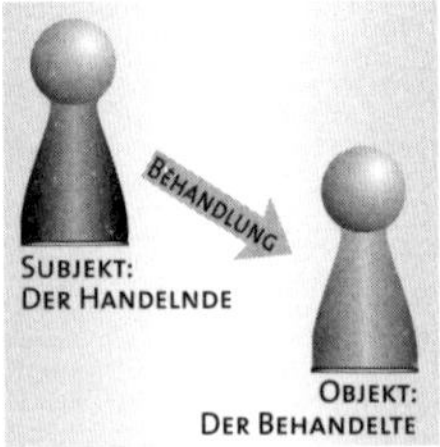

Diese wiederkehrende Verhaltensweise ist sehr verbreitet. Sie hält sich seit vielen Jahren und funktioniert bei selbstbewussten und dominanten Verhandlungspartnern immer wieder gut. Im Prinzip existiert zwischen den Gesprächspartnern nur der absichtsvolle Subjekt-Objekt-Modus (siehe Kap. 5.1.1).

Abb. 9.1: Absichtsvoller Subjekt-Objekt-Modus

Das Beispiel
Der Verhandlungspartner will in einer Verhandlung in fünf unterschiedlichen Bereichen Forderungen realisieren, will aber jede Forderung einzeln und nacheinander entschieden haben. Er lässt auch nicht locker, jede „Scheibe" der Salami einzeln und nacheinander zu verhandeln. Immer wieder kehrt er zum Ausgangspunkt der aktuellen Forderung zurück, bis sie entschieden und vereinbart ist. Er führt taktisch sehr eng zu jedem seiner Teilziele.

Jedes Teilziel wird konsequent einzeln verhandelt

Die Folgen
Wir schöpfen durch viele Einzelentscheidungen möglicherweise unseren Spielraum des gesamten Verhandlungsbudgets zu früh aus oder kommen nach Abarbeitung aller „Salamischeiben" in den kumulierten Zugeständnissen viel zu hoch.

Umgang und Reaktionen
Hier handelt es sich um eine sehr stringente und manipulative Gesprächsführungstaktik, die am besten „funktioniert", wenn wir uns in die unterlegene Objekt-Position drängen lassen. Also auf „Augenhöhe" gehen, genauso stringent mitsteuern und den Überblick gewinnen.

Auf Augenhöhe gehen und genauso konsequent steuern

Wir schaffen es, gleichwertiger zu verhandeln und den Überblick zu bekommen, wenn wir etwa folgendermaßen argumentieren:
- *„Um schnell eine gemeinsame Ebene herstellen zu können und nichts Wichtiges zu vergessen, wäre es hilfreich, zunächst alle Punkte zu nennen – wir können dann Punkt für Punkt abarbeiten ..."* oder
- *„Ich kenne und schätze Sie als strukturierten Gesprächspartner. Die gewünschten Entscheidungen kann ich jedoch am besten treffen, wenn alle Themen und die Zusammenhänge transparent sind ..."*

Wir können uns dann früher darüber klar werden, ob alle Punkte jetzt entschieden werden können und ob unser definiertes Budget dafür ausreicht.

9.2.2 Die Angriffstaktik

Diese Taktik war bei den früheren Generationen im Einkauf verbreitet. Da war „*Angriff die beste Verteidigung*". Heute tritt diese Vorgehensweise vor allem bei Beziehungsstörungen oder bei schlecht gelaunten dominanten Machtmenschen auf. Zum dominanten Subjekt-Objekt-Modus kommt noch zusätzlich der deutliche Eindruck von Distanz und Hierarchie.

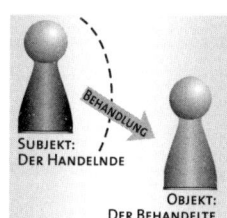

Abb. 9.2: Subjekt-Objekt-Modus mit deutlicher Distanz und Hierarchie

Das Beispiel
Der Gesprächspartner greift Sie persönlich in Ihrer fachlichen oder verkäuferischen Kompetenz an. Er kritisiert Ihr Unternehmen oder stellt Ihre Leistungen oder Ihre Produkte infrage. Diese Angriffe sind direkt und erfolgen teilweise wiederholt.

Die Folgen
Wir reagieren möglicherweise mit emotionaler Destabilisierung, mit Rechtfertigungsverhalten oder Impulsivität. Unser dadurch eingeschränktes rationales Denkvermögen ermöglicht Vorteile für die andere Seite. Wir lassen uns in die reaktive Objektposition drängen und sehen als Behandelter „zum dominanten Subjekt auf".

Umgang und Reaktionen
Sich klarmachen, dass es zur Rolle und zur Taktik des Gesprächspartners gehört, die dominante Subjektposition zu erlangen und uns in die Rechtfertigungs- und Schuldposition zu manipulieren. Analysieren Sie den Prozess, nehmen Sie ihn nicht persönlich und hinterfragen Sie Hintergründe und Motive des Gesprächspartners konsequent. Sich dabei selbst die Frage stellen, „*Um was geht es denn hier eigentlich?* oder „*Was bezweckt der Gesprächspartner dadurch prinzipiell?*" In „hartnäckigen Fällen" ist es wirkungsvoll, auch einmal eine authentische Ich-Botschaft ohne Schuldzuweisung zu formulieren. Zum Beispiel eine klärende Formulierung wie: „*Ich erlebe Sie heute kritischer als sonst. Was war denn mein persönlicher Beitrag für diese Situation?*" Oder auch einmal klar begrenzend formulieren: „*Sicher gibt es Gründe für Ihre kritischen Ausführungen. Sie erreichen jedoch für sich in diesem Gespräch am meisten, wenn Sie mir nachvollziehbare Beispiele nennen und mir durch einen angebrachten Ton die Chance geben, Ihnen zu folgen.*"

Hinterfragen Sie konsequent Hintergründe und Motive Ihres Gesprächspartners

9.2.3 Die Verunsicherungstaktik

Diese Taktik ist im Einkauf eher zeitlos, vor allem in der Konsumgut-Industrie. Die Funktionsweise ist ähnlich der Angriffstaktik, jedoch weniger „unter der Gürtellinie" und distanzierter. Wir sind die behandelten Objekte und empfinden auch große Distanz zum Gesprächspartner.

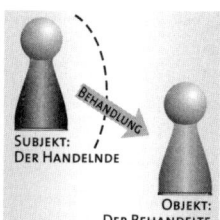

Das Beispiel
Der Gesprächspartner sendet im Gespräch häufig Geringschätzungsimpulse. Er lässt uns beispielsweise warten, vergisst unseren Namen wie-

Abb. 9.3: Subjekt-Objekt-Modus mit sachlicher Distanz

derholt, er beschäftigt sich während des Gesprächs mit anderen wichtigeren Dingen, er hält kaum Blickkontakt oder er schwärmt von Mitbewerbern und deren Produkten und Leistungen ...

Die Folgen
Wir werden möglicherweise unsicher, unsere Zielorientierung und Souveränität im Gespräch schwindet. Wir machen dann überzogene Angebote, um die Zuwendung und das Interesse des Gesprächspartners wiederzuerlangen oder um auf uns aufmerksam zu machen.

Umgang und Reaktionen
Sich auch in diesen Situationen klarmachen, dass es zur Rolle und zur Taktik des Gesprächspartners gehört, die dominantere Subjektposition zu erlangen und uns in die manipulierbare Objektposition zu lenken. Den Prozess analysieren, Ruhe bewahren, die Aussagen nicht als persönlichen Angriff, sondern als Taktik werten. Die Hintergründe und Motive des Gesprächspartners konsequent hinterfragen. Sich selbst die Frage stellen, „Was bezweckt der Gesprächspartner hier eigentlich?" oder, „Wohin soll das vermutlich führen?"

Eine authentische Ich-Botschaft ohne Schuldzuweisung formulieren

In „hartnäckigen Fällen" auch einmal eine authentische Ich-Botschaft ohne Schuldzuweisung formulieren. Zum Beispiel die klärende Formulierung:
- „Ich erlebe Sie heute mit mehreren Dingen beschäftigt. Was kann ich tun, um Ihnen die Konzentration auf unser Gespräch zu erleichtern?"

Oder auch einmal klar begrenzen:
- „Möglicherweise habe ich bei Ihnen noch keine deutlichen Spuren hinterlassen, da sich Ihnen mein Name nicht einprägt. Was müsste ich tun, damit auch mein Name bei Ihnen in der Erinnerung bleibt?"

9.2.4 Die Freund-Taktik

Diese Taktik fühlt sich zu Beginn sogar sehr angenehm und wertschätzend an, kann aber im Nachhinein schwer wiegende Folgen haben. Die partnerschaftliche Ebene kann zwar existieren, ist hier aber mehr „Mittel zum Zweck". Der Subjekt-Objekt-Modus überwiegt deutlich in diesem Prozess.

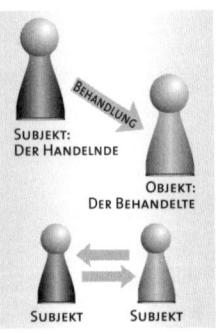

Abb. 9.4: Nur scheinbar partnerschaftlich; es überwiegt der Subjekt-Objekt-Modus

Das Beispiel
Der Gesprächspartner geht bevorzugt auf die freundschaftliche Ebene. Gezielt lobt er Sie und Ihre Produkte und Leistungen. Er wertschätzt die bisherige Zusammenarbeit – und verpackt in diesen Prozess seine „Wünsche" oder „Hilfeersuchen" (eigentlich Forderungen) als persönliche Gefallen. Meist bietet er auch an, irgendwann natürlich auch einmal selbst zu helfen.

Die Folgen
Es fällt uns schwer, Nein zu sagen, da wir auf der partnerschaftlichen Ebene und auf der absichtsvollen Ebene manipuliert werden. Wir gestehen mög-

licherweise Unterstützungen und Hilfestellungen zu, die in der Reflexion kritisch erscheinen. Wir fühlen uns uns ausgenutzt und übervorteilt.

Wir gewähren eventuell vorschnell Zugeständnisse, die im Nachhinein kritisch erscheinen

Umgang und Reaktionen
Bei Störungsgefühlen diese auch authentisch und ebenso wertschätzend ansprechen und klären. Zum Beispiele begrenzend sagen: *„Ich schätze zwar Ihre Wertschätzung und unsere Zusammenarbeit sehr, werde aber momentan auch das Gefühl nicht los, im Augenblick ausgenutzt zu werden!"*

Manchmal ist es auch legitim, einen „Sidestep" zu machen und auf den begrenzten eigenen Kompetenzrahmen oder auf die fehlenden aktuellen Möglichkeiten zu verweisen.

Alternativ können Sie auch den erhaltenen „Wunsch" mit einer ebenbürtigen Gegenleistung verbinden oder auch taktisch formulieren: *„Nehmen wir einmal an, ich könnte Ihren Wunsch erfüllen, dann müsste ich überlegen, wie ich das intern verantworten könnte. Wo können Sie mir denn Ihrerseits entgegenkommen, damit ich Ihre Vorstellungen bei meinem Chef argumentieren kann?"*

Ausgesprochene Wünsche mit Gegenleistungen verbinden

9.2.5 Die Bedarfsverkäufer-Taktik

Diese neuere und subtilere Taktik fühlt sich zu Beginn ebenfalls viel versprechend und eher wertschätzend an. Die so entstehenden positiven Visionen und Szenarien können unseren Blick für die Realität eintrüben. Eine zwar angenehme, in ihrer Wirkung aber umso manipulativere Vorgehensweise der Gesprächspartner, die trotz Wertschätzung hauptsächlich auf der Subjekt-Objekt-Ebene stattfindet.

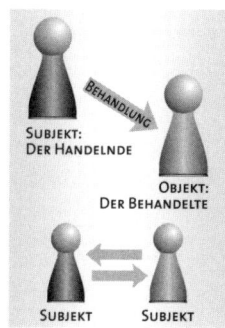

Das Beispiel
Der Gesprächspartner verdeutlicht im Gespräch früh hohes Potenzial und gute Erträge für beide Seiten in der künftigen Zusammenarbeit. Er argumentiert mit starkem derzeitigem und zukünftigem Nutzen für den Lieferanten und die Partnerschaft. Im Anschluss an diese „schönen Szenarien" kommen die eigentlichen Ziele gut dosiert ins Gespräch. Da die Vorteile aber klar zu überwiegen scheinen, sind wir entscheidungsfreudig.

Abb. 9.5: Die Wertschätzung ist Mittel zum Zweck; es überwiegt der Subjekt-Objekt-Modus

Die Folgen
Wir erkennen die „eingepackten" Forderungen und Gegenleistungen zu spät oder überschätzen das dargestellte Potenzial. Das Leistungs-Gegenleistungs-Prinzip funktioniert letztendlich nicht mehr. Wir lassen uns die Situation „schönrechnen" und werden letztlich übervorteilt.

Umgang und Reaktionen
Beim ersten Erkennen dieser Taktik müssen wir uns selbst aus dem Prozess „reißen", das beschriebene Potenzial und die Optionen so genau wie möglich abklären und auch durch Fakten absichern. Angesichts unerwarteter

Angesichts unerwarteter Leistungen des Gesprächspartners direkt klärend nach den erwarteten Gegenleistungen fragen

Leistungen des Gesprächspartners direkt klärend nach den erwarteten Gegenleistungen fragen: *„Das klingt sehr spannend und positiv. Welche Vorstellungen haben Sie denn von unserer Seite, um diese Ziele zu erreichen?"* Oder, wenn die Vorschläge und Szenarien momentan schwer abzuschätzen sind, auch fremde Hilfe in Anspruch nehmen, um Entscheidungen taktisch zu vertagen, mit Formulierungen wie: *„Ich bin spontan sehr angetan von Ihren Vorschlägen und notiere kräftig mit. Gestatten Sie mir, auch unseren Part zu durchdenken und dadurch in Kürze einen seriösen Vorschlag mitzubringen."*

9.2.6 Die Abwarte-Taktik

Diese Taktik wird eingesetzt, wenn wir auf den Kunden zugekommen sind und uns im Wettbewerb mit anderen befinden. Sie ist ebenfalls eher bei früheren Generationen von kaufmännischen Entscheidern anzutreffen. Der Gesprächspartner nutzt die Distanz im Subjekt-Objekt-Modus gezielt, um uns zu Reaktionen zu bewegen.

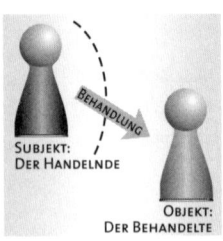

Abb. 9.6: Ihr Gesprächspartner lässt Sie auflaufen

Das Beispiel
Der Partner im Gespräch zeigt wenig Aktivität und keine Reaktionen auf Angebote. Er sitzt einfach da und signalisiert Desinteresse, besonders körpersprachlich durch Blockhaltung und fehlenden Blickkontakt. Viele unserer Argumente „tropfen ab" und Fragen werden nicht oder substanzlos beantwortet.

Die Folgen
Ähnlich wie angesichts der Verunsicherungstaktik leiden möglicherweise unsere Zielorientierung und Souveränität. Wir machen spontan unüberlegte Angebote, um die Aufmerksamkeit oder Zuwendung wiederzuerlangen oder endlich irgendein Interesse zu wecken.

Umgang und Reaktionen

Die Situation direkt, aber respektvoll thematisieren

Hier sind die gleichen Reaktionen angebracht wie im Falle der Verunsicherungstaktik. Wirkungsvoll ist es auch, die Situation direkt zu thematisieren: *„Ich erlebe Sie heute sehr zurückhaltend. Was kann ich tun, um Ihr Interesse zu wecken?"* Hier sind auch die Ruhe und der Mut gefragt, nach einer Frage so lange zu warten, bis der Gesprächspartner reagiert!

9.2.7 Die Kompetenz-Taktik

In den letzten Jahren haben wir diese Taktik immer häufiger beobachtet. Teilweise wird sie bewusst taktisch eingesetzt, teilweise liegen die Gründe auch in den permanenten Organisationsveränderungen in den Unternehmen der Gesprächspartner und ihren Folgen. Im Endeffekt ist auch diese Vorgehensweise ausschließlich manipulativ und zielorientiert, auch wenn der Gesprächspartner häufig Gemeinsamkeiten oder Verständnis formuliert.

Das Beispiel

Unser Gesprächspartner zeigt zwar Verständnis für unsere formulierten Positionen und Ziele, aber eine „höhere" Instanz setzt andere Ziele und Prioritäten, die vom Gesprächspartner nicht änderbar sind (Sidestep des Gesprächspartners). Immer, wenn es um prinzipielle Entscheidungen geht, „greifen wir in Watte". Die entscheidende Instanz ist zwar derzeit nicht „greifbar", aber ihre Vorgaben müssen nichtsdestotrotz eingehalten werden.

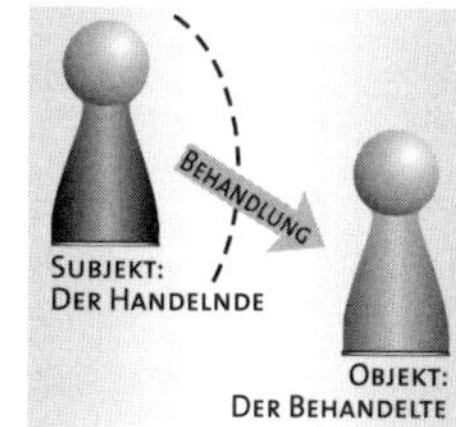

Abb. 9.7: Ihr Gesprächspartner verweist auf eine höhere Instanz

Die Folgen

Es gibt keinen Verhandlungsspielraum, das Leistungs-Gegenleistungs-Prinzip kommt nicht mehr zum Tragen. Wenn wir Gegenleistungen fordern, prallen wir an der „imaginären" höheren Instanz ab. Wir müssten die bisherigen Vorschläge unseres Gesprächspartners einfach akzeptieren und unsere Ziele missachten.

Umgang und Reaktionen

Entweder wir unterbrechen oder vertagen und müssen das Gespräch mit der „höheren" Instanz suchen oder ein schriftliches Angebot schicken (für die höhere Instanz), mit der Bitte um entsprechende Stellungnahme. Oft reicht diese Vorgehensweise bereits aus, um wieder Bewegung in das Gespräch zu bringen.

Vertagen oder der „höheren Instanz" ein schriftliches Angebot unterbreiten

Die Lösung auch auf der partnerschaftlichen Ebene suchen: *„Wir beide werden das doch gemeinsam hinbekommen! Da haben wir doch bisher auch keinen Dritten benötigt, das ist doch unser beider Job!"*

9.2.8 Die Verschleppungstaktik

Auch hier liegt die Häufung erst in den letzten zehn Jahren. Diese Taktik arbeitet mit plötzlichem unerwartetem Zeitdruck oder mit Überraschungseffekten. Das Unerwartete, nicht Planbare, bringt uns in die Position des behandelten Objekts. Wir reagieren nur noch.

Das Beispiel

Ein alltägliches Gespräch zieht sich in die Länge, viele Themen werden ausführlich und detailliert besprochen. Dies kann schon in der Eröffnungsphase beginnen, wo man sich leidenschaftlich bei einem interessanten Thema „festbeißt". Am Ende eines solchen durchaus angenehmen Prozesses wird jedoch unter hohem Zeitdruck eine dringliche Entscheidung gefordert, da der nächste Termin drängt. Eine andere Variante können unerwartete Telefonanrufe sein, in denen unter großem Zeitdruck ein plötzliches Potenzial „auftaucht" und man noch eine „schnelle Chance" bekommen soll, sozusagen den freundschaftlichen „last call".

Abb. 9.8: Ihr Gesprächspartner manövriert Sie durch Unerwartetes in die Defensive

Die Folgen

Unter dem plötzlichen Zeitdruck werden unüberlegte Entscheidungen getroffen. Unser rationales Denk- und Rechenvermögen ist gemindert.

Wir unterschätzen die Tragweite oder die Folgen oder überschätzen den entstehenden Vorteil.

Umgang und Reaktionen
In Einzelgesprächen bewusst und zielorientiert das Gespräch mitsteuern. Den Zeitrahmen früh im Gespräch aktiv klären, damit uns das Gesprächsende nicht überrascht.

Bei Gesprächen mit Kollegen einen „Zeitmanager" bestimmen, der sich die Informationen beschafft und die Zielorientierung steuert. Bei Spontanforderungen, zum Beispiel am Telefon, ebenfalls mit Verzögerungstaktik reagieren, wie: *„Zunächst danke für die Option. Damit ich nichts zusage, was ich später wieder revidieren muss, geben Sie mir ein bis zwei Stunden Zeit und ich melde mich so schnell wie möglich. Versprochen!"* Damit schaffen wir uns Raum, um klar denken zu können. Um die Hintergründe und Konsequenzen überlegen zu können oder andere in den Prozess zu involvieren.

Angesichts von Spontanforderungen ebenfalls mit Verzögerungstaktik reagieren, um sich Luft zu verschaffen

9.3 Ein Praxisbeispiel aus der Konsumgut-Industrie

Als Beispiel für die Funktionsweise beschreibe ich einen erlebten Prozess aus der Konsumgut-Industrie:

Der Termin beim Einkaufsleiter der Handelskette stand. Der KAM hatte sich avisiert, um die Distribution in 400 relevanten Outlets (Supermärkten) zu verbessern. Die Markt- und Kundenanalyse hatte ergeben, dass die wichtigste Marke des KAMs in der Warengruppe nicht entsprechend den prozentualen Marktanteilen distribuiert waren. Teilweise waren sogar „Stockouts" (leere Regale und Läger) zu verzeichnen. Dies verdeutlichte ungenutzte Potenziale, der Umsatz konnte spürbar gesteigert werden.

Also machten wir uns gut vorbereitet auf den Weg. Gemeinsam wurde eine ziel- und partnerorientierte Gesprächsstrategie entwickelt, die auf den Gesprächspartner maßgeschneidert war. Der Einkaufsleiter war bekannt als umgänglich, aber effizienzgesteuert, verkaufsorientiert, schneller Denker und guter Rechner. In erster Linie schien er leistungsmotiviert zu sein. Also bereiteten wir unsere Charts genau und aktuell vor. Die Argumente zum Ziel „Distributionsverbesserung entsprechend den Marktanteilen" waren durchkalkuliert und nachvollziehbar.

Wir trafen auf einen gut gelaunten und ebenso gut vorbereiteten Gesprächspartner. Als „neuer Kollege im Produktmanagement" konnte ich zum anfänglichen fachlichen Austausch des relevanten Zeitgeschehens wenig besteuern. Das war auch gewollt, denn meine Rolle war ohnehin die des inaktiven „lernenden Beobachters". Nach zirka zehn Minuten „Aufwärmphase" steuerte der KAM zielorientiert in den Informationstransfer, da wir nur eine Stunde Zeit hatten.

Die Situation in den Outlets schätzte der Einkaufsleiter ebenso kritisch ein wie wir: *„Da verlieren wir beide Geld, da muss schnell was getan werden!"* war sein Resümee nach dem Vergleich der Markt- und Distributionsdaten.

Dann fing er zunehmend an mitzusteuern. „*Ich sehe die Potenziale sogar noch höher als in Ihrer Hochrechnung! Wie wollen Sie das Projekt denn angehen?*" fragte er den KAM. Der war nach dieser positiven Botschaft so richtig in seinem verkäuferischen Element: „*Also wir fahren einen Durchgang mit unserem Außendienst in allen Märkten. Das schaffen wir in zirka 14 Tagen. Flankieren können wir den Effekt noch mit folgender Aktion …*" Der Einkaufsleiter hörte aufmerksam zu, hinterfragte Details und unterstrich die positiven Effekte für beide Seiten.

Dann übernahm er wieder das „Ruder" und taktierte weiter: „*Da haben Sie sich gut vorbereitet, das gefällt mir. Die Aktion passt auch ganz gut in die Zeit, die kann ich durchsteuern. Die Marge stimmt bei euch, der Absatz noch nicht. Die Umsatzsteigerung durch Distributionserweiterung und Aktion müsste mindestens 15 bis 20 Prozent ‚on top' bringen.*" „*Mindestens!*" bekräftigte der KAM. Der Einkaufsleiter dachte kurz nach, rechnete ein paar Zahlen auf einem Schmierblock durch und wandte sich mit heller Miene wieder zum KAM: „*Alle Outlets in 14 Tagen ist machbar, aber anspruchsvoll. Sagt mal, was veranschlagt ihr denn derzeit intern für einen Marktbesuch?*"

Die Frage überraschte den KAM sichtlich: „*Ähm, Besuch pro Markt … intern … keine Ahnung!*" „*Na sagen Sie eine Zahl, Sie machen doch den Job nicht erst seit gestern!*" schob der Einkaufsleiter weiter an. „*Tja …*", der KAM dachte intensiv nach und wollte seine Kompetenz nicht infrage stellen. „*Hundert Euro?*", fragte der Einkaufsleiter weiter. „*Tja, vielleicht …*", dem KAM wurde das langsam ungemütlich. „*O.k., nehmen wir mal einen unteren Erfahrungswert, 75 Euro pro Besuch, inklusive aller Kosten. In Ordnung?*" „*Wenn Sie meinen …*", murmelte der KAM.

„*Also passt auf …*", holte der Einkaufsleiter aus, „*… die Sache macht Sinn und die Warengruppe wird profitabler. Für uns beide!*" Der KAM nickte ihm zu, während der Einkaufsleiter so richtig in Fahrt kam: „*Ich möchte Sie auch nicht zu sehr in Anspruch nehmen. Also, wie Ihr Unternehmen haben wir ja auch eine Menge Leute im Vertrieb. Die könnten die Durchgänge übernehmen, inklusive der Aktionsplatzierung, und ihr könnt euch auf andere wichtige Dinge konzentrieren!*" Der KAM sah ihn schräg an. Auch er merkte jetzt, das da irgendwas um die Kurve kam.

„*Nach meiner groben Kalkulation …*", fuhr der Einkaufsleiter fort, „*… kostet euch die Aktion zirka 30.000 Euro. Dann kommt noch der Werbekostenzuschuss für die Aktion dazu, dann liegen wir bei ca. 40.000 Euro! Mein Vorschlag unter Freunden, wir übernehmen mit unseren Leuten Durchgang und Aktionsplatzierung und machen das zum Sonderpreis von 30.000 Euro. Das ist doch ein Wort!*"

Der KAM blickte zu mir und wieder zurück zum Einkaufsleiter: „*Ich weiß nicht, ob man das so rechnen kann …*", stammelte er etwas irritiert. „*Natürlich! Ich mache das jeden Tag!*", entgegnete ihm der Einkaufsleiter und setzte noch eins drauf: „*Sie wissen, die Zeit drängt. Wir müssten das heute entscheiden, sonst bekommen wir die Aktion nicht mehr unter – und dann haben wir nur den halben Effekt! Sie glauben doch an Ihr eigenen Vorschlag, oder?*"

Wir hatten noch ein Zeitfenster von 15 Minuten und der KAM machte das einzig Richtige: *„Natürlich glaube ich an unseren Vorschlag! Ich muss jedoch schnell klären, ob ich das Aktionsmaterial in diesem Zeitfenster auch liefern kann. Dabei kläre ich das Budget gleich mit."* „Gut ...", sagte der Einkaufsleiter, als hätte er das erwartet, „ ... ich muss eh schnell zu unseren IT-Leuten rüber. Benutzen Sie mein Telefon, ich bin in zehn Minuten wieder da!" und weg war er. Allein im Raum sahen wir uns an. Der KAM hatte die Auszeit-Notbremse gezogen und holte tief Luft. Er nahm das Telefon und rief den Vertriebschef an ...

Wie ging es weiter? Der Vertriebchef war Gott sei Dank erreichbar und in unserem eingefahrenen Team wurde ein schneller Gegenvorschlag abgestimmt. Der KAM hatte die Pause genutzt, um wieder klar denken und argumentieren zu können. Man traf sich letzlich bei einem Kompromiss, der für beide Seiten sinnvoll war.

Welche Taktiken wurden hier nun praktiziert? Sicher haben Sie einige Muster wiedererkannt. Zum einen war der Einkaufsleiter ein guter Bedarfsverkäufer, der bewusst mit Wertschätzung und Potenzialen agierte. Zum anderen arbeitete er zum Schluss auch mit Zeitdruck. Da hilft nur eine Auszeit, um klar denken und handeln zu können. Die Abwägung von Nutzen und Investition, verbunden mit langfristigen Effekten, war so möglich – und jeder hatte am Schluss ein Erfolgserlebnis.

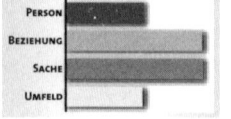

Die Schlüsselkompetenzen für dieses Beispiel könnte man in der Priorisierung wie nebenstehend darstellen: Intakte Beziehung, Gesprächssteuerung, Einschätzung der Fakten und kaufmännisches Rechnen sind alle gleichermaßen wichtig. Persönliche Stabilität sowie Kenntnisse über den Handelspartner und die Marktentwicklungen im Umfeld kommen dazu.

> **Konsequenzen für Ihr Key Account Management**
>
> - **Sensibilität:** Sich bewusst mit wiederkehrenden musterhaften Taktiken beschäftigen, um sie so früh wie möglich erkennen zu können.
> - **Rollenverständnis:** Die meisten Taktiken verfolgen materielle Ziele und keine persönlichen „Demontagen". Mit kurzen Prozessausstiegen (Metakommunikation) die Souveränität wahren und das rationale Denkvermögen erhalten.
> - **Reaktionen:** Kein Mensch würde auf die Idee kommen, Tinte mit Tinte abzuwaschen. Aber „Blut" soll mit „Blut abgewaschen werden". Um letztlich zu gewinnen, muss zwischenzeitlich auch mal der Gesprächspartner siegen dürfen. Emotion ist in diesen Prozessen ein schlechter Ratgeber!
> - **Erfahrung:** Je mehr wir nach Gesprächen reflektieren und die Erfahrungen abspeichern, desto leichter fällt es uns, in künftigen Prozessen intuitiv richtig reagieren zu können.

10 Gesprächsarten im Key Account Management – prinzipielle Beispiele

> **WAS SIE IN DIESEM KAPITEL ERWARTET**
>
> Die Betreuung von Schlüsselkunden, also den Key Accounts, bringt eine Vielzahl unterschiedlicher Kontakte. In diesem Kapitel beleuchten wir die Strukturen und Inhalte der häufigsten Gesprächsarten, die Key Account Manager bei ihren Kunden durchführen.

Vom Aufbau der Beziehung, über das Kennenlernen der relevanten Personen und des „Kundensystems", Problemlösungsgespräche, wenn es „brennt", über Zwischenresümee- oder Halbjahresgespräche, bis hin zum Jahresgespräch, in dem die wichtigsten Weichen gestellt werden, ist der Fächer der nötigen Gespräche breit.

Zur erfolgreichen Umsetzung der Ziele der wichtigsten Gesprächsanlässe sehen wir im Sinne der KAM-Schlüsselkompetenzen nebenstehend hohe Ausprägung.

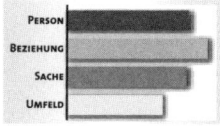

Die folgenden Gesprächsleitfäden sind prinzipiell zu verstehen. Sie sind in der Struktur ähnlich aufgebaut wie das Beispiel im Kapitel Gesprächsstrategien (siehe Kap. 8.7.6). Sie sollten keine Schablone sein und die enthaltenen Beispiele sind nur richtungsweisend. Die einzelnen Elemente oder Phasen sind in ihrer Reihenfolge und ihren Inhalten aus jahrelanger Erfahrung erwachsen und können Orientierung und Ideenquellen sein.

10.1 Das Betreuungs- und Informationsgespräch

Ein Key Account wurde einem KAM neu zugeordnet. Der KAM ist neu in der Funktion. Beim Key Account hat sich organisatorisch oder personell etwas verändert oder ein neuer Key Account wurde aufgenommen. Dies sind beispielhafte Situationen, in denen Betreuungs- und Informationsgespräche durchgeführt werden.

Die Ziele dieser Art von Gesprächen liegen im Auf- oder Ausbau der Beziehungen zu wichtigen Ansprechpartnern, um eigene Eindrücke mit denen des Kunden abzugleichen oder um „Beziehungshygiene" zu betreiben.

Hier ein Beispiel für eine mögliche Struktur und für die komprimierten Inhalte:

1. Ziele des Betreuungsgesprächs:	Sequenzziele:
Klare, operationalisierte Zustandsbeschreibung für das gewünschte Resultat am Ende des Gesprächs. Wichtige Kriterien: 1 Erreichbar im Zeitrahmen 2 Genau formuliert (Menge, Person, Zeit, Ort, Qualität) 3 Statischer Zustand (statt „wird" oder „werden" – „ist" oder „sind") • Beispiel qualitatives Gesprächsziel: Am Ende des Gespräches hat der KAM die Qualität der bisherigen Zusammenarbeit formuliert, Maßnahmen zur weiteren Intensivierung sind vereinbart.	• Klare Orientierung im Gespräch durch operationale Ziele. • Überprüfungsmöglichkeit der Resultate, qualitativ und/oder quantitativ. • Steigerung der Sicherheit im Gespräch sowie der Eigenmotivation.
2. Eröffnungsphase:	**Sequenzziele:**
Mit Themen-Aufhängern aus den vier Bereichen: 1 Kunde / seine Person 2 Kundenunternehmen 3 Märkte/Branche 4 Eigenes Unternehmen / seine Produkte oder Leistungen • Beispiel mit offener Frage, nach Begrüßung und geeigneter Vorstellung: „Aus unseren Kundenunterlagen konnte ich eine längere Historie in der Zusammenarbeit unserer beiden Unternehmen ersehen. Wie lange arbeiten Sie persönlich denn mit meinem Unternehmen bereits zusammen?"	• Die geeignete Stimmung für ein offenes Gespräch ist geschaffen – kreativ und auf den Kunden bezogen. • Der Start für eine intakte Beziehung ist durch einen partnerschaftlichen Dialog möglich.
3. Emotionale Standortbestimmung:	**Sequenzziele:**
Offene Fragen fördern Dialog und Informationsgewinnung. Beispiele: • „Ich bin an einer effizienten und partnerschaftlichen Zusammenarbeit interessiert, wie beurteilen Sie persönlich die bisherige Zusammenarbeit?" • „Was wünschen Sie sich von mir/uns zusätzlich?" • „Geben Sie mir einen Tipp, worauf soll ich im Umgang mit Ihrem Unternehmen und Ihrem Bereich besonders achten?"	• Die geschäftliche Beziehung ist transparent. • Ansätze zum Auf- und Ausbau sind deutlich. • Die Bereitschaft zur Offenheit und das echte Interesse sind deutlich.
4. Auf- und Ausbau der persönlichen und der geschäftlichen Beziehung:	**Sequenzziele:**
Offene Fragen fördern den Dialog und die Informationsgewinnung. • „Was können wir, was kann ich tun, um Sie in Ihrem Hause zu unterstützen?"	• Klare Unterstützungsmaßnahmen sind deutlich. • Die Beziehungsebene ist ausgebaut.

• „Wann können wir uns mal wieder privat sehen, um über das Thema xy zu reden?" • „Wann wollen wir gemeinsam unsere neue Produktion besichtigen und anschließend das neue Restaurant testen?" • „Wann darf ich Ihnen den Einsatz unserer Produkte bei der Firma xy zeigen?" • „Wie können wir die Liefer- oder Administrationsbedingungen aus Ihrer Sicht noch effizienter gestalten?" • „Welche Veränderungen zeichnen sich in der Organisation Ihres Hauses ab, die unsere Zusammenarbeit betreffen?"	• Der persönlichen Kontakt ist intensiviert. • Die Zusammenarbeit ist durch Referenzen gefestigt. • Die Effizienz der geschäftlichen Zusammenarbeit ist überprüft oder weiter verbessert.
5. Abschließendes Resümee und emotionale Bestätigung:	**Sequenzziele:**
Der eigene Standort wird offengelegt und die Kundensichtweise wird hinterfragt. • Beispiel: „Zunächst herzlichen Dank für dieses Gespräch. Ich habe den Eindruck, wir sind in diesem Gespräch ein gutes Stück weitergekommen. Welchen Eindruck haben Sie abschließend?"	• Das Gesprächsresultat ist deutlich. • Wertschätzung ist vermittelt.

Aktives Zuhören, körpersprachliche Zuwendungen, Ich-Botschaften, Begründung der Fragen, Interessefragen, auf die gemeinte Ebene eingehen, Interesse am Menschen im Gesprächspartner, Gemeinsamkeiten suchen und Offenheit schaffen in diesen Gesprächen Vertrauen.

Wenn der Key Account neu und unbekannt ist, dann sind natürlich mehr Informationen notwendig, um die Betreuung überhaupt ziel- und partnerorientiert gestalten zu können. Fragen ist immer besser als Interpretieren und Voraussetzen.

Hier sind ergänzende Beispiele zur oberen Struktur, für geeignete Fragen der Informationsgewinnung

Fragebeispiel:	**Frageziele:**
„Welche Produkte setzen Sie heute im Bereich xy ein?"	Art der Produkte?
„Wie groß ist der derzeitige Bedarf?"	Bedarfsvolumen?
„Woher beziehen Sie aktuell Ihre Produkte?"	Derzeitige Lieferanten?
„Wie zufrieden sind Sie / ist Ihr Vertrieb / ist Ihre Technik damit?"	Zufriedenheit?
„Welche Veränderungen der Produkte würden Sie / Ihr Vertrieb / Ihre Technik sich wünschen?"	Argumentationsansatz?

„In welchen Bereichen müssten unsere Preise und Konditionen bei welcher Abnahmemenge liegen, um bei Ihnen liefern zu können?"	Preise und Konditionen?
„Welche Entwicklung und Potenziale sehen Sie für diesen Bereich?"	Zukünftige Entwicklungen?
„Wer in Ihrem Unternehmen / Konzern setzt noch diese oder ähnliche Produkte ein?"	Weitere Partner? Weiterer Bedarf?
„Wer, außer Ihnen, ist an der Entscheidung über den Produkteinsatz mitbeteiligt?"	Entscheiderstruktur?
„Wie muss man sich den klassischen Entscheidungsweg in Ihrem Unternehmen vorstellen?"	Entscheidungswege?
„Was schätzen Sie an Ihren Gesprächspartnern der Lieferanten – welche Situation darf nicht eintreten?"	Basis der Zusammenarbeit?
„Wie oft ist der persönliche Kontakt mit Lieferanten aus Ihrer Erfahrung sinnvoll, um beiderseitige Interessen zu wahren?"	Bedingungen/Vorstellungen der Zusammenarbeit?
„Wie wirkt sich die von Ihnen beschriebene Marktsituation auf die Situation Ihres Unternehmens aus?"	Unternehmenssituation?
„Ich erhalte die unterschiedlichsten Prognosen aus dem Markt, wie entwickeln sich Ihre Umsätze der kommenden sechs Monate aus Ihrer Sicht?"	Potenziale beim Kunden?
„Sie sprechen von ehrgeizigen Zielen. Was müsste unser Unternehmen Ihrer Meinung nach leisten, um Sie bei der Zielerreichung zu unterstützen?"	Nutzenvorstellung des Kunden?
„Welche Kriterien sind für Sie persönlich besonders wichtig?"	Motive und Interessen des Kunden?
„In welchem Preisrahmen, bei welcher Abnahmemenge, müsste unser Angebot liegen, um bei Ihnen aktuell liefern zu können?"	Liefervoraussetzungen?

Voraussetzung für informative und substanzielle Antworten der Kunden ist zum einen das generelle Interesse des Gesprächspartners an der Zusammenarbeit – und vor allem eine intakte Beziehung im Gespräch.

Aktiv die Bereitschaft für einen guten Informationstransfer beeinflussen

Aktiv können wir die Bereitschaft für einen guten Informationstransfer durch folgende Vorgehensweisen beeinflussen:
- positive, vertrauensvolle Atmosphäre schaffen
- kundennutzenorientierte Begründung (Legitimation) der Fragen vorschalten
- offene Fragen stellen

- bei komplexen Anworten die verstandene Ebene wiedergeben
- im Sinn oder faktisch unklare Antworten hinterfragen
- Begriffe oder Redewendungen aus den Antworten für die Formulierung der nächsten Frage nutzen
- auf Dissonanzen zwischen Sprache und Körpersprache achten
- „Schmerzgrenzen" der Gesprächspartner beachten
- Interessesignale beim Zuhören vermitteln
- Anerkennung für gute Informationen geben
- wichtige Informationen notieren, für weitere Kontakte nutzen und im Kundendossier archivieren

Den Einsatz einer Frage sollten wir jedoch nicht nur als eine Kommunikationstechnik verstehen. Jeder, der eine Frage stellt, gibt auch das „Versprechen", dem Gegenüber zuzuhören.

Das Zuhören

Das Fragen erschließt Meinungen und Informationen und lässt Interessen sowie Motive erkennen. Das Zuhören jedoch ist die notwendige Voraussetzung für die Analyse der Informationen und für die Abstimmung der weiteren eigenen Vorgehensweisen. Durch aktives Zuhören signalisieren wir den Gesprächspartnern, dass wir sie ernst nehmen und sie auch respektieren und verstehen. Wo Nichtverstehen ist, da ist auch häufig Missverstehen. Und diese Missverständnisse sind schnelle Fahrstühle in den Konflikt.

Notwendige Voraussetzung für die Analyse der Informationen und die Abstimmung der weiteren eigenen Vorgehensweisen

Konfliktpotenziale wiederum sind die Zündschnüre von Problemen – und Probleme besitzen die unangenehme Eigenschaft, sofort nach ihrer Entstehung zu wachsen. Während Probleme wachsen, fressen sie unablässig Sympathie, Verständnis, Akzeptanz, Teamgeist, Gemeinsamkeiten und Zuwendung. Zuhören kostet auch Energie, aber wie viel Zuwendung erhalte ich dafür! Millionen Menschen suchen gute Zuhörer, die paar Hunderttausend, die es noch gibt. Es kostet viel Energie, zwischenmenschliche Probleme, die durch zu wenig Zuhören entstanden sind, zu lösen, und wie viel Zuwendung wird dafür aufgewendet!

Arbeiten wir doch wie bei der Gesundheitsvorsorge: Verhindern ist besser und weniger anstrengend als reparieren.

10.2 Das Problemlösungsgespräch

Die sachlichen Probleme, die in der Zusammenarbeit mit Schlüsselkunden auftreten können, sind vielschichtig. Die positive Seite diese Probleme ist, dass sie die Notwendigkeit und Bedeutung des Problemlösers, des Key Account Managers, unterstreichen. Je schwieriger Key Accounts zu betreuen sind, umso sicherer wird damit die Funktion des KAMs.

Von echten Problemlösungsgesprächen sprechen wir jedoch erst bei Situationen mit hohem emotionalen Anteil. Beim genauen Nachforschen hinter der Sachebene geht es immer um prinzipielle Störungen in der Zusammen-

Entschärfung von Situationen mit hohem emotionalen Anteil

arbeit, wie empfundene Geringschätzung, Misstrauen, Distanz, Intransparenz, Unklarheit, Ineffizienz oder Missachtung. Emotionale Probleme kann alles schaffen, was die Urängste der Menschen weckt, oder anders ausgedrückt, alle Situationen, in denen Grundmotivatoren von Menschen nicht bedient werden, sind Anlässe für prinzipielle Störungen.

Die Klärung prinzipieller Störungen ist über die Lösung vordergründiger Sachprobleme nicht möglich

Da wir Risiken gerne vermeiden oder verdrängen, suchen wir häufig nach sachlichen Lösungen, um mit diesen prinzipiellen Störungen nicht in Berührung zu kommen. Die Folge in der Praxis sind häufig wiederkehrende kritische Situationen, die negative Emotionen hervorrufen, so genannte kommunikative „Schleifen". Wir glauben, ein Problem sachlich korrekt gelöst zu haben, da kommt es beim nächsten Kundenkontakt wieder zu solch einer „Schleife". Das im Hintergrund liegende prinzipielle Problem kommt also doch immer wieder hoch.

Am Beispiel eines alten Ehepaars kann man diesen Prozess einfach und simpel verdeutlichen:

Das aktuelle vordergründige Problemthema ist: Wo fahren die beiden im nächsten Urlaub hin? Er will in die Berge zum Wandern, sie will ans Meer zum Sandstrand. Jeder positioniert sich klar für seine eigenen Interessen und Motive. Viele Argumente unterstreichen die eigene Position. Die Fronten verhärten sich langsam. Die Lautstärke in der Diskussion steigt, Gestik und Mimik werden dynamischer, die Wortwahl verändert sich. Da entsteht mehr und mehr ein echtes Problem! Die emotionale „Amplitude" steigt immer höher. Er schreit: *„Immer willst du deinen Kopf durchsetzen!"* Sie schimpft: *„Nie machst du etwas, was mir wichtig wäre!"* Und plötzlich bekommen beide ein Gefühl, um was es hier eigentlich geht. Geht es noch um Urlaub oder kennen sie das Thema aus anderen Situationen? Sie entdecken langsam das darunterliegende Prinzip dieses Prozesses (von Prinz – der an erster Stelle, der zuerst Dagewesene). Wird das Prinzipielle jetzt deutlich thematisiert, haben beide das Gefühl und die Hoffnung, dass die Störung auch prinzipiell lösbar ist, dann ist es plötzlich egal, wohin sie in Urlaub fahren. Denn das Thema Urlaub war mehr ein Symptom oder ein „Vehikel" für die eigentlichen prinzipiellen Probleme im Zusammenleben. Gehen beide der Klärung des grundlegenden Prinzips aus Unsicherheit oder Bequemlichkeit wieder aus dem Weg, fahren sie entweder getrennt in Urlaub oder machen einen Kompromiss, der keinem wirklich Erholung bringt, oder einer gibt (wieder mal) nach und leidet vor sich hin. Dieser Unterlegene sorgt jedoch meist dafür, dass das ungelöste Prinzip bei einer anderen Gelegenheit wieder deutlich wird.

Der Engpass

Das Lösen von wiederkehrenden Problemen ist wie ein Engpass

Das Lösen von Problemen, die wiederkehrenden Charakter haben, ist vergleichbar mit dem Durchqueren eines Engpasses. Die Zusammenarbeit mit dem Key Account ist in solchen Situationen wenig effizient. Jeder absolviert nur noch sein Pflichtprogramm. Man arbeitet sich nicht mehr zu, sondern jeder für sich. Die Energien beider Seiten heben sich eher auf.

In diesen Situationen haben wir das Gefühl der *Stagnation*. Man bewegt sich auf der Stelle und dreht sich im Kreis.

Gegenseitige Schuldzuweisungen lassen dann in solchen Situationen schon einmal Ärger aufkommen, die Emotionen wachsen. Eine Aussage wie: *„Weil Ihre Abteilung sich so verhalten hat, mussten wir so reagieren!"* wird gekontert mit: *„Weil Sie so reagiert haben, konnten wir uns ja gar nicht anders verhalten!"* Weil wir den wichtigen Kunden nicht verlieren dürfen, entsteht das Gefühl, jetzt bloß nicht weiter „in die Wunde fassen". Wir suchen irgendein Ventil, um diese *polarisierte* Situation wieder „runterzukochen", die emotionalen Wogen wieder zu glätten.

Wenn uns das „Runterkochen" halbwegs gelungen ist und wieder sachlicher kommuniziert wird, stecken wir aber wieder in der Stagnation. Und das kann lange so weitergehen, manchmal Monate oder sogar Jahre. Aber selbst, wenn wir erkannt haben, worum es hier zwischen den Personen „im Prinzip" eigentlich geht, sprechen wir die Dinge selten offen und klar an. Wir haben Respekt und Angst vor dieser *diffusen* Situation, denn weder die Reaktionen der anderen noch unsere eigenen sind prognostizierbar.

Eine der häufigsten Ursachen für Ängste ist fehlende Information. In unserer angstgeprägten Phantasie könnte alles passieren: Trennung der Geschäftsbeziehung, totale Absprache der Kompetenzen und Fähigkeiten, herabwürdigende Behandlungen, anhaltendes Misstrauen, Drohung und Realisierung von gegenseitigen materiellen und immateriellen Schäden. Alles das wollen und brauchen wir nicht! Wir bleiben lieber in der so genannten „Komfortzone", die uns vordergründig vor diesen Dingen schützt.

Situationen, in denen prinzipielle Konflikte geklärt werden, sind meist angstbesetzt

Wenn wir jedoch einmal den Mut haben und durch die unklare und diffuse Phase durchgehen, auch wenn sich das ganz schön *eng* und *kontrahiert* (zum Beispiel als Kloß im Hals) anfühlt, dann haben beide Seiten die Chance, völlig neue Handlungsoptionen zu entwickeln und eine neue intaktere Beziehung zu schaffen und eine richtige *Expansion* in der Zusammenarbeit zu erleben.

Das Modell des Engpasses stammt prinzipiell von Fritz Pearls (Gestaltpsychologe 1893 bis 1970).

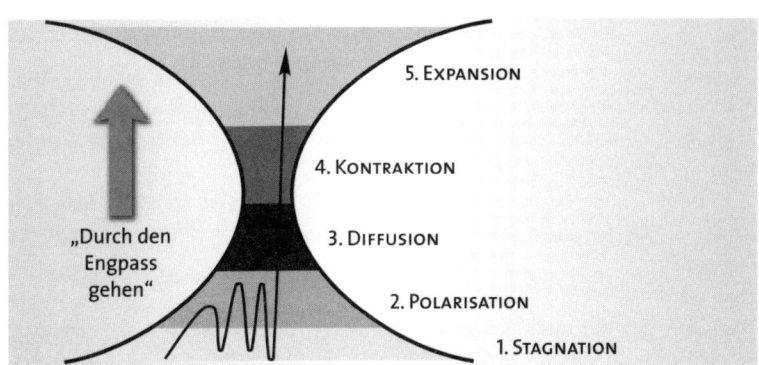

Abb. 10.1: *Das Engpass-Modell von Fritz Pearls*

Unerledigtes nimmt immer wieder Gestalt an, bis es grundsätzlich erledigt ist

Vereinfacht ausgedrückt beschreibt dieses Modell: Unerledigtes belastet uns und die Zusammenarbeit mit anderen. Dieses Unerledigte nimmt immer wieder Gestalt an, so lange, bis es grundsätzlich erledigt ist. Die Phasen zur Erledigung gleichen dem Weg durch einen Engpass, ähnlich einer Geburt, die auch eine ganz neue Form des Daseins ermöglicht.

Nach gelungenen Problemlösungsgesprächen werden wir mit nachhaltigen Veränderungen und neuen Optionen belohnt

Diesen Prozess durchzustehen erfordert Mut, Stabilität und Integrität. Dafür werden wir nach derartigen Problemlösungsgesprächen mit nachhaltigen Veränderungen und neuen Optionen belohnt. So fühlt sich dann persönliches Wachstum und echter Erfolg an. Unsere Vorstellungen, welche Optionen nach dem Engpass möglich sind, sind häufig begrenzt. Das liegt aber eher an unserer engen Vorstellungkraft als an den tatsächlichen Möglichkeiten!

Als Beispiel für die Begrenztheit unserer Vorstellungskraft und in Anlehnung an den „Engpass", den wir in der Geburt erlebt und überwunden haben, geben wir Ihnen eine kleine Geschichte aus dem Internet wieder; zum Schmunzeln und zum Nachdenken:

Ein ungeborenes Zwillingspärchen unterhält sich im Bauch seiner Mutter. *„Sag mal, glaubst du eigentlich an ein Leben nach der Geburt?"*, fragt der eine Zwilling. – *„Ja, auf jeden Fall! Hier drinnen wachsen wir und werden stark für das, was draußen kommen wird"*, antwortet der andere Zwilling. *„Ich glaube, das ist Blödsinn!"*, sagt der erste. *„Es kann kein Leben nach der Geburt geben – wie sollte das denn bitteschön aussehen?"* –

„So ganz genau weiß ich das auch nicht. Aber es wird sicher viel heller als hier sein. Und vielleicht werden wir herumlaufen und mit dem Mund essen?"

„So einen Unsinn habe ich ja noch nie gehört! Mit dem Mund essen, was für eine verrückte Idee. Es gibt doch die Nabelschnur, die uns ernährt. Und wie willst du herumlaufen? Dafür ist die Nabelschnur viel zu kurz. – *„Doch, es geht ganz bestimmt. Es wird eben alles nur ein bisschen anders. Ich gebe ja zu, dass keiner weiß, wie das Leben nach der Geburt aussehen wird. Aber ich weiß, dass wir dann unsere Mutter sehen werden, und sie wird für uns sorgen."* –

„Mutter??? Du glaubst doch wohl nicht an eine Mutter? Wo ist sie denn bitte schön?" – *„Na hier – überall um uns herum. Wir sind und leben in ihr und durch sie. Ohne sie könnten wir gar nicht sein!"* – *„Quatsch! Von einer Mutter habe ich noch nie etwas bemerkt, also gibt es sie auch nicht."* – *„Doch, manchmal, wenn wir ganz still sind, kannst du sie singen hören. Oder spüren, wenn sie unsere Welt streichelt ..."* –

„Hmm ..., ich glaube, du bist ein Spinner! Mit der Geburt ist das Leben zu Ende. Es ist ja auch noch nie einer zurückgekommen von ‚nach der Geburt'!"

Nun aber wieder zurück zur wirtschaftsgeprägten Ergebniswelt im Key Account Management. In der strukturierten Darstellung einer Gesprächsleitlinie könnte ein Problemlösungsgespräch so aussehen:

1. Ziele des Problemlösungsgesprächs:	Sequenzziele:
Klare, operationalisierte Zustandsbeschreibung für das gewünschte Resultat am Ende des Gesprächs. Wichtige Kriterien: 1 Erreichbar im Zeitrahmen 2 Genau formuliert (Menge, Person, Zeit, Ort, Qualität) 3 Statischer Zustand (statt „wird"/„werden" – „ist"/„sind") • Beispiel für ein qualitatives Gesprächsziel: Am Ende des Gespräches sind die prinzipiellen Problemursachen klar und Maßnahmen zur nachhaltigen Problemlösung sind vereinbart.	• Klare Orientierung im Gespräch, durch operationale Ziele. • Überprüfungsmöglichkeit der Resultate, qualitativ und/oder quantitativ. • Steigerung der Sicherheit im Gespräch sowie der Eigenmotivation.
2. Eröffnungsphase:	**Sequenzziele:**
Frühe Verdeutlichung der Gesprächsziele, der Befindlichkeiten und der Wichtigkeit/Dringlichkeit für dieses Gespräch. Beispiel: • *„Danke für die Chance zur Verbesserung der Zusammenarbeit. Für mich persönlich und für unsere Zusammenarbeit hat dieses Gespräch eine hohe Wichtigkeit. Uns liegt viel an einer Klärung und einer aktiven nachhaltigen Veränderung nach dem heutigen Gespräch."* • *„Welche Bedeutung hat dieses Gespräch denn für Sie?"* • *„Was wäre Ihr Wunschziel am Ende des Gesprächs und was sollte nicht passieren?"* • *„Welche Konsequenzen hätte es, wenn wir dieses Problem nicht nachhaltig lösen?"*	• Die geeignete Beziehung/der Kontakt zum Gesprächspartner ist hergestellt. • Beide Seiten „zeigen sich" und teilen sich mit. • Die beiderseitigen Gesprächsziele und Bedeutungen sind klar.
3. Austausch der unterschiedlichen Perspektiven:	**Sequenzziele:**
Die Situation kann völlig unterschiedlich wahrgenommen worden sein. Einschätzung und vermutete Hintergründe müssen gleichwertig ausgetauscht werden, um zu verstehen. Wichtig ist, selber mit dem offenen Austausch zu beginnen! Beispiel zum Start der Klärung: • *„Wenn Sie einverstanden sind, beschreibe ich kurz, wie ich die Situation erlebt habe und was das Ganze bei uns ausgelöst hat. Ich hoffe, Sie schildern mir danach auch Ihre Sicht der Dinge."* • *„Worum ging es denn aus Ihrer persönlichen Sicht eigentlich bei dieser Geschichte?"* • *„Was hat denn aus Ihrer Sicht prinzipiell zu diesen beiderseitigen Verhaltensweisen geführt?"* • *„Was an unserer Verhaltensweise war denn aus Ihrer Sicht der Auslöser für die heutige Situation?"* • *„Was müsste denn aus Ihrer Sicht prinzipiell passieren, um die Zusammenarbeit wieder effizient und angenehm zu gestalten?"*	• Die beiderseitigen Perspektiven sind transparent. • Offenheit ist vorgelebt. • Die Beziehung wird bewusst intakt gehalten. • Die Ursachen und die Prinzipien werden deutlich. • Die Chancen und Möglichkeiten der ursächlichen Lösung sind bewusst.

4. Klärung der Störungsursachen:	Sequenzziele:
Wenn die prinzipiellen Störungsursachen bewusst sind, sollten sie verdichtet und gemeinsam abgestimmt werden. Beispiele: • „Zunächst danke für Ihre Offenheit. Folgende Ursachen für die Störungen habe ich bis jetzt auf beiden Seiten erkannt: Eigentlich geht es Ihrerseits um mehr Respekt von uns und bei uns eher um mehr Vertrauen in die Zusammenarbeit ..." • „Inwieweit liege ich da aus Ihrer Sicht richtig?" • „Was außerdem sehen Sie noch als wichtigen Punkt?"	• Die Sichtweisen sind zusammengeführt und auf den Punkt gebracht. • Ein gleichberechtigter Status zur Situationseinschätzung besteht. • Klarheit über den Prozess und die Hintergründe.
5. Erste Lösungsvorschläge:	**Sequenzziele:**
Ist man „durch den Engpass wirklich durch", dann bieten sich neue Handlungsoptionen und Möglichkeiten. Wenn wir den ersten Schritt tun, ist die Chance der Veränderung am größten. Beispiele: • „Für mich ist die Situation jetzt klarer und ich erkenne auch unseren Anteil daran. Ich mache Ihnen einen ersten Vorschlag, wie wir in Zukunft anders verfahren können ..." • „Mein aktiver Vorschlag zur Verbesserung sieht so aus ... Was halten Sie davon und was könnten Sie sich Ihrerseits vorstellen?"	• Aktive Lösungsvorschläge sind ausgetauscht und vereinbart. • Beide Seiten haben Anteil an der Lösung.
6. Resümee des Problemlösungsgesprächs:	**Sequenzziele:**
Für die Nachhaltigkeit und den Ausklang bietet sich ein Resümee beider Seiten an. Die Wirkung des Gesprächs für beide Seiten sollte nicht interpretiert, sondern möglichst konkret verbalisiert werden! Beispiele: • „Mein Eindruck dieses Gesprächs ist positiv! Ich habe Klarheit, Offenheit und Respekt erlebt. Ich gehe mit einem guten Gefühl für die künftige Zusammenarbeit hier heraus. Danke dafür." • „Welches Resümee ziehen Sie am Ende des Gesprächs?" • „Inwieweit haben wir die Ziele aus Ihrer Sicht erreicht?" • „Wie gehen wir aus Ihrer Sicht heute auseinander?"	• Die Eindrücke und Stimmungen zum Gesprächsende sind ausgetauscht. • Die Zielerreichung des Gesprächs ist überprüft. • Wertschätzung ist vermittelt

Die Eckpfeiler derartiger Problemlösungsgespräche sind ein Rollenverständnis, welches sowohl Konsequenz als auch Gleichwertigkeit zulässt, sowie eine gewisse Selbstkritikfähigkeit.

Durch eine simple Darstellung wie zum Beispiel das „A > B > C–Modell" von Albert Ellis wird deutlich, dass unterschiedliche Personen in der gleichen Situation (= A vom Englischen „*action*"), durch ihre unterschiedlichen innerlichen Bezugs- oder Glaubenssysteme (= B von „*believesystem*") zu unterschiedlichen Wahrnehmungen, Empfindungen und Bewertungen

kommen – und deswegen auch völlig unterschiedliche Handlungen und
Konsequenzen (= C von „*consequences*") entstehen können.

Wenn wir unserem Kunden oder einem Kollegen zum Beispiel während
eines Problemlösungsgesprächs zu verstehen geben, dass seine Sichtweise
der Dinge falsch ist und unsere richtig, dann stellen wir dabei gleichzeitig
sein Bezugs- und Glaubenssystem infrage und zwingen ihm unseres auf.
Wer von uns lässt das freiwillig zu?

Die Chance besteht darin, zwei gleichberechtigte Sichtweisen (Bezugs-
und Glaubenssysteme) nebeneinander zu legen, auszutauschen, abzuwägen und eine gemeinsame Sichtweise daraus machen.

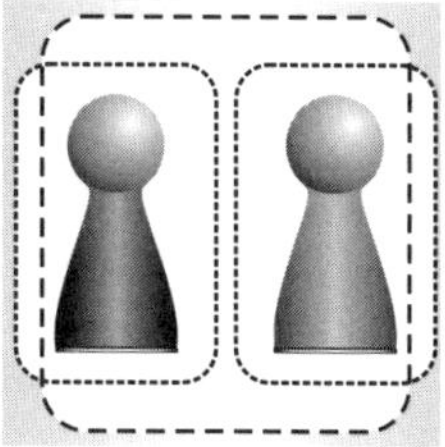

„*Es sind nicht die Dinge, welche die Menschen beunruhigen,*
sondern ihre dogmatische Sicht von den Dingen."
Epiktet, stoischer Philosoph (ca. 50 – 120 n.Chr.)

Abb. 10.2: Aus gleichbe-
rechtigten Sichtweisen eine
gemeinsame Sichtweise
machen

Sobald eine Seite mit „Infragestellung" oder „Schuldzuweisung" beginnt,
melden sich unsere EGOS zu Wort und der „Tanz" von Druck und Gegendruck, von Angriff und Verteidigung, von Schuld und Unschuld geht los.
Kein Gesprächspartner wird ernsthaften Gesichtsverlust zulassen oder
akzeptieren. Dominanz und Manipulation führen meist zu Anpassungs-
verhalten, Anordnungen oder vordergründig getroffene Vereinbarungen
zur Problemlösung werden so jedoch kaum realisiert und die „Schleife"
bricht wieder auf ...

10.3 Das Jahresgespräch

Die Königsdisziplin in vielen Branchen, in denen Key Account Management etabliert ist, ist das Jahresgespräch. Hier werden alle Weichen für das
Folge-Geschäftsjahr gestellt, hier geht es ums Ganze. In der Konsumgut-
branche sind mit den großen Handelsketten oft drei bis fünf Jahresgespräche nötig, um für das Folgejahr alles „in halbwegs trockenen Tüchern"
zu haben.

Das Jahresgespräch stellt
die Weichen für das Folge-
Geschäftsjahr

Die Tendenz ist jedoch auch hier rückläufig, weil einfach die Zeit fehlt
für die zahlreichen Gespräche. In den ersten Gesprächen wurde hier oft
nur positioniert und abgetastet. Danach ging man in den „Clinch", bis der
„Schwächere" die ersten klaren Anzeichen für ein Nachgeben zeigte. In der
Schlussphase wurden dann alle Scherben aufgekehrt und die Detailarbeit
geleistet, in der Hoffnung, es wird nicht nochmal nachverhandelt!

Aber auch in anderen Branchen sind diese Jahresgespräche mittlerweile
üblich, um die Zusammenarbeit stabil, kalkulierbar und prognostizierbar
zu machen.

Da wir immer häufiger nur „einen Schuss" für dieses Schlüsselgespräch
haben, ist die Vorbereitung umso wichtiger. Bewährt hat sich auch ein
Vorgespräch, um auf das eigentliche Jahresgespräch noch besser vorbereitet sein zu können.

Ein Vorgespräch liefert
wichtige Informationen
für das eigentliche Jahres-
gespräch

Das Vorgespräch

Durch zusätzliche Informationen lässt sich eine Jahresgesprächsstrategie noch genauer und zielorientierter vorbereiten. Ein Vorgespräch, zirka vier bis sechs Wochen vor dem Jahresgesprächstermin, ermöglicht auch die Abtrennung von anderen, unerwünschten oder kritischen Themen und dadurch auch Missstimmungen innerhalb der Jahresgesprächs-Verhandlung zu vermeiden.

Das Vorgespräch kann helfen, unerwartete Schachzüge und Änderungswünsche der Gesprächspartner zu vermeiden

Bei richtiger Fragestellung und deren Legitimierung erleben wir weniger unerwartete Schachzüge und Änderungswünsche der Gesprächspartner. Sollte das Vorgespräch persönlich nicht möglich sein, was in jedem Fall zu bevorzugen ist, dann sollte es zumindest telefonisch durchgeführt werden.

Beispiel für eine Vorgesprächsstruktur:

1. Ziele des Jahres-Vorgesprächs:	Sequenzziele:
Klare, operationalisierte Zustandsbeschreibung für das gewünschte Resultat am Ende des Gesprächs. Wichtige Kriterien: 1 Erreichbar im Zeitrahmen 2 Genau formuliert (Menge, Person, Zeit, Ort, Qualität) 3 Statischer Zustand (statt „wird"/„werden" – „ist"/„sind") Beispiel für ein qualitatives Gesprächsziel: Alle für das Jahresgespräch relevanten Informationen, die für die Abstimmung der Strategie und der Inhalte des Jahresgespräches notwendig sind, liegen vor.	• Klare Orientierung im Gespräch, durch operationale Ziele. • Überprüfungsmöglichkeit der Resultate, qualitativ und/oder quantitativ. • Steigerung der Sicherheit im Gespräch sowie der Eigenmotivation.
2. Eröffnungsphase:	**Sequenzziele:**
Kurze Kontaktphase aus den möglichen Bereichen: 1 Bereich des Kunden / seiner Person 2 Bereich des Kundenunternehmens 3 Bereich des Marktes / der Branche 4 Bereich des eigenen Unternehmens / der Produktes oder Leistungen • Beispiel mit offener Frage, nach der Begrüßung: „In der Presse stand letzte Woche der interessante Bericht im Zusammenhang mit Ihrem Unternehmen ... Wie sehen Sie die Situation denn aus Ihrer Perspektive?"	• Die geeignete Beziehung / der Kontakt zum Gesprächspartner ist hergestellt. • Beide Seiten „zeigen sich" und teilen sich mit. • Die beiderseitigen Gesprächsziele und Bedeutungen sind klar.
3. Argumentation für das Vorgespräch:	**Sequenzziele:**
Da diese Gespräche noch nicht selbstverständlich sind und auch die Antwortbereitschaft gesichert werden sollte, ist eine kurze Nutzendarstellung zur Motivation des Gesprächs empfehlenswert.	• Der Sinn des Gesprächs ist vermittelt.

Beispiele: • „Um das Jahresgespräch für beide Seiten noch effizienter zu machen, benötige ich noch ein paar Informationen …" • „Damit wir auch alle Unterlagen und Informationen mitbringen, die für Sie relevant sind, lohnt es sich, ein paar Informationen im Vorfeld auszutauschen …" • „Um die Ziele im engen Zeitrahmen des anstehenden Jahresgesprächs auch erreichen zu können …"	• Die Bereitschaft für den Informationstransfer ist hergestellt.
4. Informationsgewinnung / Informationstransfer:	**Sequenzziele:**
Beispiele für generell wichtige Informationen sind: • „Wer außer Ihnen nimmt am Gespräch teil?" • „Wie viel Zeit steht zur Verfügung?" • „Was sind die wichtigsten Gesprächsziele aus Ihrer Sicht?" • „Was verändert sich im kommenden Jahr, mit Einfluss auf unsere Zusammenarbeit?" • „Welche grundlegenden Informationen benötigen Sie von uns und in welcher Form? • Welche Themenbereiche haben dieses Jahr aus Ihrer Sicht Priorität?"	• Die wichtigsten Rahmenbedingungen und Veränderungen sind transparent. • Prioritäten und erste Ziele sind bekannt.
Im Bedarfsfall – kritisches Resümee des alten Jahres:	**Sequenzziele:**
Sollte die Entwicklung und die Zielerreichung des „alten Jahres" kritisch sein, empfiehlt sich nach Möglichkeit die Auslagerung des Resümees, um die Emotionen vor dem Jahresgespräch „abzufackeln".	• Kritische Einflüsse für das neue Geschäftsjahr sind ausgelagert.

Durch die Kenntnis der aktuellen Informationen und Prioritäten ist die Vorbereitung für das eigentliche Jahresgespräch leichter. Zu hoch dürfen die Erwartungen für das Vorgespräch jedoch nicht sein, da sensible strategische oder taktische Informationen der Key Accounts nur in Einzelfällen vor dem Hintergrund sehr guter Beziehungen ausgetauscht werden. Auch sollten wir dem Gesprächspartner Gelegenheit geben, Informationen von uns verwerten zu können, dann entsteht eher ein „Geben und Nehmen".

Voraussetzung für die erfolgreiche Umsetzung des Jahresgesprächs-Leitfadens ist eine mit allen beteiligten Kollegen abgestimmte Strategie, entsprechend den Maßgaben des vorangegangenen Kapitels zur Gesprächsstrategie (siehe Kap. 8), mit klaren, von allen getragenen Zielen und Deadlines sowie gut abgestimmter Rollenverteilung. Die Philosophie und die Gesamtstrategie des Key Accounts mit seinen aktuell zu erwartenden Zielen und Prioritäten müssen sich darin darstellen lassen!

Damit in den Gesprächleitfäden nicht zu viel Wiederholung auftaucht, komprimieren wir den folgenden beispielhaften Jahresgesprächs-Leitfaden auf die wesentlichen Inhalte:

1. Ziele des Jahresgesprächs:	**Sequenzziele:**
Beispiel für ein qualitatives Gesprächsziel: • Hauptziel: Alle Entscheidungen für die erfolgreiche Umsetzung des neuen Geschäftsjahresplans sind getroffen. • Alternativziel: Die wichtigsten Informationen für weitere Gespräche sind vorhanden. Die Voraussetzungen für einen späteren Konsens/Kompromiss sind gefördert.	• Klare Orientierung im Gespräch durch operationale Ziele. • Überprüfungsmöglichkeit der Resultate, qualitativ und/oder quantitativ. • Steigerung der Sicherheit im Gespräch sowie der Eigenmotivation.
2. Eröffnungsphase:	**Sequenzziele:**
Kurze, auflockernde, aber wirkungsvolle Kontaktphase, da „alle Pferde mit den Hufen scharren".	• Die geeignete Beziehung / der Kontakt zu den Gesprächspartnern ist hergestellt.
3. Abstimmung der Rahmenbedingungen:	**Sequenzziele:**
Abläufe, Zeitkontingente und vor allem den gesamten Zeitrahmen kurz abstimmen. Nach Möglichkeit als Zweiter präsentieren und zuerst die Vorstellungen des Kunden erfahren.	• Die Rahmenbedingungen sind klar. • Der eigene „Zeitmanager" hat den Überblick.
4. Abstimmung der generellen Ziele:	**Sequenzziele:**
Die Trends und grundlegenden Ziele der Zusammenarbeit abstimmen, um zum einen Unterschiede früh zu erkennen und zum anderen eine gemeinsame Basis als „Plattform" in kritischen Gesprächsphasen zu haben.	• Gemeinsamkeiten und Unterschiede in den generellen Zielen der Zusammenarbeit sind transparent. • Argumente für die Lösungsorientierung in kritischen Phasen existieren.
5. Kurzbilanz des alten Jahres:	**Sequenzziele:**
Wenn nicht im Vorgespräch geschehen, das alte Jahr von beiden Seiten komprimiert resümieren. Hintergründe und vor allem Learnings des Zielerreichungsgrades verdeutlichen und nutzen.	• Der konstruktive Blick nach vorne ist möglich.
6. Absicherung der wichtigsten Informationen:	**Sequenzziele:**
Vor der eigenen Präsentation oder der eigenen Angebotsphase lohnt es sich, die zu Grunde gelegten Informationen noch einmal abzusichern.	• Die Argumentationsbasis ist abgesichert.

7. Präsentation/Angebotsphase:	Sequenzziele:
• Die Inhalte sollten in der Dramaturgie so strukturiert sein, dass die Argumentation vom Globalen zum Speziellen, vom Gesamtmarkt zum relevanten Segment, zur speziellen Potenzialausschöpfung und den nötigen Maßnahmen geht. • Klaren Nutzen und Begründungen für die Vorschläge vermitteln! • Wer keine nachvollziehbaren Marktausschöpfungskonzepte oder Wachstumskonzepte mitbringt, sondern nur um Konditionen ringt, wird meistens Geld verlieren!	• Der Nutzen der Zielerreichung ist vermittelt. • Die Motive und Interessen des Key Accounts sind angesprochen.
8. Verhandlungs- und Entscheidungsphase:	**Sequenzziele:**
• Die vorher definierten „Leistungs-Gegenleistungs-Wächter" (siehe Kap. 8.6) verhandeln im möglichst kooperativen Stil. Aktiv Angebote machen, kritische Vorschläge hinterfragen und relativieren, eher Ja sagen – aber zu den eigenen Bedingungen, abwägen und gezielt Entscheidungshilfen einsetzen. • Die „Vermittler" halten die Kompromissfähigkeit bewusst aufrecht, bauen „Brücken" und sorgen im Bedarfsfall für Auszeiten oder die Vertagung. • Kontakt zu den Kollegen permanent halten!	• Die Konsensfähigkeit bleibt aufrecht. • Die prinzipiellen Gesprächsziele sind erreicht. • Die eigenen Ressourcen und Kompetenzen addieren sich durch verteilte Rollen.
9. Zusammenfassung/Absicherung:	**Sequenzziele:**
Aktiv die Zusammenfassung suchen, alle relevanten Entscheidungen und Fakten absichern und im Sinne eines Ergebnisprotokolls mitschreiben.	• Die Ergebnisse sind abgesichert und dokumentiert.

Fünfzig Prozent des Erfolgs in Jahresgesprächen ist eine gute ganzheitliche Vorbereitung und die anderen fünfzig Prozent hängen von kommunikativen Kompetenzen und intakten Beziehungen ab. Wir sollten uns immer als Macher in diesen Gesprächen verstehen und nicht als Opfer.

Ein erfahrener KAM-Leiter resümierte die Wechselwirkung mit den Verhandlungspartnern nach einem zähem, aber erfolgreichen Jahresgespräch folgendermaßen: *„Fünfzig Prozent der Schlauheit der Füchse liegt an der Dummheit der Hühner!"*

> **KONSEQUENZEN FÜR IHR KEY ACCOUNT MANAGEMENT**
>
> - **Kenntnisse:** Sich mit den Zielen, Prioritäten, Interessen und Motiven der Gesprächspartner bewusst beschäftigen, um sie zur Gesprächsvorbereitung nutzen zu können.
> - **Vorbereitung:** Wichtige Überzeugungsprozesse und Verhandlungen strukturiert vordenken, um sich auf die Gesprächspartner, den Prozess und die Ziele konzentrieren zu können.
> - **Überprüfen:** Eine Gesprächsvorbereitung nicht als „Korsett" verstehen. An den Reaktionen der Gesprächspartner permanent die eigenen Vorgehensweisen überprüfen und bei Bedarf justieren.
> - **Umsetzung:** Der Umsetzungsgrad von Gesprächsvorbereitungen liegt meist höher, als uns bewusst ist. Eine komprimierte intensive schriftliche Vorbereitung ermöglicht die Einhaltung der wichtigsten „Meilensteine", auch ohne die Unterstützung durch diese Unterlagen im Gespräch.

11 Effektive Kundenbetreuung in komplexen Entscheidungsprozessen

> **WAS SIE IN DIESEM KAPITEL ERWARTET**
>
> *„Zum richtigen Zeitpunkt mit der richtigen Person über die richtigen Themen sprechen…"*
> In diesem Kapitel geht es um den Erfolg in komplexen Projekten, in denen mehrere Entscheidungsbeeinflusser, verschiedene Wettbewerber und prinzipielle Umfeldkriterien Einfluss auf den Erfolg des KAMs haben.
> Was bringt ein systematisiertes strategisches Vorgehen? Welchen Einfluss haben hier Intuition und Erfahrung?

11.1 Komplexität

Der Begriff Komplexität beschreibt etwas Zusammenhängendes, Gesamtes oder Umfassendes. Er ist vom lateinischen *„complecti"* entlehnt. Auch in der Psychologie wird dieser Begriff verwendet. Der Ausdruck stammt von dem Tiefenpsychologen C.G. Jung und beschreibt ein Gebilde, stark von Gefühlen und Motiven besetzt, welches verdrängt im Unterbewussten weiterwirkt und als bewusster Einfall oder impulsive Reaktion (oder Projektionen) wieder zum Vorschein kommt. Da wir es im Key Account Management meist mit einem Gebilde aus Märkten und Organisationen, also Systemen und den darin befindlichen Menschen, zu tun haben, lohnt es sich, auch aus verschiedenen Perspektiven einmal darauf zu schauen.

Wie komplex ist das Kundenumfeld, in dem sich der heutige KAM bewähren muss? Bei Komplexität denken viele KAMs eher an fachliche Begriffe, wie in der folgenden Grafik aus dem Category-Management:

Abb. 11.1: Der KAM im Dschungel der Begrifflichkeiten

Die Zielerreichung hängt letztlich mehr von subjektiven Prinzipien ab

Wenn man jedoch Projektergebnisse genauer betrachtet, dann hängt die Zielerreichung letztlich mehr von subjektiven Prinzipien, wie Respekt, Vertrauen, Transparenz und Beziehung ab. Natürlich kann man im gewissen Rahmen „Erfolg" oder die „Erfolgserzeuger" auch kaufen. Dies sind jedoch meist instabile und auch kurzweilige Prozesse, in denen die Investments immer weiter steigen und Vertrauen als Fundament fehlt. *„Wer für Geld kommt, der geht auch wieder für Geld",* wird dann in der Reflexion häufig verbittert zitiert. Wer genügend Geld und Marktmacht hat, kann dieses „Spiel" eine Zeit lang „spielen".

Betreuung von komplexen Systemen – Intuition UND Systematik!

In den meisten Branchen, in denen Key Account Management praktiziert wird, haben wir es nicht nur mit einem Entscheider zu tun. Meistens treffen KAMs auf mehrere Entscheidungsbeeinflusser in unterschiedlichen Funktionen, Kompetenzen und Positionen. Dann sind auch noch Mitbewerber tätig, im Fusionszeitalter auch Marktbegleiter genannt, die sich ebenfalls Hoffnungen machen, diesen Key Account genauso effektiv zu betreuen.

Im Gegensatz zur früher weit verbreiteten „Fronteinsatz-Mentalität", die sich ungefähr so anhörte: *„Wir fahren da jetzt einfach hin und machen den Sack gleich richtig zu!",* machen sich nachhaltig erfolgreiche KAMs intensivere Gedanken über ihre zeitlichen und finanziellen Ressourcen. Um keine Ressourcen zu verschwenden, muss sich ein KAM frühzeitig fragen, inwieweit die Philosophien, die Kulturen, die demographischen Daten und psychografischen Kriterien seines Unternehmens mit denen seiner Schlüsselkunden zusammenpassen. Viele Widerstände und Hürden in der Zusammenarbeit haben ihre Ursachen in diesen prinzipiellen Werten und Normen zweier „Systeme".

Oft hören wir in der Zusammenarbeit mit Key Account Managern in der Reflexion einer Projektarbeit enttäuschte Resignationsäußerungen, wie: *„Wir hatten eigentlich keine echte Chance, das Projekt zu bekommen…"* Obwohl sich das Wochen vorher noch euphorisch so anhörte: *„Das waren sehr angenehme und konstruktive Gespräche und wir haben viele Entscheidungssignale in unsere Richtung erhalten…"* Was ist da passiert? Warum sind die Wahrnehmungen und Einschätzungen plötzlich viel kritischer?

In komplexen Entscheidungsprozessen lohnt es sich, den sonst so wichtigen Optimismus im Vertrieb auch einmal kritisch und systematisch zu hinterfragen. Der Markt beschäftigt sich derzeit mit einigen ausgeklügelten Systemen zur strategischen Kundenbetreuung in komplexen Entscheidungsprozessen. Ende der Achtzigerjahre machten sich Robert B. Miller und Stephen E. Heiman einen Namen mit ihrer gleichnamigen Methode (Strategisches Verkaufen; siehe auch Literaturhinweise). Andere etablierte Anbieter entwickelten diese Methode weiter und wollten sich zusätzlich auch noch untereinander differenzieren.

Die Ergebnisse sind heute vielen Key Acount Managern und Projektvertrieblern zu aufwändig und zu komplex für die eigene Praxis geworden. Es sind viele Vorbereitungsarbeiten und Datenbankinformationen nötig, bis man an die eigentliche strategische Projektarbeit gehen kann. Das ist eher effizienzdenkenden KAMs ein Dorn im Auge, sie winken nach dem ersten Test häufig ab. Meistens muss sich auch die gesamte Vertriebseinheit einer solchen Methodik lizenziert „unterwerfen" und die Umstellung bewährter und ökonomischer Vorgehensweisen war noch nie sehr beliebt. Zumal solche Umstellungen zunächst ein Mehr an Arbeit bedeuten, bevor später möglicherweise „geerntet" werden kann.

11.2 Systematisierter Umgang mit komplexen KAM-Projekten

Heute gibt es immer zahlreichere Referenzen für die Überlegenheit systematisierter strategischer Projektarbeit. Aufträge, die wahrscheinlich ohne diese methodischen Ansätze nicht erzielt worden wären.

In komplexen Entscheidungssituationen lohnt sich systematisierte strategische Projektarbeit

Aus unserer Sicht lohnt sich in komplexen Entscheidungsprozessen folgende systematisierte Vorgehensweise in jedem komplexen und wichtigen Projekt:

SCHRITTE EINER SYSTEMATISIERTEN VORGEHENSWEISE

1 Ein Vergleich zum einmal definierten Idealkunden-Profil, um prinzipielle Hürden und kritische Einflüsse früh zu kennen.
2 Die Betrachtung der unterschiedlichen Entscheidungsbeeinflusser, wie Entscheider, Co-Entscheider, Nutzer und Projekt-Paten.
3 Sensibilisierung für Einflüsse, Stärken und Schwächen relevanter Mitbewerber.
4 Die Definition der eigenen relevanten Stärken und Kern-Argumente für das spezielle Projekt.
5 Die Planung resultierender Maßnahmen zur systematisierten Zielerreichung, mit deren Wichtigkeiten und Dringlichkeiten.

Nach der Zusammenführung und Visualisierung all dieser Informationen lassen sich fehlende oder kritische Punkte sozusagen „aus der Vogelperspektive" besser erkennen und „markieren". Hierzu stellt man alle Bereiche am besten auf einem Informationsblatt übersichtlich dar und sucht nach fehlenden, unklaren oder kritischen Informationen.

Die Zusammenführung und Visualisierung aller Informationen ermöglicht einen Überblick über alle kritischen Punkte

Auch bei Organisationsveränderungen bestehender Key Accounts ergeben sich neue „Markierungen" durch Funktions- und Kompetenzänderungen. Nach Erkennung und Markierung (am besten auch fortlaufend nummeriert), sollte jede Markierung nach Dringlichkeit und Wichtigkeit definiert werden und jeder dieser nummerierten Marker wird systematisch in einem Maßnahmeplan abgearbeitet. So sind zielführende Aktivitäten leichter und frühzeitiger zu definieren, wichtige zielführende Punkte werden nicht vergessen und Prognosen über die Zielerreichung sind sicherer zu treffen.

11.2.1 Vergleich des aktuellen Kunden mit dem Idealkunden-Profil

Welcher Kunde ist für mich ideal – und wo wird es schwierig?

Vor allem, wenn die Zusammenarbeit mit Schlüsselkunden noch nicht existiert, also wenn man potenzielle Schlüsselkunden akquiriert, dann stellt sich die Frage: Wie viel Zeit und Geld investiert man in solch ein potenzielles Projekt? Aber auch bei bestehenden Key Accounts sollte man für jedes wichtige Projekt auf die Stimmigkeit zum eigenen Idealkunden-Profil achten.

Was ist ein Idealkundenprofil? Es beschreibt zehn bis 15 Eigenschaften einer idealen Zielgruppe für die Produkte und Leistungen eines KAMs, zur sicheren Identifikation, zur zielorientierten Akquisition und zur Ursachenforschung für Chancen und Risiken im Projekt.

Eine Mischung aus demografischen (objektiv messbaren) Kriterien, wie z.B. Firmengröße, Organisationsformen, Standorte, technische Merkmale etc. und psychografischen (subjektiv messbaren) Eigenschaften/Prinzipien wie z.B. Zukunftsorientierung, Qualitätsorientierung, Entscheidungsmotivatoren oder Entscheidungsfreudigkeit hat sich bewährt.

Wenn ein Großteil der Idealkunden-Kriterien nicht deckungsgleich mit dem Profil des infrage stehenden Kunden ist, sind große Widerstände zu erwarten oder sinken die Chancen auf eine erfolgreiche Zusammenarbeit.

Sind weniger als 50 Prozent der „Muss-Kriterien erfüllt, sollte ein Engagement kritisch hinterfragt werden

Je nach Branche und Anzahl der Alternativen sollte ein KAM bereits in diesem ersten Schritt die Entscheidung treffen, wie viel Zeit und Investment sinnvoll ist. Sollten so genannte „Muss-Kriterien" zu weniger als 50 Prozent erfüllt sein, sind manchmal weitere Investitionen am Anfang einer Akquisition infrage zu stellen.

Ein Beispiel von dem Idealprofil eines Handelspartners aus dem Konsumgut-Bereich verdeutlicht, welche Kriterien aus Sicht des KAMs eine Rolle spielen können:

Idealkundenprofil KAM Konsumgut		
Ideal-Kriterium:	Erfüllt:	Markierung
Gesamtumsatz > 1.000.000 Euro (absolut)	ja	
Outlets in Deutschland > 1000	ja	
Nationale Präsenz der Outlets	nein	1
Hohe Sortimentsumsetzung in den Outlets	nein	2
Hohe Aktionsbereitschaft	ja	
Ansprechende Warenpräsentation	ja	
Hat breite Sortimente, große Warengruppen	ja	
Schätzen Referenzprodukte/Imagebringer	ja	

Einkauf hat zentrale Entscheidungskompetenz	ja	
Entscheider haben Innovationsbereitschaft	?	3
Vereinbarungen werden langfristig eingehalten	?	4

Aus Sicht eines KAMs, der vorwiegend innovative Premium-Produkte verkauft, könnte das hier gezeigte Bild im Vergleich zu einem potenziellen Key Account entstehen. Nach der selbstkritischen Beantwortung der Kriterienerfüllung werden bei allen nicht erfüllten und bei allen mit einem Fragezeichen versehenen Kriterien Markierungen gesetzt. Diese werden dann durch Maßnahmen geklärt oder bei Aktionen und Entscheidungen besonders berücksichtigt. In unserem Beispiel sollten Markierung 3 und 4 geklärt werden – und Markierung 1 und 2 bei Angeboten oder Prognosen berücksichtigt werden.

11.2.2 Die Betrachtung der unterschiedlichen Entscheidungsbeeinflusser

In den meisten KAM-Projekten gibt es mehrere Entscheidungsbeeinflusser und es gibt meist einen Entscheider, der alle anderen (wenn er will) überstimmen kann. Meist ist dies der hierarchisch oder „politisch" höchst Gestellte. Nennen wir sie/ihn den „Entscheider". Seine Eigenschaften sind:

Mehrere Entscheidungsbeeinflusser und ein Entscheider

KENNZEICHEN DES ENTSCHEIDERS

- Meist eigenes Budget
- Hohe Verantwortung im Key-Account-Unternehmen
- Hat immer Vetomacht
- Delegiert oft sachliche oder fachliche Vorentscheidungen
- Ist Meinungsbildner

Die Interessen der Entscheider liegen meist im Return on Invest, in den Auswirkungen auf sein Unternehmen, seinen Bereich und seine Person.

Den persönlichen Kontakt zum Entscheider muss der KAM herstellen, aber nicht zu früh. Stellt er ihn zu spät her, erlebt er bei Entscheidungen oft „Überraschungen", stellt er ihn zu früh her, fehlen im Kontakt oft wichtige Informationen/Erfahrungen und die Kompetenz des KAMs kann infrage gestellt werden.

Die manchmal zahlreichen Entscheidungsbeeinflusser, die nicht endgültig entscheiden, nennen wir einmal „Co-Entscheider". Diese zeichnen sich durch folgende Eigenschaften aus:

> **KENNZEICHEN DER „CO-ENTSCHEIDER"**
>
> - Sie geben meist an, der „Entscheider" zu sein.
> - Sie können Entscheidungen verhindern, aber meist nicht endgültig erteilen.
> - Sie prüfen, selektieren vor und filtern aus.
> - Sie verfolgen auch eigene Interessen für das relevante Projekt.
>
> Die Interessen der Co-Entscheider liegen mehr in Quantitäten und Qualitäten der Angebote, sie sind auch an den Auswirkungen auf die eigene Person interessiert und manche davon sind echte „Norm-Werte-Wächter" im Unternehmen des Key Accounts.

Möglichst viele dieser Co-Entscheider sollte der KAM persönlich kennen. Vor allem die, die hohen Einfluss auf die Entscheidung haben, im fachlichen, kaufmännischen oder politischen Sinne.

Eine weitere Zielgruppe in KAM-Projekten sind die Anwender oder Umsetzer des Projekts. Nennen wir sie einmal die „Nutzer".

> **KENNZEICHEN DER NUTZER**
>
> Die Nutzer
> - wenden an, setzen um, überwachen oder „baden aus",
> - sind die Hauptbetroffenen der entschiedenen Qualität und Quantität.
>
> Die Interessen liegen meist im Nutzen und in der Effizienz der Projekt-Entscheidung für die eigene Tätigkeit. Sie werten mehr nach Ent- oder Belastung für sich und nach Auswirkungen auf die Zukunft. Diese Zielgruppe steht meist nicht so im Fokus. Jedoch haben manche „Spezialisten", oder sehr erfahrene Nutzer, manchmal auch mittleren Einfluss auf Projektentscheidungen.

Eine sehr wichtige Instanz in komplexen Entscheidungsprozessen sind bestimmte Kontakt-Personen. Nennen wir sie einmal die „Paten".

> **KENNZEICHEN DER „PATEN"**
>
> - Beschaffen oder bewerten Informationen
> - Führen uns teilweise durch den Prozess
> - Stellen Kontakte her
> - Geben wichtige Ratschläge
>
> Sie sind daran interessiert, „ihren" KAM zum Erfolg zu führen. Natürlich haben auch sie persönliche oder geschäftliche Interessen. Oft sind es echte „Kontakt- und Informationsmanager".

Ohne diese Paten erhalten wir wichtige Informationen oft zu spät. Wir kommen mit manchen wichtigen Entscheidungsbeeinflussern ohne Paten schwer in Kontakt. Manche Informationen, die wir erhalten, kann man nur mit ihrer Hilfe richtig bewerten oder verstehen.

Paten wirken wie Katalysatoren

Diese Paten muss man so früh wie möglich suchen, erkennen und eine stabile und intakte Beziehung zu ihnen aufbauen. Sie müssen nicht unbedingt (oder nicht mehr aktiv) im Key Account-Unternehmen tätig sein. Manchmal sind es auch externe Berater oder Dienstleister, die den Key Account gut kennen und gute Kontakte haben. Selbst eigene Kollegen, die den Kunden früher betreut haben, können diese wichtige Funktion erfüllen. Im Idealfall ist natürlich der Entscheider oder ein einflussreicher Co-Entscheider unser Pate, obwohl es bei zu viel „Mentorenschaft" auch schon „Revolten" der Co-Entscheider gegeben hat.

Wir empfehlen besser zwei Paten in wichtigen Projekten, da auch die Paten subjektiv wahrnehmen und bewerten und unterschiedliche Perspektiven und Kontakte haben. Zum Beispiel einen Internen und einen Externen, die sich in den Perspektiven und Ansichten ergänzen können.

Natürlich können einzelne Personen in diesen Prozessen mehrere der genannten Funktionen haben. Zum Beispiel kann ein Co-Entscheider auch Nutzer und/oder Pate sein.

Bei jedem dieser „Funktionsträger" interessiert uns die Einstellung zu unserem KAM-Projekt, um auch hier Chancen und Risiken abwägen zu können. Wir benutzen folgende vier Dimensionen, an denen sich die Handlungsbereitschaft dieser Personen festmachen lässt:

Welche Einstellungen haben die verschiedenen „Funktionsträger" gegenüber unserem Projekt?

- Kurzfristig, weil ein aktuelles Defizit schnell und wirksam gelöst werden soll. Hier ist die Entscheidungsbereitschaft hoch.
- Mittelfristig, weil Abweichungen zu aktuellen oder künftigen Resultaten vorliegen. Hier soll eine Verbesserung in Quantität oder Qualität mittelfristig zur Entscheidung kommen.
- Langfristig, weil die aktuellen Ergebnisse zufrieden stellen und nur geringer Bedarf an Veränderung vorhanden ist. Entscheidungen werden nur langfristig unterstützt.
- Gar nicht, weil die bisherigen Resultate bereits als „besser als nötig" gewertet werden. Veränderungen erscheinen eher als unnötiger oder negativer Einfluss auf die eigene Situation oder Person.

Die individuellen Einflüsse jedes Entscheidungsbeeinflussers auf die Projektentscheidung definieren wir einmal in hoch, mittel oder gering. Dieses Kriterium entscheidet häufig über Markierungen oder Aktivitäten. Wenn zum Beispiel ein Co-Entscheider mit hohem oder mittlerem Einfluss unbekannt ist, wichtige Informationen fehlen oder wir noch keinen persönlichen Kontakt und somit auch keine intakte Beziehung haben, dann sollten wir das ändern. Viele KAMs neigen dazu, ihnen unbekannte oder unangenehme Co-Entscheider zu meiden, und konzentrieren sich auf die

Welchen Einfluss kann ein Entscheidungsbeeinflusser auf unser Projekt nehmen?

bekannten und angenehmen. Das verstärkt meist den kritischen Einfluss dieser „unangenehmen" Co-Entscheider, weil prinzipiell Wertschätzung, Transparenz oder Respekt vermisst wird, und das erzeugt eher Antipathie und Widerstände.

Welcher Grundmotivator bewegt den Entscheidungsbeeinflusser?

Zusätzlich ist bei der Betrachtung von Entscheidungsbeeinflussern noch hilfreich, welcher deutlichste Grundmotivator (Macht, Leistung oder Soziales – siehe Kap. 7) ihn bewegt. In Gesprächs- oder Präsentationsvorbereitungen, in Überzeugungsprozessen oder um Widerstände prinzipiell zu verstehen, ist das Achten und Bedienen der menschlichen Beweggründe essenziell. Auch die Information über die Art des bisherige Kontakts (persönlich – telefonisch – oder kein Kontakt) pro Entscheidungsbeeinflusser und die Überlegung, ob die Beziehung intakt ist oder nicht (siehe Kap. 5), sollten eine systematische Betrachtungsweise ergänzen.

Folgendes Beispiel verdeutlicht eine mögliche Visualisierung der Betrachtung relevanter Entscheidungsbeeinflusser. Wir bleiben zur Gedankenfortführung bei unserem Konsumgut-KAM für innovative Premium-Produkte:

Name	Funktion	Einstellung	Motiv	Einfluss	Kontakt	Beziehung	Marke
Entscheider:							
Erwin Klewe	Einkaufsleiter	Mittelfristig	Leistung	Hoch	Tel.	?	5
Co-Entscheider:							
Barbara Meister	Facheinkäuferin	Kurzfristig	Macht	Mittel	Pers.	Intakt	
Hubert Sommer	Warengruppen-Manager	Langfristig	?	Hoch	Kein	?	6
Erich Günstig	Vertriebsleiter	Kurzfristig	Sozial	Mittel	Pers.	Intakt	
Nutzer:							
Sonja Herbst	Bereichsleiterin Nord	?	?	Mittel	Tel.	?	7
Günter Bayer	Bereichsleiter Süd	Kurzfristig	Macht	Gering	Pers.	Intakt	
Paten:							
Gisela Henkel	Facheinkäuferin	Kurzfristig	Macht	Mittel	Pers.	Intakt	
N. N.							8

Aus diesem Beispiel entstehen nach Visualisierung aller vorhandenen Informationen vier weitere Markierungen:
5 – weil die Beziehung zum Entscheider noch nicht intakt ist
6 – weil Informationen fehlen und noch kein Kontakt besteht
7 – weil Informationen fehlen und nur telefonischer Kontakt besteht
8 – weil ein zweiter Pate noch wichtig wäre
Auch diese Markierungen werden in einem nachfolgenden Maßnahmenplan abgearbeitet.

11.2.3 Die Sensibilität für die relevanten Mitbewerber

Hier beschäftigen wir uns mit dem für dieses Projekt relevanten Mitbewerbern. Eine unachtsame oder zu „überhebliche" Einschätzung von Mitbewerbern hat schon manchem KAM einen dicken Strich durch seine Projekt-Prognose gemacht. Um Chancen und Risiken abzuwägen, sollten wir alle wichtigen Mitbewerber mit ihren aktuellen Stärken und Schwächen speziell für dieses Projekt kennen. Auch Unkenntnis der aktuellen Entwicklungen kann zu kritischen Projekteinschätzungen führen oder erschwert es, die eigenen Projektvorteile richtig darzustellen. Nicht zu unterschätzen sind auch gute intakte Beziehungen der Mitbewerber zu wichtigen Entscheidungsbeeinflussern. Diese können so manches Preis-, Produkt- oder Leistungsdefizit kompensieren!

Wir sollten alle wichtigen Mitbewerber mit ihren aktuellen Stärken und Schwächen speziell für ein Projekt kennen

In einem Konsumgut-Projekt kann es zum Beispiel um die Reorganisation einer ganzen Warengruppe gehen. Hier wäre es sehr wichtig, die Positionierung der Mitbewerber bei den Entscheidern des Key Accounts zu kennen (z.B. sind sie Image- oder Margenbringer, Schnelldreher oder Einstiegs-Preisposition …) – sowie deren Finanzkraft und Sortimentsveränderungen.

Hier ein Beispiel der Darstellung mit drei Mitbewerbern, die alle auf ihre Art ernst zu nehmen sind:

Mitbewerber:		Aktuelle Informationen:	Markierung:
Gutsherr	Stärken:	Hoher Marktanteil, breiteres Sortiment, gute Beziehung zum Einkaufsleiter, neue Produkte avisiert, war schon mal Category-Captain	9
	Schwächen:	Hatten Qualitätsprobleme, Preise instabil und damit auch die Margen, wurden vom Hauptwettbewerber des Key Accounts teilweise ausgelistet	
Landhaus	Stärken:	Aktives TV-Marketing, hohe Margen, gute Drehzahlen (bei Aktionen)	
	Schwächen:	Innovationen fehlen, Marktanteil ist rückläufig, hat in der Warengruppe noch keine klare Position, KAM-Kollege noch unbekannt und unerfahren	

Schlossberg	Stärken:	Sehr preisaggressiv und aktionsorientiert, Marktanteil wächst, lassen sich Verdrängung „etwas kosten"	10
	Schwächen:	Geringer Marktanteil, sind noch nicht bundesweit gelistet, geringe Margen, manchmal Lieferprobleme	

Die Markierung 9 resultiert aus der engen Beziehung zum Entscheider sowie der Erscheinung neuer Produkte. Hier muss der Informationsstand aktualisiert und ergänzt werden, um den Einfluss abschätzen zu können. Die Markierung 10 sollte die Klärung aktueller Angebote oder „Korruptionalien" über die Paten im Projekt oder über andere Informanten beinhalten.

11.2.4 Die eigenen relevanten Stärken und Kernargumente für das spezielle Projekt

Für die Vorbereitung von Gesprächen, Präsentationen oder Angeboten ist es hilfreich, eine überzeugende Argumentationsleitlinie zu haben. Oft wird hier jedoch eine „allgemein gültige" Version benutzt, die bereits in anderen Projekten gute Dienste verrichtet hat. Ein ehemaliger Projektvorteil kann aber im aktuellen Projekt sogar das Gegenteil darstellen.

Aus dem Resümee aller vorangegangen Informationen und deren Bewertungen und Markierungen lassen sich die eigenen Stärken und Argumente für das aktuelle Projekt „herausfiltern".

- Als Erstes dient die Übereinstimmung mit dem Idealkundenprofil als Check für prinzipielle Vorteile, die wir ohne großen Aufwand wahrnehmen können.
- Als Nächstes sind gute Kontakte zu einflussreichen Entscheidungsbeeinflussern zu erwähnen, die als Multiplikatoren, Kontakter oder Problemlöser unsere Projektziele unterstützen.
- Zwei gute Paten, die sich aktiv für uns einsetzen, sind ebenfalls echte Stärken.
- Am deutlichsten dienen die Schwächen unserer Wettbewerber als Informationsquellen über unsere stärksten Argumente, speziell in diesem Projekt, in dieser aktuellen Konstellation.

Hier die möglichen Stärken für unser Konsumgut-Projekt

Relevante Stärken / Argumente im Projekt:

- Hohe Übereinstimmung mit dem Profil des Idealkunden (Klärung von Innovationsbereitschaft und Verlässlichkeit noch wichtig)

- Guter Kontakt zur Facheinkäuferin (Pate) und zum Vertriebsleiter (zweiter Pate wäre noch aufzubauen)

- Eigenes Produktportfolio passt gut in die Positionierung als innovativer Image- und Margenbringer
- Die Erfahrung als Category-Captain in anderen Projekten wurde begrüßt und könnte hier zum Tragen kommen

11.2.5 Die resultierenden Maßnahmen zur Zielerreichung

Ein echter Überblick entsteht, wenn die vier vorangegangenen Informationsbereiche nun auf einem Blatt im Blickfeld sind (ist über eine Datenbank oder über Microsoft-Excel darstellbar). Dann zeigen die Markierungen, wo Handlungsbedarf ist. Natürlich kann sich zusätzlicher Handlungsbedarf ergeben für generelle Einflüsse, die nicht so systematisch aufgelistet wurden.

Alle Markierungen sollten kurz begründet werden, damit man in vier bis sechs Wochen noch weiß, warum die Markierung gesetzt wurde – und weil es die Maßnahmenableitung erleichtert. Dann ist die Wichtigkeit und die Dringlichkeit für die Projektzielerreichung hilfreich für den Transfer in den eigenen Terminplan.

Alle Markierungen sollten kurz begründet werden

Hier bietet sich das simple „Eisenhower-Prinzip" an, mit dessen Hilfe komplexe Sachverhalte konsequent in vier Felder eingeteilt werden können. Die Priorität A ist einfach zu definieren, hier ist alles anzusiedeln, was gleichzeitig dringlich und wichtig ist. Danach jedoch kommt Dringlichkeit vor der Wichtigkeit, weil man ja mehr Zeit hat, um die wichtigen Dinge zu erledigen. Die dringlicheren Dinge entwickeln sich aber meist zu höherer Wichtigkeit, wenn sie nicht zeitnah priorisiert und erledigt werden. Das vierte Feld (X) repräsentiert den Papierkorb.

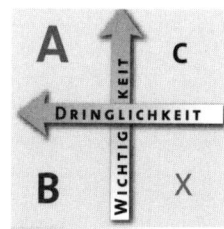

Abb. 11.2: Die Eisenhower-Matrix hilft Prioritäten zu setzen

Hier ein Maßnahmen-Beispiel zum vorangegangenen Projekt:

Marke	(Begründung) / Maßnahme	Wichtigkeit / Dringlichkeit	Bis wann:
1	(Nationale Präsenz der Outlets nicht gegeben) Bei Planung und Angeboten berücksichtigen	C	laufend
2	(Geringe Sortimentumsetzung in den Outlets) Bei Planung und Angeboten berücksichtigen	C	laufend
3	(Innovationsbereitschaft der Entscheider unklar) Frühzeitig über Paten und direkt eruieren	A	KW 10
4	(Zuverlässigkeit für Vereinbarungen unklar) Über Paten aktiv forcieren und dokumentieren	A	laufend

5	(Kontakt/Beziehung zum EKL nicht ausreichend) Gemeinsamer Termin zusammen mit Paten	C	KW 20
6	(Kontakt/Beziehung zum WG-Manager fehlt) Kontakt herstellen und Haltung eruieren	A	KW 12
7	(Kontakt/Beziehung zur BL-Nord nicht ausreichend) Kontakt herstellen und Bedeutung eruieren	B	KW 14
8	(Zweiter Pate fehlt) Eignung eruieren und Kontakt aufbauen	A	KW 11
9	(gute Beziehung des Mitbewerbers zum EKL) Über Paten den Einfluss und Aktivitäten klären	A	KW 10
10	(Mitbewerber preisaggressiv und verdrängungsaktiv) Über Paten Aktivitäten klären	A	KW 10

Mit diesem Bündel an Maßnahmen, in Verbindung mit allgemeinen Projektaktivitäten, sollte die Zielerreichung sicherer sein.

Außer der systematischeren Zielerreichung für wichtige Projekte ergeben sich noch weitere Vorteile bei derartigen Vorgehensweisen:
- Die Kommunikation unter Kollegen und zu Vorgesetzten erleichtert sich deutlich, wenn die Begriffe einheitlich und in dieser komprimierten Form verwendet werden.
- Das Berichtswesen wird verbessert und vereinfacht.
- Die Prognosesicherheit für die Zielerreichung steigt – und ist auch für den Vorgesetzten nachvollziehbarer.
- Der wichtige verkäuferische Optimismus muss nicht reduziert werden, wenn systematischer und damit etwas objektiver dokumentiert, visualisiert und analysiert wird.

11.3 Die Probe aufs Exempel

In einem Training mit hoch bezahlten IT-Systemspezialisten haben wir die „Probe aufs Exempel" gemacht. Wir gaben an alle zwölf Teilnehmer identische Informationen und Entwicklungen eines typischen potenziellen Kundenprojekts. Alle hatten detaillierte Projektinformationen über Prozesse, Personen, Organigramme, Einflüsse und Situationen zur Einschätzung der Situation.

Das Ziel war die Überlegung, welche Schritte in den kommenden Wochen unternommen werden müssten, um dieses Projekt möglichst sicher zu akquirieren. Die Stimmung war gut, jeder der Spezialisten wollte beweisen, was er kann.

Jetzt erhielten alle Teilnehmer die oben beschriebene Methodik und Vorgehensweise für strategische Verkaufsprozesse. Die skeptischsten Teilnehmer bildeten eine von drei Vierergruppen und wollten ohne diese Methodik zeigen, was sie „draufhatten". Die anderen beiden Gruppen testeten die neue Methodik und waren sehr neugierig auf den anschließenden Vergleich der Ergebnisse.

Es war eindruckvoll, alle drei Gruppen beim Durcharbeiten aller Informationen und der enthaltenen Querverweise zu beobachten. Die beschriebenen Situationen, Gespräche und Unterlagen wurden intensiv studiert. Jede Gruppe arbeitete zirka zwei Stunden in einem separaten Raum. Es wurde diskutiert, hinterfragt, verglichen und abgewogen. Die beiden Gruppen mit dem strategischen Tool kumulierten zunächst alle relevanten Informationen zur Übersicht in das Hauptchart. Sie markierten die unklaren und kritischen Informationen und leiteten eine Maßnahme nach der anderen ab.

Alle drei Gruppen stießen zum Beispiel auf einen in den Informationen beiläufig erwähnten Wettbewerber, den keiner der Teilnehmer kannte. Zwei Gruppen nahmen ihn nicht ernst. Eine jedoch hatte ihn als „unklar" markiert und arbeitete diese Markierung auch systematisch ab. Sie loggten sich im Internet ein und holten sich alle verfügbaren Informationen. Danach nahmen sie diesen Wettbewerber sehr ernst, denn er war in Größe, Spezialisierung und vom Standort prädestiniert für dieses Projekt. Also wurden auch Maßnahmen entwickelt, um den Einfluss und die Kontakte beim potenziellen Kunden zu klären!

Die kritische Gruppe arbeitete auch hart. Vierzehn Flipcharts hingen vollgeschrieben und mit vielen Querverweisen im Gruppenraum. Beim Transfer aller Informationen in den gewünschten Maßnahmenplan blieben allerdings manche Details auf der Strecke. Dementsprechend wurden sie in der Maßnahmenplanung auch nicht mehr berücksichtigt. Was vor allem unterging, war der bewusste Aufbau von Paten im Projekt. Daraus resultierend hatte die Gruppe weniger Möglichkeiten, an Informationen oder unbekannte Entscheider heranzukommen. Irgendwann gab die Gruppe nach zahlreichen Diskussionen, mit vielen Wenn und Aber erschöpft auf und meinte: *„So, das ist es, das muss reichen! Die anderen können sicher noch von uns lernen ... "*

Jetzt kam der Vergleich. Kritisch wurden alle drei Maßnahmepläne auf Vollständigkeit, Kreativität, Priorisierung, Effizienz und Reihenfolge hin überprüft. Welche Informationen sind wann relevant? Wie kommt man rechtzeitig an wichtige Informationen und Entscheidungsbeeinflusser heran? Wann finden die Gespräche mit den Top-Entscheidern statt und wie wird darauf vorbereitet? Welcher Plan bringt schließlich die höchste Wahrscheinlichkeit für den Erfolg?

Die kritische Gruppe, die ohne strategisches Tool gearbeitet hatte, gab sich früh geschlagen, als sie die Ideen und Maßnahmen der beiden strategisch arbeitenden Gruppen sah. Sie wunderte sich, was in der eigenen

Gruppe zwar alles diskutiert wurde, aber am Schluss im Maßnahmenplan nicht mehr auftauchte.

Die beiden anderen Gruppen hatten beide gute Pläne, den Kunden systematisch zu akquirieren. Als Sieger wurde jedoch die konsequenteste Gruppe gekürt. Diese hatte neben den erwähnten Wettbewerbern auch noch andere Details und Hürden beachtet und systematisch mit guten Lösungs- oder Handlungsideen Vorsorge getroffen. Die Gruppenmitglieder waren genauso stolz wie überzeugt, dass sich der Aufwand, strategisch zu arbeiten, bei solchen Projekten lohnt.

KONSEQUENZEN FÜR IHR KEY ACCOUNT MANAGEMENT

- **Rollenverständnis:** Den verkäuferischen Optimismus behalten, aber dadurch nicht unsensibel werden für Signale im Projektumfeld und für Unterstützungen von anderen (z.B. den Paten).
- **Kenntnisse:** Sich mit strategischen Methoden und Tools für komplexe Projekte ernsthaft befassen, um die Relation von Aufwand und Nutzen objektiver zu erkennen.
- **Nutzen:** Die Vorteile von systematischen Vorgehensweisen erkennen wollen – und sich nicht immer durch kritische „ökonomische" Zeitargumente selbst in der Ablehnung bestätigen. Den größten Nutzen bieten diese Tools in der Arbeit mit Kollegen, durch Transparenz, gleiche Sprache und Erfahrungstransfer.
- **Erfahrungstransfer:** Andere in eigene Projekte mit einbeziehen, um weitere Perspektiven addieren zu können und eigene Erfahrungen zu teilen.
- **Balance:** Die größten Erfolge erzielt man aus unserer Erfahrung, wenn man Intuition, Beziehung, Kompetenz und systematisches strategisches Vorgehen kombiniert!

12 Portfolioanalysen für objektive Entscheidungen

WAS SIE IN DIESEM KAPITEL ERWARTET

Prinzipiell fällen KAMs, wie alle anderen Menschen auch, ihre Entscheidungen eher aus dem Bauch heraus, mit dem Ursprung eher unbewusster emotionaler Bezüge. Anschließend werden sie rational begründet und so entsteht der Eindruck einer bewussten sachlichen Entscheidung. Dieses Kapitel stellt eine Methode vor, die Entscheidungen mit vielen Perspektiven und Einflüssen objektivieren hilft sowie deren Vermittlung auch wirkungsvoll unterstützt.

12.1 Woher stammt die Portfolioanalyse eigentlich?

Der Begriff Portfolio (selten auch portefeuille) – aus dem Lateinischen *„folium"* – *„Blatt"* und *„portare"* – *„tragen"* – bezeichnet zum Beispiel eine Sammlung von Wertanlagen eines bestimmten Typs. Ursprünglich war damit eher eine Brieftasche gemeint. Im übertragenen Sinne kann Portfolio auch eine Sammlung von Produkten, Leistungen, hilfreichen Methoden, Verfahren oder Handlungsoptionen bedeuten.

Die Portfolioanalyse wurde in den Fünfzigerjahren in der Finanzwirtschaft als Planungsmethode zur Zusammenstellung eines Wertpapierportfolios entwickelt und verbreitet. Hauptsächlich ein Instrument der strategischen Planung. Die Analyse mündet in eine einfache grafische Darstellung komplexer Zusammenhänge, die z.B. das unternehmerische Potenzial der Geschäftsfelder eines Unternehmens, verschiedene Potenzialkunden oder ein Produktsortiment veranschaulicht.

Eine einfache grafische Darstellung komplexer Zusammenhänge

Die bestimmenden Faktoren werden dazu auf zwei Dimensionen reduziert, die an der X- und Y-Achse des Diagramms aufgetragen werden. In typischen Portfolioanalysen wird eine Achse durch interne Faktoren und die andere durch externe Faktoren bestimmt. Die Skalen werden meist so gewählt, dass sie symmetrisch zu einem Mittelwert darstellbar sind (z.B. −10 bis +10 oder 0 bis 100 Prozent) und größer (quantitativ) auch besser (qualitativ) bedeutet. Eine dritte Dimension lässt sich über die Größe der Datenpunkte (Symbole oder Bilder) im Diagramm darstellen, eine vierte, wenn die Datenpunkte als Kreisdiagramme mit Segmenten gestaltet werden. Die Diagrammfläche wird in vier oder mehr Felder aufgeteilt. Rechts oben stehen klassisch die Stars, links unten die Nieten. Die beiden übrigen Quadranten sind in einer Dimension positiv, in der anderen negativ besetzt.

Klassische Analysedimensionen sind Marktwachstum zu relativem Marktanteil (Boston Consulting Group), Marktattraktivität zu relativem

Wettbewerbsvorteil (McKinsey-Portfolio) oder Produktlebenszyklen (Arthur D. Little).

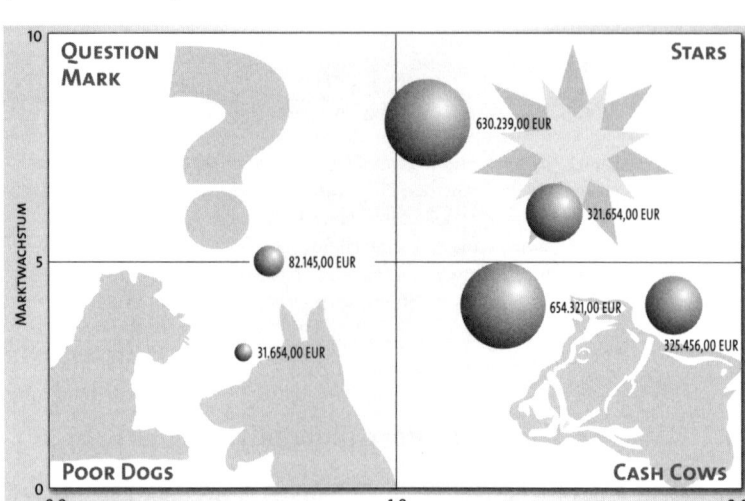

Abb. 12.1: Marktwachstum zu relativem Marktanteil (Boston Consulting Group)

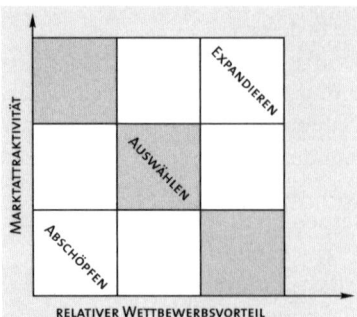

Abb. 12.2: Marktattraktivität zu relativem Wettbewerbsvorteil (McKinsey-Portfolio)

Das McKinsey-Portfolio besteht dagegen meist aus neun Feldern, womit zwar präzisere Aussagen getroffen werden können als bei der klassischen Vier-Felder-Matrix, jedoch Resümees und Entscheidungen auch erschwert werden können.

Die Dimensionen werden von der Marktattraktivität und dem relativen Wettbewerbsvorteil gebildet. Sie können jedoch auch anders benannt werden.

Die Marktattraktivität kann beispielsweise mithilfe der folgenden Hauptkriterien dargestellt werden:
- Umweltsituation
- Marktwachstum und Marktgröße
- Marktqualität
- Markteintrittsbarrieren
- Standortpotenzial

Um den relativen Wettbewerbsvorteil mit Bezug auf den stärksten Wettbewerber zu bestimmen, benutzt man beispielsweise folgende Hauptkriterien:

- Relative Marktposition/Marktanteil
- Relatives Produktionspotenzial
- Relatives Potenzial von Forschung und Entwicklung
- Finanzielle Situation
- Relative Qualifikation der Führungskräfte und Mitarbeiter

Die Methode lässt sich leicht auf andere Anwendungsfälle (z.B. Wettbewerbs-, Kunden-, Potenzial- oder Sortimentsanalysen) übertragen.

12.2 Einsatz der Portfolioanalyse im Key Account Management

Die grafische Portfoliodarstellung von Potenzial-, Markt-, Wettbewerbs- oder zum Beispiel Sortimentsanalysen erleichtert die Prioritätensetzung, Entscheidungsfindung oder Argumentationen für den KAM. Voraussetzung der Wirkung bei Kunden oder Kollegen ist jedoch eine gewisse Objektivität und Nachvollziehbarkeit, wie diese grafische Darstellung entstanden ist.

Portfoliodarstellungen erleichtern Prioritätensetzung, Entscheidungsfindung und Argumentation

Werden die Hintergründe, wie Kriterien und Werte, dieser bunten und eindrucksvollen Grafiken nicht ebenfalls verdeutlicht, dann gleicht die Portfoliodarstellung eher dem Beispiel einer „Laterne für den Trinker". Sie dient mehr der Stützung des eigenen Standpunkts als der Erleuchtung! Die Praxis zeigt zu häufig Darstellungen oder Entscheidungen, die mehr von Subjektivität, Sympathie und Aufwandsentscheidungen geprägt sind als von einer objektiven Sachebene. Aus diesem Grund sind manchen Betrachtern diese aufwändigen Grafiken eher suspekt.

In manchen Büchern kann man Beispiele sehen, die Portfoliografiken als strategisches Element nutzen. Es werden Szenarien visualisiert, mit Wenn-dann-Ableitungen oder resultierenden Entscheidungen und Maßnahmen begründet. Aber wie entstehen diese Grafiken eigentlich? Mit welchen hintergründigen Quellen, Kriterien und Werten wurde denn da gearbeitet? Entsprechenden Aufschluss haben wir bei den meisten dieser Beispiele vermisst!

Bei der Steigerung der Objektivität helfen uns zwei Kriterien: Erstens der Einsatz einer geeigneten Portfolio-Computersoftware und zweitens die Einhaltung einer Reihenfolge sinnvoller Entstehungsschritte. Wenn wir anschließend die Hintergründe für die Positionen und Darstellungen einer Portfolioanalyse mitliefern, können die Betrachter unserer Interpretation und unseren resultierenden Konsequenzen auch folgen.

Der Betrachter muss nachvollziehen können, wie die Grafik zustande gekommen ist

Als technische Unterstützung werden sowohl Microsoft-Excel-Darstellungen, Bereiche von Marketing- oder Controlling-Software-Programmen als auch speziell entwickelte Softwarelösungen benutzt. Speziell entwickelte Tools für Portfolioanalysen haben meist den großen Vorteil von größerer Flexibilität, leichterer Handhabung und besserer Darstellungsmöglichkeit. Ein reines Grafikprogramm visualisiert meist nur Bauchentscheidungen.

Die folgenden Beispiele stammen von einem Spezialisten aus München, Herrn Dr. Andreas Lindae (http://www.lindae-software.com), der unter anderem hierfür eine eigene Portfolio-Software entwickelt hat, mit gutem Preis-Leistungs-Verhältnis und einfacher Handhabung.

Zur Ableitung von Entscheidungen, Prioritäten oder Argumenten empfiehlt sich die simplere Portfoliodarstellung mit vier Quadranten und den Achsen „Marktattraktivität" (Y-Achse) und „relativer Wettbewerbsvorteil" (X-Achse).

Die Y-Achse beinhaltet Kriterien, die mehr vom Markt bestimmt werden und wenig Möglichkeiten eigener Beeinflussung bieten (z.B. Marktentwicklung, Wirtschaftslage, Wettbewerbsstärke oder Kaufkraft). Die X-Achse beinhaltet Kriterien, die mehr unter dem eigenen Einflussbereich stehen und kurz- oder mittelfristig veränderbar sind (z.B. Preisleistung, Lieferbarkeit, Qualifikation oder Qualität). Als sinnvoll erwiesen sich pro Achse zwischen vier bis sieben Kriterien mit unterschiedlicher Gewichtung.

Die vier Quadranten erschließen mit dieser Achsendefinition folgende Erkenntnisdimensionen:

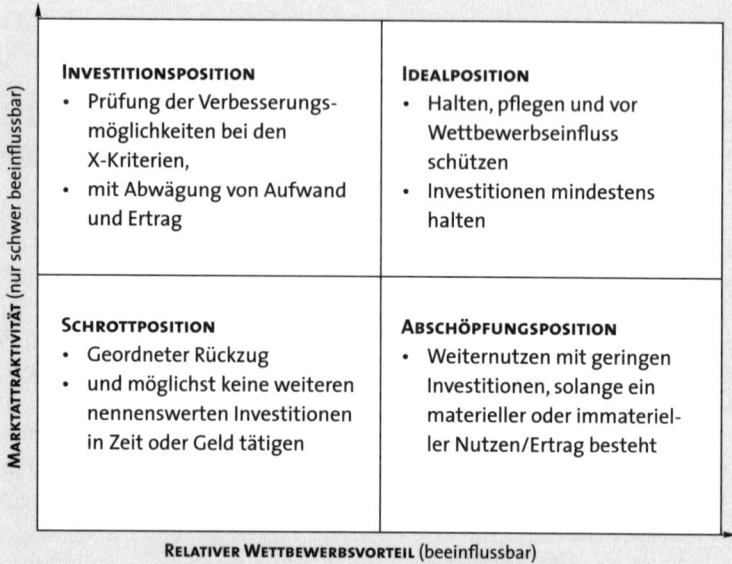

Abb. 12.3: Wo lohnt es sich, sich zu engagieren, und wo nicht?

Die Position und die Größe der zu vergleichenden Objekte wird durch Zahlen oder Werte beeinflusst. Damit die eigene Subjektivität auf diese Zahlen und Werte nicht zu viel Einfluss nimmt, sollte man drei Vorgehensweisen beachten:
- So weit wie möglich Zahlen aus objektiven Quellen nutzen oder eigene Zahlen damit vergleichen.

- Die Zahlen möglicherweise mit mehreren Fachinformanten abstimmen (Gruppendiskussion).
- Die Reihenfolge der Kriterien- und Zahleneingabe in den PC wie nachfolgend beschrieben beachten.

Wie gehen wir nun vor, um möglichst objektive Ergebnisse und Darstellungen zu erhalten:

1. Definitionen, Eingabe und Skalierung der weniger beeinflussbaren Kriterien für die Achse „Marktattraktivität".
2. Definition, Eingabe und Skalierung der beeinflussbaren Kriterien für die Achse „relativer Wettbewerbsvorteil".
3. Die Gewichtungen (großer oder geringer Einfluss für die Positionierung) beider Achsenkriterien im Verhältnis untereinander festlegen.
4. Jetzt erst die zu vergleichenden Projekte, Produkte, Kunden, Leistungen etc. benennen.
5. Als letzten Schritt vor der Visualisierung die Eingabe der individuellen Werte im Vergleich, getrennt pro Kriterium, vornehmen.
6. Darstellung der Grafik und Formatierung im PC-Programm.

Vorgehensweise, die möglichst objektive Ergebnisse und Darstellungen gewährleistet

12.3 Beispiel Potenzialanalyse

Anhand einer Potenzialanalyse für Schlüsselkunden eines KAMs für technische Produkte im Bauwesen stellen wir den Prozess mithilfe der oben genannten Software von Dr. Lindae mit entsprechenden Screenshots dar.

In diesem Beispiel handelt es sich um einen so genannten dreistufigen Handel, also das Herstellerunternehmen des KAMs, den zwischengelagerten Großhandel und den zu betreuenden Fachhandel. Die großen Fachhändler stellen hier die zu betreuenden Schlüsselkunden dar. In dieser Branche haben die Großhändler nicht nur eine Verteilerfunktion, sie sind durch den wachsenden Vertrieb eigener Produkte auch gleichzeitig Mitbewerber! Da benötigt man in der Betreuung des Großhandels natürlich viel Diplomatie und ein „dickes Fell".

12.3.1 Auswahl der Achsenkriterien (Beispiel für Schritt eins und zwei)

Für den relativen Wettbewerbsvorteil sind hier Kriterien interessant wie der Umsatzanteil im relevanten Sortimentsbereich des Schlüsselkunden. Auch der Betreuungsaufwand pro Kunde ist nicht zu unterschätzen. Oberste Priorität hat letztlich natürlich der erzielte Deckungsbeitrag bei dem jeweiligen Schlüsselkunden. Welche Aktionskosten anfallen und welche Unterstützung vom Großhandel kommt, sind ebenfalls Potenzialkriterien. Das Kriterium Markttransparenz beschreibt die Bekanntheit der Lieferwege und Konditionen, den die Waren der Schlüsselkunden nehmen. Alle diese Kriterien sind durch die spezielle Betreuung des KAMs direkt oder indirekt beeinflussbar.

Kriterien für den relativen Wettbewerbsvorteil

Oberste Priorität hat im Beispiel der erzielte Deckungsbeitrag bei dem jeweiligen Schlüsselkunden

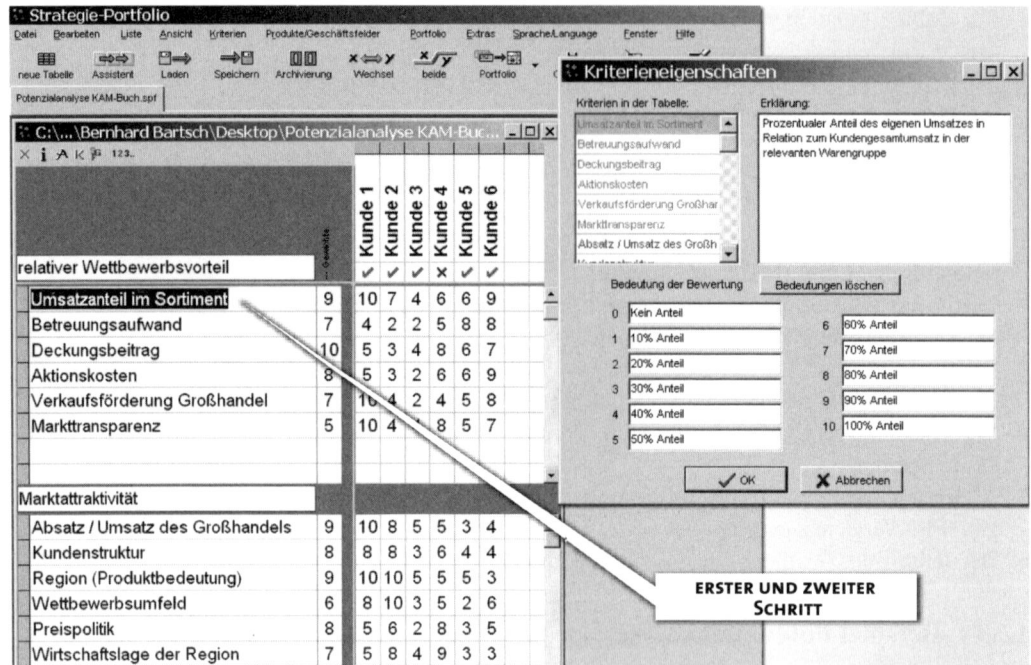

Abb. 12.4: Definition der Achsenkriterien „Relativer Wettbewerbsvorteil" und „Marktattraktivität" sowie deren Skalierung

Kriterien für die Marktattraktivität

Absatz und Umsatz des Großhandels, die Kundenstruktur dieser unterschiedlichen Schlüsselkunden und das Wettbewerbsumfeld der Schlüsselkunden sind Kriterien für die Marktattraktivität. Die Bedeutung der technischen KAM-Produkte in den jeweiligen Regionen kann hier sehr unterschiedlich sein, deswegen stellen sie ebenfalls ein wichtiges Kriterium dar. Die Preispolitik ist zwar wichtig, lässt sich aber, wie die anderen Kriterien dieser Achse auch, nur sehr langfristig beeinflussen. Als letztes und gefürchtetes Kriterium wirkt die Wirtschaftslage der Region.

Die gefundenen Kriterien müssen je nach ihrer Bedeutung gewichtet werden

Wichtig bei der Definition der Kriterien ist eine verständliche Definition für jedes einzelne Kriterium sowie die Skalierung der Werte von 1 bis 10! Sonst befinden wir uns wieder im Bereich der Spekulation oder der Sympathieentscheidungen. Bei manchen Kriterien, wie Lieferanteilen, Deckungsbeiträgen oder Aktionskosten, ist das nicht schwer. Bei Kriterien wie Kundenstruktur, Wettbewerbsumfeld oder Wirtschaftslage muss man sich allerdings schon mit allen Beteiligten Gedanken machen, wie man das sinnvoll und für alle konsensfähig in die Werte 1 bis 10 skaliert. Wobei „10" immer das aus zentraler Sicht maximal mögliche und „0" eben „gar nichts" darstellt. Benannt und definiert werden sollten mindestens drei und maximal sieben Kriterien. Hier ist Konzentration auf Wesentliches angesagt, da zu viele Kriterien die Darstellungen und Ergebnisse verwässern.

12.3.2 Gewichtung der Kriterien (Beispiel für Schritt drei)

Wie vorher bereits angedeutet, haben nicht alle Kriterien der beiden Achsen die gleiche Priorität oder die gleiche Bedeutung für eine Potenzialbetrachtung. Hier empfiehlt es sich zunächst, pro Achse die ein bis zwei wichtigsten zu definieren (Gewichtung 9 oder 10) und dann nach unten weiter zu selektieren.

Kriterien unter dem Gewichtungswert 4 machen erfahrungsgemäß wenig Sinn, da hier kaum noch nennenswerte Einflüsse auf die Portfoliodarstellung entstehen. Da sollte man sich eher Gedanken machen, ob das Kriterium überhaupt relevant ist.

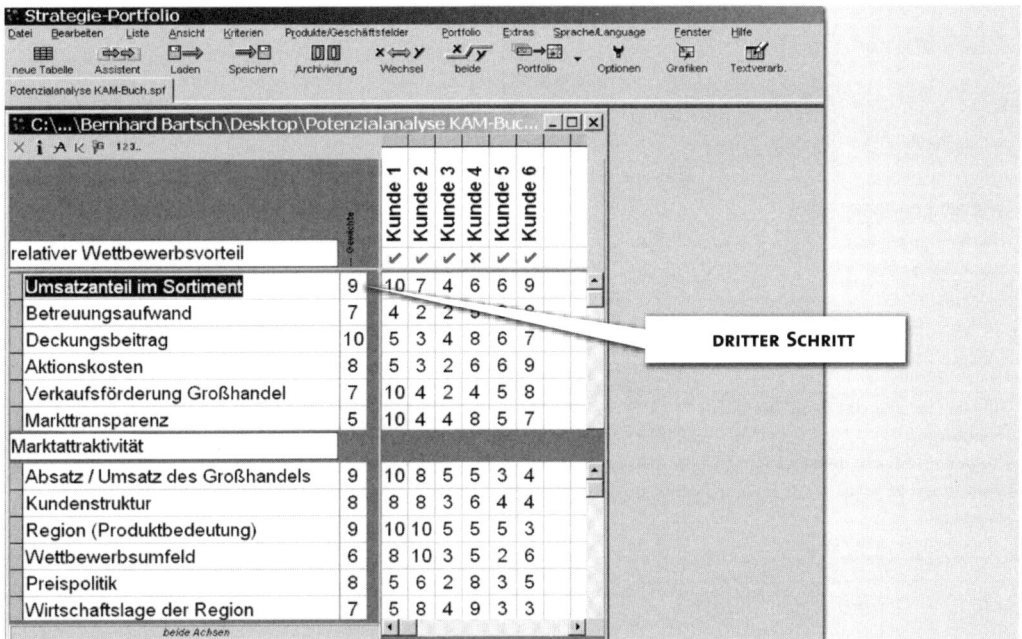

Abb. 12.5: Definition der Gewichtungen

12.3.3 Benennung der zu vergleichenden Kunden und Leistungen (Beispiel für Schritt vier)

Nach der Vorarbeit beider Achsenkriterien und deren Gewichtung geht es endlich an die Kunden (oder Produkte, Leistungen, Unternehmen ...). Wie Sie später sehen werden, bietet sich bei dieser Software die Möglichkeit, eine „Benchmarkkurve" zu entwickeln. Somit sollte der wahrscheinliche „Starkunde" dieses Vergleichs auf die Position 1 gestellt werden.

Als Darstellungsmöglichkeit werden meistens Kreise mit Segmenten benutzt. Man kann jedoch auch Originalbilder oder andere Formen und Symbole verwenden. Um die Kreisgröße und Segmente daraus nutzen zu können, gibt man, wie umseitig in Abb. 12.6 veranschaulicht, Umsatzdaten pro Kunde ein. Zum Beispiel Gesamtumsatz oder Umsatz in der relevanten

Warengruppe, sowie den jeweiligen eigenen Anteil daran. Die Verhältnisse der Darstellung macht die Software automatisch, dies kann bei großen Unterschieden jedoch auch verändert werden, da man sonst manche Kunden in der Grafik eventuell nicht mehr finden würde.

Die Anzahl der Kunden pro Portfoliodarstellung sollte wegen der Übersichtlichkeit zehn nicht überschreiten. Lieber mehrere Portfolios durchführen und diese später zusammenführen.

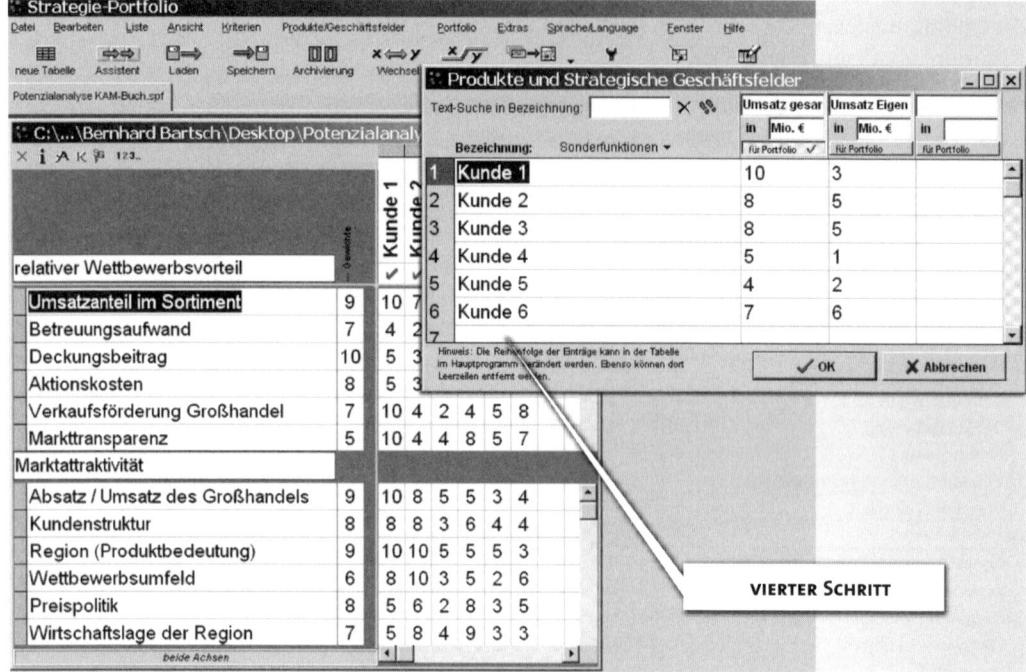

Abb. 12.6: Definition der Kunden und deren Umsätze

12.3.4 Bewertung in Bezug auf die einzelnen Kriterien (Beispiel für Schritt fünf)

Die verschiedenen Kunden auf ein Kriterium hin beurteilen

Um sich nicht immer wieder in die unterschiedlichen Kriterien hinein- und wieder herausdenken zu müssen, bleibt man am besten bei einem Kriterium und geht die unterschiedlichen Kunden gedanklich (oder gemeinsam in der Diskussion) durch. Das gedankliche Springen von Kunde zu Kunde hat sich als einfacher erwiesen.

In der folgenden Abb. 12.7 ist das ein strukturiertes Arbeiten von links nach rechts, jeweils pro Kriterium. Die Werte 0 bis 10 müssen jetzt mit den tatsächlichen Werten, zum Beispiel den Lieferanteilen in Prozent, den Ertragswerten in Euro, ins Verhältnis gesetzt werden.

Sinnvoll sind möglichst große Unterschiede oder „Spreizungen", damit sich später in den Portfoliodarstellungen nicht alle auf einem Haufen befinden! Die Kunden pro Kriterium immer wieder untereinander ins

Verhältnis setzen und mit den faktischen Werten (soweit vorhanden) abstimmen. Hier besteht wieder die größte Gefahr, „aus dem Bauch" zu arbeiten!

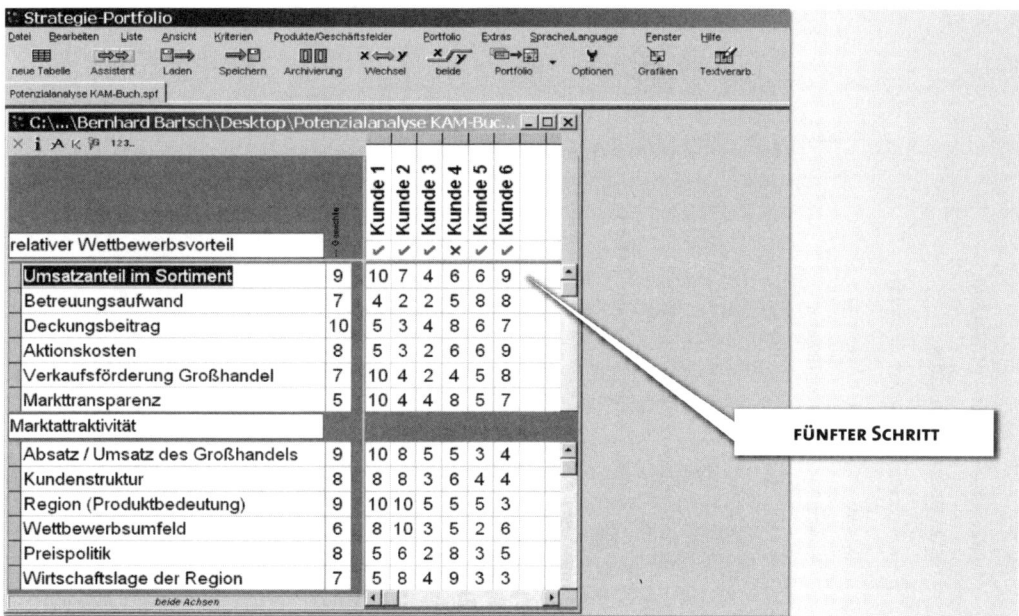

Abb. 12.7: Eingabe der individuellen Werte pro Kunde

12.3.5 Entwicklung einer nachvollziehbaren Grafik (Beispiel für Schritt sechs)

Die umseitig folgende gesamte Portfoliodarstellung (Abb. 12.8) verdeutlicht nun unterschiedliche Positionen der Kunden, die Bedeutung der Kreisdarstellungen und auch, wodurch sich die Positionen der Portfoliodarstellung ergeben. Als Referenz oder Benchmark kann der Idealkunde als „Kunde 1" markiert werden, so kann man Hintergründe der Positionen schneller erkennen. Die unterschiedlichen Objektgrößen können Umsatzgröße, Potenziale oder z.B. Anteile in Prozent verdeutlichen. Stehen diese Zahlen nicht zur Verfügung und bleiben diese Felder leer, werden alle Objekte gleich groß dargestellt. Im Falle der starken Bündelung auf einem der vier Felder sind die verglichenen Objekte gleichwertig oder man muss die Kriteriengewichtungen sowie die individuellen Werte noch deutlicher differenzieren. Die Positionen und die Größen der Grafik, der Legenden oder der Bezeichnungen sind frei wählbar. Einzelne Kunden kann man zur Übersichtlichkeit auch vorübergehend ausblenden.

Mit dieser Analyse kann der KAM zum Beispiel feststellen, welche Kriterien der relativen Wettbewerbsvorteile des Investitionskunden „Kunde 2" von ihm beeinflussbar sind. Er kann abwägen, was ein Engagement an Ressourcen und Investitionen kostet, beziehungsweise was es in der Posi-

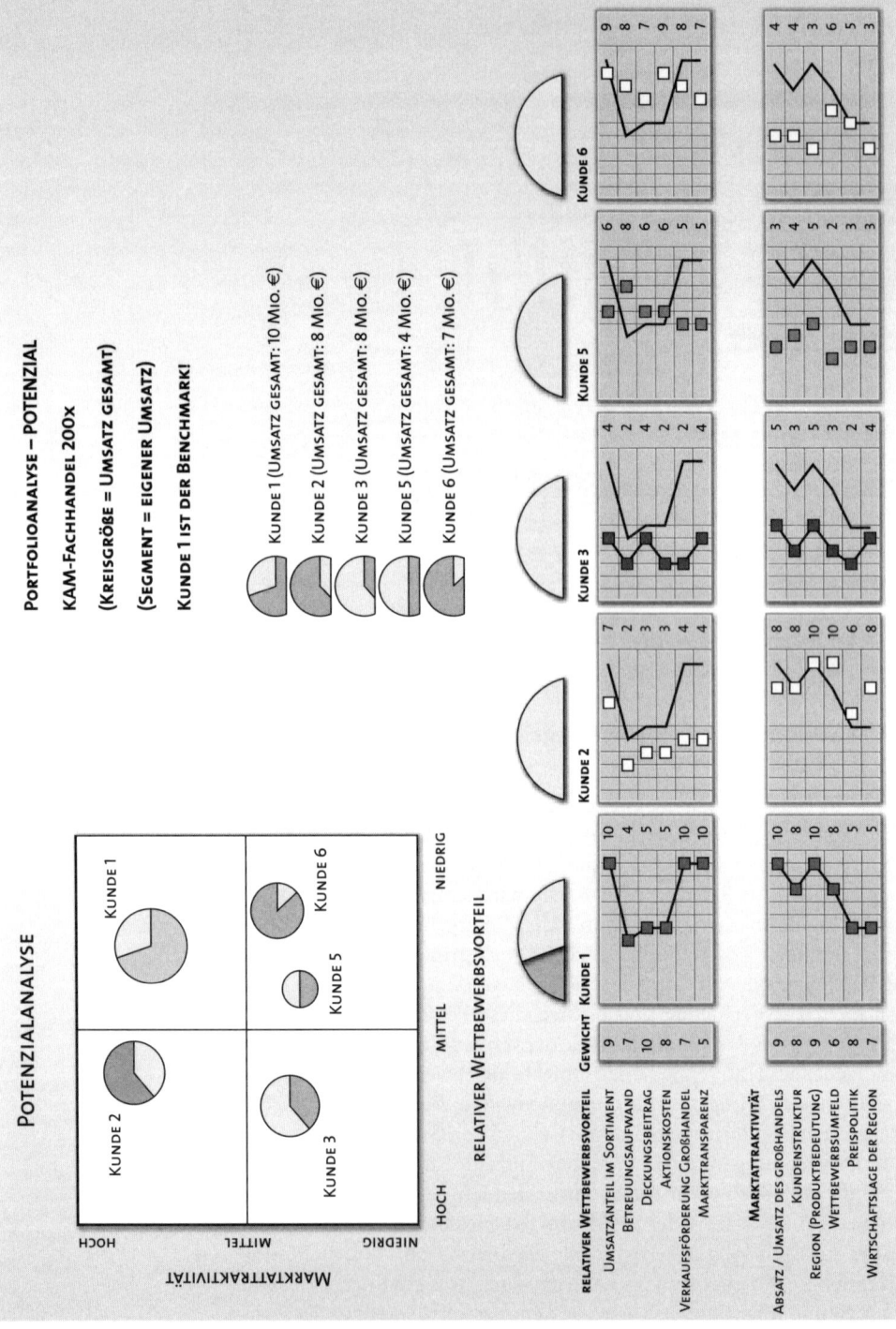

Abb. 12.8: Die gesamte Portfoliodarstellung

tionierung bringt. Dabei sollte er auch abwägen, welchen Einfluss eine aktive Entwicklung dieses „Kunden 2" auf die Zusammenarbeit mit dem „Kunden 1" hat. Sicher ist es erstrebenswert, einen Investitionskunden zu einem Idealkunden zu machen, aber manche Idealkunden wollen da ein „Wörtchen mitreden", wenn Wettbewerbsverhältnisse herrschen oder Budgets davon beeinflusst werden.

Solche „Simulationen" kann man mit einem derartigen Programm fahren. Auch könnte der KAM mehrere verschiedene Kundenregionen übereinander legen und vergleichen. Diese Darstellung dient der Priorisierung oder der Entscheidung des KAMs für den Einsatz von zeitlichen oder finanziellen Ressourcen. Sie kann wirkungsvoll als internes und externes Argumentations-Tool für Strategien und Vorgehensweisen engesetzt werden.

Bewährt hat sich diese Form der Analyse auch bei Sortimentsanalysen, als Positionierungsdarstellung sowie zur internen und externen Argumentation für Produkte, Leistungen und Aktivitäten. Sie hilft in der Zusammenarbeit mit Marketing hinsichtlich Produkt-, Maßnahmen- oder Aktionsentscheidungen. Sie unterstützt den KAM selbst in Bezug auf möglichst objektive Entscheidungen angesichts der Wettbewerbssituation, aber auch in der Zusammenarbeit mit Kunden. Für jede dieser Portfolioanalyse-Typen müssen natürlich andere spezifische Achsenkriterien definiert werden. Ist diese Arbeit jedoch einmal geleistet, dann sind die Ergebnisse unterschiedlicher Portfolioanalysen viel vergleichbarer und verwertbarer.

12.3.6 Beispiele für Portfolioanalysen

SORTIMENT-PORTFOLIOANALYSE AUS HANDELSSICHT	
Marktattraktivität:	**Relativer Wettbewerbsvorteil:**
Marktanteile	Aktionshäufigkeit
Image der Marke	Sortimentsbreite
Vorverkauf durch Werbung	Abverkaufsunterstützung
Kundenpotenzial	Distribution
Bekanntheitsgrad	Preisniveau
Innovationscharakter	Deckungsbeitrag
(Vom Handel schwer beeinflussbar)	(Vom Handel leichter beeinflussbar)

WETTBEWERBS-PORTFOLIOANALYSE AUS KAM-SICHT	
Marktattraktivität:	**Relativer Wettbewerbsvorteil:**
Marktanteile	Umsatz gesamt
Austauschbarkeit	Lieferanteil / Bedeutung bei Kunden

Qualitätsimage der Produkte	Innovationsgrad
Image bei den Kunden	Vertriebsstärke
Entwicklungsmöglichkeiten	Produktqualität
Liquidität/Eigenkapitalanteil	Preis-Leistungs-Verhältnis
(vom Wettbewerber langfristig beeinflussbar)	(vom Wettbewerber kurzfristig beeinflussbar)

Eine neuere Anwendung ist die Kundenkategorisierung. Um nicht nur nach Umsatz, Absatz oder Größe entscheiden zu müssen, werden weitere demografische Kriterien (Lage, Potenziale, Wirtschaftlichkeit …) und psychografische Kriterien (Imagewert, politischer Einfluss, Betreuungsaufwand …) zur Positionierung genutzt. Wenn einmal die Kriterien mit allen Beteiligten gemeinsam definiert sowie auch benannt und skaliert wurden (siehe Schritt eins und zwei), dann sind die Ergebnisse für eine Kundenkategorisierung wesentlich objektiver und zukunftsorientierter.

KUNDENKATEGORISIERUNGS-PORTFOLIOANALYSE AUS KAM-SICHT EINES ENERGIEERZEUGERS	
Marktattraktivität:	**Relativer Wettbewerbsvorteil:**
Imagewert für das Unternehmen	Kundenbeziehung
Strombedarf gesamt	Dienstleistungspotenzial
Strombedarf pro Standort	Deckungsbeitrag
Wachstumspotenzial	Potenzialausschöpfung
Entscheidungsstruktur	Betreuungsintensität
Anzahl der Standorte	Vertragsbindung
(Vom KAM kaum beeinflussbar)	(Vom KAM beeinflussbar)

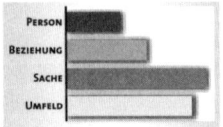

Für die Anwendung dieser eher komplexen und rationalen Tools sehen wir im Sinne der KAM-Schlüsselkompetenzen nebenstehende Ausprägungen.

Im Umgang mit der Sache und in den Kenntnissen der Umfeldeinflüsse eine hohe Priorität. Die Beziehungskompetenz und die Einstellung des anwendenden KAM ist jedoch nicht unwichtig, da hier sinnvollerweise oft mit Kollegen und auch Kunden zusammengearbeitet wird und der Aufwand für strukturierte Arbeitsweisen für manche KAMs eine echte „Herausforderung" darstellen.

In der Zusammenarbeit mit Key Account Managern, Unternehmern oder mit Marketingspezialisten haben sich immer wieder überraschende

Ergebnisse nach Einsatz dieser objektiveren Art und Weise der Portfolioanalyse gezeigt.

In diesen Situationen wird deutlich, wie subjektiv Entscheidungen oder Prioritäten entstehen. Ähnlich wie in der Personalauswahl. Hier ist der „Königsweg" heute auch die Addition von objektiven Persönlichkeitstests und subjektiven Bewertungen. Das Erkennen, dass der eigene „Favorit" vielleicht gar nicht so gut oder ungeeignet ist, ist für viele schwer. Da wird lieber das Portfolio-Ergebnis oder eine Assessmentmethode in Zweifel gezogen.

Dieses Portfolio-Instrument ist sicher wertvoll, um die verschiedensten Aspekte und Einflüsse für Entscheidungen zusammenzuführen.

Das Portfolio-Instrument führt die verschiedensten Aspekte und Einflüsse für Entscheidungen zusammen

Jedoch ersetzt es nicht die unternehmerische Intuition. Am Beispiel der Erfolgsstory des Apple-Media-Player „iPod" lässt sich erkennen, dass Intuition, starker Wille und wirkungsvolle Werbung so manche logischen Entscheidungskriterien aushebeln. Die Meinung der meisten „Fachleute" über die Marktchancen vor der Einführung des iPod war kritisch. Die Zielgruppe hatte ja bereits viele Player zum Hören von Musik und Medien und zum Ansehen von Bildern. Die waren auch klein, günstig und chic. Der Markt war eigentlich schon „satt". Viele andere Ideen im „Innovationsdschungel" der Unterhaltungselektronik sind da im wahrsten Sinne des Wortes schon „klanglos" untergegangen. Wenige Außenstehende hätten in das Projekt „iPod" nennenswert investiert. Und doch war und ist es eine echte Erfolgsstory! Trotz des späten Starts verkauften sich im Jahr 2006 über 14 Millionen iPods, eine Absatzzahl, die kein anderer der zahlreichen Wettbewerber übertraf. Viele sprechen von der überragenden „Sanierung" von Apple insgesamt.

Deswegen macht es eindeutig Sinn, nicht nur logische und faktische Kriterien in Portfolio-Entscheidungen zu integrieren, dazu lohnt der Aufwand oft nicht, sondern auch psychografische Kriterien!

> **KONSEQUENZEN FÜR IHR KEY ACCOUNT MANAGEMENT**
>
> - **Einstellung:** Sich mit den Möglichkeiten und Grenzen von Portfolioanalysen beschäftigen, um die Vorteile und den Aufwand in der Praxis abschätzen zu können.
> - **Ausprobieren:** Wichtige Entscheidungen, Prioritäten und Argumentationen mit dieser Methode erarbeiten, Erfahrungen austauschen.
> - **Resümieren:** Die Objektivität und die Wirkung dieser Methode in der Praxis, allein oder zusammen mit anderen Kollegen, bewerten.

13 Kundenentwicklungspläne (KEP)

> **Was Sie in diesem Kapitel erwartet**
>
> Als Fundament für Planung, Prioritäten und Maßnahmen eines Key Account arbeiten die meisten Key Account Manager mit einem Kundenentwicklungsplan.
> Hier finden Sie Erfahrungswerte und Beispiele, was einen KEP sinnvoll und realistisch macht und Informationen darüber, was die Chancen und Grenzen eines KEP sind.

13.1 Der Kundenentwicklungsplan – ein Zahlenspiel?

Das Wort „ent-wickeln" beschreibt auch den Vorgang, etwas Eingewickeltes sichtbar zu machen. Wie ein Geschenk, das wir auspacken oder etwas Gefangenes, das wir von den es umschlingenden Fesseln lösen. Da steckt etwas in einer Umhüllung, was noch sichtbar gemacht werden muss, zum Beispiel ein Potenzial oder ein Talent, das noch schlummert.

Es ist Aufgabe des KAMs, den Key Account zu „ent-wickeln"

So ist es auch die Aufgabe des KAMs, den Key Account zu „ent-wickeln". Alle Potenziale transparent zu machen und auch zu erschließen. Dazu gehört auch einmal, ausgetretene Pfade zu verlassen. Der Mut, neue Pfade zu entdecken, mit dem Kunden zusammen etwas auszuprobieren.

Wenn wir entwickeln oder wachsen wollen, dann gibt es zwei prinzipielle Vorgehensweisen:
- Wir sammeln alle derzeit überschaubaren Ressourcen und Potenziale und formulieren daraus ein Ziel – oder
- wir setzen uns ein Ziel und suchen danach nach den nötigen Potenzialen und schaffen die nötigen Ressourcen.

Echtes Wachstum wird nur im Rahmen der zweiten Alternative entstehen, indem wir uns ehrgeizige, aber noch realisierbare Ziele setzen und dementsprechend mit ausreichendem Willen auch agieren.

In der Praxis sieht das jedoch häufig anders aus. Pläne zur Kundenentwicklung werden mehr als „Zahlenspiel" oder als eine „Wette" definiert. Der Chef sagt, *„Wir brauchen zehn Prozent mehr!",* also werden die zehn Prozent eben irgendwo draufgepackt. Schaffen wir die zehn Prozent (meistens sind die Gründe intransparent), dann feiert sich der KAM – und natürlich auch der Chef. Klappt das jedoch nicht, dann war die Vorgabe vom Chef eben unrealistisch oder praxisfremd.

Ein Grund für den Eindruck „Zahlenspiel" ist das Zieldiktat vom Chef. Jedoch ist das meist noch weniger zielführend als eine reine „Basisdemokratie", in der jeder KAM vorsichtig plant, weil er weiß, dass er an der

Zielerreichung gemessen wird und im nächsten Jahr den Umsatz ja auch wieder steigern soll. So erreichen KAM-Organisationen auch nicht die nötigen Umsätze und Erträge.

Der Kompromiss wäre die Zielvereinbarung, in der vom Chef die „Eckpfeiler" oder der Rahmen und die Ressourcen der Gesamtplanung definiert werden und danach die KAMs, untereinander abgestimmt, die Umsätze und Ressourcen planen, bis der Rahmen ausgefüllt ist.

Ein weiterer Grund für den Eindruck der „Zahlenspielerei" ist die Tatsache, dass man in diesen Plänen häufig mit Umsatz-, Absatz- oder Prozent-Zielen jongliert, aber keine zielführenden Maßnahmen hinterlegt sind. So kann weder der Chef noch der KAM ermessen, ob die Ziele im definierten Zeitrahmen erreichbar sind.

13.2 Die Ziele eines klassischen KEP

Ein Key Account Entwicklungsplan ist in Umfang, Daten und in den Zeiträumen sehr branchenspezifisch. Prinzipiell sollte er auf Basis folgender Ziele verstanden und dokumentiert werden:

- Ehrgeizige aber realistische Ziele werden vom KAM gesetzt und danach die Ziele, Teilziele und zielführende Maßnahmen sowie Investitionen abgeleitet.
- Alle planungsrelevanten Umsatz-, Absatz- und Ausschöpfungsdaten des Key Accounts liegen für mindestens ein zurückliegendes Jahr, das aktuelle Jahr sowie für das zu planende Jahr vor.
- Die wichtigsten Informationen über den jeweils wichtigsten Wettbewerber aus Sicht des KAMs liegen aktuell vor.
- Quartalsmäßig wird die Zielerreichung geprüft und nach vorne prognostiziert. Im Bedarfsfall werden zusätzliche Ressourcen und zielführende Maßnahmen generiert, um die Ziele doch noch zu erreichen.

Er ist im wahrsten Sinne des Wortes ein Entwicklungsplan und keine Dokumentation über Rechtfertigungen, Anwesenheiten oder Ausgaben des KAMs!

Ein KEP ist keine Dokumentation über Rechtfertigungen, Anwesenheiten oder Ausgaben des KAMs

Im Sinne von Zielvereinbarungen und deren Zielerreichungsgesprächen bietet er eine gute Basis als Informationsquelle. Er kann direkt oder indirekt mit dem variablen Einkommen des KAMs verknüpft werden.

Bereits nach dem ersten Quartal sollten Zwischenresümeegespräche mit dem KAM-Leiter erfolgen. Je früher Abweichungen der Teilziele erkannt werden oder je eher Maßnahmen als fehlend oder ineffektiv deutlich werden, desto größer ist die Chance zu justieren oder zusätzliche Ressourcen und Maßnahmen zu generieren.

13.3 Aufbau und Struktur eines KEP

Die einfachste und auch häufigste Art, einen KEP zu dokumentieren sind Microsoft-Excel-Tabellen. In einigen internen Kundeninformationssys-

Umsetzung über Excel-Tabellen

temen oder Planungs- beziehungsweise Controlling-Programmen sind solche Tabellen auch enthalten, jedoch leider meist ohne die Ziele und Maßnahmen. Die Vorteile von Microsoft-Excel sind die hohe Flexibilität, die Implementierungsmöglichkeiten und die umfangreichen Rechenoptionen des Programms, die frei gestaltbar sind. Es empfiehlt sich jedoch, die Dateien zum Schluss bis auf die Eingabefelder zu sperren, da im Transfer oder bei der Eingabe oft Formeln „zerschossen" werden.

Am Beispiel einer Konsumgut- oder Markenartikel-Anwendung stellen wir nachfolgend einen komprimierten Kundenentwicklungsplan vor. Weitere KEP werden im Dienstleistungs- oder im Investitionsgutbereich eingesetzt. Die komplexesten KEP hatten wir jedoch im Produktbereich von Herstellern mit großem Produktportfolio, die kumuliert in die gesamte Vertriebsplanung fließen und auch teilweise direkt mit der Produktionsplanung verlinkt sind.

Fakten und Zielformulierungen auf zwei getrennten Seiten festhalten

Die einfachste und übersichtlichste Darstellung eines KEP ist, auf einer Seite (erste Seite) alle faktischen Daten, Entwicklungen und Ziele zusammenzustellen – und auf einer zweiten Seite die zugehörigen Zielformulierungen, Termine, Kosten und Bemerkungen. Diese Seiten kann man dann bequem nebeneinander legen und hat alles in der Übersicht.

Jedes Feld der nachfolgenden Darstellungen werden wir einzeln beschreiben und hoffen, dass der nötige Zahlenwust nicht zu unübersichtlich wirkt.

Der Übersicht halber haben wir uns auf Umsatzdaten beschränkt. Oft werden auch noch Absatzdaten verwendet, da sich aus den Umsätzen nicht immer Entwicklungen in den Stückzahlen oder in den Erträgen ablesen lassen.

13.3.1 Die Seite eins – der faktische Bereich

- **Feld 1 – Produktbereich**

Hier werden die planungsrelevanten Produktbereiche, Produktgruppen oder Produkte definiert. Im Beispiel sind es zwei große Produktbereiche und ein dritter, den wir einmal „Sonstige Produkte" nennen. Als letztes Produkt in einer Produktgruppe kann man auch die unwichtigeren Produkte in einer Rubrik „Rest" zusammenfassen. Im Beispiel wurden zehn einzelne Produkte oder Produktgruppen geplant. Selten werden alle Produkte im Detail einzeln geplant, sondern nur die wichtigsten Umsatzbringer. Der Rest wird in der Planung zusammengefasst.

- **Feld 2 – Gesamtpotenzial der Produktgruppe**

Wenn man auch den eigenen Ausschöpfungsgrad pro Produktgruppen errechnen und in den Zielen verwenden will, dann benötigt man das Potenzial des Key Accounts pro relevantem Produktbereich. Dies ist empfehlenswert, da zwar der eigene Umsatz steigen kann, aber im Verhältnis zum veränderten Potenzial des Kunden doch ein Umsatzverlust bestehen könnte.

Aufbau und Struktur eines KEP

KUNDENENTWICKLUNGSPLAN - BLATT 1

KEY ACCOUNT: TESTKUNDE
KUNDEN-NUMMER: 10000007
JAHR: 200x

(Feld 1)	(Feld 2)	(Feld 3)	(Feld 4)	(Feld 5)	(Feld 6)	(Feld 7)	(Feld 8)	(Feld 9)	(Feld 10)	(Feld 11)	(Feld 12)
PRODUKTBEREICH	GESAMTPOTENZIAL DER PRODUKTGRUPPE AUS 200X	UMSÄTZE DER WICHTIGSTEN WETTBEWERBER		UMSATZ VOR-VORJAHR	UMSATZ VORJAHR	ENTW. VORJAHR ZUM VORVORJ.	ZIELUMSATZ FÜR AKTUELLES JAHR IN €	ENTW. ZIEL-UMSATZ ZUM VORJAHR	AKT. UMSATZ KUMULIERT IN € PER MONAT	HOCHRECHNUNG FÜR DAS AKTUELLE JAHR	DIFFERENZ ZUM ZIEL
	IN €	NAME	IN €	IN €	IN €	IN %	IN €	IN %		IN €	IN %
PRODUKTBEREICH 1											
PRODUKT A	5.000.000,00	WETTBEWERBER A	1.000.000,00	600.000,00	650.000,00	108,3	750.000,00	115,4	165.000,00	632.500,00	-15,7
PRODUKT B		WETTBEWERBER B	750.000,00	400.000,00	390.000,00	97,5	250.000,00	89,7	100.000,00	383.333,33	9,5
PRODUKT C		WETTBEWERBER C	500.000,00	20.000,00	30.000,00	150,0	33.000,00	110,0	15.000,00	57.500,00	74,2
PRODUKT D				200.000,00	210.000,00	105,0	300.000,00	142,9	50.000,00	166.666,67	-44,4
SUMMEN:	5.000.000,00		2.250.000,00	1.220.000,00	1.280.000,00	104,9	1.433.000,00	112,0	330.000,00	1.240.000,00	-13,5
POTENZIALAUSSCHÖPFUNGEN IN %			45,0	24,4	25,6		28,7			24,8	
PRODUKTBEREICH 2			IN €	IN €	IN €	IN %	IN €	IN %		IN €	IN %
PRODUKT E	2.000.000,00	WETTBEWERBER A	500.000,00	300.000,00	250.000,00	83,3	300.000,00	120,0	80.000,00	306.666,67	2,2
PRODUKT F		WETTBEWERBER C	300.000,00	300.000,00	50.000,00	16,7	200.000,00	400,0	10.000,00	38.333,33	-80,8
PRODUKT G				400.000,00	550.000,00	137,5	600.000,00	109,1	200.000,00	766.666,67	27,8
SUMMEN:	2.000.000,00		800.000,00	1.000.000,00	850.000,00	85,0	1.100.000,00	129,4	290.000,00	1.111.666,67	1,1
POTENZIALAUSSCHÖPFUNGEN IN %			40,0	50,0	42,5		55,0			55,6	
PRODUKTBEREICH 1			IN €	IN €	IN €	IN %	IN €	IN %		IN €	IN %
PRODUKT X	1.000.000,00	HAUPTWETTBEWERBER A	250.000,00	5.000,00	6.500,00	130,0	10.000,00	153,8	3.000,00	11.500,00	15,0
PRODUKT Y				200.000,00	210.000,00	105,0	220.000,00	104,8	100.000,00	383.333,33	74,2
PRODUKT Z				75.000,00	60.000,00	80,0	75.000,00	125,0	20.000,00	76.666,67	2,2
SUMMEN:	1.000.000,00		250.000,00	280.000,00	276.500,00	98,8	305.000,00	110,3	123.000,00	471.500,00	54,6
POTENZIALAUSSCHÖPFUNGEN IN %			25,0	28,0	27,7		30,5			47,2	
GESAMTSUMMEN:	8.000.000,00		3.300.000,00	2.500.000,00	2.406.500,00	96,3	2.838.000,00	117,9	743.000,00	2.823.166,67	-0,5

Abb. 13.1: Kundenentwicklungsplan, Seite 1 – der faktische Bereich

Die Potenziale des Key Accounts können meist nur vom KAM vor Ort erfragt werden, was zum einen eine intakte Beziehungsebene voraussetzt, aber zum anderen auch eine generell wichtige Information für den KAM ist. Je nach Branche können diese Daten auch „gekauft" werden, zum Beispiel von Institutionen wie GFK oder Nielsen. In jedem Fall sollten sie jedoch vom KAM überprüft und aktualisiert werden. Für Potenzialbetrachtungen sollten sie nicht älter sein als ein bis zwei Jahre!

Für jeden Produktbereich reicht hier eine kumulierte Umsatzzahl.

- **Feld 3 und 4 – Umsätze der wichtigsten Wettbewerber**

Da auch die Entwicklungen der zwei bis drei wichtigsten Wettbewerber pro Produktbereich interessant sind, werden die Namen und Umsätze hier eingepflegt. Sie dienen auch als Referenzen für die Entwicklungen der Potenzialausschöpfungen beim Key Account. So kann man am Beispiel sehen, wie sich die Ausschöpfungs-Prozentzahlen der Wettbewerber gesamt zum eigenen Umsatz verändern. Diese Zahlen sind auch ein Indikator für den aktuellen eigenen Stellenwert im jeweiligen Produktbereich beim Key Account.

- **Feld 5, 6 und 7– Umsätze Vorvorjahr und Vorjahr /**
  die Entwicklung

Mindestens zwei Jahre von Umsatz oder Absatzdaten benötigt man, um die bisherige Entwicklung in Prozent darstellen zu können. Wir haben auch schon bis zu fünf Jahre in einen KEP mit Umsatz-, Absatz- und Ertragsdaten eingegeben. Die Daten werden wieder für die planungsrelevantesten Produktgruppen oder Produkte eingepflegt, der Rest wird zusammengefasst. Als Vorjahr wird im Sinne der Planung (meist zum Jahresende) das zu Ende gehende Jahr definiert.

Anschließend errechnet das Programm die prozentuale Entwicklung automatisch. Wir haben uns hier für die Variante *„über oder unter 100 Prozent"* entschieden (z.B. 90 Prozent oder 110 Prozent). Man kann auch mit Plus- und Minuszahlen, ausgehend von 100 Prozent agieren (z.B. –10 Prozent oder +10 Prozent).

- **Feld 8 und 9 – Zielumsatz für das aktuelle Jahr /**
  Entwicklung zum Vorjahr

Das „aktuelle Jahr" ist das kommende Jahr, welches geplant wird. Der Begriff ist so gewählt, weil man ja im kommenden Jahr ein Jahr lang mit diesem KEP arbeitet. Diese „gefürchtete" Zahl ist meist die wichtigste des ganzen Charts. Hier muss der KAM „Ross und Reiter" nennen. Er trägt pro Produktgruppe oder pro Produkt eine Zielzahl ein, die auf dem Blatt zwei mit Zielen und Maßnahmen hinterlegt wird. Ergänzend kann man nun die Entwicklung in Prozent zum Vorjahr erkennen sowie die Veränderungen in der Potenzialausschöpfung. Es ist nicht selten, dass je nach Produktbereichen hier unterschiedliche Entwicklungen entstehen, da es selten in allen Produktbereichen immer

Hier muss der KAM „Ross und Reiter" nennen

Zuwächse durch neue Produkte, weitere Aktionen oder Schwächen der Wettbewerber gibt. Letztlich zählt die unterste Entwicklungszahl der Gesamtsummen als richtungsweisend. Dies hängt natürlich auch von den Margen der jeweiligen Produktgruppen und Produkte ab, an denen immer mehr KAMs heutzutage gemessen werden.

- **Feld 10, 11 und 12 – Aktueller Umsatz kumuliert per Monat / Hochrechnung / Entwicklung**

Diese Spalten geben dem KAM Orientierung für die Zwischenresümees. Hier werden die kumulierten Umsätze oder Absätze bis zum jeweiligen Monat eingepflegt (im Beispiel Abb. 13.1 fett gedruckte 3). Dann kann man mit einem Formelschlüssel hochrechnen, wo man prognostiziert zum Jahresende im Umsatz landen wird. Im Beispiel ist die einfache und moderate Formel „kumulierter Monatsumsatz geteilt durch den angegebenen Monat mal 11,5" benutzt worden. Dies ist eine vorsichtige Schätzung für Produkte, die wenig saisonale Einflüsse haben und verteilt über das gesamte Jahr geliefert werden. Für Saisonprodukte muss man hier detailliertere Formeln verwenden.

Tauchen in Spalte 12 Minuszahlen auf, dann sollte frühzeitig nach den Ursachen und nach den Kompensationsmöglichkeiten geforscht werden. Werden diese Daten im ersten Halbjahr „locker" gesehen oder gar ignoriert, kann man die Ziele im zweiten Jahr oft nicht mehr erreichen!

Bei Minuszahlen in Spalte 12 sollte frühzeitig nach Ursachen und nach Kompensationsmöglichkeiten geforscht werden

Hier ist es wichtig, zunächst immer zusätzliche Ideen, Ressourcen und Maßnahmen zu generieren. Die letzte Maßnahme ist die Veränderung der Bereichsziele oder der Gesamtziele!

13.3.2 Die Seite zwei – der Bereich Ziele, Teilziele, Maßnahmen und Kosten

- **Feld 13 – Ziele nach Produktgruppen**

Pro Produktbereich oder Produktgruppe wird hier ein operationales (genaues, statisches, ehrgeiziges und realisierbares) Ziel formuliert. Dieses Ziel ist meist auch Bestandteil von Zielvereinbarungen mit dem KAM. Es dient allen nachfolgenden Spalten als Orientierung und muss sich auch in den Zahlen der Seite eins spiegeln. Es können Umsatzziele, Absatzziele, Ertragsziele, Potenzialausschöpfungsziele oder auch qualitative Ziele formuliert werden. Die qualitativen Ziele sind seltener und müssen in ihrer Messbarkeit auch aufwändig und genau formuliert werden.

Das hier formulierte Ziel ist meist auch Bestandteil von Zielvereinbarungen mit dem KAM

- **Feld 14 und 15 – Chronologische Teilziele nach Produktgruppen / Endtermine**

Nach zeitlichen Aspekten wird hier das Bereichsziel in einzelne Teilziele „heruntergebrochen". Dies können Teilziele für unterschiedliche Produkte sein oder auch die „Meilensteine" für das wichtigste Force-Produkt des Bereichs. Auch hier zählt die Genauigkeit und Überprüfbarkeit bis zum definierten Termin, der sich als letztmögliche Deadline versteht.

Das Bereichsziel wird in einzelne Teilziele „heruntergebrochen"

Kundenentwicklungsplan - Blatt 1

Key Account:		Kunden-Nummer:			Jahr:	
Testkunde		10000007			200x	
(Feld 13)	(Feld 14)	(Feld 15)	(Feld 16)	(Feld 17)	(Feld 18)	(Feld 19)	(Feld 20)

Ziele nach Produktgruppen:	Chronologische Teilziele nach Produktgruppen:	Erledigt bis:	Zielführende Maßnahmen:	Erledigt bis:	Erledigt Status:	Kosten KAM-Budget in €	Bemerkung:
Produktbereich A							
Der Umsatz im Produktbereich A ist um 12 % zum Vorjahr gestiegen.	Die Produkte A und C sind durch Sortimentsbereinigung gesteigert.	08.200X	Sortimentsanalyse mit Kunde	30.03.0X	☒ Ja	1.500,00 €	Mit externem Institut
			Sortimentsumstellung in 3 Bereichen	15.05.0X	☐ Ja	1.000,00 €	
	Das Produkt B ist durch Aktionen auf ca. 90 % zum Vorjahr stabilisiert.	10.200X	Aktionsplan - Entwicklung mit Marketing	15.02.0X	☒ Ja	10.000,00 €	
			Aktionsplan mit Kunde vereinbaren	15.03.0X	☐ Ja		Termin um 3 Wochen verschoben!
	Das Produkt D ist durch Sortimentserweiterung um 43 % gesteigert.	12.200X	Vorstellung im Einkauf und im Vertrieb	30.01.0X	☒ Ja	10.000,00 €	
			Einführungsaktion mit Promotion	30.05.0X	☒ Ja	2.000,00 €	
Produktbereich B							
Die Potenzialausschöpfung im Produktbereich B ist um 5 % gestiegen.					☐ Ja		
					☐ Ja		
					☐ Ja		
					☐ Ja		
					☐ Ja		
Sonstige Produkte							
Der Umsatz im Produktbereich Sonstige ist insgesamt um 21 % gestiegen.					☐ Ja		
					☐ Ja		
					☐ Ja		
					☐ Ja		
					☐ Ja		

Gesamtsumme der Kosten: 24.500,00 €

Abb. 13.2: Kundenentwicklungsplan, Seite 2 – Bereich Ziele, Teilziele, Maßnahmen und Kosten

- **Feld 16, 17 und 18 – zielführende Maßnahmen / Termine / Status**
Durch die zielführenden Maßnahmen können KAM und KAM-Leiter am ehesten erkennen, wie realistisch die Ziele und Teilziele sind. Oft werden die Teilziele und deren Maßnahmen zu spät im Planungsjahr definiert und haben somit nicht mehr genügend Kraft, um bis zum Jahresende zu wirken. Die Termine sind auch hier die äußerste Deadline zur Zielerreichung. Für die Zwischenresümees empfiehlt sich auch ein „Status-Button" oder eine Statusbemerkung wie „erledigt" oder „ja".

- **Feld 19 – Ziele nach Produktgruppen**
Die meisten KAMs (leider immer noch nicht alle) verfügen über eine eigene Investitionsbudget-Verantwortung. Zur Information und zur Übersicht dient diese Spalte im Chart. Diese unterste Summenzahl fällt den meisten KAM-Verantwortlichen am schnellsten „ins Auge". Hier kann die Relation zwischen Investment und Kosten zum Ertrag mit dem Key Account erkannt werden.

Relation zwischen Investment und Kosten zum Ertrag mit dem Key Account

- **Feld 20 – Bemerkungen**
Diese Spalte dient für Hinweise zu Hintergründen oder Veränderungen zum Plan. Sie verdeutlicht dem KAM und seinem Chef, warum Kosten entstehen, verändert sind oder warum ein Status zum Zwischenresümee noch nicht umgesetzt ist.

13.4 Branchenunterschiede der KEP

Die aufwändigsten und detailliertesten KEP haben wir bis jetzt in der „Mutterbranche" des Key Account Managements, der Konsumgutbranche, erlebt. Jedoch werden auch in anderen Branchen KEP eingesetzt.

Zum Beispiel in der Pharmabranche hat man die KAM-Funktion in den letzten Jahren verstärkt eingeführt. Hier werden die wichtigsten Kliniken oder Kooperationen als Key Accounts definiert. In diesen Fällen ähneln sie der Konsumgut-Branche, sind aber meist komprimierter, mit drei bis vier einzelnen Produkten (so wie unser Beispiel). Der Unterschied liegt auch in der Anzahl der zu planenden Key Accounts, der wesentlich höher liegt als in der Konsumgut-Branche. Es werden jedoch auch Gebietsentwicklungspläne eingesetzt, in denen nach Postleitzahlen zusammengefasst die wichtigsten Force-Produkte geplant werden.

Die Energiebranche hat mittlerweile ebenfalls Key Account Manager, die als wichtigste Key Accounts meist komplexe überregionale Großabnehmer definieren. Hier werden dann pro Key Account die einzelnen Standorte geplant, mit Umsatz und Abnahmemengen, Erträgen, Mitbewerberumsätzen und resultierenden Zielen, Teilzielen, Maßnahmen und Investitionen.

Bei Dienstleistern wie Reinigungs- oder Wartungsfirmen oder auch Beratern stehen natürlich die jeweiligen Leistungen mit Preisen und vor allem mit dem Ertrag im Fokus. Hier betreut ein KAM schon mal 30 bis 40 Schlüsselkunden. Detailliert geplant werden meist die zehn größten davon.

Im Investitionsgut-Bereich, wie zum Beispiel Automobilzulieferer, Maschinen- oder Anlagenbauer oder Medizintechnik, werden ebenfalls die wichtigsten zehn bis 20 Kunden so detailliert mit Teilzielen und Maßnahmen geplant. Die Problematik ist hier mehr die Zeitspanne, die schon einmal über drei Jahre in der Planung gehen muss, bis Ergebnisse zu erkennen sind.

Der KEP ist das „Herzstück" der Planungsinstrumente im Key Account Management

Von allen Planungsinstrumenten stellt im Key Account Management meist der KEP das „Herzstück" dar und die anderen Tools dienen mehr der Analyse, der Priorisierung oder der Zuarbeit zum KEP. Hier fließen die wichtigsten Daten und Informationen zusammen und bilden die „Messlatte" für die KAM-Tätigkeit.

> **KONSEQUENZEN FÜR IHR KEY ACCOUNT MANAGEMENT**
>
> - **Rollenverständnis:** Den Kundenentwicklungsplan wirklich als Entwicklungsplan und nicht als „Zahlenspiel" oder „Wette" verstehen. Einer der häufigsten Kündigungsgründe für KAMs, ohne Einfluss der Kunden, sind ungenügende oder unrealistische Planungen, beziehungsweise die mehrfache Verfehlung der KEP-Ziele.
> - **Nutzen:** Den KEP als Orientierung für die eigene Termin- und Ressourcenplanung nutzen. Die Termine müssen mit dem Terminplan korrespondieren und machbar sein.
> - **Aktualität:** Die Inhalte und Daten mindestens quartalsmäßig aktualisieren, besser jedoch monatlich.
> - **Schutz:** Die Planungsdaten mehrfach sichern, da der Verlust oft ein „großes Chaos" auslösen und in die Orientierungslosigkeit führen kann.

14 Key Account Dossiers

> **WAS SIE IN DIESEM KAPITEL ERWARTET**
>
> Dossiers sind umfassende Datensammlungen über den Key Account, alle relevanten Entscheidungsträger und Entscheidungsbeteiligten. Sie stellen ein wichtiges „Kapital" des KAMs dar, aus jahrelanger Erfahrung mit dem jeweiligen Key Account. Dossiers im Key Account Management bleiben nicht bei den klassischen Stammdaten stehen. Sie dokumentieren alle Informationen, die für eine Kundenbetreuung und ein tragfähiges Beziehungsmanagement notwendig sind.

14.1 Das KAM-Kapital „Wissen über den Key Account"

In den zahlreichen Trainings und Projektbegleitungen für Key Account Manager war ein Thema immer „hochsensibel": die Kundendossiers oder Key Account Dossiers. In diesen Sequenzen war immer eine „besondere" Stimmung. Eine Mischung aus Interesse, Skepsis und Widerstand. Warum eigentlich?

Ein Grund ist, dass KAMs instinktiv wissen, dass dieses kumulierte Wissen im jeweiligen Markt ein großes individuelles „Kapital" darstellt. Die jahrelangen Kenntnisse und Erfahrungen dokumentiert auf Medien, die anderen zugänglich sind?! Wer hat alles Zugriff? Was passiert bei Veränderung und Wechsel innerhalb der Branche mit dem „Kapital"?

Ein anderer Grund ist die Sicherheit: Wie sicher ist der Datenschutz für diese vertraulichen und oft persönlichen Daten? Wer im Unternehmen garantiert mir wirklichen Datenschutz? Auf Basis dieser innerlichen Fragen neigen die KAMs oft dazu, nur „offizielle" Informationen in die Firmenmedien einzupflegen oder ein Medium zu verwenden, das wirklich „geschützt" ist: *„Außer den Stammdaten und Ertragszahlen habe ich alles im Kopf!"* Da ist das Wissen zwar geschützter, aber auch „flüchtig" und in der Reproduzierbarkeit von der Tagesform abhängig.

(Insider-)Informationen über Kunden sind ein äußerst sensibles Thema

Dies führt häufig dazu, dass der Nachfolger wieder bei „Null" beginnt und sich die eine oder andere „blutige Nase" nochmal holen muss. Oder es führt dazu, dass wichtige Key Accounts über die geringe „Professionalität" einer KAM-Abteilung verärgert sind, weil wichtige Daten und Informationen fehlen, die man bereits mehrfach geliefert hatte, oder alles wieder mal von vorne beginnen muss.

Eine wichtige Aufgabe der Unternehmensleitung und der KAM-Verantwortlichen ist es, dieses Kapital trotzdem zu erschließen und auch entsprechend vor Missbrauch und Verlust zu schützen. Unabhängig davon, ob die Daten auf Papier oder elektronisch archiviert werden. Bei ungeplanten Veränderungen und bei plötzlichem Ausfall eines KAMs müssen diese

Das Wissen über Kunden muss der gesamten Organisation erschlossen werden

wichtigen Daten für andere verständlich und schnell zur Verfügung stehen! Idealerweise sind die Strukturen aller Key Account Manager auf den entsprechenden Medien identisch, sodass sich jeder auch beim Kollegen schnell zurechtfinden kann. Dieses Verständnis und diese Fairness zwischen Unternehmen und KAM sollten möglich sein.

In Unternehmen jedoch, in denen eher Misstrauen und Druck herrscht, werden wir selten aussagfähige oder zugängliche Key Account Dossiers auffinden.

Zur Vorbereitung von ziel- und partnerorientierten Gesprächsstrategien sind diese Daten essenziell:
- Wir benötigen sie bereits im Rahmen der Zielformulierung, wenn diese auf bisherigen Gesprächen und Ergebnissen aufbaut.
- Sie helfen uns beim Gesprächseinstieg mit Themen, Prioritäten und vermeidbaren „Fettnäpfchen".
- Wir müssen Fragen nicht wiederholen und den Eindruck erwecken, dass wir nicht zuhören.
- Bei den Argumenten können wir idealerweise die Motive abrufen und so die Überzeugungsfähigkeit erhöhen.
- Prinzipielle Widerstände erkennen wir teilweise im Vergleich der Firmenkulturen oder Firmenphilosophien.
- Musterhafte Widerstände einzelner Personen mahnen uns zur anstehenden Klärung.
- Taktiken, die häufig auftreten, können im Rahmen der Vorbereitung von Gesprächen berücksichtigt werden.
- Bei den Abschlusshilfen könnten wir erkennen, welche Dimensionen und welche Inhalte bisher verwendet wurden. Was der Kunde sozusagen als „Besitzstand" sieht.

Auch für Kundenentwicklungspläne, für Meetings oder zum Beispiel für Portfolioanalysen werden viele Informationen aus aussagefähigen Key Account Dossiers gewonnen. Oft kommen im Tagesgeschäft seitens der Vertriebs- oder Geschäftsleitung dringende Anforderungen auf den KAM zu. Ein Meeting oder Gespräch mit einem Kunden auf höchster Ebene steht unerwartet an. Da heißt es dann: *„Müller, geben Sie mir doch mal eben die Firmenstruktur, die Profitabilitätszahlen nach Sparten und die Vernetzung Ihres Key Accounts zu unserem Wettbeweber XY."* Wenn Müller jetzt hektisch losläuft und sich langwierig aus zahlreichen Quellen die aktuellen Informationen zusammensuchen, dokumentieren und verständlich machen muss, dann weckt das schon mal ernsthafte Kritik an seiner Professionalität als KAM!

Diese sicher unvollständige Aufzählung für Strategien, Präsentationen und Planungstools sollte alle KAMs ermuntern, aktuelle und aussagefähige Dossiers anzulegen und zu pflegen – und auch anderen in der eigenen Organisation die Chance zur Verwendung zu geben.

14.2 Aussagefähige Key Account Dossiers

Bei der Implementierung oder Entwicklung von KAM-Bereichen wurde immer auch das Thema Dossiers erarbeitet oder vereinheitlicht. Hierbei arbeiten wir jedoch ausschließlich inhaltlich, da die verwendeten Medien und Programme im Markt sehr unterschiedlich sind. So sind auch die nachfolgenden Inhalte zu verstehen. Sie dienen dazu, neue Datenbanken oder Ordner in Struktur und Inhalt zu entwickeln oder vorhandene zu überarbeiten.

Vorschläge, um neue Datenbanken oder Ordner in Struktur und Inhalt zu entwickeln oder vorhandene zu überarbeiten

In den meisten Projekten haben wir vier Kernthemenbereiche definiert:
1 Die erste Seite – zur schnellen Kontaktaufnahme
2 Der Bereich Unternehmen
3 Der Bereich der Entscheider
4 Der Bereich Ablage, Register oder Dateien

14.2.1 Die erste Seite zur schnellen Kontaktaufnahme

Elektronisch oder auf Papier befinden sich hier alle relevanten Daten und Informationen, die zur täglichen Kontaktaufnahme wichtig sind. Der Zugang in Programmen muss einfach, schnell und übersichtlich sein. In Dossier-Ordnern empfiehlt sich das Deckblatt, direkt nach dem Aufschlagen.

DIE HÄUFIGSTEN INHALTE SIND:

- Name oder Firmierung des Key Accounts
    - Zentraltelefonnummer
    - Zentralfax
    - Zentral-Mailaccount
    - Postleitzahl(en)
    - Straße und Stadt
- Zuständiger KAM
    - Telefondurchwahl
    - Mobilnummer
    - Mailaccount
- Zuständige Außendienstmitarbeiter
    - Telefon
    - Mobilnummern
    - Mailaccounts

- Weitere Zuständigkeiten im Unternehmen
    - z.B. Logistik, Marketing, Technik ...
- Zugehörigkeiten oder Vernetzungen zu anderen Key Accounts
- Vorjahresumsatz / Vorjahresertrag / Stückzahlen (optional)
- Die wichtigsten Ansprechpartner des Key Accounts
    - Funktion
    - Name
    - Sekretariat
    - jeweils mit Telefondurchwahlen, Mobilnummern und Mailaccounts

14.2.2 Der Bereich Unternehmen

Hier befinden sich die Informationen zur Struktur und zum Verständnis des Key Accounts. Alle Informationen sollten immer aktuell gehalten werden, was im heutigen Fusionszeitalter mit dynamischen Organisationsstrukturen schon eine Herausforderung darstellt.

Informationen zur Struktur und zum Verständnis des Key Accounts

> **DIE HÄUFIGSTEN INHALTE SIND:**
>
> - Die Struktur des Key Accounts
>   - Gesellschaftsformen
>   - Kapitalstruktur und Beteiligungen
>   - Sparten / Linien / ertriebslinien
>   - Anzahl der Niederlassungen / Outlets / Produktionsstätten / Läger ...
>   - Kooperations- oder Entwicklungspartner
>   - Vernetzungen durch Aufsichtsräte oder Gremien
> - Das aktuelle Organigramm des Key Accounts
>   - Funktionen
>   - Namen
>   - relevanten Schnittstellen
>   - Informationen zu Kompetenzen und Zugehörigkeiten in Gremien oder Ämtern
>
> - Philosophie und Kultur des Key Accounts
>   - offizielle Vision
>   - Mission / Mission Statements
>   - prinzipielle Strategie und Ziele (für das relevante Jahr, da sich hier Änderungen ergeben können)
> - Entscheidungsgremien (wenn üblich)
>   - Namen / Bezeichnungen
>   - Meetingfrequenzen
>   - Vorlaufzeiten für Termine (zum Beispiel für Produktentscheidungen, Ordersätze, Veranstaltungen, Präsentationen, Aktionen, Testläufe usw.)

14.2.3 Der Bereich Entscheider

Informationen zu den wichtigsten Funktionsträgern und den zugehörigen Personen

Für das Beziehungsmanagement und für Gesprächsstrategien ist dieser Bereich unerlässlich. Dadurch ist er auch der im Sinne des Datenschutzes sensibelste. Es ist auch der subjektivste im Sinne der Einschätzungen aus Sicht des KAMs. Hier befinden sich die Informationen zu den wichtigsten Funktionsträgern und zu den zugehörigen Personen. Diese beiden Unterbereiche kann man im Sinne des Datenschutzes auch unterschiedlich behandeln.

> **DIE HÄUFIGSTEN INHALTE SIND:**
>
> - Informationen zum einzelnen Funktionsträger
>   - in der Funktion seit wann
>   - vorheriger Arbeitgeber (wichtig, um Einstellungen, Kulturen und Werte zu verstehen)
>   - Kompetenzen (für Entscheidungen oder Freigaben)
>   - Mitglied von Gremien und Boards (sowie übergreifende Einflüsse der Funktionen)
>   - Anschriften (privat und geschäftlich)
>   - Ausbildung/Werdegang (wichtig für Einstellungen, Werte und Prioritäten des Funktionsträgers)
> - Informationen zur Person
>   - deutlichste Grundmotivatoren (z.B. 1. Macht, 2. Leistung)
>
>   - Verhaltensschwerpunkte (z.B. Vielredner, sachlich oder emotional, ruhig oder cholerisch)
>   - häufige Taktiken in Gesprächen und Verhandlungen (z.B. Salamitaktik, Bedarfsverkäufer oder Mischformen)
>   - Anlässe (wie Geburtstag / Jubiläum ...)
>   - Familienstand (z.B. Partner, Kinder, oder auch Haustiere)
>   - spezielle Interessen (Vereine, Mitgliedschaften und Hobbys)
>   - sensible Themen oder Punkte (wie persönliche Handikaps, Feindbilder oder K.o.-Themen)
>   - gute Beziehungen zum Wettbewerb (wichtig für die Argumentation im Vergleich)

14.2.4 Der Bereich Ablage, Register oder Dateien

Der vierte Bereich hat viel mit Ablagetätigkeit zu tun oder mit dem Anhängen von relevanten Dateien. Hier werden die kaufmännisch wichtigen Informationen untergebracht. Artikel oder Dateien über den Key Account sowie Schriftverkehr und Korrespondenz finden hier ihren Platz. Die Inhalte sind branchenspezifisch.

Kaufmännisch wichtige Informationen

DIE HÄUFIGSTEN INHALTE SIND:

- Preis- und Leistungsabsprachen wie
  - Konditionen
  - spezielle Vereinbarungen
  - Zahlungsmodalitäten
- Umsatz- und Absatzdaten
  - nach eigenen Prioritäten und Produktbereichen
  - in der Entwicklung
  - idealerweise als Kundenentwicklungsplan
- Abrechnungen, Zahlungen und Reklamationen
  - getätigte Zahlungstransfers außerhalb der Norm
  - übliche Leistungs- oder Einführungsgebühren
  - sensible Reklamationsfälle und deren Handhabung

- Besuchsberichte
  - eigene vom KAM
  - von anderen Abteilungen (wie GF, VL oder Außendienst)
- Wichtiger Schriftverkehr zum Key Account
  - intern im Umlauf
  - extern, an den Key Account versandt
  - von anderen Bereichen als dem Vertrieb
- Pressemitteilungen und Artikel über den Key Account (als Ergänzungen zu den Unternehmensdaten)
- Informationen und Artikel der wichtigsten Wettbewerber des Key Accounts (damit das Umfeld und die Feindbilder des Key Accounts eingeschätzt werden können)

Ein aktuell gepflegtes Key Account Dossier ist zum einen eine schnelle Informationsquelle im Tagesgeschäft und zum anderen eine „gute Visitenkarte" für die Professionalität eines Key Account Managers. Der Aufwand lohnt sich gerade in dynamischen Märkten mit vielen Veränderungen, wo man nicht alles „im Kopf" behalten kann.

Ein aktuell gepflegtes Key Account Dossier ist die „Visitenkarte" für die Professionalität eines Key Account Managers

In der Konsumgut-Branche sind die Inhalte sicher anders als im Investitionsgut-Bereich oder in der Dienstleistung. Die vorangegangenen Beispiele sollen nur richtungsweisenden Charakter haben. In jedem Fall werden Dossiers individuell entwickelt, und zwar am besten mit denen, die die dort zusammengestellten Informationen auch anwenden sollen, damit deren Identifikation und „Herzblut" hilft, die nötige Zeit und das Engagement für Dossiers zu erhalten.

KONSEQUENZEN FÜR IHR KEY ACCOUNT MANAGEMENT

- **Rollenverständnis:** Das Instrument Dossier als Fundament für das strategische und taktische Tagesgeschäft als KAM erkennen.
- **Kenntnisse:** Vorhandene Systeme, Instrumente und Inhalte auf Vollständigkeit und Aussagefähigkeit hin überprüfen.
- **Nutzen:** Die Vorteile von aussagefähigen und aktuellen Dossiers für sich und für das Unternehmen auch erkennen wollen.
- **Aktualität:** Die Inhalte und Daten spätestens in jedem Quartal überprüfen und aktualisieren.
- **Schutz:** Sich gerade bei persönlichen Informationen über ausreichenden Datenschutz informieren und absichern lassen.

15 Charisma und Wirkung im Dialog und bei Präsentationen

> **WAS SIE IN DIESEM KAPITEL ERWARTET**
>
> Die Kontakte beim Key Account reduzieren sich branchenübergreifend immer mehr auf wesentliche Termine mit den wichtigen Entscheidern. Dieses Kapitel vermittelt die prinzipiellen Eigenschaften und Fähigkeiten, die eine charismatische Wirkung beim Kunden im Dialog vermitteln und nachhaltige „Spuren" als Präsentatoren erzeugen. Es beleuchtet hierzu die Kompetenzen Rhetorik, Dialektik, Sensibilität und Ausdruck des Körpers.

15.1 Was ist eigentlich Charisma?

Das Wort „chárisma" bedeutete im alten Griechenland so viel wie „Gnadengabe", „aus Wohlwollen gespendete Gaben".

In der Religionswissenschaft wird der Begriff einerseits für die Begabung oder Befähigung zum Empfang von Offenbarungen, Inspirationen oder Erleuchtungen verwendet – andererseits für die Schaffung einer eigenen von einer bestimmten Gruppe anerkannten Autorität.

Laut Richard Wiseman (britischer Psychologe 1966) verfügt eine charismatische Person über drei Eigenschaften:

Kennzeichen eines Charismatikers

- Emotionen werden von ihr sehr stark empfunden.
- Sie ist in der Lage, auch andere Menschen derart starke Gefühle erleben zu lassen.
- Sie ist eher resistent gegenüber Einflüssen anderer charismatischer Menschen.

Charismatische Key Account Manager, Führungskräfte, Redner oder Präsentatoren können andere bewegen, andere die eigenen Emotionen und Motive erleben lassen, um nachhaltige Überzeugungen oder Konsequenzen entstehen zu lassen.

Vereinfacht stellen wir diese Kompetenzen oder „Gaben" für eine charismatische Wirkung in vier in der umseitigen Abb. 15.1 gezeigten Bereichen dar, auf die wir in den Folgeseiten genauer eingehen.

Alle vier Bereiche müssen beherrscht werden und in einer Art „Balance" tragende „Säulen" sein. Wobei es für die bewusste Entwicklung von Charisma in Verhandlungen, als Redner oder Präsentator mehr darauf ankommt, Defizite und deren Ursachen zu erkennen und ungenutzte Ressourcen zu fördern und als deutliche Stärken zu stärken.

Im Kapitel 4.5 sind wir bereits auf die „Viererkette" im Detail eingegangen, die auch gut geeignet ist, die vier Kompetenzen für charismatische Wirkung vereinfacht darzustellen.

Wir sind der Auffassung, dass jeder Mensch sein eigenes Bild von der Welt um sich herum entwickelt. Dieses subjektive Bild ist für ihn bedeutsamer als die „objektive" Welt. Wir nehmen z.B. zwar oft die gleichen Gegenstände oder Situationen wahr, die emotionalen Bezüge und demzufolge die Bewertungen und Handlungen sind jedoch oft unterschiedlich.

Wir agieren in vier unterschiedlichen „Teilwelten"

Vor diesem Hintergrund bedeutet Kommunikation und Wirkung: *„Ich gebe dir einen Einblick in meine Welt – du gewährst mir einen Einblick in deine Welt".* Die Viererkette geht davon aus, dass es für uns vier unterschiedliche „Teilwelten" gibt:
- Die Welt des logischen Denkens, in der Aussage und Begründung beheimatet sind. Ihre Domäne ist die linke Großhirnhälfte.
- Die Welt des analogen, bildhaften Denkens, in der Symbole, Geschichten, Beispiele, Ganzheiten beheimatet sind. Ihre Domäne ist die rechte Großhirnhälfte.
- Die Welt der Gefühle und Empfindungen, die ihre Heimat im Wesentlichen in allen Körperorganen hat.
- Und schließlich gibt es noch eine nach außen gerichtete Welt, die Handlungen entwirft, Erwartungen und Wünsche hegt und Aufforderungen an die Umwelt richtet.

Eine gute Kommunikation ist ein gegenseitiger Austausch, der möglichst alle Welten umfasst.

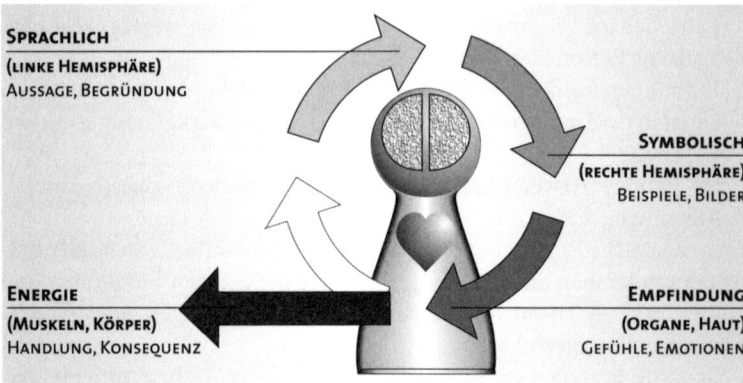

Abb. 15.1: Wir agieren in vier verschiedenen „Teilwelten"

Diese vier Bereiche repräsentieren auch die ursächlichen Quellen als Fundamente oder Säulen charismatischer Wirkung:
- Intellektus, die zielorientierte logische und strukturierte Sprechleistung – die **Rhetorik**
- Lingua, die bildhafte symbolische und ganzheitliche sprachliche Ausdrucksweise – die **Dialektik**
- Sensus, das Vermögen, sich einzufühlen, Emotionen und Gefühle zu zeigen und zu nutzen – **Sensibilität**

- Corpus, die Ausdrucksweise der Körpers, die Haltung und Authentizität – **Körpersprache**

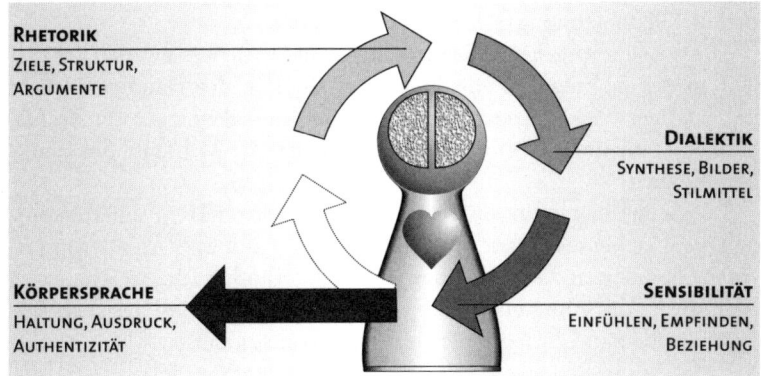

Abb. 15.2: Die vier Quellen charismatischer Wirkung

15.2 Die vier Kompetenzbereiche für Charisma und persönliche Wirkung

15.2.1 Die Rhetorik, die Kunst der Rede, die Sprechleistung als KAM

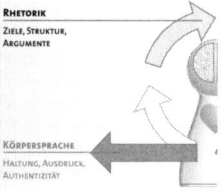

Gegenstand der Rhetorik (griechisch „rhetorikè" – „die Redekunst") war in der Antike die Kunst der (freien, öffentlichen) Rede. Ihre Aufgabe war es, eine Gemeinsamkeit zwischen Redner und Zuhörern herzustellen, auf deren Basis es ermöglicht wird, eine subjektive Überzeugung zu erzeugen.

Dass der Gebrauch des Begriffes „Rhetorik" heute in unterschiedlichen Kontexten und Bedeutungen erfolgt, hat mit ihren zwei wesentlichen Dimensionen zu tun: Einerseits ist sie Praxis, andererseits ist sie Theorie. Rhetorik war immer Kunstlehre und Kunstübung zugleich. Sie dient dem Miteinander der Menschen, der Verdeutlichung von Ideen, der Transparenz von Meinungen. Sie ist auch Bollwerk gegen Demagogie, Manipulation und Zerredungstechniken. Rhetorik ist auch ein Schlüssel für die geistige Weiterentwicklung, für das Denken, für Wachstum in den Bereichen Selbstbewusstsein und Persönlichkeitsentwicklung. Die Rhetorik ist ein Instrument der Kommunikation, das in der Anwendung, in der Ausprägung ihren Charakter erhält.

Im täglichen Umgang miteinander sagen wir, „*Deinen Worten entnehme ich ...*", denn unsere Worte sind wie „kleine Container", die unsere Einstellung zu Menschen, Themen und Situationen bewusst und unbewusst transportieren.

Unsere Worte transportieren wie Container

Als Zentren der Sprachentwicklung sind bei Rechtshändern hauptsächlich die Areale der linken Hirnhemisphäre involviert, wobei bilaterale

Aktivierungen gerade im Bereich syntaktischer Verarbeitung nicht selten sind. Es wird gegenwärtig angenommen, dass die rechte Hemisphäre eine wichtige Rolle bei der Verarbeitung von akustischen Merkmalen wie Wortakzent, Silbenbetonung oder Satzmelodie spielt.

Die meisten Sprachverarbeitungsareale bilden sich im zweiten Lebensjahr in der dominanten Hirnhälfte aus, die sich der Händigkeit nicht notwendigerweise entgegengesetzt befindet (bei 98 Prozent der Rechtshänder ist die linke Hemisphäre dominant, bei der Mehrzahl der Linkshänder auch).

Da wir das Phämomen der Rhetorik eher der linken Hemisphäre zuordnen, geht es bei moderner Sprechleistung eher um die Orientierung an einem definierten Ziel, zum Beispiel einen Kunden für ein Thema zu begeistern oder eine Entscheidung zu erwirken. Hier sind der zielorientierte Satzbau und die logischen Teile des Inhalts zuhause.

> Eine Rede oder Präsentation ist kein Monolog, sondern ein Dialog mit den Köpfen der Zuhörer!

Gute Rhetoriker unter den Key Account Managern zeichnen sich durch folgende Merkmale und Eigenschaften aus:

So sprechen Sie Ihr Gegenüber wirkungsvoll an

- **Sie lieben es, mit der Sprache bewusst und zielorientiert umzugehen.**
  Sie messen sich selbstkritisch an den Ergebnissen ihrer ziel- und zuhörerorientierten Vorbereitung und an den Reaktionen und Feed-backs ihrer Gesprächspartner. Sie bejahen sich selbst, stehen gerne vor Gruppen oder Auditorien, halten Reden und Präsentationen, weil sie Menschen prinzipiell mögen.
- **Sie verfügen über einen reichhaltigen Wortschatz.**
  Ihr aktiver (bewusst angewandter) Wortschatz gleicht eher dem der FAZ (ca. 5.000 Wörter) als dem eingeschränkten Wortschatz einer Bildzeitung (ca. 500 Wörter), um die Inhalte und Darstellungen variieren zu können. Eine gute Allgemeinbildung ist eine sichere Basis dafür.
- **Sie artikulieren Ihre Gedanken strukturiert, klar und verständlich.**
  Damit den Gesprächspartnern und Zuhörern die Zielerreichung auch leicht gemacht wird, bilden Sie Sätze, die inhaltlich und in der Aussprache gut nachvollziehbar sind. Die Wortendungen werden ausgesprochen. Ein Dialekt in der Sprache, der noch allgemein verständlich ist, erzeugt eher Nähe und Authentizität als der Versuch, besonders „hochdeutsch" zu sprechen.
- **Sie setzen Ihre Sprache bewusst zielgruppen- und niveaugerecht ein.**
  Dabei unterscheiden Sie zum Beispiel Techniker oder Kaufleute in der Wahl Ihrer spezifischen Fachbegriffe. Sie unterscheiden auch Hierarchien, wie Führungskräfte oder praxisorientierte Angestellte, in der Wahl Ihrer Fremdwörter oder Anglizismen.

- **Sie wählen Satzlänge und Tempo zuhörergerecht.**
  Ihre einzelnen Sätze sind selten länger als zwölf bis 14 Worte. Schachtelsätze werden geteilt, um die Verarbeitung beim Zuhörer zu gewährleisten. Bindewörter wie „ *... und ...* " oder „Denklaute" *wie* „ *... ähh ...* " zwischen den Sätzen werden durch Pausen ersetzt. Das Tempo variiert angenehm und wirkt auch in „Druckphasen" nicht zu hektisch oder zu schnell.
- **Sie variieren Betonung und Lautstärke.**
  Die Tonhöhe variiert und hebt wichtige Begriffe oder Satzstellen heraus. Die Lautstärke verstärkt diese Modulationen und verdeutlicht so zum Beispiel Wichtiges oder Unwichtiges. Zu lautes Sprechen nervt, zu leises Sprechen überfordert Ihre Zuhörer. Das monotone oder „pastorale" Sprechen erschwert Ihren Zuhörern die Konzentration und die Sympathie.
- **Sie beenden Sätze mit abnehmender Modulation.**
  Damit die Sätze nicht wie eine innerlich abgelesene Aufzählung wirken und der Spannungsbogen am Satzende geschlossen ist, geht die Betonung am Satzende runter. Ermüdende „Girlandensätze" werden so vermieden, die meist auch das Tempo unnötig erhöhen.
- **Sie setzen Pausen, um die Inhalte verarbeiten zu lassen.**
  Sie achten die individuellen „Referenzsysteme" Ihrer Zuhörer und ermöglichen durch Pausen zwischen den Sätzen das inhaltliche Verarbeiten, Verstehen und Abspeichern der Zuhörer. Auch als Stilmittel wirken Pausen, um das Zuhörerinteresse bewusst zu steuern.
- **Sie nutzen die Beweggründe anderer bewusst.**
  Wie in Kapitel 7 „Beweggründe und Motive" beschrieben, achten und nutzen Sie die Motivatoren Ihrer Gesprächspartner für die Nutzenargumente Ihrer Gesprächspartner. Sie formulieren motivorientiert für Leistungs-, Macht- oder sozialmotivierte Gesprächspartner.

15.2.2 Die Dialektik, die Kunst der Überzeugung, die Überzeugungsleistung als KAM

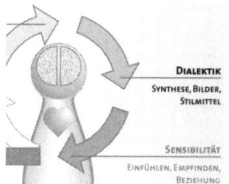

Dialektik (griechisch *„dialektiké"*, eigentlich: *„Kunst der Unterredung"*; gleichbedeutend zu lateinisch *„dialectica"* – *„Kunst der Gesprächsführung"*), ist ein Begriff der Philosophie. Die Dialektik hat ihren Ursprung im Dialog als Rede und Gegenrede, der sich so lange fortsetzt, bis sich eine Argumentation durchgesetzt hat beziehungsweise sich kein Widerspruch mehr erhebt.

Für Platon zum Beispiel war Dialektik keine reine „Technik", sondern mehr die Orientierung auf sich selbst und zu anderen Menschen. *„Sei alterozentriert – sprich die Emotionen an – beachte die Intensionen der Partner"*, waren seine Botschaften.

Nützlich ist Dialektik nach Aristoteles als geistige „Gymnastik", bei Begegnungen mit anderen Menschen und auch – durch das Durchspielen entgegengesetzter Positionen – bei der Erörterung von Problemen.

Die Definition der Gegenwart ist von der Hegel'schen Interpretation (vereinfacht: Prinzip These-Antithese-Synthese) geprägt.

Ziel ist die gemeinsame Klärung von Meinungen oder Problemen

Dialektik bedeutet nicht das Gegeneinander von Behauptungen und Thesen, sondern die gemeinsame Klärung von Meinungen oder Problemen.

Faire dialektische Prozesse werden bestimmt durch:
- Gemeinsame Problemdefinition / Begriffsverständnis
- Erkennen von Gemeinsamkeiten
- Gegenposition – sich in die Lage und Bewertung des anderen stellen können
- Argumentation – den Nutzen der anderen schlüssig darstellen können, unter Berücksichtigung deren Beweggründe

Faire Dialektik will argumentativ überzeugen und andere langfristig gewinnen.
Unfaire Dialektik will den anderen besiegen. Sie bedient sich bewusst der Emotion, um Aussagen zu entwerten oder zu verdrehen oder den anderen zu entwerten.

Nachhaltige symbolische Bezüge herstellen

Diese eher bildhaften, symbolischen und synthetischen, also der rechten Hemisphäre zuzuordnenden Kompetenzen arbeiten mit ganzheitlichen Synthesen, mit Beispielen und Symbolen, die nachhaltige emotionale Bezüge herstellen können.

Wie wichtig und tragend diese Hemisphäre ist, möchten wir an einem kleinen Beispiel verdeutlichen, welches in Trainings oft Anwendung findet. Lesen Sie sich die nachfolgende Kurzgeschichte durch, legen Sie das Buch zur Seite und versuchen Sie die Geschichte wörtlich ohne Änderungen zu wiederholen! Bei der Kürze der Geschichte müsste das möglich sein:

„In einem Raum steht ein Dreibein. Da kommt ein Vierbein mit einem Einbein und setzt sich auf das Dreibein. Dann erscheint ein Zweibein und nimmt das Vierbein mit dem Einbein und setzt es unter das Dreibein."

So fertig, das war's, länger ist die Geschichte nicht. Jetzt mal das Buch zu und konzentriert wiederholen! Nein, nicht nochmal lesen – probieren!
Wie, das geht nicht? Wie, zu kompliziert? Zu viele Beine? So hören sich prinzipiell aber viele Beschreibungen, Erklärungen oder Argumentationen in der Praxis an!

Schaffen Sie Bilder im Kopf Ihres Zuhörers

Warum ist das eigentlich so schwer? Richtig, wir haben keine visuellen Referenzen oder Bezüge für die vielen Beine. Es kann kein bildhafter Bezug oder keine Szene entstehen. Das erinnert uns vielleicht an Mathematikformeln, die wir nur auswendig gelernt haben, ohne die Bezüge zu den Buchstaben zu verankern. Das visuelle Referenzsystem ist das ausgeprägteste bei den meisten Menschen. Es speichert viel und schnell.

Jetzt probieren wir das noch mal, indem Sie visuelle Referenzen zuordnen:

- Das Dreibein ist ein Hocker, der einsam im Raum steht.
- Das Vierbein ist ein Hund, der in den Raum trottet und sich mit einem Satz auf das Dreibein setzt.
- Das Einbein ist ein Knochen, den der Hund stolz im Maul trägt.
- Das Zweibein ist ein Mensch, der den Raum betritt und den Hund vom Hocker auf den Boden setzt, da er ja da oben auch nichts verloren hat.

Jetzt müsste das Nacherzählen besser funktionieren – oder? Diese Geschichte können Sie jetzt auch in Wochen noch abrufen, wenn die Szene einmal bildhaft gespeichert wurde.

Gute Dialektiker unter den Key Account Managern zeichnen sich durch folgende Merkmale und Eigenschaften aus:

SO ÜBERZEUGEN SIE IHR GEGENÜBER

- **Sie führen einen gezielten Dialog mit den Gedanken der Zuhörer.**
  Sie reden nicht, um sich darzustellen (Egoismus – Senderorientierung), sondern, um anderen etwas zu vermitteln (Altruismus – Empfängerorientierung). Sie führen die Gedanken mit Szenen und Stilmitteln, Sie sprechen damit die rechte symbolische ganzheitliche Hirnhemisphäre an. Sie setzen gezielt Bilder, Vergleiche und Metaphern ein. Statt wissenschaftlich detaillierte Ausführungen zu machen, verdeutlichen Sie mit Metaphern und Analogien. Statt zu sagen „*Es könnte kritische Effekte nach sich ziehen, wenn man, wenn auch unbewusst, seine Wettbewerber fördert*", erhöht man die Wirkung durch eine bildhafte Formulierung, „*Mich erinnert diese Situation an die Begegnung mit einen Metzger, der sich für vegetarische Kost starkmacht*".
- **Sie führen die Gedanken durch dialektische „Werkzeuge".**
  Durch rhetorische Fragen, durch bekannte Zitate, durch individuellen Humor, durch kleine Anekdoten, eindruckvolle Szenarien und nette Geschichten regen Sie die Merk- und Überzeugungsfähigkeit ihrer Gesprächspartner bewusst an. Sie arbeiten gezielt mit Steigerungen, Wiederholungen, Satzstellungen und Wortbetonungen.
- **Sie nutzen dialektische Formeln zur Überzeugungsarbeit.**
  Sie beherrschen durch Übung die eigene Gedankenstrukturierung mit kleinen Fünfer-Sätzen, die auch spontan und ohne Vorbereitung Klarheit und Nachvollziehbarkeit ermöglichen.

Um seine Argumentation überzeugend vorzubereiten und für das Gegenüber akzeptabel und nachvollziehbar zu machen, ist es sinnvoll, eine klare Struktur einzuhalten, um die logischen und argumentativen „Gelenkstellen" deutlich herausarbeiten zu können. Bewährt haben sich hier dialektische Formeln in Form von Fünfer-Sätzen. Die im Folgenden aufgeführten Formeln sind Beispiele für zuverlässige „Gerüste" fairer dialektischer Prozesse. Vor jeder Formel kann ein Informationstransfer oder eine Absicherung der gemeinten Ebenen (Verbalisieren) hilfreich sein.

Mithilfe einer festen Struktur die logischen und argumentativen „Gelenkstellen" deutlich herausarbeiten

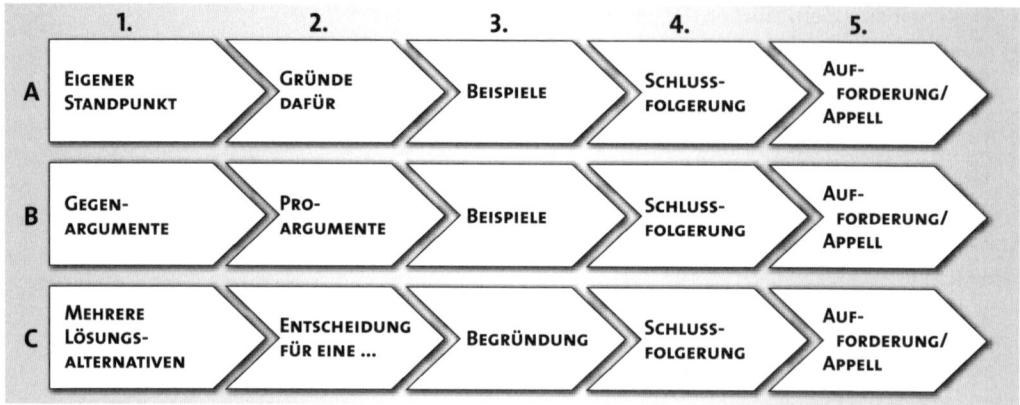

Abb. 15.3: Dialektische Klassiker

- **A – die Standpunktformel:**
  Diese direkte (hinführende, induktive) Dialektik besticht zwar durch ihre Einfachheit, Klarheit und Präsenz, sie bezieht jedoch keine anderen Standpunkte mit ein und ist daher für sensible Situationen nur bedingt geeignet. Manchmal ist es jedoch besser, Klarheit zu schaffen.
- **B – Die dialektische Formel (nach Hegel):**
  Hier kann man These – Antithese (Beispiele) und Synthese (deduktiv, ableitend) in verschiedenen Reihenfolgen nutzen. Mit der Gegenposition zu beginnen, bindet die Gegenseite früh mit ein und vermittelt objektivere und wertschätzende Dialektik.
- **C – Die Sprech-Denk-Formel:**
  Wenn die Gegensätze nicht so deutlich sind, dann bietet sich diese eher sachliche Formel an. Auch hier wird Objektivität durch verschiedene Alternativen vermittelt, um dann die eigene Position zu benennen und zu begründen.

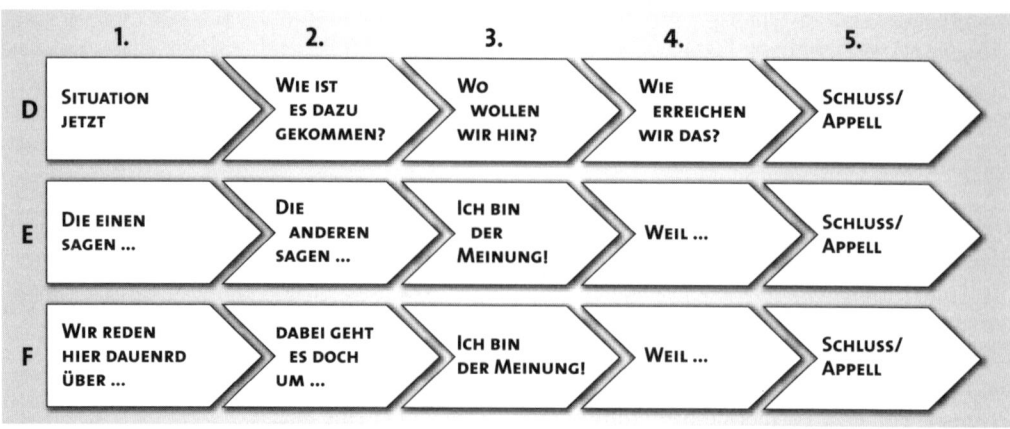

Abb. 15.4: Fünfer-Satz-Argumentation für spontane Reaktionen

Folgende dialektische Fünfersätze ermöglichen auch in ungeplanten oder spontanen Situationen, wie in Meetings oder in Kundengesprächen, strukturierte Botschaften, die überzeugend und nachhaltig sind. Wenn man die prinzipiellen Schritte (Meilensteine) durch wiederholtes Üben abgespeichert hat, dann sind sie spontan mit Inhalten aller Art zu füllen.

Auch in ungeplanten oder spontanen Situationen strukturierte und überzeugende Botschaften

- **Fünfer-Satz D – Beispiel:**
  „Wir stellen uns die Frage nach dem Sinn von Trainings, um uns als KAMs bewusst weiterzuentwickeln. Manchmal führen eigene Reflexionen, unsere eigenen situativen Erkenntnisse nach schwierigen Situationen oder auch Feed-backs anderer zu einer Konsequenz. Wir alle wollen doch unsere beruflichen Ziele noch sicherer erreichen und unseren ‚Marktwert' weiter steigern. Weiterentwicklung in der persönlichen Wirkung erreicht man nur durch persönliches und bewusstes Tun, es gibt keinen anderen Weg! Also nutzen wir professionelle Trainings für viele aktive Lernfelder und aussagefähige Analysen und Feed-backs.
- **Fünfer-Satz E - Beispiel:**
  „Die einen sagen: Entweder man hat Charisma oder man hat es nicht! Die anderen nennen erfolgreiche Beispiele für bewusste und gezielte Entwicklung in der persönlichen Wirkung. Ich weiß, wenn wir unsere inneren Ressourcen bewusster entwickeln und nutzen, steigern wir unsere Wirkung deutlich. Zu Beginn meiner Tätigkeit war ich auch noch unsicher und ungeübt und wirkte deswegen manchmal distanziert oder arrogant bei Reden und Präsentationen. Nutzt jede Chance der professionellen Persönlichkeitsentwicklung für das persönliche Wachstum im Beruf und auch als Privatperson!"
- **Fünfer-Satz F – Beispiel:**
  „Wir reden hier dauernd über den geeigneten Zeitpunkt für das Investment eines Trainings. Dabei geht es doch eigentlich um die nötige Vision, um den nötigen Leidensdruck, damit wir Veränderungsbereitschaft entwickeln und in die Konsequenz gehen! Ich denke, wenn andere uns zur Veränderung bewegen müssen, dann haben wir schon viele Symptome übersehen oder verdrängt. Unsere EGOs sind einfach zu schlau, um ausreichende Selbstkritik zu entwickeln, sie sind Meister der Schuldzuweisung auf andere. Unsere subjektiven Erfolge gaukeln uns vor, dass jede Änderung eine ‚Schändung' wäre! Wartet nicht, bis andere euch Ziele setzen, sondern setzt sie selbst und freut euch an der Erreichung durch die eigene Konsequenz!"

15.2.3 Die Sensibilität, die Beziehung zu sich und zu anderen, das Einfühlungsvermögen in Menschen und Situationen

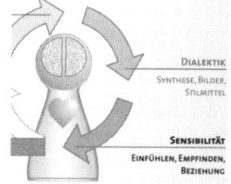

Der Begriff Empfindlichkeit oder Sensibilität bezeichnet allgemein die Empfänglichkeit eines Objektes bzw. eines Systems für eine Einwirkung. Sensibilität ist das Verhältnismaß der Einwirkung zur Auswirkung auf das System. Unter die Oberbegriffe „Objekt" und „System" fallen auch Lebewesen. Im allgemeinen Sprachgebrauch gibt es eine spezielle Bedeutung

Im Sinne intakter Beziehungen sollten wir möglichst viele Wahrnehmungskanäle nutzen

für den Begriff Sensibilität, der mit dem Begriff Empfindlichkeit nicht abgedeckt ist. Dabei handelt es sich um Wahrnehmungsfähigkeit und Einfühlungsvermögen, insbesondere von Menschen.

Wie wir zu Beginn des Buches erläutert haben, hängt unsere Wahrnehmungsfähigkeit von der Entwicklung und von der Nutzung beider Hirnhemisphären ab. Ob wir nur faktische und rationale Wahrnehmungen suchen und verwenden oder auch emotionale und intuitive Dinge. Wobei unsere eigene Wahrnehmung mehr ein subjektives erwartungsgesteuertes „Konstrukt" darstellt. Eine umfassendere Wahrnehmung ermöglicht auch ganzheitliche Bewertungen von Situationen und infolgedessen mehrere Handlungsoptionen. Eine wichtige Ursache für das Gelingen oder Misslingen von Kommunikations- oder Überzeugungsprozessen ist die Qualität der Beziehung zwischen den beteiligten Menschen. Auf unsere Definition von Beziehung gingen wir ebenfalls bereits genauer ein (siehe Kap. 5).

Sensible Redner und Präsentatoren zeichnen sich durch folgende Merkmale und Eigenschaften aus:

So stellen Sie sich auf Ihr Gegenüber ein

- **Sie achten auf Modulation, Körpersprache und Wortwahl der Gesprächspartner und Zuhörer.**
  Wie nachfolgend genauer beschrieben, verdeutlichen diese „Informationsquellen" sehr früh und sehr hintergründig, wie wir auf andere Menschen wirken, wie wir mit ihnen in Beziehung stehen und ob sie uns noch zuhören und folgen. Auch die Wirkung unserer Argumente und Ausführungen erkennen wir innerhalb von ein bis vier Sekunden, wenn wir sie wahrnehmen und auch verwerten wollen.
- **Sie nehmen Stimmungen bei sich und bei anderen wahr und reagieren darauf.**
  Wenn uns zu Bewusstsein kommt, dass wir unsicher, aufgeregt oder wütend sind, dann haben wir das unbewusst schon lange vorher signalisiert, auch wenn wir das gerade in wichtigen Situationen gerne vermeiden wollen. Jeder Blick, unsere Haltung oder unsere Hautfarbe hat unsere innere Stimmung bereits „kommuniziert". Also stehen wir zu unseren „inneren Stimmen oder Ratgebern" und gehen offen und selbstbewusst damit um. Dann sind wir authentisch und senden keine „Doppelbotschaften" (wie Dissonanzen zwischen Sprache und Körper), haben wir auch die Fähigkeit, uns auf die Signale anderer zu konzentrieren. Wenn wir unsere inneren Beweggründe zu verdrängen versuchen, wirken wir nach außen oft wie „Falschgeld", mit wenig Überzeugungsfähigkeit und wenig Selbstbewusstsein! Besser die „Dinge" offen ansprechen und thematisieren und dann ziel- und partnerorientierter agieren.
- **Sie erkennen unterschiedliche Beziehungsmodi und streben intakte Beziehungen an** (siehe Kapitel 5 zum Thema Beziehung).
  Sind wir als „Schulmeister" oder „Spezialisten" zu absichtvoll und zu manipulativ im Dialog oder vor Gruppen, dann verursacht das Reaktionen

> wie Distanz, „sich Ausklinken" oder mehr oder weniger subtilen Gegendruck. Der partnerschaftliche Modus bricht völlig ab. Lediglich dieser partnerschaftliche Modus alleine bringt zwar zu Beginn Sympathie, aber es entsteht auch keine Konsequenz im Prozess und wir erreichen keine Ziele. In Gesprächen oder in Präsentationen auf die Balance beider Beziehungsmodi achten und proaktiv auf eine in-takte Beziehungen wirken.
> - **Sie sind mit sich und mit den Zuhörern „in Kontakt".**
> Ein Redner oder Präsentator ist prinzipiell Bestandteil eines Systems, selbst wenn er die Zuhörer kaum kennt. Jeder Versuch, als „Außenstehender" oder „Überstehender" zu agieren, hat Auswirkung auf dieses System. Das System wird entsprechend reagieren, uns entweder respektvoll ins System integrieren oder uns respektlos „ausstoßen".
> Auch wenn wir den Kontakt zu unserem eigenen unbewussten „System" abbrechen (Angstfilter)und unser EGO uns ein schönes Wunschbild vorgaukeln will, reagiert unser eigenes System mit Symptomen und unbewussten unerwünschten Ausdrucksformen.

15.2.4 Die Körpersprache, Haltung, Authentizität, der „wahre" Ausdruck

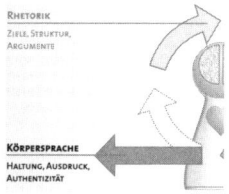

Die Kinesik ist die Wissenschaft, die sich mit der nichtsprachlichen Verständigung befasst. Diese nonverbale Kommunikation bezeichnet den Teil der Kommunikation, der sich nicht innerhalb den konventionalisierten Regeln einer gesprochenen Sprache ausdrückt, sondern durch Gestik (Hände), Mimik (Gesicht) und Motorik (Rumpf und Gliedmaßen), Nähe oder Distanz sowie andere nichtsprachliche Zeichen. Auch die Pupillengröße des Gegenübers, vegetative Symptome (z.B. Erröten, Schwitzen) oder der Blickkontakt vermitteln aussagefähige Signale.

Auch der Habitus einer Person oder einer sozialen Gruppe hat bedeutsame nichtsprachliche Komponenten. Jedes Verhalten als Reaktion auf etwas oder jemanden ist eine Art der Kommunikation, da jedes reaktive Verhalten Mitteilungscharakter besitzt.

Jedes reaktive Verhalten auf andere besitzt auch Mitteilungscharakter

Da Verhalten kein Gegenteil hat, man sich also nicht nicht verhalten kann, kommt zum Beispiel Paul Watzlawick (Kommunikationswissenschaftler, Psychotherapeut und Psychoanalytiker – 1921 bis 2007) zu der Folgerung, dass es unmöglich sei, nicht zu kommunizieren: *„Man kann nicht nicht kommunizieren."* Als Ergebnis dieser Überlegungen kann festgestellt werden, dass nonverbale Kommunikation unabhängig von verbaler Kommunikation existiert. *„Die Körpersprache ist nicht nur eine wünschenswerte, zur Not aber entbehrliche Zutat zur Verbalsprache, sondern ihre umfassende leibliche Grundlage"* (Meyer, 1991).

Um sich der Bedeutung der nonverbalen Kommunikation klar zu werden, müssen nicht nur die Ebenen bestimmt werden, sondern auch Aussagen über die Art und Sensibilität der informationsaufnehmenden Rezeptoren getroffen werden:

Welche Rezeptoren nehmen körpersprachliche Signale auf?

Das Auge (größte Informationsbandbreite mit zehn Mio. Informationseinheiten – IE – pro Sekunde) mit den nachgeschalteten Sehbahnen liefert Informationen über Mimik, Gestik und Körperhaltung sowie über Bewegungsmuster, Nähe und Distanz, die Pupillengröße des Gegenübers, vegetative Symptome (z. B. Erröten, Schwitzen) und anderes.

Die Rezeptoren der Haut (zweitgrößte Informationsbandbreite mit einer Mio. IE pro Sekunde) liefern Empfindungen, die dem Tast-, Temperatur- und Schmerzsinn zugeordnet werden. Dabei liegen dem Tastsinn Sensationen wie Kitzel, Berührung, Vibration, Druck und Spannung zugrunde.

Der Geruchssinn (relativ geringe Informationsbreite mit 100.000 Informationseinheiten pro Sekunde) bestimmt zum Beispiel, ob man „jemanden riechen kann".

Daneben übermitteln die averbalen Elemente der sprachlichen Kommunikation – wie Stimmfärbung, Tonhöhe usw. – über die akustische Wahrnehmung (identische Informationsbandbreite mit dem Geruchssinn) mitschwingende Informationen, die eine bestimmte emotionale Einstellung bewirken. Der Geschmack liegt mit 1.000 IE an letzter Stelle der Informationsfülle.

Der größte Teil von Informationen wird vom Menschen unbewusst aufgenommen und selektiert

Der größte Teil von Informationen wird vom Menschen unbewusst aufgenommen und selektiert. Das Bewusstsein wäre mit dieser Fülle an Information überfordert. Auch unsere Körpersprache wird größtenteils unbewusst gesteuert, sie ist sozusagen der „Spiegel der inneren Einstellung" und besitzt somit großen „Wahrheitsgehalt" in Bezug auf unser Befinden oder unsere Beziehungen zu jemand oder etwas (zum Beispiel eine Aufgabe oder ein Thema).

Entscheidend sind in erster Linie die Mechanismen, die das Bewusstsein des Menschen vor einer Informationsüberflutung schützen, ohne die wesentlichen Botschaften zu unterschlagen. Die Informationsmenge, die unser Bewusstsein erreicht, ist vergleichsweise klein. Die Grundlagen zum Überleben in einem sozialen System wurden schon vor der Entwicklung von Sprache und Bewusstsein geschaffen.

Wichtig bei der bewussten Interpretation von körpersprachlichen Signalen ist die Addition verschiedener Signale und Signalebenen. Vermitteln Gestik, Mimik und Motorik gleichlautende Signale, wie Interesse, Zuwendung, Antipathie oder Angriffshaltung, dann ist das Ergebnis relativ sicher.

Sich widersprechende Signale führen zu Irritationen

Senden jedoch zum Beispiel die Arme und die Mimik unterschiedliche Signale (Mimik ist offen und freundlich, die Arme sind jedoch verschränkt und die Haltung ist distanziert), dann sind diese „Doppelbotschaften" für den Laien nur bedingt interpretierbar. Einzelne Signale zu isolieren und vorschnell auszuwerten hat schon manchen Betrachter in unangenehme Situationen gebracht. Da diese Sprache jedoch im eigenen Kulturkreis meist gut verständlich ist, können wir meist auf unsere „inneren Ratgeber" vertrauen.

In fremden Kulturkreisen, wie zum Beispiel Asien, sollten wir uns dagegen zunächst mit den nonverbalen Aussagen bewusst beschäftigen, bevor wir interpretieren oder reagieren! Ich selbst habe zum Beispiel einem Taxifahrer vor einer Fahrt in Sri Lanka viel zu viel Geld gegeben, weil ich sein „Hadi Hadi" (begleitet von einer rollenden Seitwärtsbewegung des Kopfes – bedeutet Zustimmung) als „Nein" deutete und so seine Gestik fälschlicherweise als Abweisung verstand.

Körpersprache, die Sicherheit vor Gruppen vermittelt, zeichnet sich durch folgende Merkmale aus:

SO TRETEN SIE SOUVERÄN AUF

- **Fester und aufrechter Stand**, mit beiden Beinen als Ausgangspunkt mittig vom Plenum starten, aber flexibel auch einmal auf die Seiten wenden oder ins Publikum gehen, soweit raumtechnisch möglich. Ein Redner oder Präsentator, der wie ein Raubtier im Käfig ständig von links nach rechts „tigert", wirkt eher unruhig und gehetzt.
- **Freie authentische Signale**, ohne sichtbare Kontrolle der Körperbewegungen oder aufgesetzte einstudierte Gesten, die nicht stimmig mit der Sprache sind. Wenn wir wollen, dass der Körper mehr spricht, dann brauchen wir Emotionen und Identifikation. Wenn wir wollen, dass der Körper weniger spricht, dann müssen wir auch innerlich ruhiger und gelassener werden.
- **Ruhiger Blickkontakt**, der alle Teilnehmer und Zuhörer einbezieht, der Wertschätzung für alle Teilnehmer vermittelt und „Feed-back" über die Inhalte und über die eigenen Verhaltensweisen aufnimmt. Wer nur einen Teil der Zuhörer mit seinem Blick wertschätzt, der wird die anderen entweder „verlieren", oder sie werden sich ebenfalls Aufmerksamkeit holen – oft durch kritische Fragen oder Einwände! Der gleichmäßige Blickkontakt ist jedoch auch nicht zu verwechseln mit einer „Kaufhauskamera", die gleichmäßig von rechts nach links schwenkt, ohne jedoch jemanden wirklich zu fixieren. Manche Redner und Präsentatoren suchen sich bei Unsicherheit eine sympathische Bezugperson im Plenum, welche dann den größten Teil des Blickkontakts erhält – ob sie will oder nicht. Auch hier werden sich andere Teilnehmer die Aufmerksamkeit holen.
- **Gestik, Mimik und Motorik unterstreichen und verstärken das gesprochene Wort**. Die Hände, als schnellste Körpersprache, sollten hauptsächlich über der Hüfte, bis zur Höhe des Kopfes agieren. Sie verdeutlichen und verstärken das gesprochene Wort als „Illustratoren". Auch steuern sie den Dialog mit so genannten „Regulatoren", wenn zum Beispiel jemand sprechen soll oder schon zu lange spricht. Meist wirkt die authentische unbewusste Körpersprache schneller als das gesprochene Wort. Bei schlechten Schauspielern kann man zum Beispiel die fehlende Identifikation mit der Rolle an der verzögert einsetzenden Körpersprache deutlich erkennen. Auch Redner, die ihre Reden nicht selbst schreiben, entlarven sich entweder durch zu wenig Körpersprache oder durch zu späte und zu aufgesetzte Signale.

15.3 Aufbau und Struktur ziel- und kundenorientierter Präsentationen

Konzentration auf das Wesentliche:

> Eine Präsentation ist dann optimal, wenn man nichts mehr weglassen kann, nicht, wenn man nichts mehr hinzufügen kann!

Man darf in Präsentationen über alles reden, aber nicht über 45 Minuten. Die Aufmerksamkeit der Zuhörer/Kunden wird oft sehr strapaziert. Präsentationen mit 50 bis 70 Charts (meist über das eher trennende Medium Video-Beamer) sind keine Seltenheit. Wenn man im Durchschnitt für ein Chart zirka ein bis zwei Minuten benötigt, um die Kernbotschaften und die wichtigen Details zu vermitteln, dann sind das schon mal „schlappe" zwei Stunden, meist ohne Pause. Aber wir wollen ja auch zeigen, was wir so draufhaben …

Ziel- und kundenorientierte Präsentationen prinzipiell vom Ende her planen

Ziel- und kundenorientierte Präsentationen werden prinzipiell vom Ende her geplant. Dabei ist nicht nur die Senderorientierung *(Habe ich alles gesagt, um mein Ziel zu erreichen?)* sondern auch die Empfängerorientierung *(Was brauchen die Zuhörer/Kunden, um mein Ziel mitzutragen?)* zu beachten.

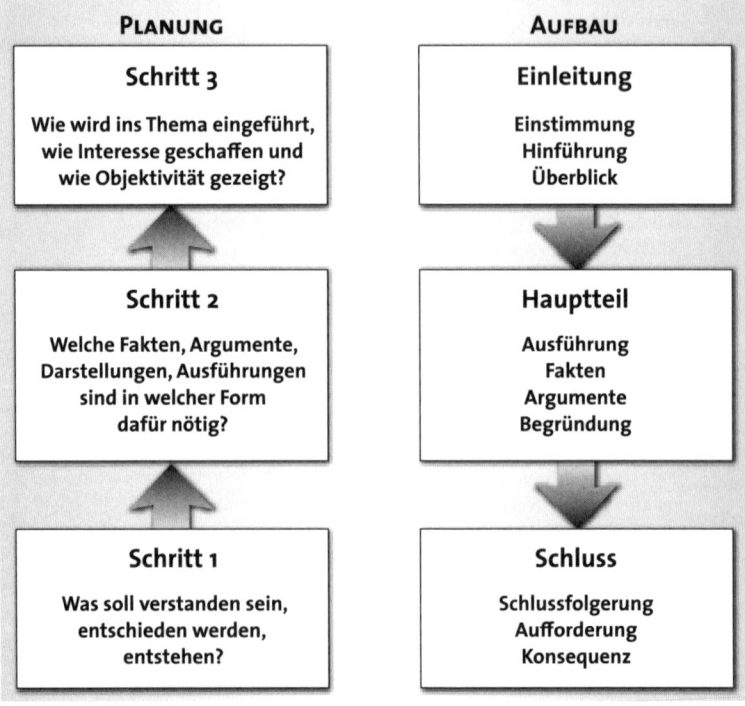

Abb. 15.5: Die Präsentation wird vom Ziel her geplant

15.3.1 Der erste Planungsschritt

Der „Zustand", der am Ende der Präsentation herrschen soll, ist Orientierung für die gesamte Planung und den Aufbau. Was sollen die Kunden verstanden haben? Welche Meinung soll vermittelt sein und weitergetragen werden können? Welche Entscheidungsbasis soll existieren? Dieses individuelle Ziel bestimmt die Struktur, den Umfang, die Inhalte und die Dramaturgie. Alles, was diesem Ziel dient, wird implementiert, alles, was kontraproduktiv für dieses Ziel sein könnte, wird vermieden oder eliminiert.

Der „Zustand", der am Ende der Präsentation herrschen soll, ist Orientierung für die gesamte Planung und den Aufbau

Der Schluss der Präsentation sollte mit einer Konklusion, mit einer nachvollziehbaren Schlussfolgerung beginnen (die Synthese aus Antithese und These) und damit die Kernargumente unterstreichen. Nach der Konklusion folgt idealerweise eine Aufforderung oder ein Appell zur Handlung, eine rhetorische Frage, die zum die Nachdenken anregt, oder eine Entscheidungsfrage an die Meinungsbildner. In jedem Fall sollte sich der Präsentator ein Feed-back über die Verständlichkeit, die Nachvollziehbarkeit oder die Wirkung aktiv holen.

15.3.2 Der zweite Planungsschritt

Um das definierte Ziel zu erreichen, benötigen wir in der Regel einige überzeugende Kernargumente. Diese Kernargumente werden durch nachvollziehbare Daten und Fakten, spezifischen Kundennutzen, Marktdaten, regionale Daten, Kundendaten und Wettbewerbsdaten gestützt. Hierbei sollten wir uns jedoch mehr auf bildhafte Darstellungen und Grafiken konzentrieren als auf „Zahlen- und Textfriedhöfe". Beispiele und Referenzen sind ebenfalls hilfreich, um Sicherheit und Nachvollziehbarkeit zu zeigen. Die Kernargumente sollten sich auch an den Grundmotivatoren der Meinungsbildner, Entscheider und Teilnehmer orientieren (siehe auch Kap. 7.4 „Motivorientierte Nutzenargumentation").

Die Kernargumente sollten sich an den Grundmotivatoren der Meinungsbildner, Entscheider und Teilnehmer orientieren

Im Hauptteil verläuft die Dramaturgie meist vom Gesamtmarkt zum regionalen Markt oder zum kundenspezifischen Markt; vom generellen Markt zur speziellen Leistung. Entwicklungen, Ergebnisse, Hochrechnungen oder Prognosen werden grafisch veranschaulicht. Auch der Vergleich zum eigenen Wettbewerb oder zum Wettbewerb des Kunden ist oft hilfreich für die Stützung der Kernargumente. Jedes Chart mit Daten und Entwicklungsdarstellungen sollte eine Kernbotschaft vermitteln. Idealerweise wird diese auf dem jeweiligen Chart auch zum Abschluss noch einmal visualisiert. Sachreferenzen sollten auf Nachvollziehbarkeit und Wettbewerbssensibilität hin überprüft werden. Personenreferenzen sollten im Vorfeld auf Wettbewerbssituationen oder auf Antipathie hin überprüft und abgesichert werden! Nicht die Quantität der Hauptteilcharts ist entscheidend, sondern die Qualität.

Sind die wahrscheinlichen Widerstände oder Gegenargumente für einen Überzeugungsprozess bei Präsentationen im Vorfeld bekannt, kann man sie vor den eigenen Argumenten aufführen, nach Möglichkeit entkräften und durch die eigenen Argumente wirkungsloser machen.

15.3.3 Der dritte Planungsschritt

Erst im dritten Schritt machen wir uns Gedanken über den richtigen Einstieg. Wie führen wir die Kunden und Zuhörer ins Thema? Wie erzeugen wir früh Interesse, Aufmerksamkeit und Neugierde aller Teilnehmer auf die Präsentation? Wie können wir, bevor wir in den Hauptteil gehen und unsere Argumente und Positionen benennen, Kompetenz und Objektivität zum Thema der Präsentation in komprimierter Form zeigen?

Der Einstieg in die Präsentation sollte frei von „Selbstbeweihräucherungen" oder Selbstbestätigungen sein. Dies weckt eher Antipathien oder Begehrlichkeiten im Einkauf. Sicher macht in einem Erstkontakt eine komprimierte Firmendarstellung Sinn. Meist sind die Zuhörer jedoch an guten Lösungsvorschlägen oder wirksamen Konzepten mehr interessiert als an ausführlichen Selbstdarstellungen. Sinnvoller sind aktuelle Schlagzeilen, aktuelle Aussagen namhafter Meinungsbildner der Branche oder ein Bild sowie ein Zitat, welches geeignete Bezüge zum Präsentationsthema herstellt. So schaffen wir schnell Aufmerksamkeit und Interesse.

Vor Beginn der Argumentationsphase im Einstieg noch keine Kernargumente oder Positionen benennen

Danach führen die ersten allgemeinen und objektiven Daten oder Beispiele die Gedanken der Zuhörer in den Hauptteil. Hier sollten wir unsere Kernargumente und Positionen jedoch noch nicht deutlich machen, um die „Andersmeinenden" nicht schon vor Beginn der Argumentation zu „verlieren" – und um zu zeigen, dass unsere Vorbereitung oder Recherchen umfassend sind.

Für schwierige Überzeugungsprozesse oder sensible Inhalte sollten zu Beginn der Präsentation Regeln vereinbart werden, damit die Dramaturgie steuerbar bleibt und die zur Verfügung stehende Zeit eingehalten werden kann. Ein bewährtes Beispiel lautet: *„Meine Präsentation ist in drei Themenabschnitte gegliedert. Es wäre hilfreich, wenn Sie entstehende Fragen in den Pausen am Ende der Themenabschnitte stellen. Möglicherweise erübrigt sich durch dieses Vorgehen auch die ein oder andere Ihrer Fragen."*

15.4 Präsentationen mit dem Video-Beamer

Durch umfangreiche technische Gestaltungsmöglichkeiten bieten beamergestützte Präsentationen die Möglichkeit einer einprägsamen und genau auf Inhalt und Zielgruppe zugeschnittenen Visualisierung. Parallel wächst aber auch das Risiko, dass der Präsentator „hinter der Technik verschwindet". Der Videobeamer ist zwar ein aufmerksamkeitsstarkes Medium, dadurch trennt er jedoch auch den Kontakt vom Publikum zum Präsentator. Auch ist der Videobeamer ein flüchtiges Medium, welches sinnvollerweise durch permanente Medien, wie Unterlagen oder Flipcharts, unterstützt werden sollte.

Risiko, dass der Präsentator „hinter der Technik verschwindet"

Umfangreich animierte Charts und effektvolle Grafiken könnten sich die Teilnehmer auch zu Hause ansehen. Ohnehin werden wir jeden Tag überschwemmt mit visualisierten Botschaften, manche Tagungen/Präsentationen sind zu einer Materialschlacht geworden, technische Raffinesse beeindruckt hier kaum noch.

Der entscheidende Vorteil der Live-Präsentation ist dagegen die Möglichkeit der persönlichen Botschaft und der Interaktion mit den Zuhörern. Dafür aber muss der Präsentator im Mittelpunkt bleiben, von den Charts und dem Medium unterstützt – nicht verdrängt.

Die entscheidende Frage ist: Dient das Medium dem Präsentator oder bedient der Präsentator nur noch das Medium?

Tipps für ziel- und zuhörergerechte Beamer-Präsentationen:

- **Im Mittelpunkt bleiben!**
  Im Blickfeld bleiben, sich rechts oder links von der Leinwand positionieren, um ebenfalls im Blickfeld zu sein. Dabei aber auf die Sichtbarkeit der Präsentation für die Teilnehmer achten. Manche Präsentatoren positionieren sich entgegen der Leinwand mit dem Notebook und erhalten so wenig Aufmerksamkeit. Zusätzlich überfordern sie die Nackenmuskeln der Teilnehmer. Bei auftauchenden Fragen oder Diskussionen Pausen machen und dabei das Beamerbild hell oder dunkel (z.B. mit der Punkt- oder Kommataste im Präsentationsmodus von MS PowerPoint).

- **Gut vorbereiten!**
  Die Technik, den Raum und die Lichtverhältnisse nach Möglichkeit vorher prüfen oder sich technische Unterstützung sichern. Ein technischer „Notfallplan", zum Beispiel durch Papierunterlagen oder Ersatzgeräte, ist für wichtige Präsentationen ratsam. Auch Beamer-Lampen können ungeplant ausfallen oder Notebooks neigen auch mal „zur eigenen Meinung". Vorab eine Probepräsentation mit Effekten und Übergängen üben, um sensible Stellen zu beherrschen und ein Gefühl für die benötigte Zeit zu bekommen.

- **Flexibilität erhalten!**
  In der Präsentation mit thematischen Sprüngen und Fragen rechnen. Hierbei dunkel oder hell steuern und respektvoll, aber zielorientiert auf die Teilnehmer eingehen. Bei Bedarf Backupcharts, die detailliertere Hintergrundinformationen oder weitere Beispiele beinhalten, einblenden. Ein Präsentator sollte 200 Prozent zur Zielerreichung beherrschen, muss aber meist nur 100 Prozent davon zeigen. Den Video-Beamer mit anderen Medien (z.B. Flipchart) kombinieren, um Abläufe oder spontane Entwicklungen zu visualisieren.

- **Einprägsam gestalten!**
  Auf den Charts nur Kernaussagen in komprimierter Form definieren, dazu Grafiken und Bilder verwenden, Texte nur komprimiert oder in Stichworten darstellen und als Präsentator ausformulieren, mit zwei bis drei Minuten pro Chart rechnen. Die Schriftgröße des Textes so einrichten, dass sie auch in zehn Meter Entfernung noch gut lesbar ist (z.B. Arial in 18 bis 20 Punkt Größe).

> - **Die Aufnahmefähigkeit beachten!**
>   Präsentationen über 60 Minuten erfordern Pausen oder einen Medienmix. Mehr als 30 bis 40 Charts in diesem Zeitrahmen überfordern meistens die Aufnahmefähigkeit und auch die Aufnahmebereitschaft der Zuhörer.

15.5 Souveräner Umgang mit Störungen in Präsentationen

Beim Umgang mit Störungen wird oft – bewusst oder unbewusst – auf Reaktionen zurückgegriffen, die wir aus der Schulzeit kennen: Direktes Aufrufen und „Tadeln", lauter werden, vorwurfsvoller Blick, Kontrollfragen zum Inhalt oder schnelles Infragestellen des Beitrags …

Abb. 15.6: *Schulmeisterliche Verhaltensweisen erzeugen meist Antipathie oder Aggressionen*

Viele Menschen haben unangenehme Erinnerungen an derartige Situationen aus der Schul- oder Studienzeit und auch die anderen legen in der Regel Wert darauf, dass sie jetzt Erwachsene sind und nicht mehr auf der Schulbank sitzen. Schulmeisterliche Verhaltensweisen erzeugen meist Antipathie oder Aggressionen.

Die Aufgabe eines guten Redners oder Präsentators ist es daher, möglichst alles zu vermeiden, was an Schule erinnern könnte.

Souveräne und zielführende Verhaltensweisen

Souveräner und zielführender sind zum Beispiel folgende Verhaltensweisen:
- Genau hinschauen und hinhören, Aussagen auch hinterfragen, um die Hintergründe/Beweggründe für die Störung herauszufinden.
- Zunächst dem „Störer" Positives und prinzipielles Interesse unterstellen.
- Die Unterbrechung nicht gleich als persönlichen Angriff oder Infragestellung werten, gelassen bleiben, sich die Fähigkeit des rationalen Denkvermögens bewahren (Meta-Kommunikation – aus der „Vogelperspektive" über den Prozess und die Hinter- oder Beweggründe kurz nachdenken, siehe auch Kap. 9.1).
- Aufmerksamkeit zurückholen durch kurzes Überlegen, eine Frage an andere Teilnehmer stellen oder die Frage / den Einwand zurückstellen – aber sichtbar dokumentieren.

- In schwierigen oder „hartnäckigen" Fällen die Situation kurz ansprechen, dabei in klaren, ruhigen und freundlichen Worten die eigene Situation oder Meinung darstellen (in Form einer Ich-Botschaft formulieren), auf gemeinsame Interessen und Ziele hinweisen und die Zuhörer durch eine Bitte um Unterstützung mit in die Verantwortung nehmen.

NOTFALLKOFFER FÜR KRITISCHE SITUATIONEN

- Ruhe bewahren!
- Störungen haben Vorrang!
- Schnell denken, aber nicht schnell reden!
- Bloßstellung und Angriffe erzeugen „Jäger"!
- Verhaltensweisen und Hintergründe unterscheiden!
- Klärung vor der Gruppe oder im Einzelgespräch?
- Steuerung behalten: zurückstellen, vereinbaren, hinterfragen
- Meta-Kommunikation: Break, Spiegeln, Ich-Botschaften, in Verantwortung nehmen

KONSEQUENZEN FÜR IHR KEY ACCOUNT MANAGEMENT

- **Voraussetzungen:** Sich mit der Aufgabe, dem Ziel und dem Thema identifizieren, um *„in anderen entzünden zu können, was in einem selbst brennt"*.
- **Reflexion:** Die eigene Wirkung überprüfen, Feed-back von Kollegen und Kunden aktiv holen, damit die Potenziale zur Weiterentwicklung bewusst werden können.
- **Selbstkritik:** Auch die bekanntesten Redner und Präsentatoren sind nicht als solche geboren, sondern haben sich ihre Wirkung und Fähigkeiten konsequent „erarbeitet".
- **Sicherheit:** Sprechleistung, dialektische Prozesse und Präsentationen so oft wie möglich üben und bewusst entwickeln.
- **Nachhaltigkeit:** Die persönliche Wirkung hinterlässt meist stärkere „Spuren" und Eindrücke als die Inhalte von Reden, Dialogen und Präsentationen. Charismatische Redner und Präsentatoren sind in der Wirtschaft und Industrie in Deutschland immer seltener!

16 Ziel- und Zeitmanagement

WAS SIE IN DIESEM KAPITEL ERWARTET

Viele Bücher und Werkzeuge zum Thema Ziel- und Zeitmanagement befassen sich vorwiegend mit logisch rationalen Lösungen. Sie bringen in vielen Fällen eine Steigerung der persönlichen Effektivität, nach einiger Zeit fallen die Personen jedoch oft in ihre alten Muster zurück. In manchen Fällen kann das so genannte lineare Zeitmanagement sogar zu einer Zunahme des Zeitstresses führen.

Vor dem Hintergrund unserer Modelle plädieren wir für ein integrales Ziel- und Zeitmanagement, das die unterschiedlichen Fassetten der Persönlichkeit berücksichtigt. Wir stellen Ihnen drei unterschiedliche Zeitkonzepte vor, von denen die logisch rationale Auffassung der Zeit nur eines ist. Alle drei Zeitkonzepte zu verinnerlichen und in eine Balance zu bringen, ermöglicht eine nachhaltige Steigerung der persönlichen Effektivität.

16.1 Einleitung

Wenn Sie bei Amazon nach Literatur zum Thema „Zeitmanagement" suchen, erhalten Sie derzeit 48 Ergebnisse, wahrscheinlich werden es in einem Jahr wesentlich mehr sein. Bei Google bekommen Sie zum gleichen Suchbegriff zirka 6.360.000 Treffer. Eine stichprobenartige Sichtung dieser überwältigenden Masse an Information brachte uns die Erkenntnis, dass fast alle Beiträge das Thema Zeitmanagement prinzipiell in ähnlicher Weise bearbeiten.

Und ... ? Was bringt das Ganze? Gemessen an den uns zur Verfügung stehenden Methoden des Zeitmanagements und den zahllosen Werkzeugen müssten all unsere Probleme mit Uhr und Kalender auf ein Minimum reduziert sein. Seltsamerweise sieht die Realität ganz anders aus. In unseren KAM Seminaren und Coachings erleben wir, dass der Stress mit Zielen und Zeit bei unseren Teilnehmern eher zunimmt. Dazu ein paar typische Aussagen:

Der Stress mit Zielen und Zeit nimmt ständig zu

- „Die Zeit reicht hinten und vorne nicht für das, was ich alles bewältigen muss!"
- „Urlaub? Was ist das? Ich kann mich nicht daran erinnern!"
- „Ich fahre leidenschaftlich gerne Motorrad, doch seit Monaten steht meine Maschine unberührt in der Garage!"
- „Der Tag hat 24 Stunden. Wenn die nicht reichen, arbeite ich eben in der Nacht weiter!"
- „Bis wann muss diese Aufgabe erledigt sein? Bis gestern!"

Unsere Seminarpausen werden auch immer merkwürdiger. Vor einigen Jahren standen die Teilnehmer noch mit einer Tasse Kaffee in Gruppen zusammen und plauderten. Heutzutage löst die Aussage des Seminarleiters: „Wir machen eine Viertelstunde Pause!", einen fast konditionierten Reflex aus. Zehn Personen greifen synchron nach ihrem Handy und tippen nervös in die Tasten. Nach einer Minute gehen alle Mann (oder Frau) gestikulierend in der Halle des Seminarhotels auf und ab und brüllen in ihr Nokia. Die Seminarregel, „Kein Handy, kein Notebook!", führt zu körperlichen Reaktionen, als wolle man einem Tiefseetaucher die Sauerstoffflasche wegnehmen.

Irgendwie scheinen die Tipps und Tricks des Zeitmanagementpapstes Lothar J. Seiwert und seiner zahllosen Kollegen das Problem mit der Zeit nicht wirklich zu lösen. Deshalb wollen wir nicht das Buch Nummer 49 und auch nicht den Internetintrag Nummer 6.360.001 mit den gleichen Inhalten produzieren, sondern, wie Sie es sicher auch schon von uns erwarten, das Thema etwas anders angehen. In Kapitel 3 haben wir uns mit dem Thema Person und Persönlichkeit beschäftigt und Ihnen ein Modell vorgestellt, das eine Person als eine innere Mannschaft von Teilpersönlichkeiten mit völlig unterschiedlichen Charakteren beschreibt. Jedes Mitglied dieser Mannschaft verfolgt andere Ziele und versucht sie mit anderen Strategien und Mitteln zu erreichen.

Konsequenterweise müsste auch jede Teilpersönlichkeit ein anderes Verständnis von Zeit und Zeitmanagement haben. Aus diesem Grunde wollen wir im Folgenden ein differenziertes oder besser, ein integratives Konzept des Zeitmanagements entwickeln, das sich an den Mitgliedern der inneren Mannschaft orientiert.

Ein integratives Konzept des Zeitmanagements, das sich an den Mitgliedern der inneren Mannschaft orientiert

16.2 Das Kind – Naives Zeiterleben

Wie schon erwähnt, erlebt ein Neugeborenes Zeit völlig anders als ein Erwachsener. Alle Anzeichen sprechen dafür, dass es überhaupt keine Zeit empfindet und sich gänzlich im Hier und Jetzt befindet. Es hat keine Vorstellung von Vergangenheit und Zukunft. Auch in der weiteren Entwicklung ist der Umgang eines Kindes mit Zeit aus der Sicht des Erwachsenen naiv. Das Wort „naiv" geht auf das französische „naïf" zurück und bedeutet „kindlich", „ursprünglich", „einfältig", „harmlos". Kinder können sich im Spiel verlieren und bemerken nicht, wie die Zeit vergeht. Sie sind nicht in der Lage abzuschätzen, wie viel Zeit irgendeine Tätigkeit braucht. Sie fangen selbst aussichtslos erscheinende Projekte einfach mal an.

Ein Neugeborenes lebt völlig im Hier und Jetzt

Im Allgemeinen werden erwachsene Menschen als naiv bezeichnet, denen die notwendige Einsicht in ihre Handlungen und insbesondere im Umgang mit der Zeit fehlt. Während die kindliche Unvoreingenommenheit und Unverfälschtheit zuweilen als positiv, sogar als rein und unschuldig angesehen wird, gilt sie bei einem Erwachsenen als ernsthafter Charakterfehler oder gar als geistige Beschränktheit.

Dabei hat das harmlose kindliche Zeiterleben durchaus seine positiven Seiten. „Harm" ist ein aus der Mode gekommenes Wort für „Leid". „Harm-

Im Zustand aktiv herbeigeführten naiven Zeiterlebens finden Genies ihre kreativsten Lösungen

los" bedeutet demnach nichts anderes als frei von Leid, ein Zustand, von dem so mancher zeitgestresste KAM nur träumen kann. Der Zustand, in dem sich Kinder zuweilen befinden, wird mit träumerisch, verspielt oder gar als kindliche Trance beschrieben. Er wird in manchen Therapieformen sogar gezielt herbeigeführt, um persönliche Krisen zu bewältigen. Viele Genies berichten davon, aktiv in dieses naive Zeiterleben wechseln zu können, in dem sie die kreativsten Lösungen finden.

Im Chemieunterricht hörte ich von einem Herrn August Kekulé, der 1865 die Strukturformel des Benzols entdeckte. Der Legende nach kam Kekulé dieser Einfall im Zustand der (kindlichen) Trance. Vor seinen Augen sah er sechs Schlangen, die sich reihum in den Schwanz bissen und so eine Ringstruktur bildeten. Er kritzelte diese Ringstruktur auf ein Blatt Papier und wurde damit weltberühmt. Mit ihrer kindlichen Neugier und frei von geistigen Fesseln werden von solchen Personen Grenzen getestet und verschoben und so der Weg für ungewöhnliche Entdeckungen und Erfindungen bereitet.

In diesem Sinne bedeutet Naivität nicht bloß Unvoreingenommenheit, sondern das Vermögen oder die Eigenheit, einem Sachverhalt und der Zeit frei von Beschränkungen durch Kalender und Uhr neutral gegenüberzutreten. Friedrich Schiller prägte den Begriff des „naiven Dichters", der im Gegensatz zum „sentimentalischen Dichter" nur zeitlos seiner einfachen Natur und Empfindung folgt.

16.2.1 Albert Einstein

Albert Einstein begründete die physikalische Relativitätstheorie, die er 1905 als spezielle und 1916 als allgemeine Relativitätstheorie veröffentlichte. Seine Werke führten zu einer Revolution der Physik. Jahrhundertelang versuchten Wissenschaftler Ordnung in das Chaos der Welt zu bringen und objektive Zusammenhänge zu erkennen. Dieses Unterfangen war wie ein Fass ohne Boden. Aus jedem scheinbar gelösten Problem ergab sich postwendend ein Sammelsurium unbeantworteter Fragen. So muss es für die Forscher fast so etwas wie ein Trost gewesen sein, dass es in unserer Welt auch etwas Absolutes gab, nämlich Zeit und Raum.

Albert Einstein beendete 1900 sein Studium als Fachlehrer für Mathematik und Physik und bewarb sich als wissenschaftlicher Assistent an verschiedenen Universitäten, wurde jedoch überall abgelehnt. Erst am 16. Juni 1902 erhielt er, auf Empfehlung seines Freundes Marcel Grossmann, endlich eine feste Anstellung als Experte dritter Klasse beim Schweizer Patentamt in Bern. Wir sind davon überzeugt, dass Einsteins kindliche Naivität und „Harmlosigkeit" ihn überhaupt erst auf die Idee bringen konnte, eine so unerhörte Aussage zu treffen wie: Zeit ist relativ!

Natürlich brauchte es den genialen Intellekt des erwachsenen Einsteins, diese Aussage wissenschaftlich zu untermauern. Dennoch war vermutlich ein naives Zeitverständnis Ausgangspunkt der Überlegungen zur Relativitätstheorie. Einstein hat sich diese Naivität bis ins hohe Alter bewahrt.

Das Bild, auf dem Einstein die Zunge herausstreckt, entspricht nicht dem Klischee eines honorigen Nobelpreisträgers. Und wenn Sie den älteren Herrn auf dem Fahrrad etwas genauer betrachten, entdecken Sie da nicht auch einen kleinen Lausbuben, der sich darüber freut, mit einem Fahrrad seine Kurven zu drehen?

16.2.2 Wolfgang Amadeus Mozart

Ein zweiter Genius mit einer Paarung von Naivität und exzellentem Verstand war Wolfgang Amadeus Mozart. Er war zu Lebzeiten ein Wunderkind, das mit drei Jahren das Klavierspiel erlernte, mit vier Jahren komponierte und als Sechsjähriger bereits Konzertreisen unternahm. Mozart wurde am 27. Januar 1756 in Salzburg geboren und verstarb am 5. Dezember 1791 in Wien. Einstein lebte 76 Jahre, Mozart wurde mit „nur" 35 Jahren nicht einmal halb so alt. Dennoch hinterließ er eine unglaubliche Fülle von genialen Werken, für die ein „normaler", fleißiger Komponist rein quantitativ schon Jahrhunderte gebraucht hätte und die Qualität nie erreicht hätte. Mozarts Gesamtwerk umfasst unglaubliche 170 CDs vollendeter Musik.

Ein weiteres Musikgenie, Johann Sebastian Bach, lebte fast doppelt so lange wie Mozart, sein Gesamtwerk umfasst lediglich 155 CDs. Musikliebhaber unter den Lesern mögen uns nachsehen, dass wir das Werk dieser Genies auf eine so triviale Größe wie die Anzahl von CDs reduzieren. Der Vergleich soll lediglich zeigen, dass Mozart ein Paradebeispiel für die Relativität der Zeit ist. Er ist die größten Werke mit der unbeschwerten Einstellung angegangen: *„Irgendwie klappt das schon!"*

Ein Bild mit herausgestreckter Zunge würde auch zu Mozart passen, leider können wir damit nicht dienen. Dafür sei hier ein „Werk" des erwachsenen (!) Mozart zitiert, in dem seine naive Seite voll zum Ausdruck kommt. Es handelt sich um einen Kanon mit dem Titel *„Bona Nox"*. Die Melodie ist mozärtliche Vollendung, doch der Text könnte von einem blödelnden Kind stammen:

„Bona nox!
bist a rechta Ochs;
bona notte,
liebe Lotte;
bonne nuit,
pfui, pfui;
good night, good night,
heut müßma noch weit;
gute Nacht, gute Nacht,
scheiß ins Bett daß' kracht;
gute Nacht,
schlaf fei' g'sund und
reck' den Arsch zum Mund."

Originaltext: Wien, 2. Sep. 1788

Alle Musiker der Welt sind sich in der Bewertung der mozartschen Musik einig, sie können nur in Superlativen darüber sprechen. Die andere, fast peinliche Seite ist ihnen ein Rätsel. Vielleicht ist ein kindliches Zeit- und Weltverständnis eine Voraussetzung für diese Schaffenskraft?

16.2.3 Die Überraschungseier-Sammlung

Doch kommen wir zu den ganz „normalen" Menschen im Vertrieb zurück, zu denen ein naives Zeitverständnis überhaupt nicht zu passen scheint.

Zu einem erfolgreichen KAM schein ein naives Zeitverständnis zunächst nicht zu passen

Dazu ein kleines Gespräch, das ich während eines Strategieworkshops in der Mittagspause mit einem Vertriebschef aus der Pharmaindustrie führte. Ich war dort als externer Moderator engagiert. Vorab sei erwähnt, dass der Herr ein angesehener und sehr erfolgreicher Manager ist. Ich bewunderte seine gewisse Lässigkeit, die er trotz des enormen Drucks, der auf seinen Schultern lastet, nie verlor.

Ab hier gebe ich den Wortlaut wieder:

Chef   *„Sie sind doch Psychologe. Was halten Sie denn von einem erwachsenen Menschen, der leidenschaftlich Überraschungseier kauft, die kleinen Spielzeuge mit kindlicher Freude zusammenbaut und systematisch sammelt?"*

Moderator   *„Nach meiner Meinung ist er entweder geistig zurückgeblieben oder einfach nur genial!"*

Chef   *„Wie kommen Sie denn darauf?"*

Moderator   *„Könnte es sein, dass der Eiersammler etwa in Ihrem Alter ist?"*

Chef   Spitzbübisch: *„Ertappt!"*

Moderator   *„Jetzt bin ich aber neugierig auf Ihre Sammlerleidenschaft!"*

Chef   *„Ich habe zuhause eine vollständige Sammlung aller Ü-Ei-Spielzeuge. Um meine Sammlung systematisch zu vervollständigen, habe ich sogar eine Strategie entwickelt. Ich habe festgestellt, dass die Ü-Eier je nach Inhalt unterschiedliche Gewichte haben. Die kenne ich alle auswendig. Immer wieder gehe ich in einen Supermarkt, packe alle Ü-Eier des Regals in einen Einkaufswagen und fahre damit zur Gemüseabteilung. Dort gibt es nämlich eine Digitalwaage. Ich überprüfe das Gewicht aller Eier und wenn ein mir nicht bekanntes Gewicht auftaucht, dann ist es in der Regel ein neuer Inhalt. Danach bringe ich alle Eier wieder in das Regal zurück und kaufe nur das eine Ei. In meinem Auto verzehre ich genüsslich die Kinderschokolade und freue mich diebisch, wenn ich ein neues Spielzeug ergaunert habe."*

Moderator   *„Wenn Sie von Ihren Ü-Eiern erzählen, dann habe ich den Eindruck, dass ein kleiner Lausbub vor mir sitzt. Sie haben in diesem Moment eine ganz besondere Ausstrahlung. Hören Sie bloß nicht auf mit dem Ü-Ei-Sammeln!"*

Während unseres Workshops erlebte ich auch die andere Seite der Persönlichkeit dieses Vertriebschefs. Er formulierte sehr klar und unmissverständlich die Vertriebsziele, kritisierte, ohne ein Blatt vor den Mund zu nehmen, die Schwachstellen im Vertrieb und forderte Konsequenzen ein. In einer anderen Situation kam dann wieder der Lausbub zum Vorschein, der die Herzen der KAMs im Sturm eroberte und sie mit seinem Optimismus ansteckte.

16.2.4 Easy Rider

Manche KAMs sind leidenschaftliche Motorradfahrer, wenn sie von ihren Abenteuern auf der Route 66 erzählen, dann blühen sie förmlich auf. Einer dieser KAMs hatte ein ganz besonderes Verhältnis zu seinem Motorrad, eine alte Harley Chopper, die im Kultfilm Easy Rider sozusagen die Hauptrolle spielte.

Immer, wenn er sich gestresst fühlt, dann schiebt er seine Harley vor die Garage. Mit Zahnstocher und Wattestäbchen bewaffnet holt er die feinsten Staubpartikel aus den Winkeln der blitzenden Chromteile. Dabei verliert er die Zeit. Nach einer halben Stunde ist er dann völlig relaxed, schiebt seine Harley in die Garage zurück und taucht wieder in das normale Leben ein. Nach einer einzigen sonntäglichen Spazierfahrt hat er dann wieder mehrere Tage genüsslichen Reinigens vor sich.

Viele erfolgreiche Menschen frönen irgendeiner Spinnerei, die folgende Merkmale aufweist:

Der Weg ist das Ziel

- Aus der Sicht der Aufgaben und Ziele eines KAMs sind diese Tätigkeiten unsinnig.
- Das Ziel dieser Handlungen ist weniger wichtig. Viel wichtiger ist das Tun selbst.
- Im Moment des Tuns vergessen die Menschen ihren Alltag und verlieren das Zeitempfinden.
- Die Handlungen sind in hohem Maße spontan.
- Nach kurzer Zeit tauchen die Personen wieder in ihren Alltag ein. Sie fühlen sich locker, ihre Grundstimmung ist optimistisch.

Einstein hatte sich ganz sicher nicht gründlich überlegt, ob er die Zunge herausstrecken soll. Mozart hatte sicherlich nicht geplant, einen völlig „blöden" Kanon zu schreiben. Auch unser Vertriebschef hat nicht überlegt: „*Ich sammle systematisch Ü-Eier, um meine Sales Performance zu steigern.*" Und seine Harley im Wesentlichen dazu zu benutzen, sie liebevoll zu reinigen, entbehrt jeder logischen Begründung.

Dennoch sind Menschen, die sich solche naiven Zeitfluchten gönnen, erfolgreicher, und, was noch wichtiger ist, sie bewahren sich bei allen Zeit- und Zielnöten ihre Lebensfreude.

Menschen, die sich naive Zeitfluchten gönnen, sind erfolgreicher und lebensfroher

16.2.5 Flow

Es gibt sogar eine wissenschaftliche Erforschung des oben beschriebenen Tuns und Erlebens. Der ungarische Psychologe mit dem fast unaussprechlichen Namen Mihaly Csikszentmihalyi studierte systematisch das Phänomen dessen, was wir naives Zeiterleben nennen, dem er den Namen „*Flow*" („*im Fluss sein*") gab. Einige Merkmale des Flow-Erlebens sind nach Csikszentmihalyi:

Merkmale des Flow-Erlebens

- Wir sind der Aktivität gewachsen.
- Wir sind fähig, uns ausschließlich auf unser Tun zu konzentrieren.

- Die Aktivität schließt eine unmittelbare Rückmeldung ein.
- Unsere Sorgen um uns selbst verschwinden.
- Unser Gefühl für Zeitabläufe ist verändert. Wir erleben Zeitlosigkeit.
- Die Tätigkeit hat ihre Zielsetzung in sich selbst. (Sie ist „*autotelisch*", ein Begriff, der sich aus den griechischen Wörtern „*auto*" – „*selbst*" und „*telos*" – „*Ziel*" zusammensetzt und so viel bedeutet wie Selbstzweck. Grundsätzlich bedeutet Autotelie, dass die Zielsetzung in einer Handlung selbst liegt.)

Flow ist anders als „fun" und „kick", es scheint mehr zu sein, vielleicht in diesem Sinne auch wertvoller. Flow kann als Zustand beschrieben werden, in dem Aufmerksamkeit, Motivation und die Umgebung in einer Art produktiven Harmonie zusammentreffen.

Es gibt Tätigkeiten, während derer sich das Flow-Erleben häufig spontan einstellt. Dazu gehören das Fahren von Fahrzeugen, das Joggen, künstlerische Tätigkeiten wie das Malen oder das Musizieren. Manche Programmierer erleben eine Art Flow, wenn sie sich intensiv mit ihrem Code beschäftigen. Insider nennen diesen Zustand „Hack Mode". Viele erfolgreiche Computerspiele vermitteln dem Spieler ein Flow-Erlebnis. Die Herausforderung muss dabei gar nicht besonders anspruchsvoll sein, wie das Beispiel des Computerspielklassikers Tetris zeigt, bei dem viele Spieler von Flow-Erlebnissen berichteten.

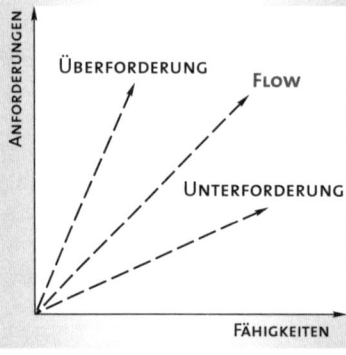

Abb. 16.1: *Exakte Balance zwischen Anforderung und Fähigkeit – Flow*

Zu komplexe Aufgabenstellungen könnten durch das Erlebnis eines Misserfolgs sogar das Flow-Phänomen unterbrechen.

Das nebenstehende Chart veranschaulicht den Zusammenhang zwischen Anforderung und Fähigkeit als Voraussetzung für das Flow-Erleben. Sowohl eine Überforderung als auch eine Unterforderung vermindern die Wahrscheinlichkeit, in einen Flow-Zustand zu gelangen.

Eine Voraussetzung für das Eintreten in den Flow-Zustand ist die prinzipielle Bereitschaft, auf die grundsätzlich skeptische Distanz zum Erlebten zu verzichten, also den Kopf einfach mal abzuschalten.

Außerdem fördert die völlige Hingabe in das Tun den Flow. Flow hat viel mit dem sinnlichen Erleben zu tun. Dazu gehören:
- Fühlen: Streicheln, hingebungsvoller Sex
- Hören: eine mitreißende Musik
- Riechen und Schmecken: ein besonders gutes Essen in entspannter Atmosphäre genießen

- Sehen: in der Betrachtung einer außergewöhnlich schönen Landschaft versinken

Flow tritt häufig bei der Ausführung von Sportarten auf, in denen man „aufgeht", weil man sie beherrscht, zum Beispiel Skifahren, so genannte Fun-Sportarten oder auch Segeln. Dem Tanzen kommt eine besondere Bedeutung als Flow-Aktivität zu. Es ist vermutlich der älteste und bedeutsamste Auslöser für Flow.

16.2.5.1 Ein kleines Flow-Experiment

Haben Sie schon einmal ein Kind beim Zeichnen oder Malen beobachtet? Es gibt sich vollkommen der Tätigkeit hin, es geht darin auf und erlebt vermutlich häufig den Zustand des Flow.

Erwachsene haben es dabei schwerer. Immer wieder schalten wir unseren Kopf ein, bewerten unser Werk kritisch und verhindern damit das Flow-Erleben. Mit einem kleinen Trick können Sie Ihren Kopf ausschalten.

Nebenstehende Abbildung zeigt ein so genanntes Mandala, ein kreisförmiges oder quadratisches symbolisches Gebilde mit einem Zentrum. Ursprünglich wurden Mandalas im religiösen Kontext verwendet. Hier dient es lediglich einer kleinen Übung. Im Internet finden Sie zahllose Vorlagen für Mandalas, die Sie einfach ausdrucken können.

Abb. 16.2: Das Ausmalen eines Mandalas kann den Flow fördern

Hier eine unsere Instruktion für das Experiment:

- Drucken Sie eine Mandalavorlage aus, die Ihnen gefällt.
- Besorgen Sie sich Buntstifte.
- Ziehen Sie sich an einen ungestörten Ort zurück.
- Malen Sie die Flächen des Mandalas mit den Buntstiften aus.
- Versuchen Sie ganz in diese Tätigkeit zu versinken.
- Konzentrieren Sie sich völlig auf das Schraffieren.
- Wählen Sie die Farben, ohne zu denken.
- Beenden Sie die Tätigkeit spontan, wenn Ihnen danach ist. Dabei ist es vollkommen egal, ob Sie fertig geworden sind oder nicht.

Reflexion: Beantworten Sie für sich selbst die folgenden Fragen:
- Wie habe ich die Zeit während dieser Tätigkeit erlebt?
- Wie empfand ich meine Konzentration?
- Was habe ich während des Tuns empfunden?

Mit etwas Glück hatten Sie ein kleines Flow-Erlebnis.

16.2.5.2 Flow im Vertrieb

Auch für den KAM kann Agieren aus dem Flow heraus ein wichtiger Erfolgsfaktor sein

Ein naiver und „harm-loser" (im Sinne von *„ohne Harm"* – *„ohne Leid"*) Umgang mit Zielen und Zeit und das daraus mögliche Flow-Erleben ist auch für den KAM ein wichtiger Erfolgsfaktor. Dazu zwei Beispiele:

Boeing 747

In den Sechzigerjahren sitzen zwei Herren an einem Tisch und unterhalten sich über die Zukunft der zivilen Luftfahrt. Der eine ist der damalige Boeing-Präsident William Allen, der andere Juan Trippe, der Chef der damals bedeutenden Fluggesellschaft Pan American World Airways. Es ging um ein großes neues Langstreckenflugzeug, das alles bisher da gewesene in den Schatten stellen sollte. Die Entscheidung, die Boeing 747 wirklich zu bauen, wurde offensichtlich im Zustand des Flow getroffen. Der ausschlaggebende Dialog bestand aus exakt zwei Sätzen:

Trippe: *„If you build it, I buy it!"*
Allen: *„If you buy it, I build it!"*

An diesen beiden fast naiv und harmlos wirkenden Sätzen ist nicht zu erkennen, dass es damals um die kühne Vorstellung ging, das größte Passagierflugzeug der Welt zu bauen. Mit der Pan-Am-Bestellung über 25 Flugzeuge wurde die Entwicklung der zivilen Version am 13. April 1966 offiziell gestartet. Mit der Montage des ersten Prototyps begann man im Januar 1967, die Roll-Out-Zeremonie fand am 30. September 1968 statt. Zum Zeitpunkt des Jungfernflugs am 9. Februar 1969 wurde die 747 das größte Passagierflugzeug der Welt und blieb dies auch bis zur Vorstellung des Airbus A380 im Jahr 2005.

Ohne diesen Moment des Flow hätten sicher jahrelange Verhandlungen ins Haus gestanden, um das Projekt überhaupt zu starten. Immerhin hätte das Scheitern des Projekts beiden Herren vermutlich „den Kopf" gekostet.

In Nachhinein können wir vermuten, dass der Dialog in folgender Atmosphäre stattgefunden haben muss:
- Die beiden Herren hatten eine intakte Beziehung auf Augenhöhe.
- Es herrschte offensichtlich gegenseitiges Vertrauen und Zutrauen.
- Alle Befürchtungen des Scheiterns waren im diesem Moment ausgeblendet.
- Die Sätze zeugen von einem naiven Umgang mit Zielen und Zeit. Sie könnten genauso gut von Kindern im Sandkasten formuliert worden sein.

Natürlich brauchte es in der Folge exzellente Ingenieurleistung, eine perfekte Projektplanung und ein hohes Maß an Disziplin.

Der Zufall

Der KAM eines großen IT Hauses erzählte mir von einem Gespräch mit dem IT-Manager des Kunden. Man war vom eigentlichen Thema abgekommen und plauderte über alle möglichen Belanglosigkeiten. Dabei erzählte der KAM von seiner Leidenschaft des Motorradfahrens.

Der IT-Manager runzelte die Stirn: *„Motorradfahren ist nicht meine Sache. Aber mein Schwager ist auch so ein Verrückter. Leider kommt er schon seit langer Zeit nicht mehr dazu. In seiner Firma bekommen die einfach das neue CRM-System nicht in den Griff. Das bedeutet für ihn 24 Stunden Bereitschaft an sieben Tagen der Woche. Da bleibt wirklich nicht mehr viel Zeit übrig für Hobbys. Da fällt mir ein – Sie sollten mal mit ihm reden. Vielleicht bekommt Ihr Unternehmen das Problem in den Griff? Ich werde ihn gleich mal anrufen."*

Besser geht es wirklich nicht! Der neue Gesprächspartner ist ein Motorradfreak, die beste Voraussetzung für einen guten Kontakt. Und das Unternehmen hat ein Problem, für die der KAM eine Lösung anbieten kann. Solche Situationen sind zufällig. Oft kann eine allzu konsequente Zielgetriebenheit den Raum für solche Zufälle einengen oder den Blick für Chancen trüben.

16.3 Das Zeitverständnis der Anima

Nachdem wir uns im ersten Abschnitt mit der Zeitlosigkeit oder dem naiven Zeiterleben beschäftigt haben, kommen wir jetzt zu den unterschiedlichen Zeit-Konzepten des Erwachsenen, die wir den beiden schon vorgestellten Strukturen der Anima und des Animus zuordnen (siehe Kap. 3.3).

Schon im antiken Griechenland gab es zwei unterschiedliche Vorstellungen der Zeit, für die sogar zwei unterschiedliche Gottheiten „zuständig" waren.

Zwei völlig unterschiedliche Zeitkonzepte

Kairos ist in der griechischen Mythologie der Gott der günstigen Gelegenheit und des rechten Augenblicks. In der Umgangssprache finden wir dieses Zeitverständnis in folgenden Redensarten:
- *„Abwarten und Tee trinken."*
- *„Nichts überstürzen."*
- *„In der Ruhe liegt die Kraft."*
- *„Die Gelegenheit bei Schopfe packen."*
- *„Gut Ding will Weile haben."*
- *„Eile mit Weile."*

Zeit als spontane Abfolge von günstigen und ungünstigen Gelegenheiten

In der Übertreibung hat dieses Zeitkonzept natürlich Nachteile: Der Betreffende kommt nicht mehr ins Handeln, in die Konsequenz oder, in unserer Terminologie, zum Abschluss. Er meint, es komme immer eine noch bessere Gelegenheit, und wartet lieber. In der Psychologie wird die Angst, Entscheidungen zu fällen, sogar als Kairophobie bezeichnet.

Chronos ist in der griechischen Mythologie der Gott der Zeit, so, wie wir sie verstehen. Etwa seit der Mitte des 14. Jahrhunderts wird Chronos in der

Zeit als linearer Verlauf von objektiv messbaren Einheiten

bildenden Kunst als bärtige Gestalt mit einem Stundenglas dargestellt. Chronos beschäftigt sich also mit der objektiv messbaren Zeit. Das Stundenglas ist sozusagen ein Vorläufermodell unserer heutigen Uhr.

Wie schon erwähnt, trägt nach unserem Modell jeder Mensch, ob Mann oder Frau, die Persönlichkeitsstruktur der Anima in sich. Sie sorgt für Kontakt und Beziehung zur eigenen Person, den Menschen um uns herum und zur Natur.

Das Zeitverständnis der Anima orientiert sich an den natürlichen biologischen Rhythmen

Das Zeitverständnis der Anima orientiert sich an den natürlichen biologischen Rhythmen wie:
- Der Wechsel von Tag und Nacht
- Der Gang der Jahreszeiten
- Schlafen und Wachsein
- Lebenszyklen von der Geburt bis zum Tod
- Krankheit – Gesundheit
- Atmung
- Der rhythmische Schlag des Herzens

Im Mittelalter wurde der menschliche Lebenszyklus als Lebensrad dargestellt, das den Ablauf des Lebens von der Geburt bis zum Tod beschreibt. Die Zeit ist nach diesem Verständnis keine lineare Größe, die unwiederbringlich zerrinnt, sondern ein sich ständig wiederholender Kreislauf. Die Stelle des Kreises, die den Tod markiert, ist identisch mit der Geburt und dem Beginn eines neuen Lebens. Geburt und Tod sind somit zwei Phänomene, die zusammengehören, wie die beiden Seiten einer Münze.

Anima-Ziele

Unsere Anima hat Ziele, die sich allgemein wie folgt formulieren lassen:
- Zufriedenheit, innerer Friede
- Erfüllung, Glück
- Harmonie, Verbundenheit, Liebe
- Im Reinen mit sich und der Welt sein
- Im Einklang mit sich und anderen sein
- Vertrauen
- Sinn

Sowohl das Zeitverständnis als auch die Zielvorstellungen der Anima sind vielen Menschen in unserer Wirtschaft weitgehend abhanden gekommen. So treffen wir immer wieder auf KAMs, die dadurch in eine regelrechte Sinnkrise geraten.

Dazu eine kleine Sequenz aus einer Coaching-Sitzung. Vor mir sitzt der KAM eines Technologiekonzerns, der auf mich sehr kontrolliert wirkt. Seine Gesichtszüge sind angespannt, über dem Nasenbein zeigen sich die typischen angestrengten Denkerfalten. Alles, was er von sich gibt, wirkt auf mich nüchtern, sachlich und distanziert.

Coach	„Beschreiben Sie mir doch einfach mal Ihre aktuelle berufliche Situation."
KAM	„Bei mir läuft alles nach Plan. Ich habe klare Ziele, die ich konsequent verfolge."
Coach	„Was sind denn Ihre Ziele?"
KAM	„Ich bin jetzt 38 Jahre alt und ein sehr erfolgreicher KAM. In spätestens zwei Jahren will ich Sales Manager, nach weiteren fünf Jahren Sales Director sein. Mit 50 will ich so viel Geld verdient haben, dass ich nicht mehr arbeiten muss. Bis dahin hänge ich mich voll rein."
Coach	„Jetzt verstehe ich, was Sie mit ‚alles nach Plan' meinen."
KAM	„Ich wusste schon in der Schulzeit genau, was ich wollte. Ich habe die Noten erreicht, die ich für mein Studium brauchte. Und mein Studienabschluss war ‚summa cum laude', also Bestnote."
Coach	„Das ist wirklich bemerkenswert. Ich gehe mal davon aus, dass Sie in Ihrem Privatleben ähnlich strukturiert vorgehen."
KAM	„Natürlich! Auch im Privatleben habe ich mir klare Ziele gesteckt. So hatte ich auch genaue Vorstellungen, wie eine Frau sein soll, die zu mir passt. Ich habe sie gesucht, gefunden und geheiratet. Wir werden zwei Kinder haben, das erste ist schon unterwegs, das zweite folgt im Abstand von zwei Jahren."
Coach	„Unglaublich, Sie haben Ihr ganzes Leben wie mit Windows Project durchgeplant?"
KAM	„Ja, so kann man das sagen."
Coach	„Nun, wie sind denn Ihre Pläne, wenn Sie nicht mehr arbeiten müssen?"
KAM	„Ich habe eine Liste von Ländern, die ich bereisen werde."
Coach	„Und wenn Sie diese Liste durchhaben, was sind dann Ihre Pläne?"
KAM	„Wie meinen Sie das?"
Coach	„Zum ersten Mal erlebe ich Sie etwas zögerlich. Nun, wäre es nicht logisch und konsequent, wenn Sie Ihr Ableben auch in Ihrem Plan berücksichtigten? Ich meine, wenn Sie diesen Zeitpunkt heute schon festlegen, dann können Sie den Ressourceneinsatz vernünftig planen."

In diesem Moment veränderte sich das Erscheinungsbild meines Gegenübers. Er rutschte auf seinem Stuhl hin und her und wirkte irritiert. Irgendetwas mit seinem Lebensplan stimmte offensichtlich nicht mehr. Irgendetwas, so wurde ihm klar, hatte er in seinem Projektplan offensichtlich vergessen: Es waren typische Anima-Ziele wie Sinn, Glück oder Verbundenheit.

Erste Anima-Reflexion
Stephen R. Covey beschreibt in seinem Buch „Die sieben Wege zur Effektivität" zwei prinzipielle Grundhaltungen der Ziel- und Zeitplanung, die er

mit Image-Ethik und Charakter-Ethik bezeichnet. Der KAM im obigen Beispiel orientierte sich ausschließlich an der Image-Ethik, also am Äußerlichen. Er hatte den Zugang zu den Fassetten seines eigenen Charakters und seinen elementaren Bedürfnissen weitgehend verloren.

Das Wort „*Charakter*" stammt übrigens aus dem Griechischen und bezeichnete ursprünglich den Prägestempel für Münzen und Siegel. Im übertragenen Sinne benennt der Charakter also das wesentliche Erkennungsmerkmal einer Person oder eines Gegenstandes.

Um sich seinem eigenen Wesenhaften zu nähern, empfiehlt Covey sinngemäß folgende Reflexion: „*Stellen Sie sich vor, Sie sind viele Jahre in der Zukunft und gehen zu einer Beerdigung. Freunde und Bekannte sind anwesend. Sie stellen fest, dass Sie selbst im Sarg sind ...*"

Das ist schon eine extreme Vorstellung, die eine Person ziemlich aufwühlen kann. Fürs Erste glauben wir, tut es auch eine harmlosere Variante. Ziehen Sie sich also an einen stillen Ort zurück und versetzen Sie sich in die folgende Situation:

Nach vielen Jahren Zugehörigkeit haben Sie das Unternehmen verlassen. Ein solches Ereignis wird natürlich in sämtlichen Kaffeeecken und in der Kantine unter den Kollegen diskutiert. Stellen Sie sich vor, Sie könnten „Mäuschen" sein und diese Gespräche belauschen.
- Was werden wohl Ihre Vorgesetzen über Sie sagen?
- Wie reden Ihre Kollegen über Sie, wenn Sie weg sind?
- Wie wird bei Ihren Kunden über Sie gesprochen?

Eines ist ziemlich sicher, sie alle werden nicht Ihre Sales Reports der letzten Jahre lesen und über Ihre objektiven Leistungen sprechen. Vielmehr geht es um Ihren Charakter, um Ihr Wesen und Ihre Werte. Lassen Sie diese hypothetischen Gespräche wie in einem Film vor sich ablaufen und versuchen Sie danach, die folgenden Fragen für sich selbst zu beantworten:
- „Welchen Eindruck habe ich bei den Personen hinterlassen?"
- „Wie beschreiben diese Personen meinen Charakter?"
- „Was, glauben sie, war mir wichtig?"
- „In welcher Stimmung reden die Personen über mich?"

Notieren Sie die wichtigsten Punkte. Danach beantworten Sie noch die letzten Fragen:
- „Welchen Eindruck will ich bei anderen Personen hinterlassen?"
- „Was sind denn meine wesentlichen Charakterzüge, meine Grundwerte?"
- „Was ist mir wichtig?"
- „Wenn Leute über mich reden, welche Stimmung soll das auslösen?"

Wenn Sie diese Reflexion ernsthaft durchgeführt haben, dann dürften Sie mit dem in Kontakt gekommen sein, was wir Anima nennen.

Zweite Anima-Reflexion: Wie alt sind Sie?
Vor einigen Jahren habe ich eine Geschichte gelesen, die ich leider nicht mehr finde, und die ich deshalb nur sinngemäß nacherzählen kann.

Sie handelt von einem Wanderer, den sein Weg in eine merkwürdige Gegend führte, die er bisher noch nie durchquert hatte. Um auszuruhen, setzte er sich in der Nähe eines kleinen Dorfes auf eine Mauer und genoss die Wärme der Sonnenstrahlen.

Als er seine Blicke umherschweifen ließ, stellte er fest, dass er auf einer Friedhofsmauer saß. Er betrachtete die Grabsteine und wunderte sich, dass darauf nicht, wie bei ihm zuhause, das Datum der Geburt und das Sterbedatum eingemeißelt waren, sonder nur die Lebenszeit. So stand auf einem der Grabsteine „Hannelore Müller lebte 21 Jahre".

Des Weiteren stellte er fest, dass die Säuglingssterblichkeit in dieser Gegend wohl extrem hoch sein musste, denn die meisten der dort Begrabenen wurden nur wenige Jahre alt. So richtig alt waren in diesem Dorf wohl nur eine Handvoll Menschen geworden.

Als er etwas irritiert die Grabsteine musterte, hüpfte ein kleines Mädchen fröhlich an ihm vorbei. Er sprach es an und fragte: „Sag mal, kleines Mädchen, warum sind so viele Menschen in diesem Dorf so jung gestorben?" Ihre Antwort war: „Ach, weißt du, Fremder, bei uns werden die Menschen genau so alt wie anderswo. Allerdings haben wir einen Brauch: Auf dem Grabstein wird nur die Zeit verzeichnet, während der ein Mensch glücklich war."

An dieser Stelle noch einmal die Anima-Frage an Sie: Wie alt sind Sie?

16.4 Das Zeitverständnis des Animus

Und nun kommen wir zu unserer Persönlichkeitsfassette, die in so ziemlich allen Büchern zum Ziel- und Zeitmanagement angesprochen wird, dem Animus. Seiner Wesenhaftigkeit folgend, zergliedert er erst einmal alles in kleinste Bestandteile. Diesen Vorgang nennt er dann Analyse. Eine grobe Einteilung der Zeit sind die Zeitkategorien Vergangenheit, Gegenwart und Zukunft.

Doch schon hier stößt unser Verstand auf Schwierigkeiten, denn was ist eigentlich Gegenwart? Genau genommen gibt es sie gar nicht, denn jede Zeitangabe bezieht sich auf die Vergangenheit oder auf die Zukunft. Die Gegenwart ist sozusagen eine Zeit, die approximativ gegen Null strebt, also nicht vorhanden ist. So kommt es, dass unser Animus ständig zwischen Vergangenheit und Zukunft hin und her springt und im Grunde nie im Hier und Jetzt sein kann.

Die Perspektiven Vergangenheit – Zukunft verhindern das Erleben von Gegenwart

Eine weitere Einteilung der Zeit geschieht mittels Uhr und Kalender. Ein typisches Vorgehen des Verstandes bei der Auseinandersetzung mit der Zeit: Er besorgt sich als Erstes die aktuellen Daten der zur Verfügung stehenden Ressource, also in unserem Falle die Lebenserwartung in Deutschland. Dann ist erst einmal klar, worüber wir im Grunde reden. Die Lebenserwartung beträgt für Frauen 86,5 Jahre, Männer werden durchschnittlich 80 Jahre alt. Daraus lässt sich leicht die folgende Berechnung anstellen:

Lebenserwartung in unterschiedlichen Zeiteinheiten:		
	Frauen	Männer
Jahre	86,50	80,00
Monate	1.038,00	960,00
Wochen	4.498,00	4.160,00
Tage	31.572,50	29.200,00
Stunden	757.740,00	700.800,00
Minuten	45.464.400,00	42.048.000,00
Sekunden	2.727.864.000,00	2.522.880.000,00

Für einen Mann besteht also die Aufgabe des Zeitmanagements darin, die ihm durchschnittlich zur Verfügung stehenden

Zweimilliardenfünfhundertzweiundzwanzigmillionenachthundertachtzigtausend

Sekunden möglichst effektiv zu planen. Übrigens, während Sie diesen Satz lesen, vergehen schon zwei Sekunden wertvoller unwiederbringlicher Zeit. Und wenn Sie jetzt damit beginnen, darüber nachzudenken, ob es sich dabei um sinnvoll genutzte Zeit handelt, vergehen schon wieder mehrere Sekunden. Also schnell weiter! Unser Animus kann uns ganz schönen Stress bereiten.

Für ihn ist die Zeit ein Phänomen, das prinzipiell folgende Eigenschaften hat:
- Sie ist für jeden Menschen endlich.
- Sie zerrinnt ohne unser Zutun.
- Sie vergeht linear und gleichförmig.
- Sie ist objektiv messbar.

Vor einigen Jahren, als die meisten Armbanduhren noch mechanische Uhrwerke hatten, kam einer meiner technikbegeisterten KAMs zu mir und zeigte mir mit stolzgeschwellter Brust seine neue Uhr. Sie wurde, so sagte er mir, vom Langwellensender DCF77 mit der genauen Uhrzeit versorgt. Der große Vorteil daran – die Uhr brauchte nie justiert zu werden. Doch das absolute Highlight war die Ganggenauigkeit: In drei Millionen Jahren eine maximale Abweichung von einer Sekunde! „Na ja", sagte ich, „so ganz glaube ich das nicht. Lassen Sie uns in drei Millionen Jahren noch mal die Genauigkeit überprüfen."

Animus-Ziele

Ziele sind für den Verstand letztlich nur dann klar, wenn sie nummerisch formuliert werden können. In der Wirtschaft finden wir drei große Zielkategorien, die immer mit der Zeit verbunden werden:

- **Quantität:** Stückzahl, Marktanteil, Umsatz
  Beispiel: *„Ziel bis zum Ende des laufenden Geschäftsjahres: Der Marktanteil von Produkt X ist von 30 Prozent auf 45 Prozent gestiegen."*
- **Kosten:** „costs of sales"
  Beispiel: *„Innerhalb von sechs Monaten werden die „costs of sales" um 20 Prozent reduziert."*
- **Qualität:** Zahl der Beschwerden, Reklamationen
  Beispiel: *„Die Zahl der Kundenbeschwerden wird bis zum ersten August 2007 halbiert."*

Drei große Zielkategorien, die immer mit der linearen Zeit verbunden werden

Alle Größen lassen sich gut in Zahlen darstellen und mit Excel überprüfen. Bei Zielgrößen der Anima wie Glück, Sinn und Erfüllung stellen sich dem logischen Sachverstand buchstäblich die Haare auf. Wie, bitteschön, soll das alles in ein Excel-Sheet gebracht werden, um den Grad der Zielerreichung zu überprüfen? So fallen diese Ziele oft unter den Tisch. Dennoch ist es wichtig, klare Ziele zu formulieren. Und Sie erahnen schon, dass wieder einmal unterschiedliche Ziele Ihrer inneren Mannschaft unter einen Hut gebracht werden müssen. Animus hat einige recht nützliche Werkzeuge des Zeitmanagements entwickelt, die wir hier kurz vorstellen wollen. Allerdings werden wir dabei alle drei Zeitkonzepte berücksichtigen und so das integrale Zeitmanagement beschreiben.

16.5 Integrales Ziel- und Zeitmanagement

Der von uns verwendete Begriff „integrales Zeitmanagement" geht auf den Philosophen, Schriftsteller und einen der ersten Bewusstseinsforscher Jean Gebser zurück, der übrigens auch mit dem in diesem Buch zitierten G.G. Jung befreundet war.

Gebser zeigt auf, dass sich in der Entwicklung der Menschheit, von den so genannten Primitivkulturen bis zur heutigen Kultur der westlichen Welt, unterschiedliche Bewusstseinsstrukturen mit einem jeweils anderen Zeitverständnis nachweisen lassen. Jede Gesellschaft durchläuft in ihrer Entwicklung diese Phasen, die sozusagen aufeinander aufbauen. Sogar in der individuellen Entwicklung vom Säugling bis zum Erwachsenen lassen sich diese unterschiedlichen Bewusstseinsstrukturen nachweisen. Gebser unterscheidet die archaische, die magische, die mythische und die mentale Bewusstseinsstruktur, die sich unseren Begrifflichkeiten wie folgt zuordnen lassen:

Entwicklungsgeschichtlich unterschiedliche Bewusstseinsstrukturen prägen auch unterschiedliche Zeitvorstellungen aus

- **Magisch – Kind:** Der Mensch der magischen Bewusstseinsstruktur lebt in einer raum- und zeitlosen Welt. Dieser Zustand ist vergleichbar mit dem, was wir kindlich naives Zeiterleben nennen. Es ist der Bewusstseinszustand vom Hier und Jetzt. Manche Naturvölker befinden sich noch auf dieser Entwicklungsstufe. Sie versetzen sich mit rituellen Tänzen in den Zustand der Trance. Flow hat viele Gemeinsamkeiten mit dieser Form des Erlebens. Zuständig für dieses Zeiterleben ist das unbeschwerte, spontane Kind in uns.

Der Mensch der magischen Bewusstseinsstruktur lebt in einer raum- und zeitlosen Welt

Zeit wird als sich wiederholender zyklischer Ablauf wahrgenommen

- **Mythisch – Anima:** Für den Menschen der mythischen Struktur war der Raum noch keine Realität, was man an der Perspektive mittelalterlicher Gemälde, aber auch an Kinderzeichnungen erkennen kann. Es erwacht jedoch ein erstes, noch schwach ausgeprägtes Zeitbewusstsein. Dieses Zeitbewusstsein ist anders als das heute vorherrschende. Die Zeit wird in dieser Phase nicht als linear, sondern als zyklisch wahrgenommen. Ein solches Zeitbewusstsein finden wir, wie schon erwähnt, in der Vorstellung des „Rads der Zeit", aber auch in den heute noch Jahr für Jahr im Kreislauf der Jahreszeiten gepflegten Traditionen und Festen. Wir nennen die dafür verantwortliche Persönlichkeitsstruktur Anima.

Die heute in unserer Kultur vorherrschende Bewusstseinsform

- **Mental – Animus:** Mit „mental" beschreibt Gebser jene Art des Bewusstseins, die in unserer heutigen Kultur vorherrscht. In ihr dominieren Begriffe wie Objektivität, Rationalität, Logik, Kausalität, Technologie und Fortschritt. Diese Art des Bewusstseins ist während der Renaissance praktisch über die Menschheit hereingebrochen. (In Italien wird die Zeit etwa von 1420 bis 1600 als Renaissance bezeichnet, im übrigen Europa etwa die Zeit von 1500 bis 1600). Gebser spricht wörtlich vom „Einbruch der Zeit". Ein unglaublicher technologischer Fortschritt in allen wissenschaftlichen Disziplinen war und ist bis heute ein Segen dieser Bewusstseinsform, Kalender und Uhr hingegen entpuppen sich mehr und mehr als Geißel für die Menschheit. In unserer inneren Mannschaft hat Animus für das Mentale „den Hut" auf.
- **Integral:** Es ist unlogisch, anzunehmen, dass die Entwicklung des menschlichen Bewusstseins mit unserer Kultur abgeschlossen ist. Deshalb fragte sich Gebser, welche Merkmale die nächste Entwicklungsstufe wohl haben könnte. Der mythische Mensch hat sich vom primitiven magischen Vorgänger distanziert. Der mentale Mensch akzeptiert weder die magische noch die mythische Bewusstseinsform. Er lehnt sie kategorisch als Unsinn ab. Im Grunde hat aber jede Bewusstseinsform ihre Licht- und Schattenseiten.

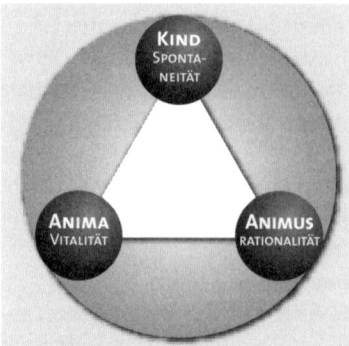

Abb. 16.3: Integrales Zeitmanagement

Deshalb wäre die nächste Stufe der Entwicklung, so Gebser, sich aller Bewusstseinsformen für die Bewältigung unserer Aufgaben zu bedienen. Es geht also darum, die unterschiedlichen Zeitkonzepte zu integrieren.

Nebenstehendes Schema ist eine Darstellung des integralen Zeitmanagements. Es macht deutlich, dass es darauf ankommt, alle Zeitkonzepte miteinander zu verbinden und in eine Balance zu bringen.

Wird eine der Komponenten überbetont, gerät das System aus der Balance und die Effektivität unseres Wirkens verringert sich. In unserem bewährten Felder-Schema lassen sich die Zeitkonzepte wie folgt gegenüberstellen.

Zeitkonzept	Beschreibung	Tugend	Untugend
Kind Magisches Zeitkonzept	• Spontaneität • Zeitvergessenheit • Optimismus • Harmlosigkeit • Unbefangenheit	• Flow • Kreativität • Freude • Charisma • Produktivität	• Realitätsverlust • Unvernunft • Zielverlust • Träumereien • Weltfremdheit
Anima Mystisches Zeitkonzept	Orientierung an • vitalen Bedürfnissen • Werten • Beziehung	• Vertrauen • Wertschätzung • Bescheidenheit • Anpassung • Sinn, Vitalität	• Kontrollverlust • Ineffektivität • Unklarheit • Abschlussschwäche
Animus Mentales Zeitkonzept	• Objektivität • Rationalität • Logik • Kausalität • Fortschritt	• Zielorientierung • Planung • Kontrolle • Effektivität • Klarheit	• Sinnverlust • Beziehungslosigkeit • Burn-out-Syndrom

Es gibt Phasen im beruflichen Leben, in denen es richtig und wichtig ist, das mentale Zeitkonzept in den Vordergrund zu stellen. Sie sollten sich jedoch im Klaren darüber sein, dass Sie in diesem Moment die beiden anderen Fassetten Ihrer Persönlichkeit vernachlässigen. Vielleicht kennen Sie den Begriff „Sauerstoffschuld" aus dem Bereich des Sports. Ein Vierhundertmeterläufer erbringt den größten Teil seiner Leistung durch die so genannte anaerobe Energiegewinnung. Er weiß, dass er dabei eine Sauerstoffschuld eingeht, bei der das gesamte Muskelsystem versauert. Heftige Schmerzen und ein rapides Absinken der Leistung sind die Konsequenz daraus. In einer Regenerationsphase wird er die Sauerstoffschuld wieder begleichen, um dann wieder Höchstleistung erbringen zu können.

Die alleinige Fokussierung auf ein einziges – in der Regel das mentale – Zeitkonzept bringt unweigerlich Probleme mit sich

Viele Menschen in der Wirtschaft sind in diesem Sinne buchstäblich versauert. Das Merkwürdige daran ist, dass sie sich der Ursachen nicht einmal bewusst sind. Ein anderes Beispiel ist das Schlafdefizit. Sie können über eine gewisse Zeit mit extrem wenig Schlaf und Ruhephasen auskommen. Allerdings gehen Sie dabei gegenüber Ihrem Organismus ebenfalls eine Schuld ein, die Sie irgendwann einmal begleichen sollten.

Im Folgenden wollen wir einige „klassische" Strategien des Ziel- und Zeitmanagements skizzieren und sie um den integralen Ansatz erweitern.

16.6 Methoden des Ziel- und Zeitmanagements

16.6.1 Situationsbeschreibung

Verschaffen Sie sich einen Überblick über Ihr aktuelles Ziel- und Zeitmanagement

Bevor Sie mit Uhr und Kalendern der Zeitverschwendung auf den Leib rücken, sollten Sie sich zuerst einmal einen Überblick über Ihr aktuelles Ziel- und Zeitmanagement verschaffen.

Vieles von dem, was unser logisch rationaler Animus als Zeitverschwendung verurteilt, sind vielleicht wichtige Phasen, in denen Sie Ihre „Schulden" gegenüber den anderen Teammitgliedern begleichen.

Dazu sollten Sie sich wieder einmal zu einer kleinen Reflexion an einen ruhigen Ort zurückziehen. Sie sollten herausfinden, welches der drei Zeitverständnisse Sie überbetonen.

Dabei können Ihnen die folgenden Aussagen helfen:

ANIMUS-ÜBERTREIBUNG:	
Überzeugungen	• Ziel- und Zeitmanagement bedeutet für mich, Zeitverschwendung zu erkennen und zu eliminieren • Genaue Planung reduziert Zeitfresser • Planung bedeutet Selbstorganisation • Planung reduziert Unsicherheit • Eine Tagesstruktur ist mir wichtig • Mit einem Plan bin ich pro-aktiv
Handlungen	• Klare Ziele formulieren • Regelmäßig die Zielerreichung überprüfen • Kalender sorgfältig pflegen • Termine einhalten • Sachlich bleiben • Die Agenda einhalten • Am Thema bleiben
Empfindungen bei der Übertreibung dieses Zeitverständnisses	• Ungeduld in langatmigen Meetings • Nervosität, wenn Zeiten nicht eingehalten werden • Energieverlust bei ausschweifenden Gesprächen • Verunsicherung, wenn Ungeplantes auf die Agenda kommt • Gereiztheit, Zeitstress • Somatische Beschwerden wie Magendrücken, Sodbrennen, Verdauungsbeschwerden, Kopfschmerzen, unruhiger Schlaf

ANIMA-ÜBERTREIBUNG:

Überzeugungen	- Der Sinn der Arbeit ist mir wichtig - Zusammenarbeit mit Menschen motiviert mich - In der Zusammenarbeit erhalte ich Bestätigung - Ich brauche das Gefühl der Verbundenheit und Zugehörigkeit - Im Austausch mit anderen kann ich mir Rat holen - Andere helfen mir, eine andere Sicht zu gewinnen - Gemeinsames Erleben steigert die Freude - Geteiltes Leid ist halbes Leid - Ich brauche es, mich mitteilen zu können
Handlungen	- Interesse am Gegenüber zeigen - Sich an den Bedürfnissen des anderen orientieren - Sich auch außerberuflich verabreden - Anderen mit einer kleinen Aufmerksamkeit eine Freude machen - Beziehungen pflegen - Die Nähe suchen
Empfindungen bei der Übertreibung dieses Zeitverständnisses	- Enttäuschung, wenn meine Gesten nicht erwidert werden - Das Gefühl ausgenutzt zu werden, mehr zu geben als zu bekommen - Das Gefühl der Abhängigkeit von der Bewertung der anderen - Die Frustration, Spielball der anderen zu sein

KIND-ÜBERTREIBUNG:

Überzeugungen	- Arbeit soll auch Spaß machen - Das Tun ist mir wichtig, Stillstand ertrage ich schlecht - Ich brauche immer wieder etwas Neues - Routine raubt mir die Lust an der Arbeit - Ohne Termindruck kommen die besten Lösungen zustande - Ich mag Brain Storming
Handlungen	- Die Dinge spielerisch angehen - Humor in die Meetings bringen - Öfter mal ein Auge zudrücken - Sich kleine Auszeiten gönnen

	• Sich selbst und andere begeistern • Keep cool! Sei locker!
Empfindungen bei der Übertreibung dieses Zeitverständnisses	• Schnell die Lust verlieren • Extremer Energieaufwand, sich zu Routinejobs zu überwinden • Schnell beleidigt sein • Sich mit Tagträumen aus langweiligen Meetings ausblenden • Terminprobleme, Ärger mit Kollegen und Vorgesetzen

Welches Ziel- und Zeitverständnis bevorzugen Sie in Ihrem beruflichen Alltag?

Versuchen Sie anhand dieser Aussagen herauszufinden, welches Ziel- und Zeitverständnis Sie in Ihrem beruflichen Alltag bevorzugen. Bringen Sie die drei Zeitkonzepte in eine Priorität. Daraus ergibt sich automatisch die Hypothese, dass Sie bezüglich der anderen beiden eine „Schuld" eingehen. Dazu mögliche Ergebnisse:

Priorität 1: Animus – Priorität 2: Anima – Priorität 3: Kind
Bei diesem Ergebnis ist die Wahrscheinlichkeit hoch, dass Sie unter Zeitstress leiden. Eine weitere Perfektionierung Ihres linearen Zeitmanagements wird Sie vermutlich nicht sonderlich weiterbringen. Ihre Aufgabe scheint es eher zu sein, sich mit dem Thema Flow zu beschäftigen. Versuchen Sie stattdessen herauszufinden, in welchen privaten Lebenssituationen Sie in den Flow kommen. Suchen Sie solche Situationen gezielt auf und planen Sie diese in Ihren Wochen- oder Monatsablauf ein. Dann versuchen Sie schrittweise das Flow-Erleben in den beruflichen Alltag mitzunehmen. Die weiter unten beschriebene Salamitaktik kann Ihnen dabei helfen (siehe Kap. 16.6.4).

Priorität 1: Kind – Priorität 2: Anima – Priorität 3: Animus
Sie dürften keine Probleme haben, in den Fluss zu kommen. Sie nehmen die Dinge offensichtlich nicht so schwer. Allerdings ist damit zu rechnen, dass Sie immer wieder mit anderen Personen Probleme haben, weil man Ihre Ernsthaftigkeit anzweifelt. Für Sie ist das lineare Zeitmanagement à la Lothar Seiwert wichtig. Versuchen Sie, die Methoden der Ziel- und Zeitplanung diszipliniert anzuwenden, ohne dabei Ihre Unbeschwertheit zu verlieren.

Priorität 1: Animus – Priorität 2: Kind – Priorität 3: Anima
Bei Ihnen besteht das Risiko, den Bezug zu Ihren Grundbedürfnissen zu verlieren. Auf die Dauer droht Ihnen damit eine Sinnkrise. Beschäftigen Sie sich mit Ihren Grundwerten und entwickeln Sie auf jeden Fall die unten beschriebene Formulierung Ihrer persönlichen Mission (siehe Kapitel 16.6.4).

16.6.2 Ziele

Voraussetzung für Zeitmanagement sind klare Ziele. So kann man es in fast jedem Artikel oder Buch zu diesem Thema nachlesen. Klar sind allerdings nur die Ziele, die unser Verstand formuliert. Dennoch sollten wir die Ziele der anderen beiden „Herrschaften" berücksichtigen und in unsere Pläne integrieren. Außerdem sollten die persönlichen Ziele und die Zielvorgaben des Unternehmens in Einklang gebracht werden. Bei der Zielarbeit kann Ihnen das folgende Schema helfen.

Persönliche Ziele			Unternehmensziele
Kind	Anima	Animus	Mein Vorgesetzter
Beispiel: Flow Spaß Spiel	Beispiel: Erfüllung Sinn Beziehung	Beispiel: Gehalt Karriere Sicherheit	Beispiel: Umsatz Kosten Marktanteil

16.6.3 Ziel-Mittel-Analyse

Dass Sie, bevor Sie Ziele vereinbaren, überprüfen sollten, ob Sie auch alle Ressourcen und Mittel dafür haben, ist selbstverständlich. In einschlägigen Büchern wird diese Analyse ausführlich geschildert. Eine Art von Ressource und Mittel wird dabei oft vernachlässigt, nämlich Ihre eigene Persönlichkeit und insbesondere Ihr physisches Leistungsvermögen. Dazu ein paar stichwortartige Anmerkungen.

> Physische und seelische Gesundheit sind Grundvoraussetzung für Leistung. Sie sind ein Anliegen von Kind und Anima und sollten immer wieder reflektiert werden.

Die demografische Entwicklung in Deutschland deutet darauf hin, dass unser Volk immer älter wird. Folglich ist damit zu rechnen, dass sich auch das Durchschnittsalter von KAMs erhöht. Ein KAM im Alter von 35 Jahren ist nun mal physisch belastbarer als ein Fünfundfünfzigjähriger. Als Ausgleich verfügt dieser über eine größere Berufs- und Lebenserfahrung. Diese Tatsache sollte beim Ziel- und Zeitmanagement ebenfalls berücksichtigt werden.

16.6.4 Prioritäten setzen

Eine zentrale Technik des klassischen Ziel- und Zeitmanagements besteht im Analysieren und Definieren von Prioritäten. Folgende Techniken können dafür verwendet werden:

ABC-Analyse: Sie sammeln alle Aufgaben, die zu erledigen sind, und gewichten sie nach folgendem einfachen Schema:
- A sehr wichtig, hohe Priorität
- B wichtig, mittlere Priorität
- C unwichtig, geringe Priorität

Wir empfehlen Ihnen, dazu das obige Schema zu verwenden und die Wichtigkeiten aus unterschiedlichen Blickwinkeln zu definieren, um danach eine ausgewogene integrale Wichtigkeit und Priorität zu bestimmen.

Persönlich			Unternehmen	Kunde
Kind	Anima	Animus		
A	A	A	A	A
B	B	B	B	B
C	C	C	C	C

Erinnern Sie sich immer wieder an die „Sauerstoffschuld", die ein Sportler eingeht.

Seine eigenen Wünsche, Wertvorstellungen, Ziele und Ideale auf einen Nenner bringen

Persönliches Mission Statement: „Mission Statement" ist eine Methode, in der man seine eigenen Wünsche, Wertvorstellungen, Ziele und Ideale auf einen Nenner bringt. Es ist sozusagen eine Orientierung für Ihr Handeln, das nicht nur den Job, sondern Ihr gesamtes Leben einschließt. Deshalb empfehlen wir Ihnen, sich die Zeit zu nehmen und ein solches Statement auf einem ein- bis maximal zweiseitigen Papier zu dokumentieren. Im Sinne unseres integralen Ansatzes ist es wichtig, dabei alle Persönlichkeitsstrukturen zu berücksichtigen und Antworten auf folgende Fragen zu finden:
- Um was soll es in Ihrem Leben wirklich gehen?
- Welche Werte und Prinzipien sind Ihnen wichtig?

Lesen Sie dieses Mission Statement täglich durch, um ein möglichst effektives Zeitmanagement auf längere Frist zu gewährleisten. Diese Methode wird seit vielen Jahren auch für Unternehmen und Organisationen benutzt, kann aber genauso auf Privatpersonen übertragen werden.

Pareto-Prinzip: Vilfredo Federico Pareto war ein italienischer Ingenieur, Ökonom und Soziologe. Eines seiner Zitate passt ganz gut zu der von uns in diesem Buch vertretenen konstruktivistischen Grundhaltung: *„Die Menschen handeln nicht, weil sie gedacht haben, sondern sie denken, weil sie gehandelt haben."*

Wir meinen, dass das zwar sehr häufig der Fall ist, aber dass es nicht immer so sein muss. Denken kann und sollte das Handeln durchaus mitbestimmen – unsere Strategie, das zu erreichen, ist, wie schon oft erwähnt, die Reflexion. Das Pareto-Prinzip beruht auf folgendem Grundsatz:

In 20 Prozent der zur Verfügung stehenden Zeit können 80 Prozent der Aufgaben erledigt werden

In 20 Prozent der zur Verfügung stehenden Zeit können 80 Prozent der Aufgaben erledigt werden. Die restlichen 20 Prozent der Aufgaben benötigen 80 Prozent der zur Verfügung stehenden Zeit.

Anhand dieses Grundsatzes können Aufgaben reflektiert und priorisiert werden. Anstatt sich mit Aufgaben aufzuhalten, die keinen angemessenen Mehrwert schaffen, sollte der eigene Perfektionismus (Nebensächlichkeiten, „Erbsenzählerei") gezügelt werden.

Statt also 100 Prozent der Aufgaben erfüllen zu wollen, sollte daher eine zielorientierte Ausrichtung auf die Erfüllung weiterer „80-Prozent-Aufgaben" erfolgen, welche mit nur 20 Prozent des Zeit- und Energieaufwandes erreicht werden können. Beispiele sind:
- 80 Prozent aller Besprechungsergebnisse werden in 20 Prozent der Besprechungszeit erzielt.
- 20 Prozent der Kunden bringen 80 Prozent des Absatzes.
- 80 Prozent einer Software sind in 20 Prozent der Zeit geschrieben.
- Die Feinheiten (Bugfix, etc.) benötigen 80 Prozent der Gesamtzeit.

Eine verfeinerte Abstufung ähnlich dem Pareto-Prinzip verfolgt die ABC-Analyse.

Bill Gates ist nach diesem Prinzip der reichste Mann der Welt geworden. Von ihm stammt sinngemäß das Zitat: *„Wer so lange daran arbeitet, bis ein Produkt 100 Prozent der Anforderungen erfüllt, der kann sich mit anderen Zauderern höchstens noch um die Krümel streiten."*

Wenn Sie sich also wieder einmal darüber ärgern, dass Ihre PC-Software von Microsoft (wieder einmal) nicht das tut, was Sie von ihr erwarten, denken Sie einfach an Bill Gates und Pareto.

16.6.5. Salami-Taktik

Große, unübersichtliche Aufgaben werden nach dem „Teile-und-herrsche-Prinzip" in kleinere, überschaubare Schritte zerteilt. Diese Taktik ist übrigens eine gute Möglichkeit, in den kreativen und produktiven Modus des Flow zu kommen. Ich konzentriere mich auf die eine Salamischeibe, statt ständig die ganze Wurst vor Augen zu haben. Dazu ein paar Redensarten:

Komplexe Aufgaben in überschaubare Schritte unterteilen

- *„Jede Reise fängt mit dem ersten Schritt an."* (Konfuzius)
- *„How to eat an Elephant? – Bite by bite."*

Ivan Lendl war lange Zeit die Nummer Eins auf der Tennis-Weltrangliste. In einem Interview fragte ihn ein Reporter, welcher Ball (Schlag) für ihn der wichtigste in seinem Sportlerleben gewesen sei. Lendl antwortete: *„Der nächste!"*

16.6.6 Delegieren

Aufgaben, die nicht direkt in den eigenen Aufgabenbereich fallen oder von jemand anderem effizienter erledigt werden können, sollten nach Möglichkeit delegiert werden. Dadurch werden Zeitdruck und Stress abgebaut. Voraussetzungen dafür, dass ein anderer eine Aufgabe für mich erledigt, sind:

Delegation hilft, Zeitdruck und Stress abzubauen

- Eine intakte vertrauensvolle Beziehung
- Der Nutzen für den anderen
- Eine gewisse Fehlertoleranz

Wenn diese Voraussetzungen nicht gegeben sind, dann sollten Sie sich mit diesen drei Punkten beschäftigen. Ansonsten bleibt Ihnen nichts anderes übrig, als alles selber zu machen.

16.6.7 ALPEN- Methode

Diese Methode, nach dem oben schon zitierten Lothar Seiwert, sieht vor, wenige Minuten pro Tag zur Erstellung eines schriftlichen Tagesplans aufzuwenden. Die fünf wichtigsten Elemente sind dabei:

A Aufgaben aufschreiben: Aufgaben, Aktivitäten und Termine werden in einen Tagesplan eingetragen.

L Länge einschätzen: Man schätzt die voraussichtlich benötigte Zeit für jede Aufgabe ein.

P Pufferzeit: Man sollte nur maximal 60 Prozent der täglichen Arbeitszeit verplanen. Der Rest bleibt für Unvorhergesehenes reserviert.

E Entscheidungen: Durch Prioritätensetzen, Kürzen und Delegieren wird der Umfang der Arbeiten beschränkt.

N Nachkontrolle: Am Ende des Tages erstellt man eine Statistik über geplante und tatsächlich erledigte Arbeiten. Unerledigtes wird auf den nächsten Tag übertragen.

Weitere Helfer für Ziel- und Zeitplanung finden Sie in der einschlägigen Literatur, vielleicht haben Sie sogar schon ein Buch in Regal stehen.

KONSEQUENZEN FÜR IHR KEY ACCOUNT MANAGEMENT

- **Klären:** Welches der drei Zeitkonzepte bevorzugen Sie?
- **Überprüfen:** Welches Zeitkonzept ist am schwächsten ausgeprägt?
- **Handeln:** Intensive Auseinandersetzung mit Ihrer persönlichen Schwachstelle des Zeitmanagements.
- **Pflegen:** Systematische Integration aller drei Zeitkonzepte in Ihrem persönlichen Ziel- und Zeitmanagement.

Ausgewählte Literatur

Cohn, Ruth: **Von der Psychoanalyse zur themenzentrierten Interaktion.** Stuttgart, 15. Auflage 2004

Die „alte" Dame ist aus unserer Sicht immer noch brandaktuell. Ihre TZI (themenzentrierte Interaktion) basiert auf der Idee, die vier Bereiche
- Person (Mitarbeiter, Führungskraft, Kunde),
- Gruppe (Abteilung, Projektteam, Unternehmen),
- Sache (Produkte, Dienstleistungen, Qualität),
- Umwelt (Märkte, Gesellschaft)

in eine Balance zu bringen. Wichtige Regeln für unsere Arbeit im Coaching und im Seminar stammen ebenfalls von ihr.
Anmerkung: Für Leser mit psychologischem Background, die sich für Quellen interessieren.

Csikszentmihalyi, Mihaly: **Flow.** Stuttgart, 12. Auflage 2002

Flow ist ein Zustand hoher Konzentration, Kreativität und Leistungsfähigkeit. Im Flow zu sein, wird als sehr angenehm erlebt.
Fast könnte man auf die Idee kommen, dass Arbeit sogar Freude bereiten kann.
In den Fluss zu kommen, ist jedenfalls ein Anliegen unseres Buches.
Anmerkung: Ein dickes Buch, das wir nur dem empfehlen können, der sich mit Flow intensiv befassen will.

Fisher, Roger; Ury, William; Patton, Bruce: **Das Harvard-Konzept.** Frankfurt a.M., 22. Auflage 2003

Klassiker der Verhandlungstechnik. Im „Harvard Negotiation Project" der Harvard Universität in den USA untersuchen amerikanische Wissenschaftler seit Jahren das Verhandeln im Großen und im Kleinen – und das in beruflichen aber auch privaten Bereichen. Viele ihrer Untersuchungsergebnisse haben sie in ihrem Buch veröffentlicht.

Die Grundlage des „Harvard-Konzepts" ist der folgende Gedanke: Seien Sie hart in der Sache und weich mit den Menschen.
Neben diesem Grundgedanken liegen dem Harvard-Konzept vier Prinzipien zugrunde:
- Probleme und Menschen müssen voneinander getrennt werden.
- Im Vordergrund sollen Interessen und nicht Positionen stehen.
- Es gilt, Verhandlungsresultate zu finden, die allen Parteien Vorteile bringen.
- Alle Beteiligten müssen sich auf neutrale Kriterien für die Bewertung des Verhandlungsergebnisses einigen.

Das Buch ist hochgradig praxisorientiert. Anhand von zahlreichen Praxisbeispielen wird erläutert, wie die geschilderten Strategien umgesetzt werden können. Egal, ob in der Politik, in der Wirtschaft oder bei Ihnen zu Hause am Küchentisch: Wenn Sie oft verhandeln müssen, wird Ihnen dieses Buch weiterhelfen. Das Harvard-Konzept ist zweifelsfrei eines der Glanzlichter unter den Büchern über das Verhandeln.

Miller, Robert B. u. Heiman, Stephen E.; unter Mitarbeit von Tad Tuleja: **Strategisches Verkaufen.** Landsberg, 5. Auflage 1993

Die Miller-Heiman-Methode für strategisches Verkaufen wurde in namenhaften US-Unternehmen mit Erfolg erprobt und hat ihre Effektivität bewiesen, unabhängig davon, um welche spezifischen Waren oder Dienstleistungen und um welche Kundenarten es geht. Das Konzept zeigt praxisbewährte, nachvollziehbare und wiederholbare Einzelschritte, die von entscheidender Bedeutung für den Verkaufsprofi sind, der sich in einem schnelllebigen und von starker Konkurrenz geprägten Verkaufsumfeld zu behaupten hat.
Das Buch bietet Ihnen die einmalige Gelegenheit, Ihre Fähigkeiten zum erfolgreichen Abschluss mehrschichtiger Verkaufsvorgänge zu fördern.

Stichwortverzeichnis

ABC-Analyse 313
Abschlussphase 199 ff.
Abwarte-Taktik 210
Aggression 59
Aggressor 186
ALPEN-Methode 316
Angriff 114;
  Strategien 115;
  Verteidigung 118
Angriffstaktik 207
Anima 50 ff., 301 ff.
Animus 55 ff., 305 ff.
Archetyp 50
Argumentation 163 ff.;
  motivorientierte 166
Auf-Regung 81
Auszeit 185
Autonomie 38 ff.

Bauch-KAM 65
Bedarfsverkäufer-Taktik 209
Bedürfnis 156
Behaviorismus 29 f.
Betreuung 12
Betreuungsgespräch 215 ff.
Beweggrund 155 ff.
Bewusstes 74
Bewusstsein 73 ff.
Beziehung 12, 16, 19 f., 107 ff.;
  ausgewogene 125;
  intakte 125
Beziehungsbotschaft 20
Beziehungskonto 122 ff.;
  ausgewogenes 125
Beziehungsmanagement 130
Beziehungszustand 121
Big Five 67
Bonuskonto 123

Charisma 273 ff.
Coaching 68
Co-Entscheider 236
Cohn, Ruth 14
Csikszentmihalyi, Mihaly 297

Deadline 185
Delegation 315
Denken 26,
  monokausales 18
Dialektik 274, 277 ff.
Dialog, offener 11
Dokumentation 201

EGO 78
Einstellung, innere 181
Einwand, berechtigter 197;
  echter 196
Eisenhower-Matrix 241
Engpass 220
Engpass-Modell 221
Entscheider 235
Entscheidungsbeeinflusser,
  unterschiedliche 235
Entscheidungsfrage 200
Entscheidungsprozess,
  komplexer 231 ff.
Es 14
Eskalationsweg 104
Ethik 40 f.
Extraversion 56

Flow 297 ff.
Forderung 195 ff.
Formel, dialektische 280
Frage, geschlossene 192;
  offene 191
Fragetrichter 193
Freud, Sigmund 124
Freund-Taktik 208
Fühlen 37
Fünfer-Satz-Argumentation 280

Geben und Nehmen 144
Gegenstandsverständnis,
  unterschiedliches 27
Gesetz, ungeschriebenes 146
Gesprächsinhalt 179 ff.
Gesprächsstrategie 179 ff., 202
Gesprächstaktik 205 ff.
Glaubenssatz, innerer 61
Globe 14
Grenze, zwischen Bewusstsein und
  Unbewusstem 83 ff.
Grundmotivator 159 ff., 238, 287

Handeln 38,
  in komplexen Systemen 141 ff.
Handlungsautonomie 38 ff.
Handlungsorientierung 184 ff.
Handlungsprinzipien 88 ff.;
  entdecken 92 ff.
Heilige-KAM 66
Herzberg, Frederick 158
Hier und Jetzt 44
Hierarchiegefälle 109

Hirnhemisphäre, rechte 23, 36;
  linke 22, 37

Ich 14
Idealkundenprofil 234
Informationsgespräch 215 ff.
Innere Vertriebsmannschaft 63 ff., 72
Jahresgespräch 225 ff.
Jung C.G. 50, 89

Kämpfer 59 ff.
Kampf-KAM 65
Kernargument 240, 287
Key Account Dossier 267 ff.
Key Account Management
  (KAM) 11 ff.
Key Account Manager,
  Aufgaben 101;
  Entscheidungsbefugnis 102 f.;
  Informationsansprüche 103 f.;
  Informationspflichten 103 f.;
  Kontakte 101;
  Rollenverständnis 100 ff.;
  Ziele 101
Kind 46 ff.
Kindheit, früheste 43
Kommunikationsschleife 116
Kompetenz-Taktik 210
Komplexität 231
Konfrontationsmodus 108 ff. 114 ff.
Kontaktaufnahme, schnelle 269
Kopf-KAM 64
Körpersprache 275, 283 ff.
Kritiker 61 ff.
Kundenbetreuung, effektive 231 ff.
Kundenentwicklungsplan
  (KEP) 258 ff.
Kundenprofil 234
Kundenwissen 267

Leistungsmensch 170 f.
Lernen, evolutionäres 98;
  kumulatives 98;
  revolutionäres 99
Linienorganisation 133 f.

Machtgefälle 109
Machtmensch 168 ff.
Maluskonto 123
Marktattraktivität 248 ff.
Maslow, Abraham 157
Matrix-Organisation 134 ff.

Stichwortverzeichnis

Matrixposition 136
McClelland, David 158
McKinsey-Portfolio 246
Mensch, sozialer 172
Menschenbild 27 ff.;
  konstruktivistisches 32 ff.;
  mechanistisches 29 ff.
Menschenwürde 41
Metakommunikation 205
Mikropolitik 148 ff.;
  konstruktive 150;
  sinnvolle 150 f.;
  Taktiken 149;
  Ziele 151
Mitbewerber, relevanter 239
Motiv 156;
  dominantes 158;
  Erkennen von 160
Motivationsforschung 157 ff.

Neurotiker 49
Nutzenargumentation,
  motivorientierte 162 ff.
Nutzenkomprimierung 200
Nutzer 236

Pareto, Vilfredo Federico 314
Pareto-Prinzip 314
Partnerschaftsmodus 110 f. 119 ff.
Passat-Effekt 71
Pate 236
Person 15 f., 18 f., 42 ff.,
  emotional stabile 47;
  emotional ansprechbare 47
Persönlichkeit 42 ff.
Persönlichkeitsentwicklung 71 ff.
Persönlichkeitspsychologie 67 f.
Persönlichkeitsstruktur 46 ff.
Pluralität, innere 53
Portfolioanalyse 245 ff.
Potenzialanalyse 249 ff.
Präsentation 273 ff.;
  kundenorientierte 286
Prinzip, grundlegendes 93;
  hintergründiges 95
Priorität 313
Problemlösungsgespräch 219 ff.
Projektarbeit, strategische 233
Projektion 77 ff.

Rationalität 36 ff.
Referenz 200

Reflexion 89
Reflexionsvermögen 35
Reflexivität 34 ff.
Reiz-Reaktions-Schema 29
Respekt 146
Rhetorik 274 ff.

Sache 16, 20 f.
Sachorientierung 20
Salami-Taktik 206
Schlee, Jörg
Schlüsselkundenbetreuung,
  organisierte 11
Schmetterlingseffekt 138
Schwesterntugend 12
Selbst-Reflexion 68, 86 ff., 97
Sensibilität 274, 281 ff.
Sich selbst erfüllende
  Prophezeiung 127
Signal, körpersprachliches 283
Sprech-Denk-Formel 280
Stabilität, emotionale 48
Standpunktformel 280
Starfighter-Effekt 140
Stellenbeschreibung 100, 105
Störung 290,
  prinzipielle 220
Subjekt-Objekt-Modus 108 ff.; 114 ff.
System 137,
  komplexes 133 ff., 232
Systemwiderstand 143

Teufelskreis 95
Themenzentrierte Interaktion 14 ff.
Trichter-Fragetechnik 193
Tugend 12

Überzeugungsprozess 165
Umfeld 17, 21, 133 ff.,
  hierarchisches 133 f.
Unbewusstes 74
Unterbewusstes 74
Unternehmenskultur 142

Verdrängung 75 ff.
Verhaltenspsychologie 30
Verhaltensverstärker 30 f.
Verhandlungsabbruch 201
Verhandlungsführung 188 ff.;
  Argumentation 194;
  Eröffnung 188 ff.;
  Informationsgewinnung 190;

Informationsabsicherung 190;
Präsentation 194;
Vorschläge 194
Verhandlungskorridor 198
Verhandlungsmodus 108 ff. 114 ff.
Verhandlungsstil, geeigneter 181;
  konfrontativer 182;
  kooperativer 181
Verhandlungstandem 186 ff.
Vermittler 187
Verschleppungstaktik 211
Vertriebsmannschaft, innere 63 ff., 72
Verunsicherungstaktik 207
Video-Beamer 288 f.
Viererkette 95
Viererkette der Rationalität 87 ff.
Vorgespräch 226
Vorwand, taktischer 196

Watson, John Broadus 29
Wertschätzung 145
Wettbewerbsvorteil, relativer 248 ff.
Widerstand 195 ff.
Wir 14
Wunder Punkt 19

Zeit, lineare 302;
  spontane 301
Zeiterleben, naives 293 ff.
Zeitmanagement 292 ff.,
  integrales 307 ff.
Ziel 313 ff., messbares 184;
  motivierendes 184
Zielmanagement 292 ff.,
  integrales 307 ff.
Zugeständnis, letztes 200
Zusammenführung 201
Zusatzangebot 200

Zeremonienmeister.
Besprechungen effizient gestalten

Wer regelmäßig an Besprechungen teilnimmt, hat ein Ziel: Zeit zu sparen und wirksam zu arbeiten. Dieser Ratgeber liefert Tipps zur Vorbereitung von Meetings, zu Zielorientierung, ergebnisorientierter Moderation und Visualisierung. Dazu gibt es Checklisten und Hinweise zu Arbeitstechniken und zum Umgang mit schwierigen Situationen.

Jochem Kießling-Sonntag
Besprechungs-Management
184 Seiten, kartoniert
978-**3-589-23534-6**

Erhältlich im Buchhandel. Weitere Informationen zum Programm gibt es dort oder im Internet unter **www.cornelsen.de/berufskompetenz**

Cornelsen Verlag • 14328 Berlin
www.cornelsen.de